U0193173

物理学是什么

爱丁堡大学理学博士、邓迪大学物理学教授

[英] 威廉·佩迪（William Peddie）著　　王玉 译

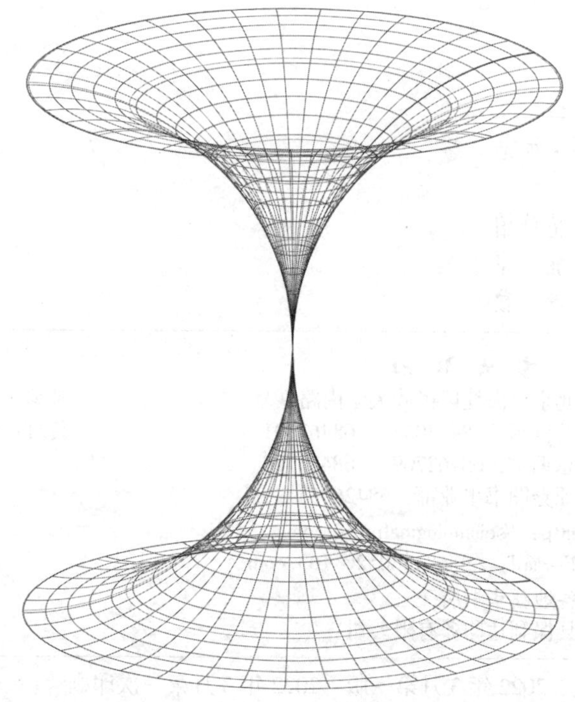

A MANUAL OF PHYSICS

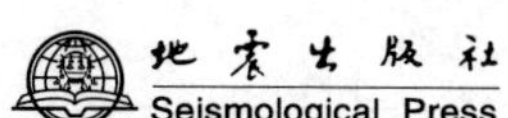

图书在版编目（CIP）数据

物理学是什么 /（英）威廉・佩迪著；王玉译．
-- 北京：地震出版社，2022.3
ISBN 978-7-5028-5260-3

Ⅰ．①物… Ⅱ．①威… ②王… Ⅲ．①物理学—普及读物 Ⅳ．① O4-49

中国版本图书馆 CIP 数据核字 (2021) 第 265983 号

地震版　XM4763 /O（6221）

物理学是什么

［英］威廉・佩迪　著
王玉　译
策划编辑：范静泊
责任编辑：张　平
责任校对：凌　樱

出版发行：地震出版社
北京市海淀区民族大学南路 9 号　　邮编：100081
发行部：68423031　68467991　　传真：68467991
总编室：68462709　68423029
证券图书事业部：68426052
http：//seismologicalpress. com
E-mail：zqbj68426052@ 163. com
经销：全国各地新华书店
印刷：固安县保利达印务有限公司

版（印）次：2022 年 3 月第一版　2022 年 3 月第一次印刷
开本：710 × 960　1/16
字数：438 千字
印张：30.5
书号：ISBN 978-7-5028-5260-3
定价：98.00 元

序言

学物理的学生应该阅读哪些书籍呢？对此，最好的建议莫过于阅读当代杰出学者所著的物理学各分支学科的书籍了。然而，这一建议却存在一个明显的漏洞。阅读物理学各分支学科书籍的学生，可能不会像他们最初所期望的那样，对物理学各分支学科的本质统一性和相互依存性形成完整的认识。尽管如此，拥有一本对整个学科内容进行总结回顾的书，毫无疑问是学生的美好希望。为此，我着手编写本书，希望它能在某种程度上满足这种需求。

大多数学生对科学假设概念的理解非常模糊。为了改变这一现状，本书从头到尾的所有内容，都在尽力突显科学假设的必要性和价值。

同时，我也在努力使本书有关数学运算部分的内容变得通俗易懂。但在阐述相关问题的过程中，本书并没有谈“数”色变，因为数学的基本方法，相比其他替代性方法来讲，更为简单明了。

我们也应该注意到，如果擅于运用数学方法，学生就可以轻松获得计算结果，并将本书中的更多理论知识运用到物理实验研究中。

公正地讲，一本大学物理教科书的编写，不可避免地要引用诸多物理学家提出的研究方法。鉴于此，本书借鉴了赫尔姆霍兹、克莱克·麦克斯韦、汤姆森、泰特等人的研究。在第 26 章，我简单借鉴了泰特提出的热力学理论分析处理方法；同样，在第 11 章，我采用了他的方法来讨论固体的可压缩性和刚性。除此之外，无论成败，我都尽可能以新的方式对各个主题进行探讨。

在本书出版过程中，泰特教授给我提出了许多宝贵的批评和建议。此外，爱丁堡赫里奥特医院物理硕士 J. B. 克拉克先生，在阅读本书手稿后，帮助我仔细修改了相关内容，避免了许多失误。在此，本人对以上两位前辈致以衷心的感谢！

威廉·佩迪

爱丁堡大学

1891 年 11 月

目录

第 1 章　宇宙物理属性的简介

1. 宇宙中发生的所有过程可以分为两类：物理的和非物理的。这些过程可以发生在非生命物质中，也可以发生在生命体及其体内。当然，上面提到的说法只是人们对“物理”一词的定义，人们通常并不认为它与生命有所瓜葛。然而，当我们在生命或其体内观察到与无机自然界类似的过程时，我们将这些过程纳入纯物理学研究的范畴；当两种过程完全不同时，我们将问题留给生物学家做进一步探索。

2. 物理学领域博大精深。显然，人们穷尽一生，也难以窥尽它的全貌。曾几何时，科学家们也许还会仿效弗兰西斯·培根（Francis Bacon）的豪言，“我已经掌握了本人所在领域的所有知识”，但这在今天几乎是不可能的了。从本质上讲，所有涉及各种物质相互结合和反应的问题都是纯物理问题，但如今研究这些问题的往往是化学家；天体运动的研究和预测，以及天体物理成分的推定工作等交由天文学家来完成；地球的构造则由地理学家来研究。同样，航海和船舶设计、工程学、矿物学、地质学（在很大程度上）、气象学等也都属于纯物理学。这些学科是由许多学者共同研究的，因为它们所涵盖的知识是如此庞大，任何一个人都无法独自研究其全部内容。因此，随着知识的增长，物理学出现了分支，“物理学”“自然哲学”“物理”等学科术语在语义上缩小了——如今，它们只能代指高应用性和高专业度的物理学下的单一基础科学。

3. 宇宙是客观存在的还是非客观存在的？在研究物理学之初，我们从未思考过这些形而上学的问题，而只是简单地假设它独立于我们的主观意识而存在，继而研究构成整个宇宙中的事实和现象。但在进行一切详细研究之前，我们最好先把宇宙这一研究对象作为一个整体来看待，以便了解它的全貌及其各局部之间的已有联系。这也是为什么，在陌生的国度旅行时，旅行者往往要登高望远，借助有利地势进行观察，从而才能在脑海中清晰地规划出接下来的旅程。

4. 研究伊始，我们便遇到了一个棘手的难题——该如何区分出宇宙中哪些是客观存在的，哪些只是徒有其表？换句话说，我们该如何区分出真实景观和海市蜃楼呢？在观察者眼中，这两者实在太相似了。那么，我们又该用什么来检验事物是否客观存在呢？

除了假设物理的宇宙客观存在之外，人们还认为宇宙中的一切都遵循着规律，而后者有据可依。那些“严谨的科学”透漏出的一丝可能性，都可以被作为证据，来证明存在本身的真实性。牢记这一观点，我们便能明白，一切客观的事物都不会在宇宙中凭空出现或随意消失。因此，在证实某物体为恒量之前，或者（用一般的科学说法），除非我们能够证明该物体可以守恒，否则我们便不能将其认定为客观存在。因此，守恒是物质是否客观存在的重要检验标准之一。

后来，人们发现，这一检验标准适用于，且仅适用于物理世界的两大类事物：维持宇宙运转的物质和能量。

5. 所有人都知道组成机体的“物质”或“材料”是什么，同时，我们也无须试图去为其下一个定义。乍看起来，物质显然是不守恒的。如果我们通过称重的方法来确定一块石灰岩的物质质量，然后对其进行充分加热，我们会发现，在加热后，石灰岩的质量变少了。好像石灰岩中的一部分物质在这个过程中丢失了。但实际发生的是，石灰岩中的碳酸钙在受热时分解成氧化钙和碳酸。碳酸无色，分解成二氧化碳和水，悄悄挥发掉了，没有人注意到这点。第二次称重时，我们只称得所剩石灰的质量。通过适当的方法，我们可以测定挥发气体的质量，然后发现加热后各成分质量之和等于石灰岩的原始质量，在这一过程中，物质并没有丢失。我们会发现，无论多么复杂的化学过程，都会出现以上相同的结果：事实上，只有在严格的物质守恒条件下，化学反应才会发生。因此，我们称物质是客观存在的。

宇宙中存在各种各样的物质，它们的各项物理属性或多或少都有差别。在后续章节中，我们将详细讨论这些属性，并提及个别特殊物质之间的变化；但对自然界中各种物质进行的统计、分类和研究等工作更多地分属于化学，而非物理学。只有当某些物质具备超级属性，可以渗透到其他一切物质并蔓延到整个可见宇宙中，在物理上具有极其重要的意义时，才要求我们必须单独对其进行物理研究（参见第 33 章）。

6. 除了守恒的属性以外，物质还具有惰性或惯性。也就是说，一个物体无法自行改变自身的运动状态，除非受到外界的影响，否则处于静止状态的物体无法运动，运动中的物体也无法停止运动或改变运动状态。在第 6 章，我们将结合“牛顿第一运动定律”，对物质的这一属性及其结果进行探讨。物质的又一显著特征是——一种物质可以与另一种物质结合，从而产生一种复合物，其属性可能与原先的两种成分截然不同，但是，如果没有另一种物质的参与，这种变化就不会发生。

7. 有充足的证据显示，物质的惯性是无法克服的，意即，物质的运动状态是无法改变的，除非物质的另一部分通过直接碰撞或其他方式施力于这一部分。一般来说，在这种情况下，物质的另一部分会对这一部分“做功”，或者物质的这一部分克服另一部分对其施加的力而做功。因此，“做功”实际上可以引发物质运动。我们可以一致断言，物质的另一部分拥有“功”并将此“功”传送给这一部分。通俗地讲，“功”的传送和转移的过程即做功的表现。然而，我们通常采用一个更为简便的术语来代替“功”——能量。因为，尽管在所有情况下，“功”或能量必然导致具有这些“功”或能量的物质系统发生运动，但有时我们并不能觉察到这些系统在运动。此时，我们最好说，某些静止的物体具有势能，通过势能的转化，可以使另一部分产生运动（见下文）。

当质量不同的两个物体以相同速度运动时，质量（物质的数量）小的物体做功较少；当质量相同的两个物体以不同的速度运动时，速度小的物体做功较少。当速度或质量趋近于零时，物体做功趋近于零。目前的实验（在技术所能达到的实验条件下）结果显示，运动物体做功的多少仅与质量和速度有关。

以规定速度运动时，每一单位质量的物体都具有相同的能量，因此，任何物体具有的能量都与它所含物质的总能量成正比。

现在，假设质量相同的两个物体，在一条直线上以大小相等、方向相反的速度运动，两者具有等量的能量 E。可以推测，最后的结果是两个物体相互撞击，然后静止。在撞击过程中，由于互相阻止对方继续向前运动，两个物体的能量相抵，总能量 $2E$ 消耗为零。接下来，使一个物体处于静止状态，另一物体的速度加倍，则两个物体的相对速度大小不变，因此两者静止时，被消耗的能量仍为 $2E$。然而，实验结果表明，当发生碰撞后，两个物体会以之前运动物体速度大小的一半一起继续运动，每一物体仍然具有 $1E$ 的能量。因此，先前运动的物体应该具有的能量为 $4E$。

通过以上及其他类似条件下对运动物体速度展开的实验，我们得出结论：运动物体的能量与其运动速度大小的平方成正比。

如果 E 代表运动物体的能量，m 是物体的质量，v 是物体的速度，则研究结果可以用以下公式表示：

$$E = \mathrm{k}mv^2$$

其中 k 为常量，可根据能量单位取任意值。在后续章节中，根据我们常用的能量单位，k 值一般为 1/2，因此有

$$E = \frac{1}{2}mv^2$$

8. 在物理上，我们将上文中提到的能量称为动能。但是，运动的系统并不一定涉及动能在两个物体之间的转化。在一些条件下，具有动能的运动物体动能会越来越少，最终在某一状态下完全消失。如此，运动物体剩余和消耗的动能可以分别通过其在运动系统中的位置来表示。因此，基于本章第 7 节中的假设——静止物体增加的能量等于运动物体减少的能量，这时运动物体处于系统中的位置可以用静止物体增加的动能来表示。在两个物体位置无限接近、产生碰撞时，能量才会在两个物体之间重新分配。下面，我们来讨论位能或势能（分为可见和不可见两种形式）。

我们可以想象一个特殊的场景——垂直向上发射一枚子弹，则它上升得越高，速度就越慢，克服阻力做功就越少，最后动能为零，子弹静止，然后再次下落（空气阻力的影响忽略不计）。我们发现，当子弹再次到达地面时，子弹的动能和最初发射时相同。因此，在上升过程中，子弹的动能并非传送给了另一个物体，而是转化为了势能。

那么，在重力影响下，这一系统又会发生什么呢？如果勒萨日（Le Sage）的超级为例假说（参见第 8 章）成立，那么，如果我们逆重力方向向上抛出一个小球，球的动能就会转化为微粒的动能。

能量可以分为多种形式，但所有的能量都属于之前提到的两种主要形式。不只运动的物质有动能和势能，静止状态下的物质也有动能（参见第 20 章），比如一个发热的物体。势能也存在于某些类似的规模中，比如潜热（参见第 23 章）、气体的分子运动以及弹性介质的振动传播过程。此外，两个带相反电荷的物体会相互吸引，因此具有电势能。当导体中存在电流时，运动状态下电能则更加明显；如果两种化学物质能结合并形成一种化合物，我们称其具有化学势能；最后，两块磁铁之间也具有相对的势能，一块磁铁运动可以间接引起另一块磁铁运动。

9. 至此，我们不由得思考能量与物质完全不同的特性。虽然物质无法自发改变自身运动状态，能量却总是变化的。它不断地从物质的一部分转移到另一部分，从一种形式转变为另一种形式——能量可以转化。

正因为能量可以转化，我们才能认识到它的存在。如果我们从未见过炮弹发射后的强大破坏力，我们就永远不会知道炮弹具有能量；如果我们从未看到过雷云产生的光、热、声和机械效应，我们就永远不会知道雷云具有能量。那么，能量是如何从物质的一部分转移到另一部分，从一种形式转变为另一种形式的呢？目前，我们尚不清楚最终的答案。

能量转换的一个简单例子是摆子运动。摆子运动到最低点时，全部势能转化为动能；摆子运动到最高点时，全部动能转化为势能；在其余中间位置，一部分能量为动能，一部分为势能。

我们再举一个稍微复杂点的例子——打电话时的信息传送。首先，当我们讲话发出声音时，产生能量使空气振动。空气振动作用于话筒的金属膜上，导致其中的磁铁磁感应强度变化，围绕着磁铁的线圈产生电流。这些电流沿着线路传送到接收端时，接收端的磁场产生类似的磁感应变化，接收端金属膜随之产生相似的振动。因此，我们在电话接收端也会听到类似的声音。

通过研究以上特例，我们可以得出结论：任何形式的能量都可能直接或间接转化为任意另一种形式的能量。在后续章节，我们将用更多证据来证明这一点。

10. 在所有的能量变化和转化中，有一点显而易见，那就是宇宙中能量的总量是不变的。因为热量和其他各种形式能量的“机械当量”可以根据严格计算得出（参见第 25 章）。和物质一样，能量也具有守恒的属性。在自然界，摆子运动过程如下：当我们从高处松开手，摆子开始摆动；接着摆子的运动速度越来越慢，直至最后动能为零；摆子停止运动，处于静止状态。假如运动过程中，摆子的能量没有因为空气阻力、摆子与支撑点之间的摩擦力等而损失，那么这一运动将永远持续下去。也就是说，摆子在任何一瞬间传递给其他物体的能量与摆子在这一瞬间剩余的能量之和等于摆子原来的能量，其他运动系统也是如此。因此，既然能量守恒，那么它必然是客观存在的。

11. 在能量转化方面，有一个对人类至关重要的问题，所有形式的能量都可以等量转化吗？当能量从一种形式转化为另一种形式时，它是否可以随时转化为原来的形式呢？如果答案为否，那么它必然遵循着这样的规律：宇宙中的所有能量将逐渐转化为最稳定的特定形式存在。观察和实验表明，所有其他形式的能量都在逐渐并永久转化为一种特定形式的能量——分子的动能，我们称之为热能。但热能有不断扩散的趋势，从而有了温度均匀性的概念：当温度均匀时，热能就无法产生机械功。根据能量守恒原理，宇宙中的总能量不变，此时没有一种形式的能量可产生机械功。部分或全部能量由一种形式转化为另一种形式后，原先形式的能量部分或全部被消耗——在物理上，我们称之为能量耗散原理，或能量消散原理。

自然界中，遵循能量耗散原理的例子比比皆是。石头从悬崖上落下、暴风雨发生或停止、闪电和打雷、波浪冲刷海岸……这些现象之所以能够发生，无一不是由于消耗了自然界中部分人类可利用的能量。根据这一原理，可见物质的势能趋向于最小，即能量趋向于以动能的形式存在。同时，此问题有待进一步研究。

12. 除物质和能量之外，宇宙中其他任何东西都是不守恒的——至少，我们根据对物质和能量是否守恒的判定方法来看不守恒。物质和能量往往是无定量的，但我们可以对其进行定量分析。一定量的物质和能量守恒，这是一定的。这个量可以为正，也可以为负。当一个新的正量产生时，必然随之产生一个等量的负量。此时，两个量的代数和为常数。然而，就单个正量或负量而言，我们会发现，这两部分的量可以为任意值，这就无法用物质和能量守恒来解释了。

鉴于此，我们引入了新的概念——动量守恒（参见第 6 章）和电能守恒。

第 2 章　物理学研究方法

13. 所有的科学知识都是通过两种方法获得的——观察或实验，除此之外，别无他法。人类历史上的第一次科学研究一定是建立在纯粹观察的基础上的，而且极有可能为天文观察。在进行观察时，我们记录下物体目前的状态和后续变化，并试图找出两者之间的联系。这样一来，恒星就被分组成为我们目前熟知的星座，开普勒（Kepler）才有了物理学最伟大的发现之一——行星的运动定律。然而，当我们故意改变某些现象发生的条件，继而发现这些现象产生的必然变化时，我们就是在进行实验。诚然，我们不可能总是将观察和实验区分开来。因此，在根据木星、卫星测算光速时，虽然我们没有改变任何实验条件，但仍旧利用了自然变化。

通过以上方法，首先，我们会灵光乍现，得到一系列的灵感。这些灵感之间往往没有任何相互联系，且通常以某种方式组合涌入我们的脑海中，这时我们所能猜测到的只是其虚假的表面联系。接下来，科学家会将这些单独的数据按照一个已知的确定系统重新分组，以便在随后研究中发现的本质联系与事实相吻合；观察者探测到的相似程度和本质差异与真相越吻合，他的最终目标就能越快实现。

然后是因果问题。如果两种现象相继出现，并且其中一种的出现必然意味着另一种的出现时，第一种现象通常被称为第二种现象出现的原因，第二种现象则被称为第一种现象出现的结果。但实际上这里存在许多误差来源，我们必须谨慎避免这个过程中可能存在的所有误差。首先，可以想象，两种现象可能相继连续出现，对此，正确的解释可能是：它们有一个共同的出现的原因，而非其他方式的联系。比如，叉状闪电和雷声相继出现——雷声是由于电流加热后的空气爆炸性膨胀而产生的，而一部分闪电也是由此引起的，空气爆炸性膨胀后，瞬间压缩相邻的大气层，使其因过热而发光。同样，一个事件的发生常常是必要的，有助于我们观察另一个事件与前一个事件之间是否存在任何联系。而且，在分析出具体的原因之前，我们往往将对结果的研究放在核心位置。此外，我们还观察到，有时，多个事件会同时发生。比如，龙卷风通常是由于大量空气变成蒸汽迅速凝结产生的潜热突然升温而发生的。这个过程中蒸汽的凝结和潜热的出现必须同时发生，所以同样，我们可以适当把任何一个事件称为导致龙卷风发生的原因。

在自然界中，一系列事件的发生都有原因。每一个事件都是导致另一个事件发生的原因，并且本身作为前一个事件发生的结果而产生。在低层大气层中，当大块云朵截获太阳光时，空气变冷，体积收缩变小，使得周围的热空气涌入。这一过程导致的结果众所周知，我们可以用一个流行短语来表达，即“云吸风”或“雨吸风”。如果我们的感官足够敏锐，我们的力量足够强大，我们可以持续追踪这一过程产生后的结果，以及产生前的各种原因。

14. 对物理条件下产生的结果进行调查，也是物理学家的工作之一。这种调查相对来讲比较简单，调查者只需确定观察到的结果是否是未考虑到的因素造成的；相反，对原因进行的调查则相对复杂。首先，调查者必须确定实际获得的各种物理条件，如果有的话，从中找出导致现象产生的必要条件。如果观察到了三个条件，首先，必须先进行一组实验，将所有条件包含在内，以便确定这些条件是否必然会导致既定的现象产生；其次，将这些条件两两分组，进行三组实验；再次，每个条件单独一组，进行三组或多组实验；最后，我们仍有必要在三个条件都不存在的情况下，再做一组实验。总之，当有三个条件时，必须进行八组实验。如果涉及四个条件，则需进行十六组实验：一组含四个条件的实验、四组含三个条件的实验、六组含两个条件的实验、四组含一个条件的实验以及一组不含任何条件的实验。当只有一个条件时，则最多进行两组实验，并且每增加一个条件，实验次数就增加一倍。如果有 10 个条件存在，就需要 1000 多组实验来完全验证所有可能产生的结果。显然，如果每次调查都真的需要耗费如此巨大的劳动力，物理学的发展将举步维艰。幸运的是，我们无须如此——以往的经验和自然的本能指明了真理存在的方向，因此实验者往往能走上一条通往终点的捷径。

15. 采用合理的假设，是减少实验者工作量的一个重要手段——当已知某些事实后，就其解释提出一个假设。

一个给定的假设能够解释的现象越多，被证实的可能性就越大。只有当事实不完全符合假设时，才必须修改假设。但当修改后的假设在实验过程中仍不成立，需要反复修改时，是时候放弃旧的假设，重新寻找另一个更为合理的了。一个好的假设必须可以解释所有事实，以阐明构成这些事实的原因，并与其他已知和未知的事实相吻合。到了这里，假设成立，我们习惯上称它为一种理论。最重要的是，一个成功的理论应当可以预测未知的事实。

有时，一些已知的事实可以用不同的理论来解释。一种理论可能会比另一种理论更易于解释某些现象，也有可能比另一种理论更难以解释某些现象。研究者必须尽可能研究清楚这两种理论之间的逻辑联系。并且，我们通常会发现，在一个或多个点上，不同理论得出的结论会完全相反。此时，必须介入实验，以确定哪种结论是正确的，从而决定在这些点上，应该采取哪种理论。这一实验研究被称为关键性试验，对有关光和热的理论进行的实验就是显著的例子。

当今①物理学研究的趋势是对所有现象的成因进行动力学解释，并发现可以在物质和能量层面上解释所有纯物理现象的理论。

① 本书出版时间为 1892 年。

数学理论是一门重要的学科，在这门学科中，基本假设的数学结果是通过严格计算得到的。当假设为已知事实时，得到的理论结果往往严格成立；但在陈述这里的理论时，我们须谨记：我们拥有的所有知识只是近似于真相。在寻求真理的路上，我们往往被自身的感官和仪器的缺陷所限制，所以“严格成立”仅仅意味着我们无法探测到所得结论与真相之间的偏差。引力理论就是如此，它为我们提供了一个有关科学预测的绝佳例子——根据天王星的不规则运动轨迹，英国天文学家亚当斯和法国天文学家勒维叶预言了海王星的存在，以及其在太阳系所处的位置。

其他数学理论只有部分实验基础，例如，热的动力学理论或光的波动理论。同样，我们也有可能根据某物体运动的现象发现数学理论；但我们可能不知道到底是什么在运动，或者运动是如何传播的，比如热传导理论和电动力学理论。

随着知识的进步，理论必会止步——一部分理论会被推翻，彻底消失在学术长河中；而另一部分理论会被证实。

作为一种重要的科学方法，类比论证实质上是通过假设法实现的。当我们感知到不同物理系统或过程中存在相似性时，我们称这些物理系统或过程类似；当在任意一个系统中发现新事实时，我们通过类比，在其他系统中寻找类似之处。这一原则在实验工作中显得极为重要，因为它指明了一个可观的研究方向，避免了盲目、徒劳的研究；而且，类比论证的失败和成功一样具有指导性意义。声音和光的现象有许多类似之处，但声音没有类似于光的偏振现象，这是声音和光两者显著的区别之一。

另一个极为重要的辅助研究手段是稳定平衡的条件。这个条件可以表示为：在给定的物理条件下，系统处于稳定的平衡状态。当其中一个或多个条件产生任何微小的变化时，会引起其他条件相应的变化，系统就会偏离最初的平衡状态。（可以发现，这个说法确实给出了稳定平衡的条件。因为，如果其中一个变化导致了另一个变化，另一个变化又引发第一个变化，则后者又会导致前者变化，以此类推。所以，变化一旦开始，就会不断增大，换句话说，假定的平衡状态是不稳定的。）

这里有一个现成的例子——俯卧撑。手对身体增加压力，身体随即向上运动；当手掌支撑达到平衡时，此时，手对身体的压力减小。

另一个例子是水。在达到最大密度之前，水的物理性质（通常情况下）十分稳定；当温度升高时，在低于其最大密度点的温度下，水的体积收缩。因此，根据稳定平衡原理，我们可以断言，在低于其最大密度点的温度下，水由于受到压力而体积减小时，温度将会下降。还有一个例子是橡胶，突然拉长橡胶会使其变热；因此，对拉长后的橡胶进行加热会使其收缩。汤姆森先生通过实验证明这两个结果都是正确的，都遵循着热动力学理论。

16. 在所有观察中，无论是自然观察结果还是实验观察结果，都有极大概率会出现误差。观察不精确导致的结果很可能和观察方法的缺陷一样严重，但误差本身往往比较小。只有在选择的观察方法有极大失误时，大的误差才可能出现。为了消除误差，我们进行独立观察的次数必须足够多。每次观察时，我们不必期望结果会完全正确；但是，我们需要引入一个特定数值——或然误差，实际误差可能比或然误差大，也可能比或然误差小。如果每次观察的条件都完全相似，那么每次观察的结果的或然误差就会在同一水平。在这种情况下，我们取所有观察值的算术平均值，得到的结果就最有可能接近真实值。但是，如果每次观察的条件都不完全相似，每次得到的或然误差不同，则真实值可根据已知的实验条件来确定。如今，我们通常用最小二乘法来计算最优值。举一个简单的例子，我们以一个量 x 的三个独立观察值 $x=a$， $x=b$， $x=c$ 为例，且 b 的和 c 的或然误差分别等于 a 第 $1/n$ 次和第 $1/m$ 次的或然误差。如果我们现在把第二个等式和第三个等式分别乘以 n 和 m， 便可以得到 $x=a$， $nx=nb$， $mx=mc$， 其中每个等式右边部分的或然误差相同，同样，将第二个和第三个等式分别再乘以 n 和 m， 得到 $x=a$， $n^2x=n^2b$， $m^2x=m^2c$， 于是有

$$x = \frac{a + n^2 b + m^2 c}{1 + n^2 + m^2}$$

得到的值 x 为最初三个等式误差平方和的最小值。如果等式中有两个或多个量存在误差，我们可以用同样的方法来计算最优值，因为实际观察到的数据往往会比未知量要大。

除了观察误差外，实验过程还可能存在另一种误差，导致结果总是要么太大，要么太小。这种误差通常是由仪器或所采取的观察方法引起的，称为仪器误差。仪器误差可能因不同观察者而异，此时需要校正的误差被称为"人为误差"。当只需要一个量在不同情况下的比较值时，这种误差往往对每个值产生相同的影响，因此可以忽略不计。但是，一般来说，人为误差必须通过改变仪器、更换观察者、改变观察方法，并结合上述多次观察结果来排除。

17. 在物理学调查中，我们经常需要调查一个量变化后导致的后续另一个量的变化。物理实验也会照此特点设计，以便记录两个量的连续变化，例如利用自记温度计和类似仪器进行的实验；以及相同时间内，水位在两个垂直玻璃板（参见第 122 节）之间楔形空间中的连续升降情况。但是，多数情况下，我们会单独进行几次实验得到几个不同的结果，每次实验都记录下两个量在某个点上相对应的确切值，并根据这些对应的值来找出两个量的大致变化规律；或者，更确切地说，一个和事实近似的定律。这种近似意味着精确，即由定律代入中间值计算出的结果，即使略微大于观察误差，也应与实验得出的结果较为接近。这种关系被称为经验定律，表达经验定律的公式被称为经验公式。

$$y = a + b(x - x_0) + c(x - x_0)^2 + \cdots$$

经验公式通常足以用于表示许多实验结果的近似值。当 $x = x_0$ 时，常数 a 为 y 的观察值；常数 b 、c 等值通过含已知的 x 值和 y 值的上述一系列特定方程计算得出，通常需要最多三组数据。例如，代入 x 和 y 的精确观察值，以上公式可表示为：

$$y = 1 + 2(x - 1) + (x - 1)^2$$

或 $y = 9 + 6(x - 3) + (x - 3)^2$ 等。

如果我们通过 n 次实验，获得 n 组相对应的 x 值和 y 值，根据（拉普拉斯给出的）经验公式，则有

$$y = \left[\frac{y_1}{x - x_1}\frac{1}{(x_1 - x_2)(x_1 - x_3)\cdots(x_1 - x_n)} + \frac{y_2}{x - x_2}\frac{1}{(x_2 - x_1)(x_2 - x_3)\cdots(x_2 - x_n)} + \cdots\right](x - x_1)\cdots(x - x_n)$$

显然，当 $x = x_1$ 时，$y = y_1$，依次类推，可列出所有观察值。

当每个不同的 x 值，都有一个 y 值与之对应，以上关系可以用符号方程表示为：

$$\overline{m + n} = \overline{m} + n\Delta\overline{m} + \frac{n(n - 1)}{2}\Delta^2\overline{m} + \cdots$$

式中，$\overline{m}$ 为 y 的数值，代表第 m 次测量的结果；$\Delta\overline{m} = \overline{m + 1} - \overline{m}$；$\Delta^2\overline{m} = \Delta\overline{m + 1} - \Delta\overline{m}$；$\Delta\overline{m}$ 为 y 观察值的一阶差分；$\Delta^2\overline{m}$ 为 y 观察值的二阶差分。比如，赋 x 值为自然数，y 值为对应 x 值的平方。根据以下列表：

x	1	2	3	4	5	6	7
y	1	4	9	16	15	36	49
Δy	3	5	7	9	11	13	
$\Delta^2 y$		2	2	2	2	2	

按照上述方程，y 的第六次观察值为 $\overline{6} = \overline{3 + 3} = \overline{3} + 3\Delta\overline{3} + 3\Delta^2\overline{3} = 9 + 3 \times 7 + 3 \times 2 = 36$；或 $\overline{6} = \overline{4 + 2} = \overline{4} + 2\Delta\overline{4} + \Delta^2\overline{4} = 16 + 2 \times 9 + 2 = 36$；等等。

当每次的观察值足够接近时，以上公式能帮助我们找到相对精确的中间值，也能在短时间内找到实验范围以外的所有近似值；但是，如果数值过大，根据公式推导出的结果也会与真实值相去甚远。

有时，与其寻求经验公式，我们不如绘制一条曲线，其横坐标表示给定

量的任意值，纵坐标表示观察量的数值变化。由于观察误差，我们得到的点不会位于一条平滑的曲线上，而是一条自由地穿过这些点的曲线，曲线两边的点数大致相同。这样一来，我们得到的数值就会更加精确，并且比实验结果更接近于事实。这种方法被称为图解法，并且被实验者大量运用。例如，单摆振动周期的平方与摆长成正比。因此，如果我们用横坐标表示长度，用纵坐标表示振动周期的平方，我们会得到一条穿过原点的直线。基于实际实验结果，我们绘制出图 1。可以看出，虽然图 1 中各点与直线的一致性很好，但我们所选取的这些点只分布在较小的区间范围内，因此缺乏代表性。直线有一定的倾斜角度。由于不同结果的一致性较高，我们可以推断出观察误差较小；然而，直线的倾斜度与理论不一致，说明实验过程中一定存在仪器误差。如果在重力值大不相同的地球各地进行一系列实验，我们应该能得到一系列穿过原点的直线，但它们都会以不同的角度倾斜。这些曲线都可以看作

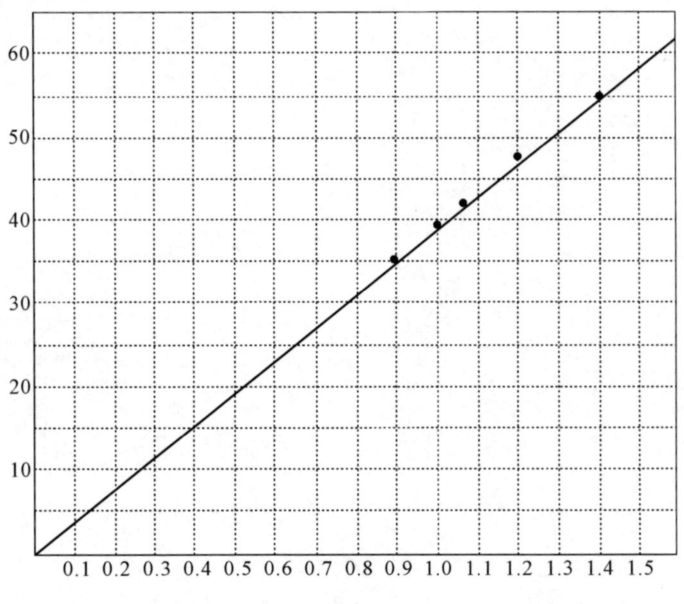

图 1

一个曲面的轮廓，这个话题在物理学上具有重要意义，值得我们在下一章单独讨论。

通常，用图解法得到的曲线形式，都意味着一个合理的经验公式存在。

第 3 章　等高线理论及其物理学应用

18. 当我们了解了测量一个量需要使用什么单位，以及如何使用这些单位时，我们就可以完全了解这个量的性质。比如，速度的单位涉及长度单位和时间单位；加速度的单位涉及长度单位和时间单位的平方。但涉及扩张时，我们只需考虑长度单位。通常，我们将它所受的力在三个方向进行分解，因此最多从三个空间的维度考虑扩张的长度。一条直线只有一个空间维度。一个确切的数字和适当的标志，才能指明直线上两点的相对位置。一个平面有两个维度，要确定平面上一点的位置，需要参照它到从平面上另外一点出发的两条定向直线的距离。因此，地球表面上的一个点在我们口中有了东南西北之分。三段有向直线可以决定两个点在空间中的相对位置，即通过点到三条有向直线的相对距离，可以判断出该点在空间所处的位置。因此，我们谈到固体时，总涉及长度、宽度和高度。

需要注意的是，有时，我们可能用不了三个长度作为说明物体位置的前提条件。当已知的一个条件为长度时，其他条件可以为角度。例如，与其给出一个山峰的方向或高低，不如给出这个山峰和另一个山峰之间的距离、相对高度和方位角。

具有恒定特性的平面与实体曲面的交线称为等高线。采用等高线绘制的军用地图就是一个很好的例子。地图上所有的线都是一个平面和地球表面的交线，且此平面上所有的点都处于相同的海拔高度上。军用地图很好地反映了地球表面各地的海拔高度和经纬度等情况。随着线数的增加，地图反映的信息也越来越详细。换句话说，等高线使我们能够用一个平面来表示三个量的相互关系。

这就说明了等高线理论对物理学的重要意义。因为，当根据某物体已知的三个属性完全掌握其物理状况后，我们就可以建造一个表面实物模型来呈现该物体所有可能出现的情况，就像我们可以根据经纬度和海拔高度来构造一个地球表面模型一样。

19. 我们可以对以上概念进行扩展。一般来讲，n 维物体和 $n+1$ 维参照物相交的等高线，就是 $n+1$ 维参照物中具有恒定值的某些量点与 n 维物体的交集。因此，这个等高线具有 $n-1$ 个维度。

由于 n 维以下的物体也可以向 $n+1$ 维扩张，我们需要做进一步研究，以便将物体向 $n+1$ 维扩张时在所有正维度的等高线（最多有 $n-1$ 维）囊括进来。实际上，我们也应该考虑 $n+1$ 维空间中的 n 维等高线。因此，在一般空间扩张中，等高线可能为点、曲线和平面。曲线的等高线是点；平面的等高线是曲线；三维物体的等高线是曲面；四维物体的等高线是三维物体；以此类推。

四维物体以及 n 维物体扩张的性质可以用数学的方法来研究，但由于缺乏经验，我们难以想象这种扩张的性质。

20. 通过等高线法，曲线的性质可以用仅由直线组成的图表来表示。我们可以使一条给定的曲线与多条曲线相交，每条曲线上的一些量为定值，然后将相交的点投射到任意一条直线上。

首先，我们想象一条平面曲线。为方便起见，将其所在的平面用从同一原点出发并互相垂直的两个坐标量 x 和 y 来表示，并设给定曲线的方程为 $f_n(x, y)=0$，其中后缀 n 表示方程的阶数。与之相交的多个曲线方程中，某个值为常数，记作 c，于是方程可写为 $\phi_n(x, y, c)=0$，但这些方程的 c 值各不相同。我们可以举一个特殊的例子，假设这些曲线为半径不同的圆弧。

同样，我们有一系列平行于 x 轴的直线，方程记作 $\phi_1(y, c) = 0$。这是目前我们想到的最简单实用的例子。图 2 和图 3 中的曲线分别与多条平行于 x 轴的直线相交，交点被投射到两条坐标轴上，并用 x 和 y 轴上对应的数字来表示。如果曲线是连续的，则在两个 y 值相同的 x 区间内，y 存在最大值或最小值。在这个区间内，如果随着 x 增大，y 先增大后减小，则存在最大值；反之，如果 y 先减小然后增加，则存在最小值。y 值变化的剧烈程度用曲线上 y 值增量相同的两点在 x 轴上等高点的密集程度来表示；变化的方向（增大或减小）用随 x 增大、相同 y 值出现的顺序表示。

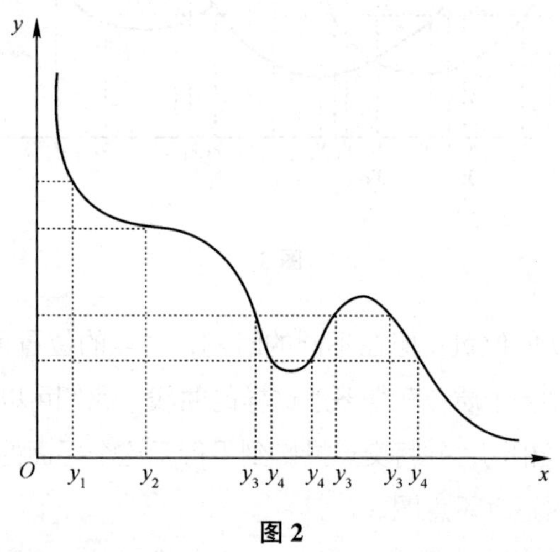

图 2

对于空间曲线，我们可以用含常量的平面与之相切，便于获取它在这些平面上的等高线。这些平面可以垂直于 z 轴，在这种情况下，这些平面上的等高线方程为 $f_1(z, c) = 0$。

显然，质点在空间中的位移可以空间曲线来表示。如果它在某一坐标轴（比如 z 轴）上运动的时间是已知的，我们只需要用一个方程为 ${}_1f_n(z, t) = 0$ 的平面与曲线相切，就可以知道该质点目前在空间曲线上的位置。在方程 ${}_1f_n(z, t) = 0$ 中，t 代表时间，${}_1f_n$ 为一个函数符号，表示函数 ${}_1f_n$ 是 z 的一阶方程以及 t 的任意阶方程。（这是一个必要条件，因为在给定的时刻，质点一

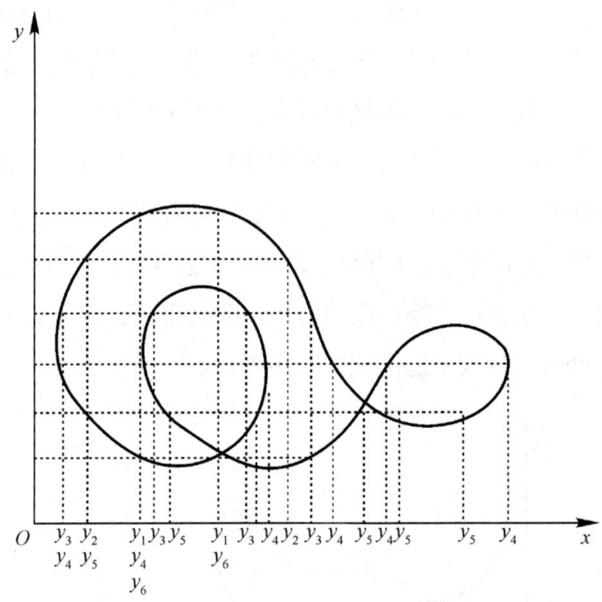

图 3

定会处于一个确切的位置；但在不同的时刻，质点的位置可能相同。）如果通过在空间中移动多个质点获得多条这样的曲线，我们可以通过用相同时刻的平面与这些曲线相切，并将交点投影到平行于这个平面的坐标平面上，得到这些质点的瞬时运动示意图。

很明显，一般来说，在某一时刻，每个曲线应对应不同的平面。用三线坐标来表示给定时刻质点的位置，可以有效避免我们要研究的问题复杂化。如果曲线与任意平面相交，则将交点在这一时刻到平面上三条相交直线距离所在的直线记作 x 、y 、z 坐标轴。根据这个平面到与之平行的已知固定平面的距离，可以推测出目前的时间。

在这个坐标系中，用来描述质点位置的曲线通常并非质点在空间中运动的实际曲线；但是，通过以上方法得到的示意图，可以同时显示所有质点在所有时刻的坐标值。而在笛卡尔直角坐标系中，如果没有曲线在所有坐标平面上的投影，我们就无法实现这一点。尽管它与参考图中的三角坐标系有所

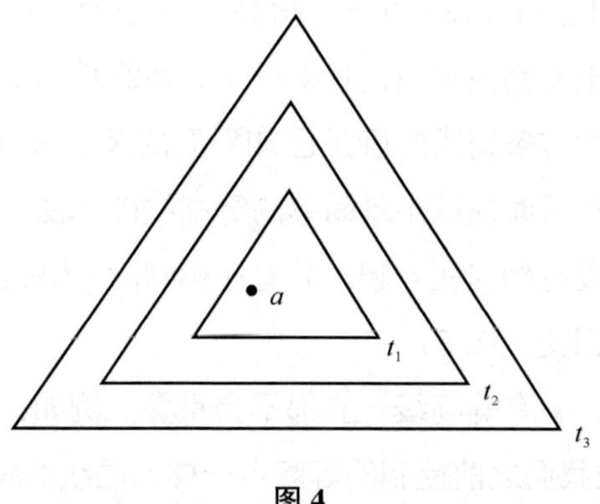

图 4

相似，但两者坐标轴的数目并不相同。为了表示出坐标值的变化，必须引入新的坐标轴。在图 4 中，三个三角形相似且距离相等，原点 a 位置固定，因此，该图可以表示质点在空间中的线性运动。总之，要表示单独每个质点的运动，必须有一组不同的三角形。

借助于此坐标系，我们可以绘制出一定时间内质点的总位移图（参见第 5 章第 40 节）。将单位时间内第 $1/n$ 段（n 为无穷大）位移放大 n 倍，即可得到运动速度示意图。类似地，加速度和力的示意图可以用类似的方法来表示。得到的速度、加速度、力等曲线无疑会与表示质点位置运动的原始曲线不同。只有当表示速度时，得到的图像（参见第 5 章第 48 节）会与参考图中三线坐标系上的原始曲线有所类似。

至于空间曲线的另一个用途，我们需要考虑两个量：x 和 y，两者满足方程 $y^2 = ax$，于是有 $y\mathrm{d}y/\mathrm{d}x = a/2$（参见第 4 章第 30 节）。我们可以把 $\mathrm{d}y/\mathrm{d}x$ 当作第三坐标量，从而得到一条空间曲线。例如，如果 y 表示物体在重力影响下由静止状态下落的时间，x 表示物体距离最初静止状态的相对空间位置，则速度可以用第三坐标量的倒数表示。

21. 如果与曲线相交的任何平面都与（x，y）的平面平行，并且所有交点映射在 $z=0$ 的平面上，显然这样得到的等高点将位于一条直线上。同时，相交的平面个数越多，距离越近，这些直线的比例就越精确。曲线上的所有点都会连续不断地映射到平面 $z=0$ 上，得到的线可以看作平面 $z=0$ 与图示柱状面上从已知曲线出发到该平面，且平行于 z 轴的线的交线。这符合我们对等高线的定义，因为这条交线的确是已知平面的某条线被映射到 z 为定值 0 的平面上形成的。柱状面提供了最简单的等高线图示法。所有的等高线都呈现在这张图上，却没有相交在一起。只有在相同的 x 和 y 坐标上出现不同的 z 值时，等高线才会相交（图 5）。

在非柱状面上，所有等高线一般都不会重叠。例如，半球的等高线是同心圆（图 6）。就像我们之前提到的等高点一样，曲线的斜率由曲线上 y 值增量相同的两点在 x 轴上等高点的密集程度来表示，因此，采用等高线时，表面斜率由曲面上 z 值增量相同的两条线在平面 $z=0$ 上等高线的密集程度来表示。半球的半径越大，等高线越密集。

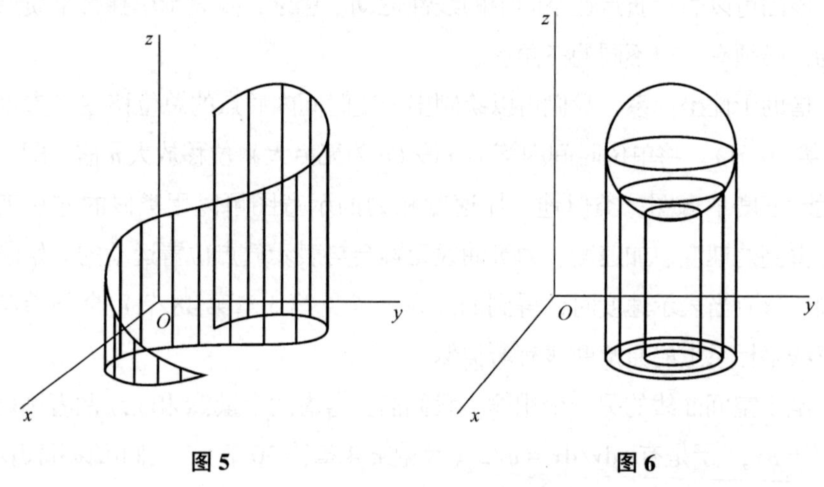

图 5　　**图 6**

正圆锥体的等高线也是同心圆，但高度增量相同时，等高线之间距离相等。

22. 某些曲面的等高线可以表示它们的某些物理性质，比如某一曲面的方程为

$$z = \frac{4\pi^2 y}{x}$$

如果 y 代表单摆的长度，而 x 代表单摆振动周期的平方，则 z 代表重力加速度的值。曲面（图 7）显然可以由一条与 z 轴相交并垂直于 z 轴的直线运动而产生。直线以恒定的速率沿 z 轴运动，并绕该轴匀速旋转，则等高线（在垂直于 z 轴的平面上）为穿过原点的直线。随着直线的运动，等高线与 x 轴之间的夹角也会越来越小（参见第 2 章第 17 节）。

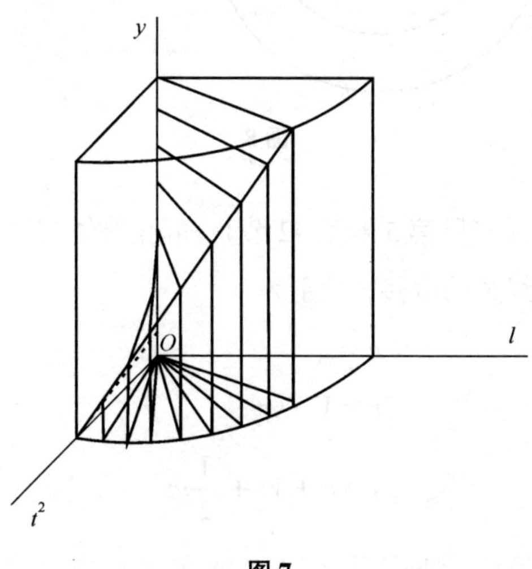

图 7

同时，等高线形成的圆的本征方程为

$$s = a\phi$$

其中，a 为半径，ϕ 为矢量半径和初始等高线之间的夹角大小。因此，我们得到一个渐开线的本征方程：

$$s' = \frac{a}{2}\phi^2$$

该渐开线在等高线位置与圆相交，s' 为该交点沿渐开线到某点的距离。如果 a 为运动物体的质量，ϕ 是它的速度，s 和 s' 则分别代表它的动量和动能。图 8 中所画的两个圆及其渐开线满足上述条件。这些曲线可被视为一个正圆锥体和一个曲面的等高线，且该曲面上平行于圆锥底面的任意曲线，都为圆锥体被平行于圆锥底面的平面切割形成的圆的渐开线。

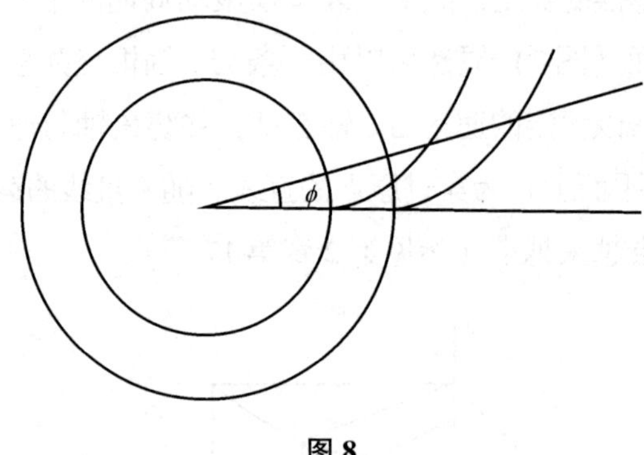

图 8

根据已知方程（参见第 5 章第 42 节），静止物体在重力作用下下落时的加速度、速度以及经过的位移，分别为

$$a = g$$

$$v = V + gt$$

$$s = c + Vt + \frac{1}{2}gt^2$$

我们也可以用这些量来表示上文中曲面的等高线，t 代替之前方程的 ϕ，g 代替 a，得到的新方程不难理解。

同样，在由两种不同金属组成的热电电路（参见第 28 章）中，根据两种金属的温度特性差异，电动势用公式表示为

$$E = a + bt + ct^2$$

热电功率可用公式表示为

$$e = b + 2ct$$

因此，这些量也可以用来表示类似的曲面。

23. 日常生活中，我们最熟悉的等高线几乎都是与地球表面平行的截面形成的。地图上的海岸线就是这样一条等高线。地图上标明海拔以上或以下

高度的同一数字表示等高点。当这些点足够接近，能够绘制成连续曲线时，我们得到在同一高度上的地形轮廓，就如军用地图所示。这样的一条轮廓与同一水平面上的等高线十分吻合。由于地球并非完美的球体，以及自转等原因，它们并不会完全重合。但在这些同一水平面上的等高线处于同一海拔高度的情况下，只要地图所示区域于整个地球表面来讲相对较小，两者就不会产生明显的误差。做自由落体运动时，物体落到同一水平线上任意一点，获得的动能大小都是一样的。

假设地球被完全淹没在水面以下，我们生活在水平面下的一片洼地上。如果我们进一步假设水会被地球的固体物质慢慢吸收，这样就会逐渐形成一片高地，最后我们将只有一片高地。在高地形成之前，水面上会先出现一个山头；当水从洼地下沉时，洼地会出现一个最低点。

高地和洼地由两种方式出现，它们的数量也可以不同。当水量变少时，两片高地可能会连接。它们之间的第一个连接点被称为山口（见图 9：P_1、P_2 等）。同样，一片高地可能会形成一条狭长的山脉，将一片洼地一分为二。这时，高地和洼地之间的第一个连接点被称为谷底（B_1、B_2 等）。在谷底处，原先的等高线在洼地处会出现多个闭合的分支。因此，I_4 处的闭合曲线其实是等高线 UV 的一部分。这样在国家的地图上，一个 8 字形曲线（凯利教授称其为外环曲线）的节点上会出现一个山口，一个内环曲线的节点上会出现一个谷底。在图 9 中，如果 P_3 表示山口，B_3 表示谷底，则该地图上显示的是内陆盆地，因此，在该国家地图中，山口会用内环曲线的节点表示，谷底对应外环曲线的节点。如果我们用同一种曲线节点表示山口和谷底，则需要在移动（静止）地表区域的同一侧记上记号。

特殊情况下，两片高地汇合时可能会出现多个连接点。此时，我们只将其中的一个看作山口，其余则为谷底。有时，两片以上高地汇合，连接点会以不规则的形式同时出现，比如二山口、三山口等。类似地，也可能出现多个谷底。

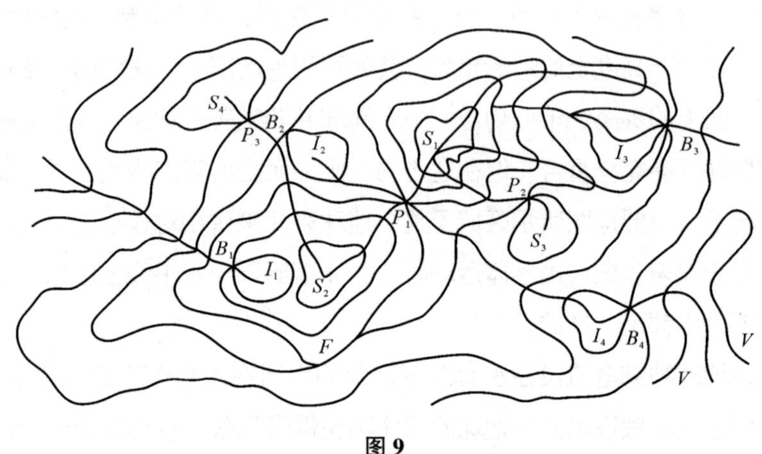

图 9

一个山口形成之前，必须有两个山头，此后每多一个山口就多一个山头。因此，山头的个数总会比山口的个数多一个，谷底也是如此。

示坡线与等高线相互垂直。很明显，一个地段的陡峭程度可以通过等高线的密集程度来判断。地图上有两种重要的示坡线——一种示坡线从山头延续到山口，另一种示坡线从山口延续到谷底。前一条示坡线上不可能存在谷底，代表流域；后一条示坡线上不可能有山头，代表水域。

垂直的悬崖峭壁由连在一起的两条或两条以上相邻等高线用 **F** 表示，凸出的悬崖峭壁则用加粗的等高线来表示。

24. 在上文中，我们用单个面来表示某物体三个量的物理状态。其实，我们可以用类似的方法，根据物体表面的等高线，来推测该物体某种变化的本质属性。让我们举一个特例——水性物质的热力学性质，即体积、压强、温度、熵和能量等状态（参见第 25 章）。如果我们用其中的任意三个量来构造一个曲面，那么其中两个量则可以根据曲面上任意点的等高线来计算。在詹姆斯·克莱克·麦克斯韦（James Clenk Maxuell）建立的曲面模型中，不同坐标轴分别表示测得的体积、熵和能量，三者的关系在他提出的“热理论”中加以解释和计算。模型中的曲面直接表示体积、温度和压强。首次对这一曲面模型进行研究的是詹姆斯·汤姆森（James Thomson）教授。

假使曲面与一个恒压平面 P_1 相交，我们会得到一条等压线，其大致性质如图 10 所示：在低温下，物质为固态，体积很小；随着温度升高，物质膨胀，体积变大，然后液化，体积随温度升高而减小，直到完全液化。此时，物质的温度随体积减小而升高，直到达到物体的最大密度点；之后，物质体积变大，温度不断升高达到沸点，在这个阶段，物质体积迅速增加，而温度不变，直到完全气化；在气态时，物质体积随温度升高而增大。当压强（P_1、P_2 和 P_3）较小时，等压线几乎平行，但 P_2 和 P_3 对应的等压线要高于 P_1，原因是在一定的温度下，体积随着压强的减小而增大，熔点随着压强的增大而降低，沸点随着压强的升高而升高。而压强减小时，熔点和沸点不断接近，最后重合。如果压强低到一定程度，物质就可以直接从固体变成气态。图 10 中的直线 *AB* 表示三相点温度，指物质的三相（气相、液相、固相）可以在平衡状态下共存的温度。随着压强的升高，气化速度减缓，直到最后（图中 *C* 段）完全停止，此时的温度称为临界温度。液化过程也存在一个临界温度。也就是说，在临界温度以下，无论压强如何变化，熔点始终

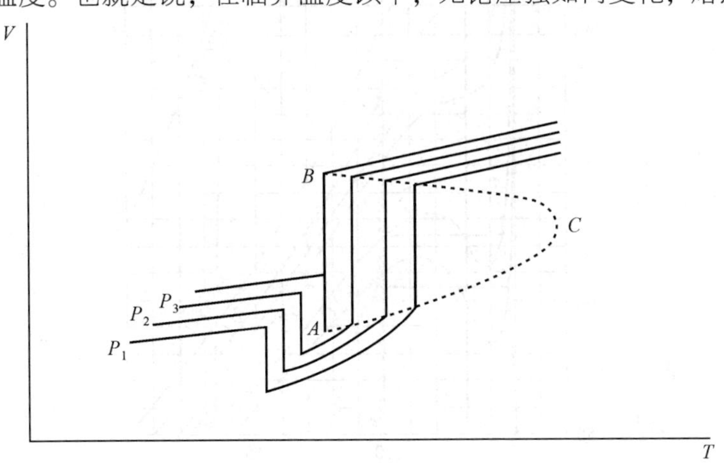

图 10

不变。

如果用一个恒温的平面与这个曲面相交，我们得到的等高线就被称为等温线。如果温度高于三相点温度，但低于临界温度，增加压强会使气态物质体积减小，开始液化，此时，保持压强不变，气态物质的体积不断减小，直到完全液化；之后，体积每减少一点都需要压强大幅增加。图 11 给出了两条这样的等温线（非水性物质，见第 23 章第 278 节）。温度在三相点以下时，物质介于气态和液态之间。随着压强的增加，物质体积减小，达到升华点。此时，压强不变，物质体积减小，直到完全凝固。接下来，物质体积随压强增加逐渐减小，开始液化。然后，保持压强恒定，物质体积减小，直到

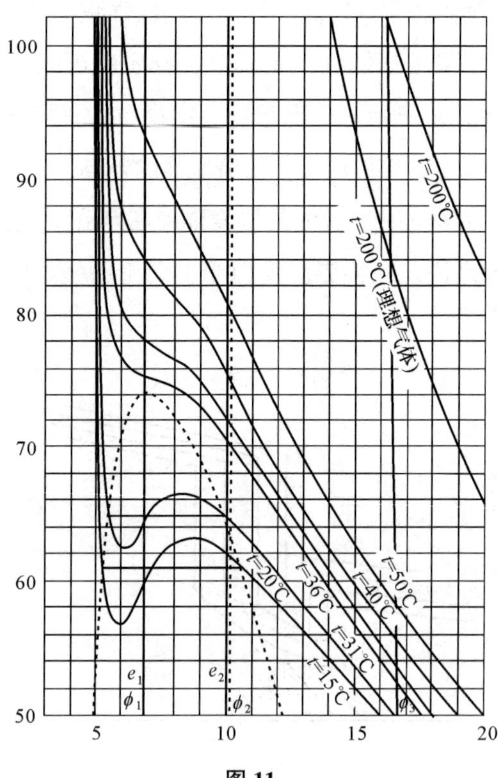

图 11

完全液化；之后，随着压强升高，物质体积再次缓慢减小。因此，在三相点温度处，两条等温线会相交。如前所述，三相点压强处于两条等压线之间的过渡处，压强更高时，液态将会消失。临界温度以上的等温线情况如图 11 所示。正如詹姆斯·汤姆森教授所言，在临界温度以下，等温线不会出现平行于体积轴的部分，而会呈现出波浪形，如图 11 所示。由于压强和体积一起增加，波浪线的一部分代表物质处于不稳定的状态。詹姆斯·汤姆森的这一提议避免了我们绘制出错误的不连续曲线。

e_1、e_2 为等能量线，ϕ_1、ϕ_2 和 ϕ_3 为等熵线。

25. 只有当温度恰好与图表中的某个等高线或等高点对应时，我们才能据此信息准确找到压强和体积的关系。引入三线坐标系可以消除这一缺陷，甚至可以表示出第四个量的变化。为了说明这一点，我们可以拿理想气体进行分析，于是有方程

$$pv = Rt$$

其中，p、v 和 t 分别表示压强、体积和温度，R 值在不同气体之间存在差异。图 12 中给出的三角形为等边三角形。某点到三条边距离之比为温度、压强和体积之比。图 12 中显示了不同能量值 R 的等高线，方程式显示这些

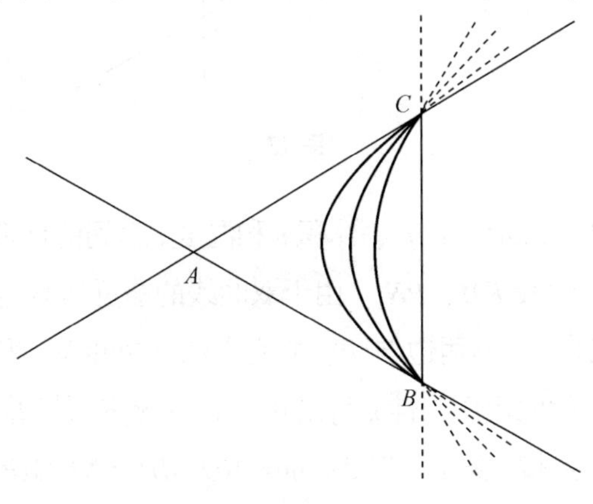

图 12

等高线为具有垂直轴和水平轴的双曲线。双曲线在三角形之外的部分没有任何物理意义，因为在这种情况下，压强、体积或温度（其中两个或全部）为负，理想气体将不再处于气态。显然，任何气体的压强、体积和温度曲线都是连续的。

当然，在求某个坐标量的绝对值时，我们必须使用它表示的方程。当我们使用笛卡尔直角坐标系时，却不必如此。

显然，图 13 是由平行于该图的平面与曲面相交所形成的等高线，对应的 R 值为 0。当 R 为 0 时，双曲线变成与参考三角形的边 AB、AC 重合的两条直线；当 R 无穷大时，边 BC 成为双曲线的一部分。所有穿过 B 点和 C 点且垂直于该图平面的线都位于曲面上，并将曲面上代表气体真实物理状态的部分与其他部分分开。在三角形外部，曲面明显会高于纸面。

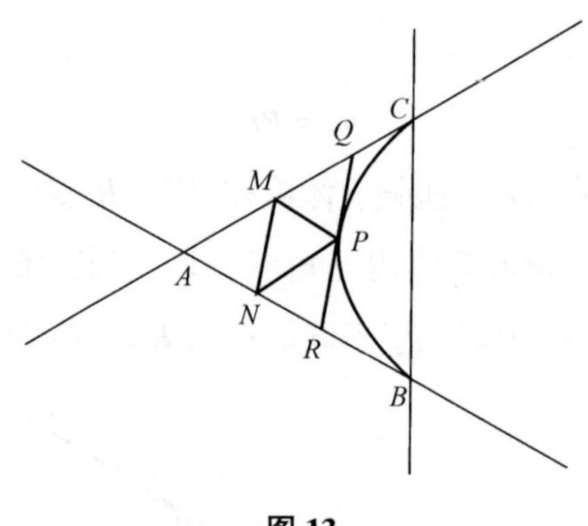

图 13

R 值已知，P 点表示压强 p 、体积 v 和温度 t 之间的合理比值，分别画出与 AB、AC 平行的线段 PM、PN。由于双曲线的渐近线与这些边平行，因此 P 点切线与 P 点到三角形两边与切线的交点的距离相等。因此，$AM = MQ$，$AN = NR$。理想气体的可压缩性 k 可由 dv/vdp 的比率来推算，其中 dv 随压强 dp 的微弱变化产生体积变化。但 $dv/dp = MQ/MP = NP/MP = v/p$，因此 $k = 1/p$，即理想气体的压缩性为压力的倒数。用同样的方法，可以证明膨胀率与绝对温度成正比。

等温膨胀过程中所做的功也可以据图 13 计算得出。根据 P 点的位置，可以得出 p、v 和 t 三者的比值；但是，由于 t 为一个已知的常数，p 和 v 的实际值也已知，因此 $PN(p\operatorname{cosec}\angle BAC)$ 为 v 的已知函数。如果点 P 移到 P'，则 $PNN'P' = \int PN\mathrm{d}v = \operatorname{cosec}\angle BAC\int p\mathrm{d}v$ 区域代表做功的已知倍数。

26. 等高线法在其他物理问题中也有广泛的应用。电流线和等势线可以看作某表面的等高线，电流的强度可以用穿过单位导线长度的等势线数目来表示。气流线、等压线、等温线和热流线等都属于矩形等高线系统。

第 4 章　变量

27. 尽管每一个量，无论性质如何，都有其大小，但绝对大或绝对小的量是不存在的。当我们谈到一个物体的大小时，我们指的是它相较于其他物体的大小。与一英寸（1 英寸≈2. 54 厘米）相比，一码（1 码≈91. 44 厘米）较大；与一英里（1 英里≈1. 61 千米）相比，它又很小。如果我们将一码换算成英尺，得到的数字会比将其换算成英里得到的数字大 6 万倍以上。因此，在对量进行阐释时，仅使用一个单一的数字是无效的，除非数字后面伴随着一个明确的指标，表明被测量的事物与之相比是多少。这一指标量称为单位，而表示给定数量中一个单位量出现的频数称为数值。

所有与动力学相关的量归结起来都取决于三个单位——质量（物质的量）、长度和时间。因此，物体运动的速度可以通过某段时间内经过的距离来衡量。速度与单位长度成正比，并与单位时间成反比。因此，将长度单位加倍，速度单位就会加倍，得到的任意给定速度数值总体上就会减半；而将时间单位加倍时，速度单位减半，给定速度的数值会加倍。同样地，加速度可以根据某段时间内速度的变化来测量。加速度与单位速度的变化成正比，与单位时间成反比；也就是说，它与长度单位成正比，与时间单位的平方成反比。以上任意量基本单位的组成方式都会对加速度的量度单位产生决定性影响。如果分别用字母 M 、L 和 T 代表质量、长度和时间单位，则速度和加速度的量度单位可以分别表示为 LT^{-1}、LT^{-2}， 能量的量度单位则可以用符号

ML^2T^{-2} 来表示。

28. 当两个量相互关联时，如果其中任意一个量的数值变化都伴随着另一个量的数值变化，则这两个量互为函数。如果一个量的一个数值对应另一个量的唯一一个值，则另一个量为这个量的单值函数，而如果一个量的给定数值对应另一个量的多个值，则后者为前者的多值函数。例如，x^2+2x-8 为 x 的单值函数，因此，将 x 赋以任意值，通过此式得到的数值都是唯一的。另一方面，x 是 x^2+2x-8 的多值函数，因为将 x^2+2x-8 赋以任意值时，与之对应的 x 值大体上有两个。再比如，$\sin x$ 是 x 的单值函数，而 $\sin^{-1}x$（正弦为 x 的角）是 x 的多值函数。

这两个量之间的关系可以用分析方程或曲线来表示（如第 2 章第 17 节所示），一般表示为

$$y=f(x)$$

其中，y 值取决于 x，方程可以简单读作“y 是 x 的某个函数”。y 可以表示各种各样的函数，比如代数函数（$y=ax+bx^2$）、三角函数（$y=\sin x+\cos x$）、指数函数（$y=ax^2$）；在每种类型下，函数可以有不同形式，比如“幂级数”“切线积”等。

在以上方程中，x 的值可以随意变化，因此它被称为自变量，而 y 被称为因变量。

29. 若 x 值均匀变化时，y 值随之均匀变化，则无论增量大小，y 的任意增量与对应 x 的增量之商为常数。这意味着 y 与 x 成比例，或者与 $x+a$（a 为常数）成比例，比如 $y=kx+c$，其中，k 和 c 为常数。因此，当 x 值从 x_1 变为 x_2 时，我们得到 $y_1=kx_1+c$、$y_2=kx_2+c$，即 y 值从 y_1 变为 y_2，所以 $y_2-y_1=k(x_2-x_1)$，证明上述说法无误，因为 x_2-x_1 可能为我们赋予的任意值。如果我们分别用纵坐标和横坐标表示 y 和 x 值，则长度 OA 表示常数 c（图 14：x 值为 0 时，y 值等于 c），x 和 y 的对应值由直线 AB 上的点表示，而 k 为直线与 x 轴之间倾斜角度的正切值。因此，通过画图的方法，事实显而

易见。当 x 和 y 呈以上关系时，x 和 y 互为线性函数。

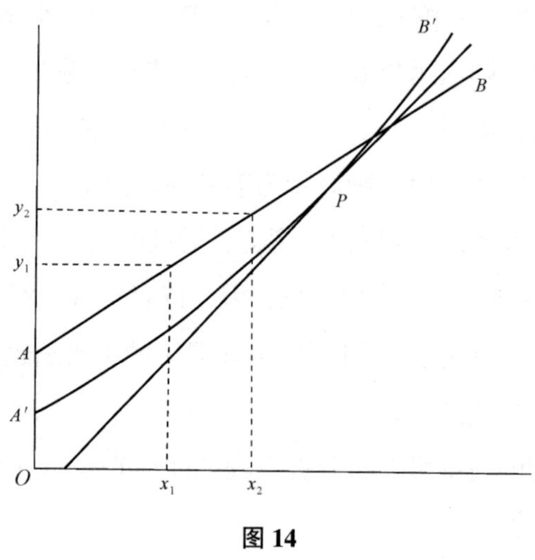

图 14

但当 y 非 x 的线性函数时，很明显，对应增量的变化率取决于具体增量的绝对值。在以上例子中，该比率可表示为当 x 变化时 y 变化的速率；而在这种情况下，这一变化的速率并不能代表实际变化的增量之比。这时，无论这两个量之间关系的性质如何，我们都应该有一种方法来求得真正的变化率，这极为重要。假设曲线 $A'B'$（图 14）表示 x 的函数 y，求 P 点 x 变化时对应 y 的变化率。在曲线上取另一点 P'，设 x' 和 y' 为其坐标值，则很明显，$y'-y$ 与 $x'-x$ 的比值代表的连接 P 和 P' 直线的变化率，并非真实的曲线变化率。当点 P' 越来越接近点 P 时，直线 PP' 与曲线的重合度会越来越高；当点 P' 与点 P 的距离接近到一定程度，直线与曲线之间的角度差越来越小，几乎无法通过肉眼观察；最终，当点 P' 与点 P 无限接近时，曲线和直线的变化率相同。因此，几何上，任意点的真实变化率等于在该点切线与 x 轴夹角的正切值；或者，解析上，当 $x'-x$ 的差值无穷小时，变化率等于 $y'-y$ 与 $x'-x$ 的比值。

此方法仅严格适用于量的变化率不存在突然变化的情况。但是，如果存在突然变化，我们可以将这种方法应用到突然发生变化的点，也可以根据需要，将其单独应用到变化以外的点。

当这些量无穷小时，我们通常用 dy 和 dx 代替 $y'-y$ 和 $x'-x$，因此符号 d 表示其前缀量的增量为无穷小（或通常称为“微分”）。一般来讲，dy/dx 是 x 的函数；因此，如果两者关系最开始满足 $y=f(x)$，我们通常用符号 $f'(x)$ 表示 dy/dx，并称 $f'(x)$ 为 y 对 x 的一阶导函数。类似地，令 $y=f'(x)$，我们可以以此类推得到 y 对 x 的二阶导函数 $f''(x)$。必须严格注意，dx 和 dy 与 x 和 y 一样，适用同一定律。

30. 现在，我们已经学会了求某些函数的变化率；接下来，我们将对其用途进行研究，首先是有理代数函数。

$$y = ax + b \tag{1}$$

a 、b 为常数。我们需要引入极限的一般符号，根据定义，$\lim\limits_{x'=x}$ 表示 $x'=x$ 时，其后缀的极限值，例如，当 $x'-x$ 的差值无穷小时，有

$$\frac{\mathrm{d}y}{\mathrm{d}x}=\lim_{x'=x}\frac{y'-y}{x'-x}=\lim_{x'=x}\frac{a(x'-x)}{x'-x}=a$$

所得结果与上文一致。

而在以下例子中，函数的常量不会在函数的导函数中出现。根据

$$y = ax^2 \tag{2}$$

得出：

$$\frac{\mathrm{d}y}{\mathrm{d}x}=\lim_{x'=x}\frac{a(x'^2-x^2)}{x'-x}=\lim_{x'=x}\frac{a(x'+x)(x'-x)}{x'-x}=2ax$$

而对于

$$y = ax^n \tag{3}$$

我们得到的结果是

$$\frac{\mathrm{d}y}{\mathrm{d}x}=\lim_{x'=x}\frac{a(x'^n-x^n)}{x'-x}$$

$$=a\lim_{x'=x}\frac{(x'-x)(x'^{n-1}+x'^{n-2}x+\cdots\cdots x'x^{n-2}+x^{n-1})}{x'-x}$$

$$= anx^{n-1}$$

$$y = ax^{\frac{m}{n}} \tag{4}$$

计算得：$y^n = a^n x^m$。

$$\frac{\mathrm{d}(y^n)}{\mathrm{d}x} = \frac{\mathrm{d}(a^n x^m)}{\mathrm{d}x}$$

$$\frac{\mathrm{d}(y^n)}{\mathrm{d}y}\frac{\mathrm{d}y}{\mathrm{d}x} = a^n \frac{\mathrm{d}(x^m)}{\mathrm{d}x}$$

$$ny^{n-1}\frac{\mathrm{d}y}{\mathrm{d}x} = a^n m x^{m-1}$$

根据公式（3），可得：

$$\frac{\mathrm{d}y}{\mathrm{d}x} = a^n \frac{m}{n} x^{m-1} \frac{1}{y^{n-1}}$$

$$= a\frac{m}{n}\frac{x^{m-1}}{x^{m\frac{n-1}{n}}}$$

$$= a\frac{m}{n}x^{m-1-m+\frac{m}{n}}$$

$$= a\frac{m}{n}x^{\frac{m}{n}-1}$$

由公式（3）和公式（4）可知，当 y 是 x 的正指数（整数或分数）函数时，可通过指数的加减运算法则得到其变化率。其实，这一规则也适用于 x 的负指数函数，如公式（7）。

$$y = ax^n + bx^m \tag{5}$$

$$\frac{\mathrm{d}y}{\mathrm{d}x} = \lim_{x'=x}\left[a\frac{x'^n - x^n}{x' - x} + b\frac{x'^m - x^m}{x' - x}\right]$$

$$= \lim_{x'=x}\left[a(x'^{n-1} + x'^{n-2}x + \cdots) + b(x'^{m-1} + x'^{m-2}x + \cdots)\right]$$

$$= anx^{n-1} + bmx^{m-1}$$

在以下例子中，我们将证明总函数的变化率等于各函数变化率之和。

$$y = uv \tag{6}$$

其中，u 和 v 为关于 x 的函数，根据

$$\frac{\mathrm{d}y}{\mathrm{d}x} = \lim_{x'=x} \frac{y' - y}{x' - x}$$

正如 dx 随 x 值变化时，dy 会随 y 值变化，du 和 dv 会随 u 值和 v 值变化，因此：

$$\frac{\mathrm{d}y}{\mathrm{d}x} = \frac{(u + \mathrm{d}u)(v + \mathrm{d}v) - uv}{\mathrm{d}x} = \frac{u\mathrm{d}v + v\mathrm{d}u + \mathrm{d}u\mathrm{d}v}{\mathrm{d}x}$$

但在分数的分子中，第三项为无穷小的量的乘积，数值比其他两项分子要小得多，几乎可以忽略不计，因此：

$$\frac{\mathrm{d}y}{\mathrm{d}x} = \frac{\mathrm{d}(uv)}{\mathrm{d}x} = u\frac{\mathrm{d}v}{\mathrm{d}x} + v\frac{\mathrm{d}u}{\mathrm{d}x}$$

换言之，两个量的总变化率可通过每个量的变化率相加求得。比如 x 的指数函数变化率 $x^m \cdot x^n$，可计算为

$$x^m \cdot nx^{n-1} + mx^{m-1} \cdot x^n = (m + n)x^{m+n-1}$$

计算结果与公式（3）一致。

如果在上述例子中，包含 u 和 v 的函数 y 为常值函数，有 $v\mathrm{d}u = - w\mathrm{d}v$。

$$y = \frac{u}{v} \tag{7}$$

令 $v = 1/w$，则 $y = uw$，于是得出：

$$\frac{\mathrm{d}y}{\mathrm{d}x} = u\frac{\mathrm{d}w}{\mathrm{d}x} + w\frac{\mathrm{d}u}{\mathrm{d}x}$$

但是，根据已知 $v\mathrm{d}u = - w\mathrm{d}v$ 且 $wv = 1$，有

$$\frac{\mathrm{d}y}{\mathrm{d}x} = w\frac{\mathrm{d}u}{\mathrm{d}x} - \frac{uw}{v} \cdot \frac{\mathrm{d}v}{\mathrm{d}x} = \frac{1}{v}\frac{\mathrm{d}u}{\mathrm{d}x} - \frac{u}{v^2} \cdot \frac{\mathrm{d}v}{\mathrm{d}x} = \frac{v\dfrac{\mathrm{d}u}{\mathrm{d}x} - u\dfrac{\mathrm{d}v}{\mathrm{d}x}}{v^2}$$

这就表明了两个函数之商的变化率。

如果 $u = x^n$、$v = x^m$，则：

$$\frac{\mathrm{d}y}{\mathrm{d}x}=\frac{x^{m}\cdot nx^{n-1}-x^{n}\cdot mx^{m-1}}{x^{2m}}=(n-m)x^{n-m-1}$$

同样地，如果 u 为常值函数，则：

$$\frac{\mathrm{d}y}{\mathrm{d}x}=-\frac{u}{v^{2}}\cdot\frac{\mathrm{d}v}{\mathrm{d}x}$$

因此，若 $y=ax^{-n}$，且 $a=u$ 、$v=x^{n}$，则：

$$\frac{\mathrm{d}y}{\mathrm{d}x}=-\frac{a}{x^{2n}}\cdot\frac{\mathrm{d}x^{n}}{\mathrm{d}x}=-\frac{na}{x^{2n}}x^{n-1}=-nax^{-n-1}$$

这表明公式（4）中提到的法则也同样适用于负指数函数。

在许多情况下，有关 x 的某些函数 u 与函数 y 的关系为已知，而 x 相对于 y 的函数关系可能为未知。代数的一般原理表明

$$\frac{\mathrm{d}y}{\mathrm{d}x}=\frac{\mathrm{d}y}{\mathrm{d}u}\cdot\frac{\mathrm{d}u}{\mathrm{d}x}$$

比如，对于函数 $y=(a^{2}+x^{2})^{\frac{1}{2}}=u^{\frac{1}{2}}$，可得：

$$\frac{\mathrm{d}y}{\mathrm{d}x}=\frac{\mathrm{d}(u^{\frac{1}{2}})}{\mathrm{d}x}=\frac{\mathrm{d}u^{\frac{1}{2}}}{\mathrm{d}u}\frac{\mathrm{d}u}{\mathrm{d}x}=\frac{1}{2}u^{-\frac{1}{2}}\frac{\mathrm{d}u}{\mathrm{d}x}=\frac{1}{2}u^{-\frac{1}{2}}\frac{\mathrm{d}(a^{2}+x^{2})}{\mathrm{d}x}=\frac{1}{2}u^{-\frac{1}{2}}\frac{\mathrm{d}x^{2}}{\mathrm{d}x}$$

$$=u^{-\frac{1}{2}}x=(a^{2}+x^{2})^{-\frac{1}{2}}x$$

31. 现在我们讨论下面将要用到的三角函数的变化率。

$$y=\sin x \tag{1}$$

$$\frac{\mathrm{d}y}{\mathrm{d}x}=\lim_{x'=x}\frac{\sin' x-\sin x}{x'-x}=2\lim_{x'=x}\frac{\sin\left(\frac{x'}{2}-\frac{x}{2}\right)\cos x\left(\frac{x'}{2}+\frac{x}{2}\right)}{x'-x}$$

但当 $x'=x$ 时，$\sin(x'-x)=x'-x$，此时变化率等于 $\cos x$。

在以上结果中，我们用 $x+\pi/2$ 代替 x，若

$$y=\cos x \tag{2}$$

$$\frac{\mathrm{d}y}{\mathrm{d}x}=-\sin x$$

同样，设

$$y = \sec x \tag{3}$$

另 $\cos x = u$，我们得到：

$$\frac{dy}{dx} = \frac{du^{-1}}{dx}\frac{du}{dx} = -u^{-2}\frac{du}{dx} = -\sec^2 x \cdot \frac{du}{dx} = \sec^2 x \cdot \sin x = \sec x \tan x$$

通过以上结果，我们可以推断，当

$$y = \operatorname{cosec} x \tag{4}$$

则有

$$\frac{dy}{dx} = -\operatorname{cosec} x \cot x$$

根据（参见本章第 30 节）公式（7）的结果，我们可以求得以下函数的导函数：

$$y = \tan x = \frac{\sin x}{\cos x} \tag{5}$$

结果为

$$\frac{dy}{dx} = \frac{\cos x \dfrac{d\sin x}{dx} - \sin x \dfrac{d\cos x}{dx}}{\cos^2 x} = \frac{\cos^2 x + \sin^2 x}{\cos^2 x} = \frac{1}{\cos^2 x} = \sec^2 x$$

同之前一样，用 $x + \pi/2$ 替换 x，根据

$$y = \cot x \tag{6}$$

推导出：

$$\frac{dy}{dx} = -\operatorname{cosec}^2 x$$

32. 利用几何图解来推导以上结果可能更具指导意义。如图 15 所示，在圆 APB 上取两个相近的点，点 P 和点 P'。记角 POA 为 θ，角 POP' 为 $d\theta$，假设圆的半径一致。

令 $OM = x$ 、$MP = y$，则 $NP' = dy$ 、$-NP = x$。设角 $d\theta$ 为无穷小（则 PP' 为直线），并用 PP' 和 OP 的比值来代表其大小；这样一来，与 PP' 相比，OP

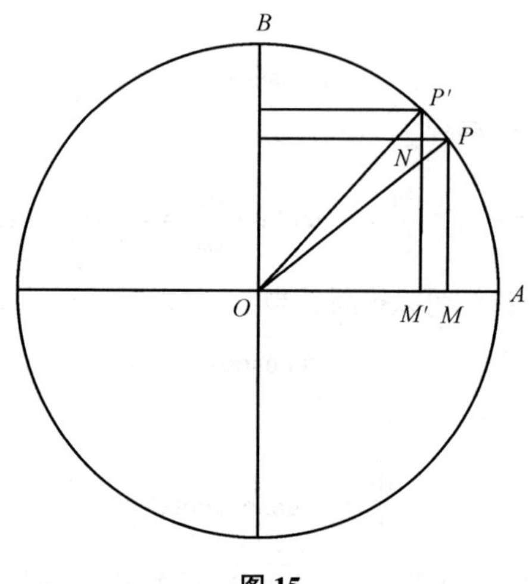

图 15

长度不变。同样，$NP'P=\theta$。因此 $NP'/PP'=\cos\theta=\mathrm{d}y/\mathrm{d}\theta$，且 $-NP/PP'=-\sin\theta=\mathrm{d}x/\mathrm{d}\theta$。而 $x=\cos\theta$、$y=\sin\theta$，所以：

$$\frac{\mathrm{d}\sin\theta}{\mathrm{d}\theta}=\cos\theta$$

$$\frac{\mathrm{d}\cos\theta}{\mathrm{d}\theta}=-\sin\theta$$

同样地，$\sec\theta=1/x$，因此，最终得出：

$$\mathrm{d}\sec\theta=\frac{1}{x+\mathrm{d}x}-\frac{1}{x}=\frac{-\mathrm{d}x}{x(x+\mathrm{d}x)}=-\frac{\mathrm{d}x}{x^2}$$

而

$$-\frac{\mathrm{d}x}{x^2}=\frac{1}{x^2}\left(-\frac{\mathrm{d}x}{\mathrm{d}\theta}\right)\mathrm{d}\theta=\frac{1}{x^2}\sin\theta\mathrm{d}\theta=\sec^2\theta\sin\theta\mathrm{d}\theta=\sec\theta\tan\theta\mathrm{d}\theta$$

类似地，如：

$$\mathrm{d}\tan\theta=\frac{y+\mathrm{d}y}{x+\mathrm{d}x}-\frac{y}{x}=\frac{xy+x\mathrm{d}y-xy-y\mathrm{d}x}{x(x+\mathrm{d}x)}=\frac{x\mathrm{d}y-y\mathrm{d}x}{x^2}$$

$$=\frac{\cos\theta\cdot\cos\theta\mathrm{d}\theta-\sin\theta(-\sin\theta)\mathrm{d}\theta}{\cos^2\theta}$$

$$= (1 + \tan^2\theta)\,d\theta = \sec^2\theta d\theta$$

33. 最后，我们来求变量的指数和对数变化率。

$$y = e^x \qquad (1)$$

$$\frac{dy}{dx} = \lim_{x'=x} \frac{e^{x'} - e^x}{x' - x} = \lim_{x'=x} \frac{e^x(e^{x'-x} - 1)}{x' - x}$$

然而，e 为纳皮尔对数的底。根据定义，当 u 值无穷小时，$(1+u)^{\frac{1}{u}}$ 的极限值为 e，因此我们可以将 e 记作

$$e = \lim_{x'=x}(1 + x' - x)^{\frac{1}{x'-x}}$$

因此，$e^{x'-x}$ 的极限值为

$$\lim_{x'=x}[\lim_{x'=x}(1 + x' - x)^{\frac{1}{x'-x}}]^{x'-x} = \lim_{x'=x}(1 + x' - x)$$

所以：

$$\frac{dy}{dx} = \lim_{x'=x} e^x \frac{(1 + x' - x)}{x' - x} = e^x$$

根据以上结果我们可以推导出导函数：

$$y = \log x \qquad (2)$$

根据函数，得 $x = e^y$，因此 $dx/dy = e^y$，所以：

$$\frac{dy}{dx} = e^{-y} = e^{-\log x} = e\log x^{-1} = \frac{1}{x}$$

反问题

34. 在前一部分，我们讨论了关于自变量的已知函数变化率的问题。在物理验证过程中，根据已知变化率求某个量的值等反问题，具有十分重要的意义。为了研究这一问题，我们需要将上文中的过程反过来进行。为了说明得更加清楚，我们举一个简单的例子 $y = x$。对于这一函数，dy/dx 为恒定的常数［参见本章第 30 节，公式（1）］。$y = x$ 的函数关系如图 16 所示，可见这一函数为平分角 xOy 的一条直线，过 $y = 1$ 的水平直线上的点可代表 dy/dx

的值。

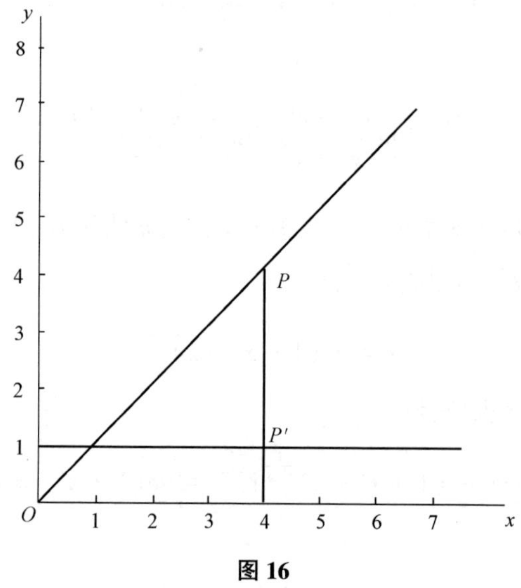

图 16

如果我们取直线 $y = x$ 上的任意一点 P，过点 P 作一条平行于 y 轴的直线，与代表 dy/dx 值的直线相交于点 P'，则明显矩形 OP' 含有 4 个面积单位，P 点的坐标值有 4 个长度单位，因此矩形 OP' 的面积等于 P 点的 y 值。

现在，我们在直角坐标系中画出两条曲线，一条代表函数 $y = f(x)$（图 17 中为一个圆的 1/4），另一条曲线代表其导函数 $y' = f'(x)$。后者的纵坐标值对应 dy/dx 值，也就是导函数的值。在导函数曲线上取相近的三点 P_1、P_2 和 P_3，曲线与坐标轴之间的面积大于类似 P_2x_1 的矩形面积总和，小于类似 P_1x_2 的矩形面积总和，两次的差值等于 P_1P_2 等矩形的面积之和。但是，随着 $x_2 - x_1$ 值越来越小，这些矩形的面积会越来越小，直到为零。也就是说，当 x_2 与 x_1 几乎重合时，P_1x_2 的面积无穷小，P_1P_2 则为更加小的量。与 P_1x_2 类似的每个矩形区域大小是 $y'dx$，其中 dx 表示 x 的增量无穷小时 y 的增量，而 $y' = dy/dx$，因此 $y'dx = dy$。因此，最后，矩形数目（随面积无限减少而无限增加）在给定的 x 值内达到极限值，数值等于这个 x 值在原曲线上对应的

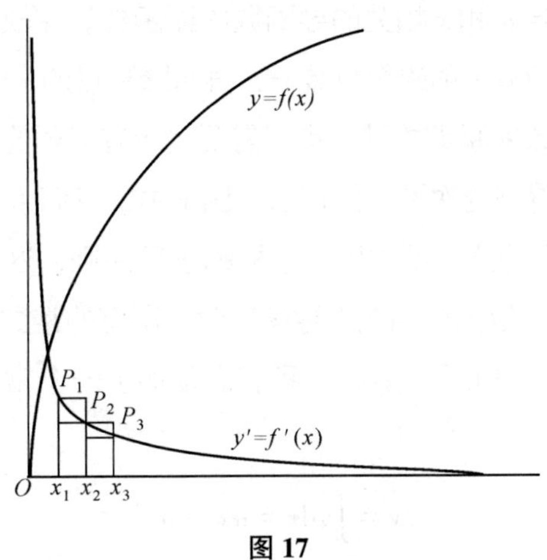

图 17

y 值。该值大体上可以用极限符号表示为 $\int y'\mathrm{d}x$。

这个量自身被称为 y' 对 x 的积分。也就是说，当 y' 为 y 对 x 的导函数时，y 为 y' 对同一变量的积分。为了使说法一致，我们统一称 y 为 y' 的“原始函数”。在数学分析上，由符号 $\int$ 和符号 d 表示的运算过程可以互相取消，因为

$$y = \int y'\mathrm{d}x = \int \frac{\mathrm{d}y}{\mathrm{d}x}\mathrm{d}x = \int \mathrm{d}y$$

在上式中，符号 d 表示差异无穷小；符号 $\int$ 表示无穷多个无穷小差异之和。实际上，积分符号是字母 S 的一种夸张的书写形式，表示总和 sum。

为求 y' 的积分，我们需要回答一个问题—— y' 作为 y 的导函数，究竟有什么么作用？为此，我们必须了解大量关于导函数的知识。

35. 现在，我们将举一些有用的例子，并按照与求导函数时相似的顺序对它们进行分析。

$$y = \int a\mathrm{d}x \tag{1}$$

我们只需写出与 a 和 x 相关的导函数的原函数。在根据原函数求导的过程中，我们需要将所有 x 项的次数减一，再将降幂后的 x 项乘以原先的次幂；因此，在根据导函数求原函数时，我们需要将所有 x 项的次数升一，再将得到的 x 项除以最后得到的次幂。但在这一例子中，我们可以推测 x^0 为导函数的一个 x 项，则 ax^0 为这一项的积分。根据求导法则，这一项的原函数项为 ax。必须注意的是，根据原函数求导函数时，所有的常数项都消失了［参见本章第 30 节，公式（1）］；所以，我们必须加上一个常数项，才能得到正确的原函数。因此：

$$y = \int a\mathrm{d}x = ax + b \tag{1}$$

除非有特殊条件说明，常数 b 可以为任意值。因此，如果已知条件是当 x 等于 1 时，y 等于 $a+3$，则这时可以推导出 b 值等于 3。

$$y = \int 2ax\mathrm{d}x \tag{2}$$

根据求导法则，根据导函数求原函数时，需要将 x 项次数升一，再除以升幂后的次幂，并添加一个常数项，我们得到：

$$y = 2a\frac{1}{2}x^2 + b = ax^2 + b$$

类似地，根据

$$y' = anx^{n-1} \tag{3}$$

推导出：

$$y = ax^n + b$$

或者，将 n 赋值为 $n+1$，根据 $y' = ax^n$，得到：

$$y = a\frac{1}{n+1}x^{n+1} + b$$

结果与 n 的正负无关，与 n 为整数或分数无关。

在第 30 节中，我们已经证明了一个多项式自变量函数的变化率，等同于将它分解后得到的多个单项式函数变化率之和。通过反演，我们可以推导出另一个法则——多项式函数的积分等于将它分解后得到的多个单项式函数积分之和。根据：

$$y' = ax^n + bx^m + \cdots \tag{4}$$

我们可以立刻写出：

$$y = a\frac{x^{n+1}}{n+1} + b\frac{x^{m+1}}{m+1} + \cdots$$

在公式（6）（参见本章第 30 节）中，我们发现，当 $y = uv$ 时，y 的增量取决于函数 u 和 v 的变化率，则有

$$\mathrm{d}y = u\mathrm{d}v + v\mathrm{d}u$$

因此，根据

$$y' = uv' + vu' \tag{5}$$

我们得到：

$$y = uv + a$$

其中，a 为常数。

同样，根据本章第 30 节的公式（7），根据

$$y' = \frac{vu' - uv'}{v^2} \tag{6}$$

得到：

$$y = \frac{u}{v} + a$$

其中，a 为常数。

36. 在本章第 34 节，我们学会了用图像的方法来代表 x 对应的 y 值，即导函数曲线 y'、过导函数曲线 y' 上对应坐标点且平行于纵坐标轴的直线与两条坐标轴所围成图形的面积。通过这一方法，可以对公式（3）的结果进行再次验证。

在坐标系中画出代表 $y' = x^n$ 的曲线，则 x 点对应原函数的 y 值等于 OxP 的面积，且 $OxP = OxPy' - OPy'$。类似地，如图 18 中水平矩形所示，我们可

以推测出 OPy' 的面积等于 $\int x\mathrm{d}y'$。然而，$\int x\mathrm{d}y' = \int x\mathrm{d}x^n = \int x \cdot \frac{\mathrm{d}x^n}{\mathrm{d}x}\mathrm{d}x = \int x \cdot nx^{n-1} \cdot \mathrm{d}x = n\int x^n \mathrm{d}x$。同样，$OxP = \int y'\mathrm{d}x = \int x^n\mathrm{d}x$，$OxPy' = xy' = x^{n+1}$。因此，$x^{n+1} = \int x^n\mathrm{d}x + n\int x^n\mathrm{d}x = (n+1)\int x^n\mathrm{d}x = (n+1)\int y'\mathrm{d}x = (n+1)y$，即：

$$y = \frac{x^{n+1}}{n+1}$$

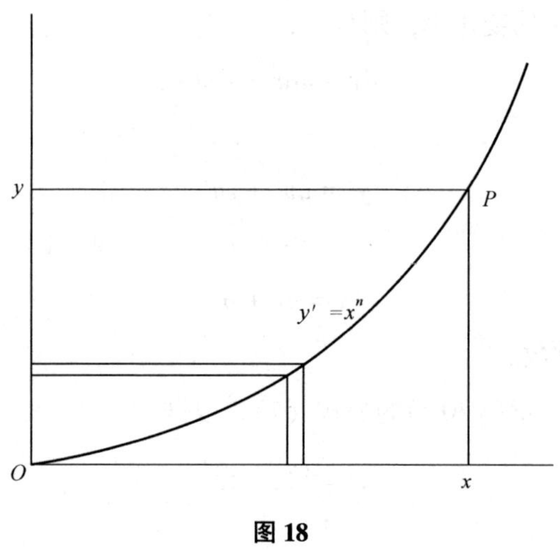

图 18

在图 19 中，矩形 OP 的面积代表 u 和 v 的乘积。当 u 和 v 同时增大或减小时，它们的乘积显然会从 uv 变为 $u\mathrm{d}v + v\mathrm{d}u$（$P$ 点处小正方形的面积忽略不计）。同样，$uv = \int v\mathrm{d}u + \int u\mathrm{d}v$，显然公式（5）（参见本章第 35 节）的结果是正确的。如果 u 随着 v 变大而减小（如图 19 从点 P_1' 到 P_2'），则 uv 会随 $u\mathrm{d}v$ 变大而变大，随 $v\mathrm{d}u$ 减小而减小。此时，$\mathrm{d}u$ 为负值；所以结果仍然为 $\mathrm{d}(uv) = u\mathrm{d}v + v\mathrm{d}u$。

如果曲线 P 代表随着 u 变化的 v 值，我们可以求得它的互反曲线 P'，以代表随着 u 变化的 w 值，其中 $w = 1/v$。根据以上图像，有

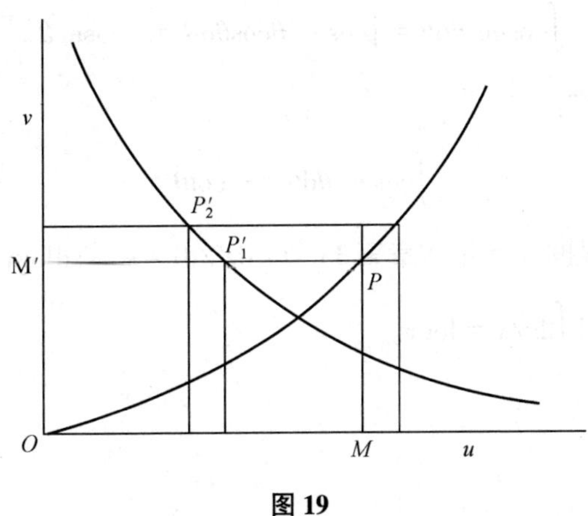

图 19

$$uw = \int u\mathrm{d}w + \int w\mathrm{d}u$$

当 v 始终随 u 变大而变大时，它的倒数始终随 u 变大而减小，其变化量为 $1/v - 1/(v + \mathrm{d}v) = \mathrm{d}v/v(v + \mathrm{d}v) = \mathrm{d}v/v^2$，即倒数增加了 $-\mathrm{d}v/v^2$。

因此：

$$\frac{u}{v} = \int \frac{\mathrm{d}u}{v} - \int \frac{u\mathrm{d}v}{v^2} = \int \frac{v\mathrm{d}u - u\mathrm{d}v}{v^2}$$

与前面公式（6）的计算结果一致。

37. 根据本章第31节中的公式（1）和公式（2），因为 $\cos x$ 和 $\sin x$ 的导函数分别为 $-\sin x$ 和 $\cos x$，我们可以快速得到 $\int \sin x\mathrm{d}x = -\cos x$ 及 $\int \cos x\mathrm{d}x = \sin x$。

由于已知 $\mathrm{d}\tan\theta/\mathrm{d}\theta = \sec^2\theta$，所以：

$$\tan\theta = \int \sec^2\theta\mathrm{d}\theta$$

类似地，可以得出：

$$\int \sec\theta\tan\theta\mathrm{d}\theta = \int \sec^2\theta\sin\theta\mathrm{d}\theta = \sec\theta$$

$$\int \operatorname{cosec}^2\theta \mathrm{d}\theta = \int \operatorname{cosec}^2\theta \cos\theta \mathrm{d}\theta = -\operatorname{cosec}\theta$$

以及下列公式：

$$\int \operatorname{cosec}^2\theta \mathrm{d}\theta = -\cot\theta$$

38. 最后，根据（参见本章第33节）$\mathrm{d}e^x/\mathrm{d}x = e^x$ 和 $\mathrm{d}\log x/\mathrm{d}x = 1/x$，计算得出 $\int e^x \mathrm{d}x = e^x$ 和 $\int \mathrm{d}x/x = \log x$。

第 5 章　运动

39. 位置——当给出三个独立条件时，空间中一点的位置才能完全确定。由于我们无法断言空间中存在一个位置绝对固定的点，因此这里所说的位置，是这点在空间中相对于另外一点的位置而言的。我们可以说一个点在另一个点的东面或西面、南面或北面、上面或下面；也可以说它离另一个点很远，两点的连线与空间规定的垂直方向有一定的倾斜角度，或过两点的垂直平面与南北方向的垂直平面之间有一定的倾斜角度。这些用于确定某点位置的量称为这一点的坐标。在代表空间某点的位置时，我们常用的坐标系有两种：一种是笛卡尔的普通直角坐标系，一种是极坐标系。在笛卡尔坐标系中，坐标轴通常以 x 、y 、z 表示；而在极坐标系中，我们通常用 r 表示长度，用 θ 和 ϕ 表示角度。因此，在图 20 中，点 P 相对于点 O 的位置可以表示为 $x = AB$ 、$y = OA$ 、$z = BP$ ；或 $r = OP$ 、$POz = \theta$ 、$xOB = \phi$。

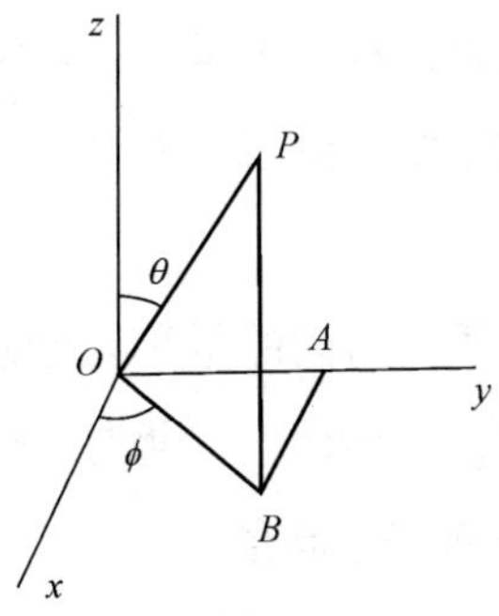

图 20

40. 位移——当两点位于不同的空间位置时，我们可以称从一点到另一点发生了位移；借助位移，我们可以确定两点的相对位置。与这个术语相关的基本概念有两个——长度和方向。如果我们只知道球面上的一个点离另一个点 3 英尺远，我们仍然无法知道它的具体位置，因为球面上满足这一条件的点有无数多个。另外两个条件——方向和位移，也需要确定。

另外，当连续发生两个同样的位移时，两个位移叠加的结果会受到其中单个位移的影响。由 a 到 b 的位移可以表示为 $\overline{ab}$，由 b 到 c 的位移可以表示为 $\overline{bc}$，则 $\overline{ab}+\overline{bc}=\overline{ac}$（图21）。其实，$\overline{bc}$ 代表的位移也可以先于 $\overline{ab}$ 发生。这样一来，a 就转移到了 b' 的位置，$\overline{ab'}$ 与 $\overline{bc}$ 平行且相等。当我们不考虑位置、只考虑位移的长度和方向时，$\overline{ab'}$ 与 $\overline{b'c}$ 实际上完全相等。同样，$\overline{b'c}$ 等于 $\overline{ab}$；所以，$\overline{ab'}+\overline{b'c}=\overline{bc}+\overline{ab}=\overline{ac}=\overline{ab}+\overline{bc}$。另外，如果方向相反，位移方向就会相反，因此 $\overline{ab}=-\overline{ba}$，一般的代数运算法则也适用于位移的加减。类似地，直线 ab、bc 也可以用于代表位移 $\overline{ab}$、$\overline{bc}$，因为直线只具备了能够代表位移的长度和方向两个要素。

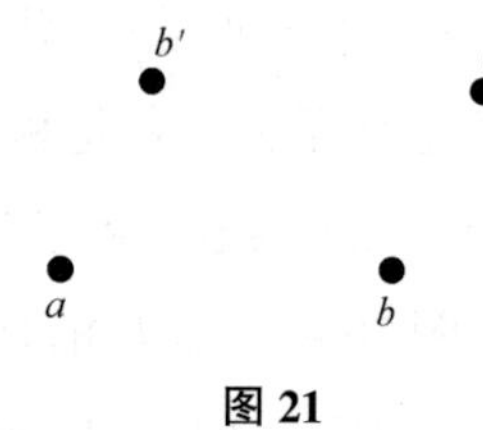

图 21

具有一定长度和方向的直线称为矢量；一切诸如位移的量都需用一条有向线段，即矢量来表示。在本章和第 6 章中，我们将给出这些量的各种例子。

一个只有大小或长度而没有方向的量称为标量。也就是说，这些量完全可以根据适当的尺度来测定。在代数上，通常用普通字母 a、b、x、y 等表示标量，用希腊字母 α、β、γ 等表示向量。

空间中的任意位移都可以用三个不同的单位矢量和三个独立的标量来表

示。因此，在图 21 中，α 可以表示在 AB 方向上的单位长度，假如 AB 包含 x 个长度单位，则向量 $\overline{AB}$ 为 $x\alpha$。类似地，如果 β 是 Oy 方向上的单位向量，则向量 $\overline{OA}$ 可以表示为 $y\beta$，向量 $\overline{BP}$ 可以表示为 $z\gamma$，因此向量 $\overline{OP}$ 为 $x\alpha+y\beta+z\gamma$。然而，这一结果仅仅表示点 P 相对于点 O 的位置。因此，如果其他任意一点 P' 相对于另一点 O' 的位置和点 P 相对于点 O 的位置一样，向量 $x\alpha+y\beta+z\gamma$ 同样可以表示位移 $\overline{O'P'}$。

如果 x、y、z 为任意值，则向量公式为

$$\rho=x\alpha+y\beta+z\gamma$$

上个公式可以表示空间中任意一点的向量。当 x 和 y 是独立的自变量时，则以上等式代表的点所在的平面会平行于 α 和 β 组成的平面；如果 x、y、z 中只有一个为自变量，比如 x，则这些点所在的直线将平行于 α；假使 x、y、z 均为定值，则这一点的位置将是完全固定的。再具体一点，如果 x、y、z 中分别有一个、两个、三个量为定值，上面的等式将分别对应一个平面、一条直线或一个位置确定的点。

在上文中，我们已经讨论了一点相对于另一点的位移，它决定了这一点相对于另一点在空间中的相对位置。有时，两点可能位于给定的曲面或曲线上，这时需要我们讨论曲面或曲线上的位移。这意味着我们需要沿表面或曲线测量位移的长度。

41. 速率和速度——空间中一点的位移可能是恒定的，也可能是变化的。位移变化时，我们称这一点在运动，也就是说，运动使相对位置产生变化。(对运动进行研究的科学称为运动学，运动学涉及与运动有关的两个概念——空间和时间。）一个点的运动本质上是一种平移。相对而言，它本身没有可以独立进行旋转的部分。我们知道，质点的位置是自由移动的，除非同时给出三个独立限制条件。每取消一个限制条件，该点移动的自由程度就会更大；一个运动不受限制的点，通常可以在三维空间进行自由平移。

如果点 P 移动到 P'（图 22），则位移的变化可以用直线 PP' 或 $\rho'-\rho$（本

章第40节）来表示，其中ρ'和ρ分别代表向量$\overline{OP'}$和$\overline{OP}$。如果这一变化发生在时间段$t'-t$内，则这一时间段内位移的变化率为$\lim\limits_{t'=t}(\rho'-\rho)/(t'-t)$或$\mathrm{d}\rho/\mathrm{d}t$。为方便起见，我们用$\dot{\rho}$来表示这个量，则$\dot{\rho}$为$\rho$在这一时间段的变化率。在其一阶导函数中，时间为自变量，位移为因变量（参见第4章第28节）。

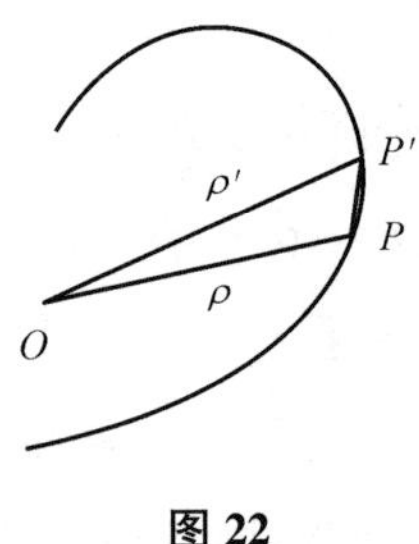

图22

仅仅与时间相关的长度变化率为质点移动的速率；然而，当运动的方向也考虑在内时，我们会使用另一个术语——速度。

为了阐释什么是速度，我们研究一下质点做匀速直线运动的情况。假设QP（图23）为质点运动的直线，且Q为起点，位置固定，P为质点匀速运动时所在的位置。由于点P会匀速运动，QP的长度会与从点Q出发到点P所用的时间t成比例。设$QP=at$，其中a为常量，并设QP方向的单位向量为β，从点O到点Q和点P的向量分别为α和ρ，则：

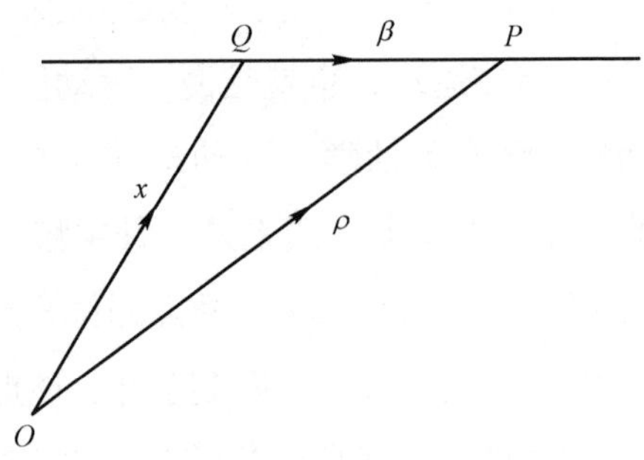

图23

$$\rho = \alpha + at\beta$$

因此，根据第 4 章的求导法则，则：

$$\dot{\rho} = a\beta$$

此处，a 为运动速率，$\dot{\rho}$ 为运动速度。a 的大小恒定，β 的方向不变，同时 $\rho - \alpha = at\beta$。因此，物体通过的距离为

$$s = at$$

（这要求我们对单位速率作如下定义：单位速率为物体在单位时间内通过单位距离的速率。）

42. 加速度——当质点的运动速度变化时，速度会加快或减小，速度随时间变化的变化率为加速度。假设速度的方向不变，大小发生变化，比如物体做非匀速直线运动时，在上一节的图 23 中，则有

$$\rho = \alpha + x\beta$$

其中，x 为 t 的函数，我们得到：

$$\dot{\rho} = \dot{x}\beta$$

$\dot{x}$ 代表运动速度的变化。ρ 关于时间的二阶导函数 $\ddot{\rho}$ 为

$$\ddot{\rho} = \ddot{x}\beta$$

如果加速度恒定不变，设 $\ddot{x} = a \times$ 常量 $= b$，则上式为

$$\ddot{\rho} = b\beta$$

而在第 4 章第 35 节中，据此式得到的一阶导函数公式为

$$\dot{\rho} = (a + bt)\beta + \gamma = \dot{x}\beta + \gamma$$

其中，a 为 $t = 0$ 时的速率值（通常称为初速度），γ 为常数向量，速度方向为 β 时，$\gamma = 0$。进一步推导，可得：

$$\rho = \beta\int\dot{x}\mathrm{d}t = \beta\int(a + bt)\mathrm{d}t = (c + at + \frac{1}{2}bt^2)\beta + \alpha = x\beta + \alpha$$

假设点 O 位于运动方向的直线上，$\alpha = 0$，则 x 为从 Q 出发经过的距离，c 为点 O 与点 Q 之间的距离。换言之，当 $t = 0$ 时，ρ 的数值（即 ρ 的张量，用符号 $T\rho$ 表示）等于 c。因此，物体在运动方向做匀加速运动时，可以得到：

$$\ddot{x} = b$$

$$\dot{x} = a + bt$$

$$x = c + at + \frac{1}{2}bt^2$$

若加速度为负，比如，加速度与运动方向正好相反，我们必须在 b 前面加一个负号。如果物体由静止状态开始运动，则 a 和 c 等于零。

这里有一个特殊的例子——物体在重力作用下由静止状态下落，此时的加速度用字母 g 表示，则在这一过程中：

$$\ddot{x} = g$$

$$\dot{x} = gt$$

$$x = \frac{1}{2}gt^2$$

同样，如果一个物体被向上以初速度 V 抛出，假设向上为正方向，则以上三式为

$$\ddot{x} = -g$$

$$\dot{x} = V - gt$$

$$x = Vt - \frac{1}{2}gt^2$$

通过其中第二个式子，我们可以求出物体由地面到达最高高度所用的时长，因为物体在最高高度时，速度为零，即 $\dot{x} = 0$，所以有

$$t = \frac{V}{g}$$

根据第三个式子，我们可以求出物体落地的时间。由于已知 x 为物体离地面的距离，物体位于地面时满足条件 $x = 0$。根据这一条件，得到 $t = 0$，或 $t = 2V/g$。

因此，物体下落过程和上升过程所用的时间一样长。同样地，根据 $\dot{x}^2 = V^2 - 2Vgt + g^2t^2 = V^2 - 2g(Vt - gt^2/2) = V^2 - 2gx$。当物体达到最高高度时，

$\dot{x}=0$，且 $x=V^2/2g$。

类似地，当 $x=0$ 时，有 $\dot{x}=\pm V$。也就是说，物体到达地面的速度 $-V$ 与发射时的初速度大小相等，方向相反。

43. 曲率与加速度——在上文中，我们假定运动的方向不变，当运动方向变化时，质点的运动轨迹会变弯曲，形成一条曲线。曲线在一点的切线即为质点在这一点的运动方向，曲线上无限接近，乃至重合的两点切线角度之比的极限值，即为运动轨迹在此处的曲率。因此，曲率为曲线上单位长度的运动方向变化率。如果曲线任意一点的切线与平面内任意一条固定直线都成 θ 角，s 为曲线的长度，根据我们对曲率的定义，曲率可以由 $\mathrm{d}\theta/\mathrm{d}s$ 来测算。

为了测量一个平面内两条线之间的夹角的大小（在这里我们只考虑运动轨迹为平面曲线的情况），我们先以这些直线的交点为圆心画一个圆，半径为任意长度 r（图 24）。角 θ 的大小可通过两条半径所在直线相截的圆弧长度 s 来表示。我们会发现，θ 与 s 的比值等于 $1/r$；并且，对于任意一个圆，θ 和 s 无论大小，比值都是恒定的。因此，圆的曲率是半径的倒数。

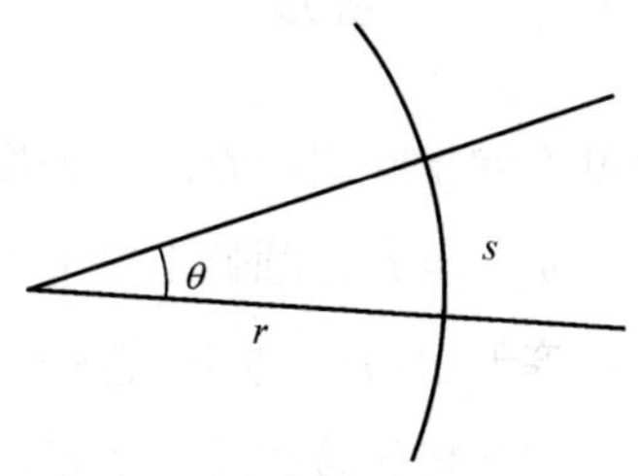

图 24

我们可以画一个圆，令其曲率等于给定曲线某点的曲率。如此，这个圆即为曲线上这一点的曲率圆；它的半径叫作曲率半径；曲线上这点的曲率为半径的倒数。

在考虑速度的变化取决于运动方向的变化时，首先，我们可以拿匀速圆周运动进行研究。假设速度和运动方向的变化率是恒定的：在一个圆中，画任意两条相互垂直的直径（图 25），设两条直径方向的单位向量分别为 α 、

$\boldsymbol{\beta}$，设点 P 的矢量为 $\boldsymbol{\rho}$。在已知条件中，OP 匀速旋转，即 OP 单位时间内旋转的角度（称为角速度）不变。设角速度为 $\boldsymbol{\omega}$，若点 P 由点 A 开始旋转，则角 POA 的大小为 wt，t 为点 P 从点 A 开始运动到当前位置所需的时长。这样一来，向量 $ON = OP\cos wt \cdot \boldsymbol{\alpha}$，向量 $NP = OP\sin wt \cdot \boldsymbol{\beta}$，令 $OP = a$，则：

$$\boldsymbol{\rho} = a(\cos wt \cdot \boldsymbol{\alpha} + \sin wt \cdot \boldsymbol{\beta})$$

$$\dot{\boldsymbol{\rho}} = a(-w\sin wt \cdot \boldsymbol{\alpha} + w\cos wt \cdot \boldsymbol{\beta})$$

$$\ddot{\boldsymbol{\rho}} = -w^2 a(\cos wt \cdot \boldsymbol{\alpha} + \sin wt \cdot \boldsymbol{\beta})$$

$$= -w^2 \boldsymbol{\rho}$$

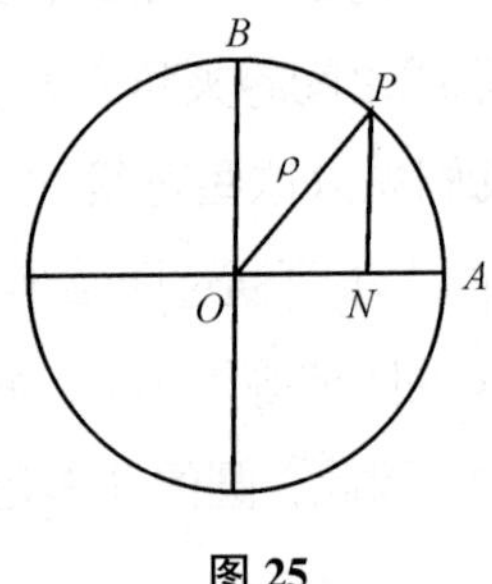

图 25

计算结果表明，加速度方向指向圆心 O，加速度大小为角速度的平方乘以 $\boldsymbol{\rho}$ 的张量。而 $\boldsymbol{\rho}$ 的张量为 a，点 P 在圆弧上每单位时间经过的角度大小等于速度 v 除以 a。所以，$\boldsymbol{\omega}^2$ 等于 v^2/a^2，加速度大小为 v^2/a。由于加速度始终垂直于物体的运动方向，因此物体做匀速圆周运动时，加速度使得速度方向时刻发生变化，并不改变速度的大小。

如果 OP 方向不变，长度 r 发生变化，则加速度为 $\ddot{r}$。此时，我们发现，如果 r 长度不变，以角速度 $\boldsymbol{\omega}$（如果 OP 始终与某条固定直线成 θ 角，则 $\boldsymbol{\omega} = \dot{\theta}$）旋转，则加速度为 $-r\dot{\theta}^2$。因此，如果速度的大小和方向同时发生变化，r 方向的加速度为 $\ddot{r} - r\dot{\theta}^2$。

44. 运动方向和垂直于运动方向的加速度——当某点的运动轨迹为曲线时，任意一点的加速度与该点的运动方向垂直，我们可以通过作这一位置的曲率圆，来找到加速度方向。如果曲率半径为 r，运动速度为 v，则根据上一节，垂直于运动方向的加速度大小为 v^2/r，方向指向曲率中心。同时，加速度大小也可以表示为 $\ddot{s}$，其中 s 为该点在曲线上从固定起点出发、沿运动方向运动到当前位置的距离。

接下来提到的这种推导方法极为简单有效，例如，设运动轨迹上任意一点的向量为 $\boldsymbol{\rho}$，则：

$$\dot{\boldsymbol{\rho}} = \frac{\mathrm{d}\boldsymbol{\rho}}{\mathrm{d}t} = \frac{\mathrm{d}\boldsymbol{\rho}}{\mathrm{d}t} \cdot \frac{\mathrm{d}s}{\mathrm{d}t} = \frac{\mathrm{d}\boldsymbol{\rho}}{\mathrm{d}t} \cdot v = v\boldsymbol{\rho}'$$

现在，设运动轨迹上任意一点的向量为 $\mathrm{d}\boldsymbol{\rho}$，$\boldsymbol{\rho}'$ 仍为同一方向的向量，即沿该点的切线方向（见图 22，假设其中 PP' 的长度为无穷小）。但在极限范围内，当 $\mathrm{d}s$ 为 0 时，$\mathrm{d}\boldsymbol{\rho}$ 的长度也等于 0。因此，$\boldsymbol{\rho}'$ 为切线方向的单位向量。由于 $\boldsymbol{\rho}'$ 的长度不变，$\mathrm{d}\boldsymbol{\rho}'$ 一定会垂直于 $\boldsymbol{\rho}'$，因而 $\mathrm{d}\boldsymbol{\rho}'/\mathrm{d}s = \boldsymbol{\rho}''$ 为曲线法线的向量，方向指向曲线内侧。物体在曲率圆上运动经过的角度 $\mathrm{d}\theta$ 等于长度 $\mathrm{d}\boldsymbol{\rho}'$ 与 $\boldsymbol{\rho}$ 之商。因此，$\boldsymbol{\rho}''$ 的大小为 $\mathrm{d}\theta/\mathrm{d}s$，即曲率半径的倒数（参见本章第 43 节）。又因

$$\ddot{\boldsymbol{\rho}} = \dot{v}\boldsymbol{\rho}' + v\dot{\boldsymbol{\rho}}' = v\boldsymbol{\rho}' + v^2\boldsymbol{\rho}''$$

所以，总加速度由沿切线方向的 $\dot{v}$ 部分和沿法线向内与 v^2 和曲率半径倒数成比例的部分组成。

45. 平均速度和平均速率——如果质点在一定时间内以变化的速度（或速率）通过一定的距离，则我们可以找到一个恒定的速度，使得质点在相同时间内经过相同的距离，这个速度就称为质点的平均速度（或平均速率）。显然，我们可以利用本章第 41 节的最后一个方程来求得平均速度。

如果加速度恒定不变，平均速度显然为运动时间内初速度和末速度之和的一半。借助本章第 42 节的方程，我们可以对此进行验证。V 为发射时的初速度，$V - gt$ 为末速度，因此平均速度为 $V - gt/2$。因此，根据本章第 41 节的最后一个方程，距离 x 等于 $(V - gt/2)t$，与实际的结果一致。

这一结果显然也适用于相应的角量，因为，在第 42 节中，x 可能表示角

距离。

46. 速度和加速度的合成与分解——由于速度和加速度都是向量（参见本章第 40 节），可以根据向量的合成和分解法则来进行合成与分解，因此，如果一个点同时拥有多个速度，在图 26 中用封闭多边形的边 AB 、BC 等表示，且各速度的方向首尾顺次连接。这时，去掉其中任意某条边的速度，剩余合成速度的方向就会与被去掉的速度方向相反，可用方向与这条边相反的线段表示。这一定理被称为“速度多边形法则”。它遵循这样的定律：如果一个点所受的多个速度可以由一个封闭多边形的所有边来依次表示，则该点处于静止状态。任意一条边的速度与其余边的合成速度等大且反向。

我们可以举一个特殊的例子，比如，当封闭多边形为三角形时，速度 $\overline{AB}$ 和 $\overline{BC}$ 的合成速度 $\overline{AC}$ 与三角形第三条边的速度方向相反。此时，这一定理被称为“速度三角形法则”。而在图 27 中，由于向量 $\overline{AD}$ 等于向量 $\overline{BC}$，我们可以认为平行四边形相邻两条边表示的两个速度的合成是从两条边起点到终点绘制的一条对角线。这种情况下，这一定理被称为“速度平行四边形法则”。

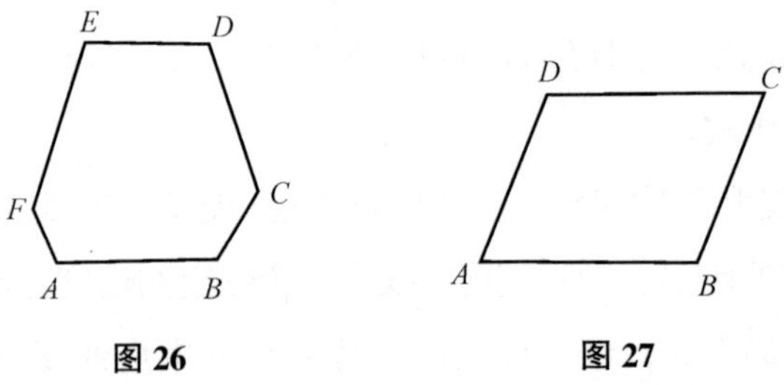

图 26　　图 27

在将速度分解为任意数量的分量时，我们只需逆向进行以上过程。则当已知条件有 $2(n-1)$ 种时，可以确定所有速度分量，其中 n 代表已确定大小或方向的速度分量数目。

比方说，在图 28 中，如果我们要找到速度 $\overline{AC}$ 在 AB 方向上的分量，且已知 AC 和 AB 成 θ 角，首先我们需要知道这个分量的方向。通常，我们认为速度的分量会与原始速度成一定角度，图 28 中的情况有 $AB = AC\cos\theta$。

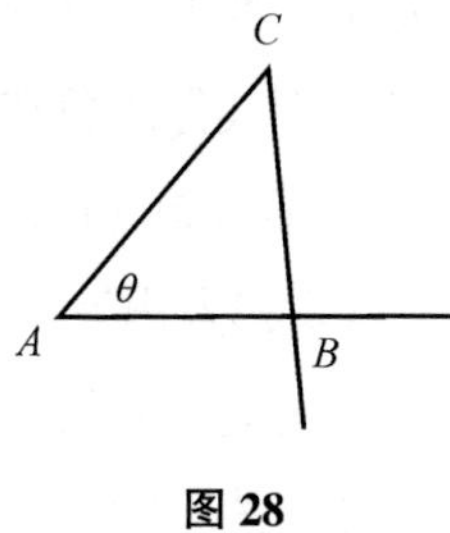

图 28

这些法则同样适用于加速度以及所有向量的合成与分解。

47. 弹丸运动——如图 29，令 α 、β 分别为水平和竖直方向的单位向量，并从点 O 处以 $a\alpha + b\beta$ 的速度发射出一点。若 P 代表该点在时刻 t 时所处的位置，ρ 和 ρ' 分别代表从点 O 到位置 P 的向量的水平和竖直分量，则有

$$\rho = at\alpha$$

$$\rho' = bt\beta - \frac{1}{2}gt^2\beta$$

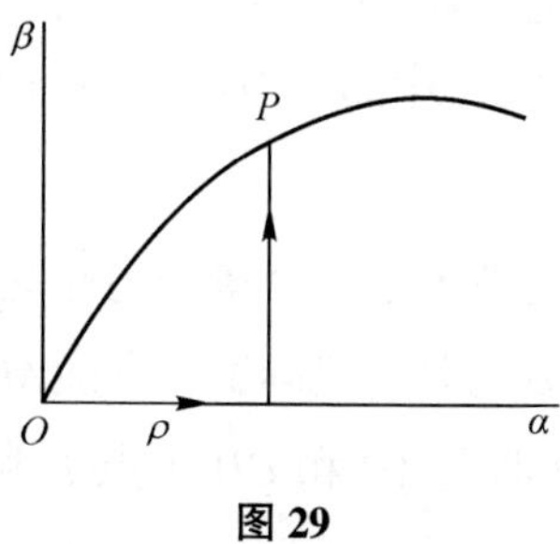

图 29

在上述第二个等式中，等号后的第一项代表无重力影响时该点上升高度的向量；第二项代表重力对上升高度向量的影响程度（参见本章第 42 节）。因此，ρ' 的长度为 $bt - gt^2/2$。当 $t = 0$ 或 $t = 2b/g$ 时，ρ' 的长度为 0。$t = 0$ 对应发射时刻，$2b/g$ 值代表该点在水平范围内飞行的时间，同样：

$$\dot{\rho}' = b\beta - gt\beta$$

当 $t = b/g$ 时，$\dot{\rho}' = 0$。而当达到运动轨迹的最高点时，$\dot{\rho}'$ 停止变化。所以，该点达到最高点的时刻为 b/g，等于总飞行时间的一半。

如果将 t 值代入 ρ' 的表达式，则飞行的总高度为 $b^2/2g$。类似地，将 $t = 2b/g$ 代入 ρ 的表达式，则该点在水平方向飞行的总长度为 $2ab/g$。

48. 速端曲线——从任意一点为起点出发画出每个时刻的质点的运动速度，这些速度矢量的端点连成的自由运动曲线的轨迹即为速端曲线。速端曲线的切线方向即为运动轨迹上加速度的方向。

我们可以根据已知的速端曲线来找到质点的运动轨迹。所以，在弹丸运动轨迹上，有 $\overline{OP} = \sigma = \rho + \rho' = at\alpha + (bt - gt^2/2)\beta$，因而，（本章第 41 节中）速端曲线的向量为 $\dot{\sigma} = a\alpha + (b - gt)\beta$。因此，它用来统一描述垂直直线。前一个方程可由后一个方程推导得出（前者为后者的积分）。

49. 力矩——所有量的力矩都是衡量这个量作用效果的重要尺度。任何定向量（可由线段 AB 表示）相对于一点的旋转的力矩与其自身大小和力矩作用线之间的距离成正比。如果我们将单位力矩定义为某点力矩作用线上单位长度定向量的力矩，且定向量的单位数目为 a，其作用线上有 p 个单位长度时，这一定向量的力矩大小为 pa。因此，AB 相对于 O 的力矩是三角形 AOB 面积的两倍。

两个定向量的合成力矩等于这两个量的力矩之和。如图 30，AC、AB 为两个需要合成的定向量，AD 为其合成向量，求证 $AOD = AOB + AOC$。作一条平行于 AC 的线段 OF，分别交 AB 和 CD 于点 F 和点 E，则 $AOD = AOB + BOD - ABD = AOB + \frac{1}{2}FEDB - \frac{1}{2}ACDB = AOB + \frac{1}{2}FECA = AOB + AOC$。

图 30 中线段 AC、AB 表示从 A 点出发向线段另一端进行的运动，涉及在点 O 同一侧的旋转。假设 AC、AB 的旋转方向正好相反，为了将问题研究透彻，我们有必要将其中一个三角形视为负三角形。这样一来，我们会得到相同的结果。一般来讲，我们将与时钟指针走向相同的旋转称为顺时针旋转，与之相反的称为逆时针旋转。

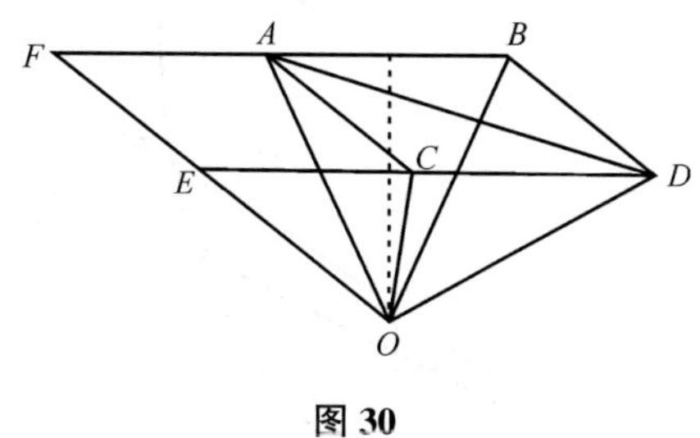

图 30

当这个定向量的方向与点 O 在同一方向上时，这个量相对于点 O 的力矩消失。

50. 垂直于矢量半径的加速度——在本章第 43 节中，我们得到了运动质点沿矢量半径的加速度表达式。现在，我们将求垂直于矢量半径的加速度表达式。

如果 δs 为一小段长度的运动轨迹，则对应 $p\delta s = p(\delta s/\delta t)\delta t$ 为相应增加面积（可用 δa 来表示）的两倍。所以，在图 30 中，如果 AB 代表质点 P 的运动轨迹，则质点 P 运动速度的力矩为 P 沿 AB 运动形成的区域 AOP 的两倍。因此，$\delta a/\delta t = p(\delta s/\delta t)$，且在极限范围内，即 $\delta t = 0$ 时，$\mathrm{d}a/\mathrm{d}t = p(\mathrm{d}s/\mathrm{d}t) = pv$（$v$ 代表速度），结果与上述情况相符。很明显，无论 δs 与 δt 的大小和运动方向如何变化，我们都可以利用这一公式对问题进行求证。

令运动质点 P 的矢量半径 $OP(=r)$ 与平面图中的固定直线成 θ 角（图 31），点 P 向与其无限接近的点 P' 运动，则 PP' 实际上可以看成一条直线。作 PM 垂直于 OP'，则 $PM = r\mathrm{d}\theta$，$OPM = r \cdot r\mathrm{d}\theta/2$，因此单位时间内直线 OP 扫过的面积为 $r^2\dot{\theta}/2$，速度的力矩大小为 $r^2\dot{\theta}$。如今，我们已知速度力矩可以表示为 pv，而 pv 等于 ru，其中 u 为速度垂直于 r 方向上的分量。显然，如果 p 和 r 之间的夹角大小为 ϕ，则 $p = r\cos\phi$，$u = v\cos\phi$，从而有 $ru = r^2\dot{\theta}$。

现在，设想一下：速度发生变化，速度力矩代表面积变化率，加速度力矩为 $\mathrm{d}a/\mathrm{d}t$ 的变化率，则加速度可看作两部分组成——垂直于 r 的加速度分量以及沿 r 方向的加速度分量。根据第 49 节，点 O 处于沿 r 方向的加速度分

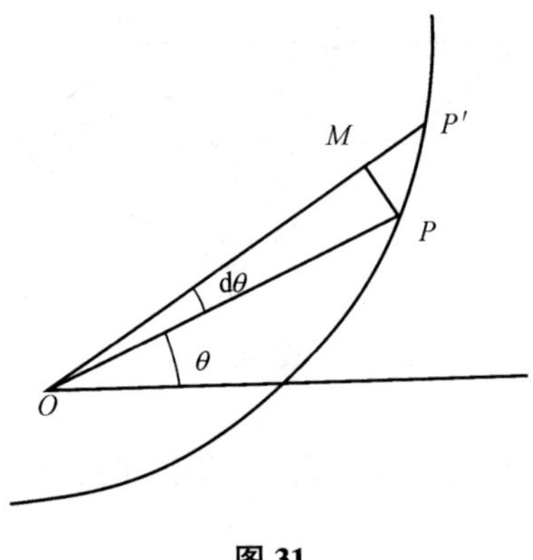

图 31

量方向上，因此垂直于 r 的加速度分量会改变面积变化率，所以加速度力矩为 $r\dot{u}$，垂直于矢量半径的加速度分量大小为

$$\dot{u}=\frac{1}{r}\frac{\mathrm{d}\cdot r^2\theta}{\mathrm{d}t}$$

51. 简谐运动——如图 32 所示，当某点 P 做匀速圆周运动时，从该点出发作垂直于任意固定直径的线段，得到的交点 N 在固定直径上的运动被称为简谐运动。当点 P 的位置和速度已知时，我们可以轻松求得点 N 的速度与加速度。

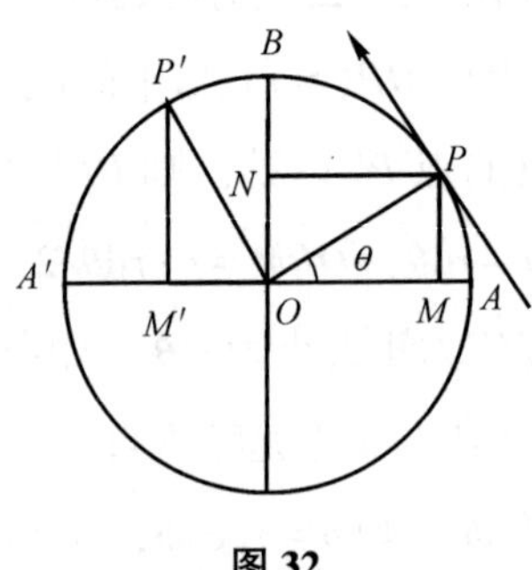

图 32

显然，点 N 的速度为点 P 的速度在 ON 方向上的分量。也就是说，如果点 P 的速度大小为 v，则点 N 的速度大小为 $v\cos\theta$。然而，$\cos\theta$ 与 NP 的长度

大小成正比，所以点 N 的运动速度也与 NP 的长度大小成正比。当点 N 位于点 O 时，点 N 运动速度达到最大，等于点 P 做匀速圆周运动的速度 v。

同样，点 N 的加速度为点 P 的加速度在 ON 方向上的分量。但是，根据本章第 43 节，点 P 的加速度为 $-v^2/a$， a 为半径，所以点 N 的加速度为 $-v^2/a \cdot \sin\theta = -v^2 ON/a^2$。可以看出，点 N 的加速度方向指向点 N 运动范围的中心——点 O，其大小与距离中心的位移大小成正比。

加速度与位移之比为 $v^2/a^2 = \omega^2$，其中 ω 为 OP 的角速度。同时，角速度可以表示为 $2\pi/\tau$，τ 为圆周运动的周期做完一圈所用的时间，因此得出：

$$\frac{\text{加速度}}{\text{位移}} = \frac{4\pi^2}{\tau^2}$$

如果我们将 B 称为运动范围的正极，则从 OB 出发，OP 扫过的角度称为简谐运动的相位。我们可以将圆周分割成多个相位来进行研究，比如 1/4 相位等。

点 N 与点 O 之间的最大距离称为运动的振幅。它显然等于相应圆的半径。

如果该点并非从运动范围的正极开始运动，则点 P 到达正极前半径扫过的角度为初相角。因此，从点 O 到点 N 距离 x 的一般表达式可写为

$$x = a\cos(\omega t + \alpha)$$

式中，a 为振幅；ω 为（恒定）角速度；t 代表时间；α 代表初相角。

自然界中，简谐运动的例子不胜枚举。弹簧的振动、发光介质的激发等现象都可以看作简谐运动。

52. 简谐运动的合成。

（1）同一直线上的等周期简谐运动。如图 33，令点 P 的运动代表已知的运动之一，过点 P 作一条线段 PQ， 使之与 OA 成 ϕ 角，且两个简谐运动的相位一致，振幅等于 PQ 的长度，由于 ϕ 和 θ 的变化率相同，则线段 OQ 长度不变，并且与 OP 和 PQ 的旋转的角速度相等。然而，从点 Q 到 OB 的垂直线段与 OB 交点的运动为两个简谐运动的合成，因此可以看作一个新的简

谐运动，与两个组成它的简谐运动周期相等，且运动范围在同一直线上。需要特别注意的是，如果两个简谐运动振幅相同，则这两个简谐运动合成后，所得到的简谐运动的相位等于合成前相位的一半。

无论有多少个简谐运动，以上结论都适用于其合成规律。

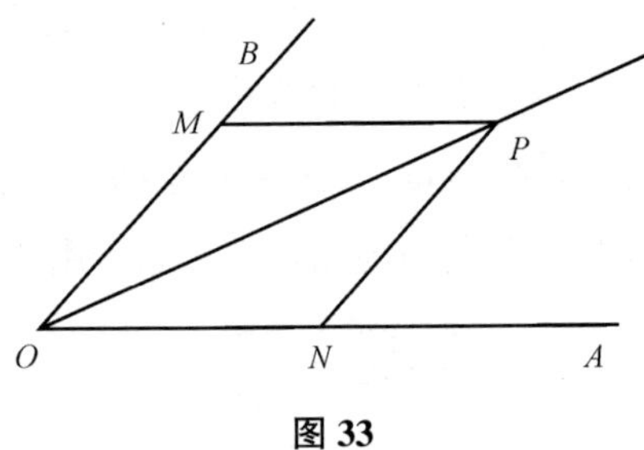

图 33

下面，我们将用计算的方法来证明以上结论。设单一的简谐运动分别为 $x_1 = a_1\cos(\omega t + \alpha_1)$ 、$x_2 = a_2\cos(\omega t + \alpha_2)$ 等，则 $x = x_1 + x_2 + \cdots = a_1\cos(\omega t + \alpha_1) + a_2\cos(\omega t + \alpha_2) + \cdots$ 。然而，$\cos(\omega t + \alpha_1) = \cos\omega t\cos\alpha_1 - \sin\omega t\sin\alpha_1$，因此 $x = (a_1\cos\alpha_1 + a_2\cos\alpha_2 + \cdots)\cos\omega t - (a_1\sin\alpha_1 + a_2\sin\alpha_2 + \cdots)\sin\omega t$。假设 $\cos\omega t$ 的倍数等于 $a\cos\alpha$， $\sin\omega t$ 的倍数为 $a\sin\alpha$， 则 $x = a\cos\omega t\cos\alpha - a\sin\omega t\sin\alpha$， 得到 $x = a\cos(\omega t + \alpha)$。（显然，以上推导过程成立，因为整个过程只引入两个量—— a 和 α， 并最终得到两个方程式来对它们的值进行求解。）因此，在以上情况下，合成后的简谐运动仍然为同一直线上的等周期简谐运动。

（2）两个成任意角度、同周期、等相位的简谐运动。显然，它们合成后会形成一个简谐运动，证明过程如下：令 OA 、OB 分别为两条相交的直线，并作任意直线 OP， 过点 P 分别作平行于 OA 、OB 的线段 PM 、PN， 交 OA 、OB 于点 N 和点 M， 如果点 P 沿 OP 做简谐运动，则显然点 N 和点 M 同样会沿着 OA 、OB 做与之同周期、等相位的简谐运动。点 P 的运动为点 N 和点 M 两个运动的合成。

（3）两个成任意角度、同周期、等振幅且有 1/4 相位差的简谐运动。

在上一节的图 32 中，我们发现，由于 OP' 垂直于 OP，在点 N 沿 OB 运动之前，点 M' 会沿 OA' 运动。因此，点 N 与点 M 的简谐运动存在 1/4 的相位差，而点 P 的运动为两者运动的合成。换言之，合成的运动为匀速圆周运动；图中运动范围内正极前的运动比正极后的运动提前 1/4 个周期。

（4）两个成任意角度、同周期且有 1/4 相位差的简谐运动。通过对圆进行投影，我们可以得到一个椭圆，其共轭直径对应圆中相互垂直的直径。因此，合成后的结果是椭圆运动，在相同时间内半径扫过的面积相等（对应匀速圆周运动中的情况），其运动方向符合（3）中总结出的规律。

（5）任意数量个同周期、成任意角度且有任意相位差的简谐运动。通过对（1）中的第一个结论进行反向思考，我们发现直线 OQ 可以用任意两条以相同角速度旋转的直线 OP 和 PQ 来代替。因此，一个简谐运动可以任意分解为两个周期相等、相位不同的简谐运动。其实，我们也可以用（1）中的第二个结论来证明这个问题。如果 $a\cos(\omega t+\alpha)$ 等于 $a_1\cos(\omega t+\alpha_1)+a_2\cos(\omega t+\alpha_2)$，则我们可以得到 $a_1\cos\alpha_1+a_2\cos\alpha_2=a\cos\alpha$，以及 $a_1\sin\alpha_1+a_2\sin\alpha_2=a\sin\alpha$。这意味着，$a_1$、$a_2$、$\alpha_1$、$\alpha_2$ 四个量需要满足以上两个条件，当其中有两个以上的量确定时，问题才能得以解决。

图 34 中，设 P_1、P_2 等为做简谐运动的点，P_1 的运动可由 p_1、p_1' 两者的运动合成后得到，p_1、p_1' 运动的相位差为 1/4 周期，P_2 同样如此；令 p_1、p_2 等相位相同，p_1'、p_2' 等相位相同，而 p_1 与 p_2' 的相位差为 1/4 周期。将所有运动沿两条直角坐标轴 Ox 和 Oy 进行分解，并将每条坐标轴上相位相同的简谐运动进行合成，结果发现，每条坐标轴上的两条简谐运动相位差为 1/4 周期，与（1）中的结论相符。现在，我们将 Ox 和 Oy 上同相位的简谐运动进行合成，最终会得到发生在两条相交直线上的两个简谐运动，其相位差为 1/4 周期。正如我们所料，它们合成后形成椭圆运动。

53. 波动——令一点从原点出发，以简谐运动的方式沿 x 轴上下振动，

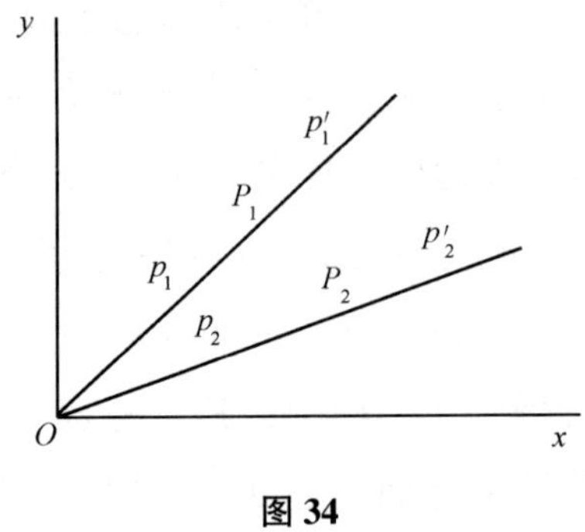

图 34

且该点所处的平面沿 Ox 方向匀速运动，这样一来，该点的运动轨迹（如图 35 所示）为一条简单的波动曲线，且 y 和 x 满足的关系为

$$y = a\cos(\omega t - nx)$$

其中，a 和 ω 与之前一样，分别代表振幅与角速度。如果 x 为定值，则以上方程代表的运动形式与本章第 51 节中的运动形式相同，做简谐运动时，x 轴上各点都会上下振动，且在时间 t 每隔 $2\pi/\omega$ 时刻，y 值相等。这时，$2\pi/\omega$ 即被称为波动的周期或频率。

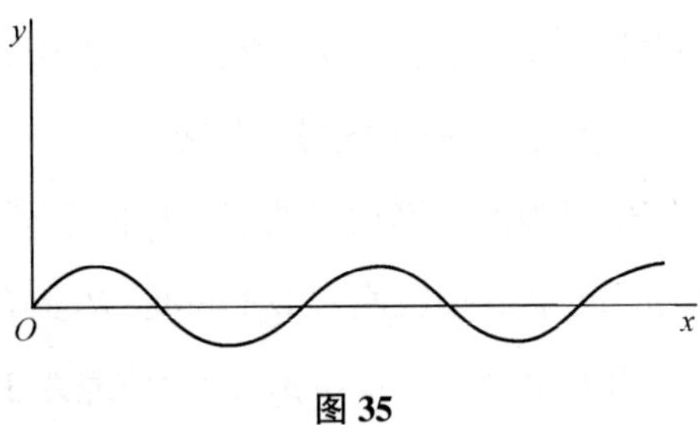

图 35

如果某一时间段内，y 随 x 以同样的方式变化，且 x 值每变化 $2\pi/n$，会出现相等的 y 值，则波长为 $2\pi/n$。

最后，如果从某一特殊位置测得的 x 和从某一时刻测得的 t 同时变化，且满足条件 $\omega t - nx$ 等于零，则 y 值固定不变。据此，我们得到 $\dot{x} = \omega/n$，表明波以 ω/n 的速度沿 Ox 方向传播，波动形式不发生变化。

类似地，我们可以推理得出方程：

$$y = a\cos(\omega t + nx)$$

代表同样的波以速度 $-\omega/n$ 向原点连续传播。这两组波叠加后相互干扰，最后合成的波动可以表示为

$$\begin{aligned} y &= a[\cos(\omega t - nx) + \cos(\omega t + nx)] \\ &= 2a\cos\omega t\cos nx \end{aligned}$$

无论 x 值如何变化，当时间 t 为 $\pi/2\omega$ 的任意奇数倍时，y 值为零；同时，无论 t 如何变化，当 x 为 $\pi/2n$ 的任意奇数倍时，y 值为零。任意一点的简谐运动周期为 $\pi/2n$，任意时刻的波动形式与图 35 中类似。将图 35 中整体的坐标值乘以 $2\cos\omega t$ 之后，两者的简谐运动一致。因此，我们合成后得到的是一系列驻波。它与 y 轴平行，在原位上下振荡。这一结果对研究弦振动理论等具有重要意义。

54. 旋转——单一质点可以做平移运动，除非其内部不在同一直线上的三点位置固定，那么刚体（其内部不会产生相对位移的物体）可以自由旋转。倘若刚体内部的确存在三个这样位置固定的点，则刚体自身就无法自由移动了。如果有两个点位置固定，刚体可以围绕连接这两点的直线旋转，并且该刚体具有一个转动自由度。如果只有一个点的位置固定，那么刚体可以绕经过该点的任意三条相互垂直的轴独立旋转，此时刚体有三个转动自由度。最后，如果没有位置固定的点，则在三个转动自由度之外，刚体还有三个平动自由度。因此，刚体最多有六个自由度。（非刚体同样有某种形式的自由度。）

55. 旋转引起的坐标变化——如果某点 P 以角速度 ω_z 绕 z 轴（如图 36，过点 O 且垂直于该图所在的平面）旋转，则在时间 δt 内，点 P 在 x 轴上的数值变化为 $-\omega_z r\cos\psi\delta t = -\omega_z r\sin\theta\delta t = -\omega_z y\delta t$。如果点 P 同时以角速度 ω_y 绕 Oy 旋转，则同一时间内 x 值的变化为 $\omega_y z\delta t$。因此，δt 无穷小时，点 P 的速度在平行于 Ox 方向的分量为 $\omega_y z - \omega_z y$。

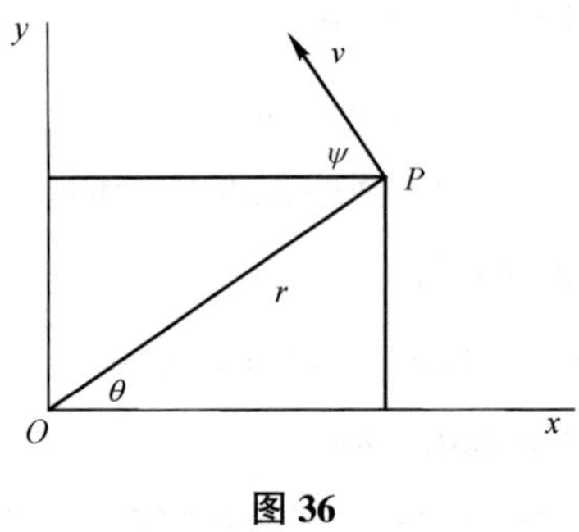

图 36

56. 刚体的单平面运动——单平面运动意味着物体的运动平行于某一个平面。为了研究刚体的单平面运动，我们可以拿物体在刚性平面上的运动来做参考。

令运动平行于纸面，AB 所在的地方为运动物体内某条线段起始位置，$A'B'$ 为末位置，作线段 AA' 、BB'， 在所有交点处作周围两条直线所在平面的垂线，并令这些垂线相交于点 O， 我们会得到 $OA = OA'$ 、$OB = OB'$， 且 AOB 和 $A'OB'$ 为全等三角形，角 AOB 与角 $A'OB'$ 大小相等（图 37）。因此，AB 可以点 O 为中心，旋转过角 AOA' 而到达 $A'B'$ 的位置。因此，所有刚体在单一平面内的位移可以通过绕某一垂直于该平面的轴进行旋转来实现。

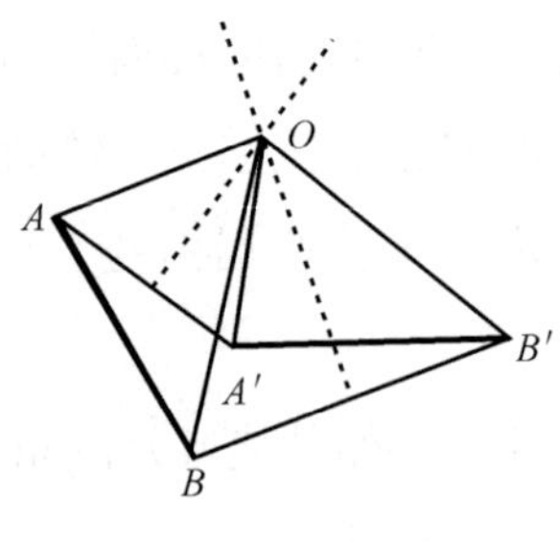

图 37

通常，刚体并不会通过以上旋转的方式从初位置到末位置，相反，刚体的每一点的运动轨迹都可以看作一条曲线（非圆弧）。这种情况下，我们可以将任意一点的总位移看作无穷多个连续不断的无穷小位移，每一个无穷小的位移都恰好与一段无穷小的圆弧重合。显然，它们是质点运动轨迹上的曲率圆（参见第 43 节）。曲率圆的圆心被称为瞬心，平面内刚体运动轨迹的任意一点都绕瞬心进行转动。因此，当车轮在地面上旋转时，车轮上的点在与地面接触的瞬间处于静止状态，此时这点就是车轮作为刚体旋转的瞬心。

如图 38 所示，令点 O 为瞬心，则点 p_1 绕点 O 旋转后到达位置 p'_1。现在，再次假设 p'_1 为瞬心，p_2 绕其旋转后到达位置 p'_2，以此类推。p_1、p_2 等都为刚体上固定的点，它们依次变为静止状态；p'_1、p'_2 等为空间中位置固定的点，它们依次成为刚体旋转的瞬心；瞬心和刚体上的点会依次重合。当运动连续发生时，$Op_1p_2\cdots$ 和 $Op'_1p'_2\cdots$ 会成为连续的曲线，且瞬心沿曲线方向运动。在某一时刻，当刚体在平行于纸面的平面上运动时，过其瞬心垂直于纸面的直线为瞬轴，处于静止状态；图中曲线为刚体和空间中圆柱形表面的截面。因此，我们可以发现，刚体的单平面运动是由物体内固定的圆柱体在空间中位置固定的圆柱体上转动形成的。比如，滚筒在地面上的运动就是一个很好的例子。

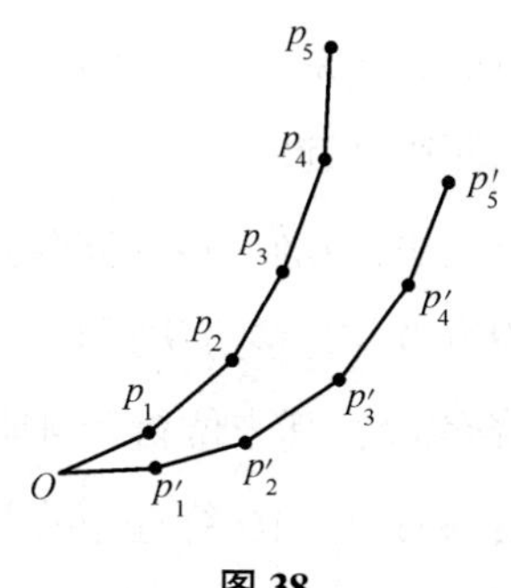

图 38

类似地，我们也可以用曲线代替圆柱体，来说明平面图形在自身平面上的运动。

单一的平移是一种特殊情况，此时瞬心位于无限远处。我们可以将平移看作绕无限远的瞬轴进行的速度无限小的旋转。

57. 刚体的空间运动——首先，想象一个刚体内部有一个位置固定的点，且刚体中有一个以该点为球心的球体，在球体表面找到两个运动的点，令其运动的初位置为 A 、B，末位置为 A' 、B'。此时，我们同样可以应用上一节的推理过程，用球面上的圆来代替直线对问题进行分析。因此，我们会发现，球体表面固定两点之间连线的位移可以通过绕球体某条过球心 O 的直径旋转产生（图 37）。

实际的运动过程可以看作由刚体内位置固定的圆锥体绕空间内位置固定的圆锥体转动形成的。如果我们假设上一节中的曲线 Op_1p_2 恰好位于球体表面，球心位置固定，且点 p_1、p_2 等在运动的瞬间依次处于其运动所旋绕固定轴的末端，就可以清楚地再现这一过程。

现在，假设所有点的位置都是不固定的。一般来讲，刚体的总位移由平动位移和转动位移组成；很明显，两种位移可以分开进行——先进行一种，再进行另一种，叠加之后产生的位移与总位移效果相同。正如我们刚才所言：旋转时，刚体会相继脱离与其初位置平行的一系列平面（垂直于旋转轴）；而平移时，刚体仍旧处于与其初位置平行的一系列平面上。因此，在刚体运动的末位置，刚体所处的一系列平面在方向上没有改变。转动位移可以通过绕垂直于这些平面的任意轴旋转产生，而刚体的末位置取决其旋转时所选择的特定轴。旋转结束之后，我们可以选取与平移方向平行的轴对刚体进行平移，使之到达所需的位置，且该方法只有一种。令纸面为方向不变的平面之一，AO 为平面内一条线段，其末位置为 $A'O'$，位于与纸面平行的另一个平面上。如图 39 所示，将线段 AO 绕任意点旋转到同一平面内与 $A'O'$ 平行的位置，但是，只有通过上一节的方法来选取该点，AO 旋转后才有可能与 $A'O'$ 平行。此时，线段在垂直于纸张平面的方向上进行平移，才会到达末位置。因此，刚体在空间中的所有位移可以通过绕某一个定轴旋转和平移产生。

当旋转和平移同时发生时，这一运动称为螺旋的扭转。一切只有一个自

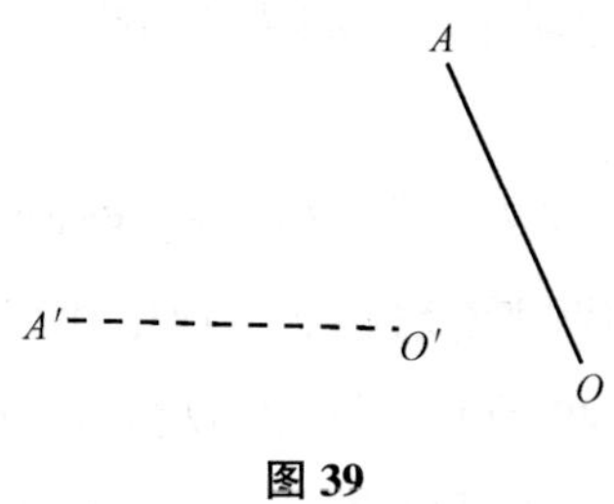

图 39

由度的物体普遍可以进行扭转运动。（旋转和平移并非独立发生，因此扭转过程仅涉及一个自由度。）

空间中所有给定刚体的运动通常都包括扭转，其定轴、线速度和角速度处于不断变化的状态。在任意时刻，定轴的位置由两个直纹面的交线表示，其中一个直纹面（处于刚体内固定位置）同时向另一个空间位置固定的直纹面转动。

58. 角速度的合成——当角速度的大小和方向同时确定时，角速度得以完全确定。角速度的大小和方向可以由与旋转轴平行的直线大小和方向来表示。因此，角速度是矢量，和线速度、加速度类似，其合成和分解法则符合矢量定律。因此，当用平行四边形相邻两边表示两个角速度或加速度的合成时，合成后的角速度或加速度可由其两边中间的对角线表示。

十分重要的一点是：一个内部只有一个固定点的物体会绕某条轴匀速旋转，并在与这条轴垂直的轴上产生大小恒定的角加速度。在第 43 节关于线速度和加速度的相应问题中，我们了解到，当运动方向匀速旋转时，线速度大小不变，其方向始终垂直于加速度方向，且加速度的方向也在匀速旋转。因此，目前看来，我们可以断定角速度大小保持不变，而物体旋转时所围绕的轴将在垂直于恒定加速度轴的方向上匀速旋转。当陀螺为旋转体进行旋转时，加速度轴始终处于水平方向，旋转轴垂直于空间的垂直方向。因此，陀螺旋转的方向将匀速变化，且始终垂直于一条在水平方向旋转的水平线（非水平面）。所以，旋转轴必定绕竖直方向的轴匀速旋转。

分点岁差是由地球赤道轴上的角加速度引起的，而陀螺仪的特殊运动也可以用类似的说法来解释。

如图 40 所示，为了合成两个平行轴上的角速度（两个角速度的大小和方向由 AB 和 CD 表示），我们需要找到一点 O，使得 AB 和 CD 相对于这点的力矩等大且反向（参见第 49 节），并设点 O 到 AB 和 CD 的垂线长度分别为 p_1、p_2。由于点 O 绕 AB 旋转的角速度与 AB 绕点 O 旋转的角速度大小相等，因此我们可以用 ABp_1 表示点 O 垂直于纸面的速度；同样地，点 O 在垂直于纸面方向上相对于 CD 的速度为 CDp_2。由于 AB 和 CD 相对于点 O 的旋转方向相反，因此 ABp_1 与 CDp_2 两个量的正负符号相反。这样一来，在 AOB 和 COD 面积相等时，点 O 处于静止状态，所以，点 O 的中心轴（一条过点 O 且平行于 AB 和 CD 的直线）即为转动合成轴。

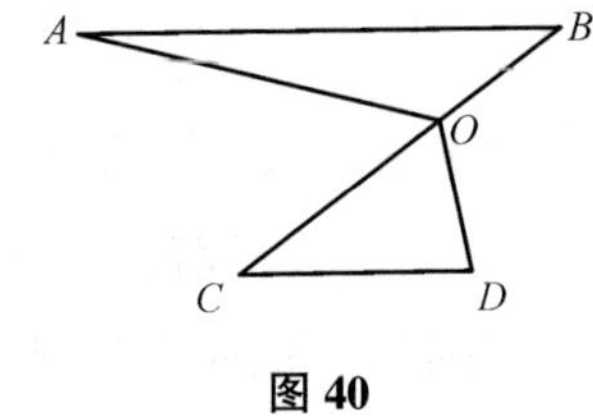

图 40

类似的推论表明，由 AB 和 CD 表示的角速度合成轴是一条平行 AB 的线，位于 AB 上方，且旋转方向与角速度更大的 AB 一致。

为了研究角速度 ω 与线速度 v 相互叠加后产生的效果，我们可以将线速度分解成与旋转轴平行和垂直的两个分量。垂直分量 v' 使得平行于轴线的速度分量方向发生变化，经过一定距离 d 后，使得速度 d_ω 与速度 v' 等大且反向。平行分量将使整个物体沿轴线方向平移，因此合成后我们得到的结果为扭转运动。

如果一个物体同时绕三个轴旋转，则其速度可以用一个三角形的三条边顺次表示。这样一来，我们会发现，实际上物体并没有旋转，而是以三角形面积两倍的速度在垂直于三角形平面的方向上平移。如果其中一条边旋转的方向相反，则物体不会发生平移，而是绕着将其他两条边平分的轴旋转。围绕该轴进行的旋转与沿三角形这条边的旋转方向平行，角速度是这条边速度的两倍。

当由闭合平面多边形的边表示角速度时，得到的结果与以上结论一致。

59. 非刚体的位移——应变——非刚体的形状和体积可以随意变化。所有这些类似形状或体积的确切变化都可以称为应变。

均匀应变——一个内部结构处处相等的物体内部产生处处相似或相等的应变称为均匀应变。应变发生前后，物体内部的平行直线仍旧为相互平行的直线，而其方向和相互之间的距离会产生变化。因此，发生应变后，平行四边形仍然是平行四边形，平行六面体仍然是平行六面体，任何图形或曲面都会变成与原先类似的图形或曲面，因此正球体变成椭球体。

当我们了解了物体在三条不共面的直线上变化的长度和方向时，就可以完全确定这种应变。为此，对于每条直线，我们需要得到一个与其长度变化相关的值和两个与其方向变化有关的值。总之，我们需要得到九个数字。

物体在所有方向上均匀膨胀或压缩，是最简单的均匀应变形式之一。这时，应变物体内所有直线的方向保持不变，且所有直线的长度变化大小一致。这种应变可以发生在流体压缩过程中。我们只需要一个数字，就可以完全确定这种应变的过程。

发生另一种简单的均匀应变形式时，物体内部特定方向上的直线方向不受应变的影响；也就是说，应变只在物体内垂直于某一特定方向的平面内发生，且发生在这些平面内的应变相似或相等——这种变化通常被称为平面应变。一个圆产生平面应变后会变成一个椭圆；一个球体产生平面应变后会变成一个椭球。（球体在应变平面的所有方向上均匀收缩或膨胀，最终变为扁球体或长球体。在这些平面之外且不垂直于这些平面的直线方向都会改变。）所有正圆中相互垂直的直径都会成为椭圆的共轭直径。需要注意的是，椭圆的主轴在最初的正圆是相互垂直的直径，但在椭圆中它们的方向发生了变化。一般来讲，四个数字足以确定平面应变的确切过程。

当椭圆（称为应变椭圆）的主轴与应变前物体中正圆的垂直直径相比方向不变时，这种应变称为纯平面（非旋转）应变。在这种情况下，物体的形变包括在两个相互垂直方向的膨胀（收缩）。就最终效果而言，任何旋转或非纯平面应变，都可以由一个纯平面应变与一个绕垂直于该平面的定轴进行的旋转运动叠加而产生。在纯应变中，主轴以外的每一条直线都会旋转。正因如此，两个纯应变叠加后通常会产生非纯应变。因此，如果选择进行的应变适当，一个物体可以在相继发生三个平面应变后，恢复到首次应变前的状态，总的来看，其效果就像是围绕着某条定轴进行了一定角度的旋转。一个纯平面应变需要三个量来表示。

作为一个特殊的例子，使物体体积不变的应变也值得我们探讨。这意味着物体在一个方向的膨胀长度和在另一个方向的收缩长度相等。正如我们所看到的，由于所有应变都可以由一个纯应变和一个类似于刚体的旋转叠加产生，因此我们可以假设膨胀和收缩的方向相互垂直，即物体在这两个方向上分别产生一个纯应变。设膨胀的方向为 Oy，收缩的方向为 Ox，并设 $abcd$ 为应变前物体中的一个菱形，其应变后变为菱形 $a'b'c'd'$，且 Oa 等于 Ob'，Oa' 等于 Ob 等，则 ab 等于 $a'b'$，cd 等于 $c'd'$。很明显，除了菱形所处的位置之外，图 41 中有两组平面没有发生变化。因此，为了获得（旋转除外）应变，我们可以先将其中的一个平面进行固定，将物体中与另一个平面（比如过 cd 且与纸面垂直的平面）平行的所有平面拉长一定比例，直到菱形应变前的钝角变成大小与之互补的锐角。这种运动被称为剪切运动，与之相应的应变称为剪切应变。

为了使剪切应变取得与纯应变一致的效果，我们必须将物体顺时针旋转一定的角度 $b'db$ ——即菱形钝角和锐角角度差的一半，使得 $b'd$ 与 bd 重合（图 42）。

发生最常见的均匀应变时，正球体在应变状态下变成椭球体。正球体中

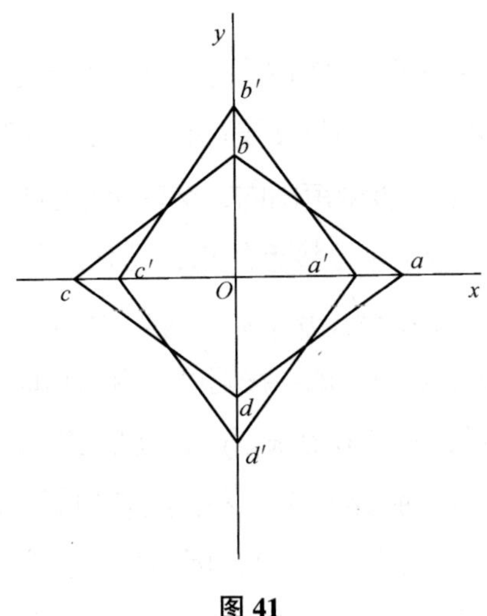

图 41

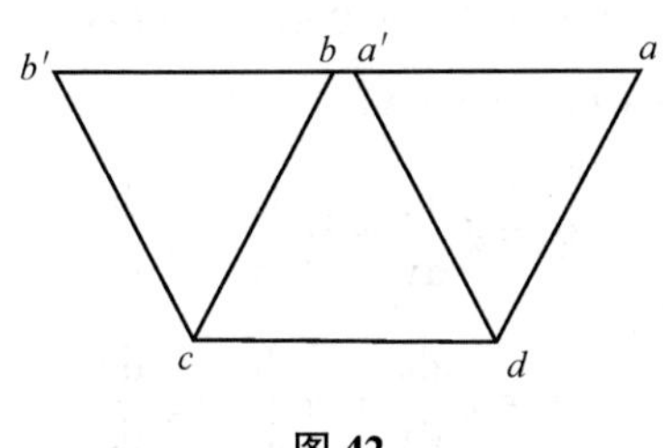

图 42

任意三个相互垂直的轴变成椭球体的共轭直径，且椭球体的三个主轴（称为应变主轴）为应变前正球体的垂直直径。通常，这些主轴会在初始位置上发生旋转。与平面应变的情况一样，当主轴未发生旋转时，这种应变称为纯应变或非旋转应变。就最终效果而言，所有非纯应变都可以看作是由一个纯应变加上一个旋转组成的。

任何应变都可以由一个剪切应变和两个在与剪切平面垂直的方向上进行的均匀膨胀（压缩）产生。因为剪切应变可以一直进行下去，直到得到长轴和短轴的最佳比例；然后，物体在与剪切平面垂直的方向上进行膨胀，得到平均轴相对于长轴和短轴的最佳比例；最后，物体继续均匀膨胀，直到这些轴达到合适的长度。

60. 非均匀应变——只要不发生断裂，物体的所有位移从本质上讲都是连续的。因此，无论整个物体的位移变化有多大，我们都可以把它分成很多较小的部分进行研究，且在极限范围内，这些无穷小的应变是均匀产生的。

首先，设 P 和 Q 是两个十分接近的点，且它们之间的应变为均匀应变，设点 Q 相对于点 P 的坐标为 δx 、δy 、δz ，或 ξ 、η 、ζ。如果点 P 平行于 x 、y 和 z 轴的位移分量分别是 u 、v 、w， 我们可以用 $u+\mathrm{d}u$ 、$v+\mathrm{d}v$ 、$w+\mathrm{d}w$ 来表示点 Q 相应的位移分量，则点 Q 在 x 、y 和 z 轴上相对于点 P 的位移分量为 $\mathrm{d}u$、$\mathrm{d}v$ 、$\mathrm{d}w$。这些分量一般都取决于 ξ 、η 、ζ 的值。此外，这些分量之间呈线性函数关系（见第 4 章第 29 节)，因为均匀应变前后，直线仍然是直线。u 关于 x 的变化率为 $\mathrm{d}u/\mathrm{d}x$， u 关于 δx 的变化率为 $\mathrm{d}u/\mathrm{d}x\cdot\delta x$， u 关于 δy 的变化率为 $\mathrm{d}u/\mathrm{d}y\cdot\delta y$， u 关于 δz 的变化率为 $\mathrm{d}u/\mathrm{d}z\cdot\delta z$。 所以，$\mathrm{d}u=\mathrm{d}u/\mathrm{d}x\cdot\delta x+\mathrm{d}u/\mathrm{d}y\cdot\delta y+\mathrm{d}u/\mathrm{d}z\cdot\delta z$， 最终有

$$\mathrm{d}\xi=\xi\frac{\mathrm{d}u}{\mathrm{d}x}+\eta\frac{\mathrm{d}u}{\mathrm{d}y}+\zeta\frac{\mathrm{d}u}{\mathrm{d}z}$$

$$\mathrm{d}\eta=\xi\frac{\mathrm{d}v}{\mathrm{d}x}+\eta\frac{\mathrm{d}v}{\mathrm{d}y}+\zeta\frac{\mathrm{d}v}{\mathrm{d}z}$$

$$\mathrm{d}\zeta=\xi\frac{\mathrm{d}w}{\mathrm{d}x}+\eta\frac{\mathrm{d}w}{\mathrm{d}y}+\zeta\frac{\mathrm{d}w}{\mathrm{d}z}$$

u、v、w 分别为关于 x、y 和 z 的已知函数，能够帮助我们完全确定任意点发生应变的性质。

在以上方程中，ξ、η、ζ 的 9 个乘数决定了应变的大小和方向（参见本章第 59 节)。

61. 流体的运动——刚体内部无法产生相对位移，而非刚体内部可以产生相对位移。然而，非刚体内部的相对位移有一个限度，如果位移过大，超过了这一限度，非刚体就会断裂。

但在可以无限扩张的流体中，两个相近部分之间产生的位移可以无

限大。

流线被定义为在运动流体中每一点都与流体运动方向一致的一条线。它不一定是流体中任意粒子的实际运动轨迹。我们可以拿旋转陀螺上一点运动的例子（参见第 58 节）对此进行说明。在任何时刻，给定点的流线都是围绕陀螺轴线旋转的圆。而轴线本身也处于运动状态，因此仅在该点与轴线的距离小时，该点的运动轨迹和流线重合。类似地，当流体中的流线在运动时，任何粒子的运动轨迹只在无限短的时间间隔内会与某条流线重合。

当流线位置固定，与流体粒子的实际运动轨迹一致时，运动达到稳态，这些线称为平流线。

如果流线为一条封闭的曲线，则会形成一个流管。这时，流管内的所有流体都无法跃过流管外，流管外的所有流体都无法进入流管内。

无论固体应变的性质如何，我们都可以在总应变之外，对其在无限小的时间内产生的应变进行定性分析。显然，在无穷小的时间段内，固体的位移与其各部分的瞬时速度成正比。在这里，我们将参照上文中所有关于非刚体中位移的结论，对流体的运动进行讨论。

正如固体的旋转一样，流体也可以产生类似的旋转。在物理上，我们称流体的旋转为涡旋运动。流体中在任意一点方向上与流体旋转轴旋转方向重合的一条线被称为涡旋线。涡旋线过无限小的封闭曲线上各点所形成的管状表面，称为涡管。涡管包围着涡丝。大多数流体进行涡旋运动时，垂直方向上的运动只占流体体积的一小部分。

如果流体中曲线上任意两点之间无限小的长度为 ds，而在任意一点都平行于该曲线的速度为 v，则曲线上的环流为 vds 的积分。如图 43 所示，如果我们用一个管将这段曲线包围起来，且这个管横截面上的流体速度处处相等，该管的体积等于曲线上流体环流的体积。我们需要根据流体流动方向的不同，在曲线两边加上正负号。当曲线为一个平面上的闭合曲线时，我们可以说曲线上流动的流体为“围绕着封闭区域”的环流。显然，由于各环流相接的部分速度大小相等且符号相反，因此围绕任意区域的环流都等于所有围绕这一区域的部分环流之和。

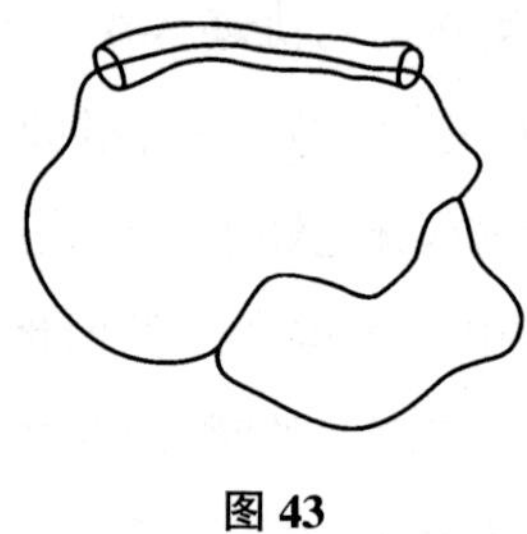

图 43

剪切运动——我们在上文中得到的关于纯均匀平面应变的结果可直接适用于流体的运动。此外，我们很容易就能够从流体的环流推断出有用的结论。

（1）两条分别在相互平行平面上的连通曲线之间的环流处处相等。为了证明这一点，如图 44 所示，我们设 *abc* 和 *ac* 分别为这两条曲线的一部分，直线 *mn* 代表速度 *v*，当这些量足够小时，我们可以认为流体沿着这两条曲线运动的速度是恒定的。因此，*abc* 和 *ac* 的环流流量分别为速度 *v* 与 *abc* 和 *ac* 在 *mn* 方向上投影长度的乘积。而 *abc* 和 *ac* 在 *mn* 方向上的投影长度相等，证明以上结论是正确的。

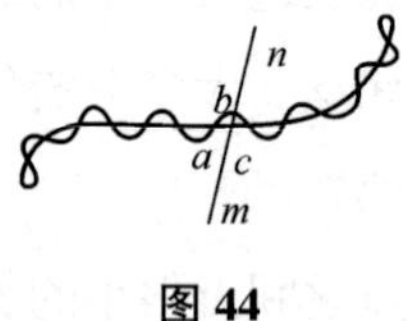

图 44

（2）任意两个位置相近且平面面积相等的环流相等，因为一条曲线相对于点 *O* 的速度与另一条曲线相对于点 *O′*的速度相等（图 45）。因此，根据点 *O* 和点 *O′*的相对速度与点 *S′*在向点 *O* 和点 *O′*的相对运动投影长度的乘积来看，曲线 *S′*的环流与 *S* 并不相等。但由于 *S* 是一条闭合曲线，这种差异会消失。

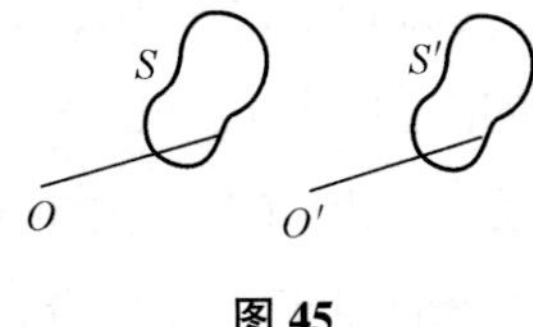

图 45

（3）任何平面的环流曲线长度与流体面积成正比。为此，我们可以把同一位置的流体区域分成无限多份一模一样的小平行四边（图 46）。根据（2）中的结论，我们发现围绕每一个小平行四边形的环流都相等。而现在，由于这些平行四边形所形成的区域的边缘与给定曲线相互连通，因此它们之间的环流处处相等。

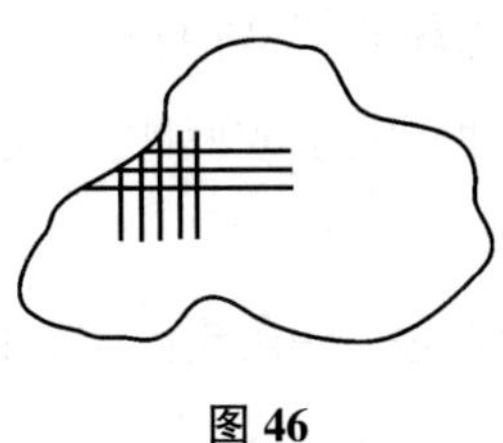

图 46

（4）流体绕任意平面区域的环流，等于绕垂直轴旋转的角速度与面积之积的两倍。令这一区域为面积无限小的圆，与应变类似，肉眼所见的所有瞬时运动都可以分解为平移和转动两部分。在小范围内，平移部分的运动速度和方向恒定不变，无法改变环流的方向。旋转部分有切向速度 ωr，其中，ω 为过圆心且与旋转方向垂直的轴旋转的角速度，r 为圆的半径。因此，环流流量为 $2\pi r \cdot r\omega = 2\pi r^2\omega$。恰好，圆的面积为 πr^2，所以以上结论正确。此外，ω 为常数，所以，根据（3）的说法，在所有情况下，流体绕任意平面区域的环流，始终等于绕垂直轴旋转的角速度与面积之积的两倍。

非均匀运动——某些情况下，流体中足够小的一部分仍可能进行不均匀运动。我们仍然可以利用上述过程对这一部分进行划分，当其小到一定程度后，我们仍然可以应用以上结论对其运动性质进行研究。

根据上文中得到的结论，我们可以推测出，流体绕平面或曲面内任意封闭曲线的环流，等于该表面的法向角速度在曲线上积分的两倍。我们可以将面积足够小的曲面假定为平面，利用（4）中的结论来研究流体在这一小平面上的运动性质。由于我们在封闭曲面上作任意封闭曲线时，曲面上每一部分的积分都与对应封闭曲线的环流大小相等，方向相反，因此，对于一个闭合曲面，当其所有点的法线都只能在曲面内部或外部绘制时，曲面上角速度的积分为零。

涡旋运动——上述结论也适用于部分涡管的情况。涡管的侧表面与旋转轴平行。因此，只有涡管的距离会影响角速度的积分，且两个端点的积分大小相等。如果沿涡管每点的法线都在涡管的同一侧，则两个端点的正负一致。这样一来，涡管内各处的环流都是相同的。通常来讲，涡管的横截面积很小，角速度与涡管的横截面积大小成反比。因此，涡旋运动速度越快，涡管越细。

我们还能得到这样一个结论——在流体中，由于涡旋运动速度和方向并不会突变为无穷大或无穷小，因此，涡旋运动之后，流体要么变为原始状态，形成一个闭合流体回路，比如香烟散发的烟环；要么底部的流体上升到表面，比如手快速浸入水中时，水在手边缘处的运动。

第 6 章　物质的运动

62. 力——惯性是物质唯一区别于宇宙中其他实体的基本性质。由于惯性的存在，我们需要用力，或者通常说发力，才能使物体移动。因此，正如牛顿（Newton）所言，力是引起物体运动的原因。这些引起物体运动的力从本质上讲可以是推力、拉力、吸引力、排斥力等。

我们并不清楚物质在张力作用下产生物理过程的具体性质，所以只能通过感官在心里对其有一个大致的印象。但是我们感受到的某些东西，比如音高和亮度，尽管是基于我们的主观印象来给出的评价，却仍符合某些物理事实。因此，我们对力的主观印象是否也对应力的一些实际物理过程，有待进一步探索。

在第 7 节，我们已经得到了能量的动态测量方法之一。现在，借助对力的新概念，我们可以对力的静态测量方法加以推导。当我们对一个物体施加力，使其克服在反方向上受到的阻力而运动时，我们就对这个物体做了功。如果力是恒定的，由于物体在每单位距离的运动情况相同，我们对物体所做的功会与物体在力的作用下运动的距离成正比。同时，我们会发现做功的多少与施加力的大小成正比；且当做功的多少一定时，物体的位移与物体在反方向上受到的阻力大小成反比。因此，如果我们把功定义为力和力的方向上位移的乘积，则得出：

$$w = fs$$

在上式中，w、f 和 s 分别代表功、力和力方向上的位移。但是，根据能量守恒原理，如果一个质量为 m 的物体运动的初速度为 v，在力的作用下变为静止状态，末速度为零，则力对物体所做的功等于损失的动能。因此得出：

$$\frac{1}{2}mv^2 = fs$$

用 e 来表示上式中的能量，则得出：

$$\frac{\mathrm{d}e}{\mathrm{d}s} = f$$

这意味着，能量关于位移的变化率等于力。

如第 1 章第 12 节所述，尽管拥有守恒的属性，但这种属性与能量守恒完全不同。实际上，牛顿第三运动定律认为宇宙中力的代数总和为零。

在对力有了清晰的理解之后，为避免概念混淆，我们可以在后续章节中使用力或类似的术语来指代各种各样的力，并称力为引起运动的原因。

自然界中不存在质点类似的东西。质点只是一个物理概念。不管物质的粒子有多小，它总会有一定的表面积，并且占据一定的体积。

实际上，在自然界中，力也不会仅仅作用于某一个特定的点上，而是分布于一定体积上，比如重力；或者分布于一定表面上，比如摩擦力——阻止一个物体在另一个物体上滑行的切向力。摩擦力大小与两个物体的接触面积大小无关。只要两个物体之间存在一定的接触面积且相对运动时接触面存在磨损，这种力就一定存在。它通常与法向压力成正比；但对大多数物质来讲，它在很大程度上取决于接触时间的长短。在接触面上适当涂一层润滑油，摩擦力会大大减小。

摩擦力可以用下个式子来表示：

$$F = \mu' R$$

式中，F 为摩擦力；R 为法向压力；μ' 为常数，称为动摩擦系数。

当引发物体运动的力不足以克服摩擦力时，这个方程变为

$$F = \mu R$$

其中，μ 称为静摩擦系数，也为常数。实验表明，静摩擦系数通常大于动摩擦系数。

这说明，物体在力的作用下运动时的动摩擦力，不足以引发物体运动。

63. 运动定律——牛顿的三个运动定律（主要对引发运动的原因——力进行阐释）是目前研究物质运动现象最简单的基础，而研究这些现象的科学被称为动力学，即研究力对物质产生作用的科学。通常，根据是否产生运动，研究对象可以分为两种：动力学和静力学。毋庸置疑，未来也许我们会发现更为简单基础的能量定律。至少现在，在忽略简洁性的情况下，我们已经可以用类似方法来代替牛顿定律，对动力学问题进行研究。

64. 牛顿第一和第二运动定律。

（1）牛顿第一运动定律认为任何物体都会保持匀速直线运动或静止状态，直到外力迫使它改变运动状态为止。

当然，这里所说的“静止”是相对静止。或者说，任何物体“只要处于恒定的势能区间内”，就会保持匀速直线运动或静止状态。

事实上，这条定律认为运动物体的总能量守恒，势能在运动系统中进行转化。当运动的强度大小和方向不变时，并不能保证物体没有受到力的作用，而只能说明物体所受所有力的合力为零，比如受到两个等大反向的力的作用。这时，物体能量增加和损失的速率相同。

牛顿第一运动定律表明，在速度大小不变的情况下，物体只有受到力的作用，才会改变运动方向。（此时，物体沿等势面运动。）

（2）牛顿第二运动定律阐明了力与力的作用效果之间的关系——物体运动的改变程度与运动方向上的作用力成正比。这里牛顿所说的“运动”指的是动量，等于运动物体的质量和速度的乘积。当然，如果物体受到的力恒定，动量的变化与力在物体上作用的时间成正比。因此，我们可以用以下方程来表示牛顿第二运动定律：

$$ft = mv$$

v 指速度在时间 t 内的变化量，m 为运动物体的质量，f 为物体运动过程平均受到的合力大小。当时间无穷小时，我们可以获得物体运动实际所受的合力，此时 $f = m\alpha$，α 代表加速度。其实，只要 f 和 α 分别代表时间内力和加速度的平均值，则无论时间的长短，以上方程均成立。这两个方程都提出了对力的假设（定义），即单位大小的力指单位时间内作用于单位质量物体上并导致其单位速度变化的力。（据此，我们有 $f\mathrm{d}s = mav\mathrm{d}t = mvv\mathrm{d}t = mv\mathrm{d}v$，所以 $fs = mv^2/2$，这一计算结果与本章第 62 节中的结论相符。）

如果两个力 f_1 和 f_2 分别作用在两个质量相等的物体上，则两个物体获得的加速度与这些力的大小成正比，$f_1/f_2 = a_1/a_2$；而当两个大小相等的力作用于不同质量（比如 m_1 和 m_2）的物体时，由于 $m_1a_1 = m_2a_2$，物体获得的加速度与质量成反比。因此，根据牛顿第二运动定律，我们不仅可以比较力的大小，还能比较物体的质量。

凭借牛顿第一和第二运动定律，我们可以一个质点或一组不连续的粒子的运动进行研究。例如，在第 42 节给出的运动方程中，我们只需在方程两端分别乘以一个质量 m，就可以得到各种动力学的量。这样一来，方程 $\ddot{x} = g$ 变为 $m\ddot{x} = mg$。因此，mg 是质量为 m 的物体受到地球的引力大小，也就是该物体的重力。所以，如果用字母 w 表示重力，则得出：

$$w = mg$$

上式给出了重力和质量的本质区别。物体质量 m 的大小是恒定的，重力 w 会随着 g 的变化而变化。在 $g=0$ 的地方，物体的重力为 0。

我们经常使用另一个当量 $V\rho$ 来代替物体的质量 m。当物体质量为 m，体积为 V 时，物体单位体积的质量为 ρ，这个量被称为物体的密度。

同样，在方程两端分别乘以一个质量 m 后，方程 $\dot{x} = gt$ 变为 $m\dot{x} = mgt$。$m\dot{x}$ 表示运动物体的动量。物体在重力作用下做自由落体运动时，获得的动量大小与时间成正比。

类似地，根据 $x^2 = V^2 - 2gx$， 我们有 $m\dot{x}^2/2 = mV^2/2 - mgx$， 或 $m(V^2 - x^2)/2 = mgx$。这意味着，物体在重力作用下上升过程中，失去的动能与位移成正比。

在第 43 节中，我们发现物体以半径 r、速度 v 做匀速圆周运动时，加速度大小为 v^2/r，方向指向圆心。如果物体的质量为 m，则运动时的向心力为 mv^2/r， 例如，当一根固定在天花板上的绳子吊着一块石头匀速旋转时，绳子对石头提供拉力，石头运动过程中必然存在向心力。这种向心力很容易被我们误解成离心力，而离心力本应是与向心力平衡的。根据牛顿第一运动定律，离心力使得物体偏离运动中心，从而沿着切线方向运动。实际上，离心力是由于物体受到惯性的影响而产生的。

65. 牛顿第二运动定律的拓展——上面给出的例子只涉及单一物体在受到一个大小和方向恒定的力时的运动情况。而牛顿第二运动定律可以解释物体同时受到多个力作用时的运动情况，即物体受到多个力作用时，每一个力都独立于其他力对物体产生力的作用。也就是说，在物体运动的任意时刻对物体施加一个单独的力时，这个力对物体的作用效果与其对物体静止时产生的作用效果相当。

为了清楚地表示一个力，我们需要知道它的大小、作用方向和作用的位置。因此，力是一个矢量，当任何数量的力同时作用于一个质点时，我们都可以通过矢量合成的一般规律来找到合力。事实上，根据牛顿第二定律，物体所受的合力与在力作用下运动的加速度成正比。

因此，当一个物体同时受到多个力的作用时，我们只需要考虑它受到的合力便可以研究其运动情况。

由于一个物体只有三个平移自由度，其运动状态可以完全由这三个条件决定。假设物体受到的合力在 x、y、z 轴上的分量分别为 X、Y、Z， 则根据牛顿第二运动定律，合力在三个轴方向上的分量分别满足 $m\ddot{x} = X$，$m\ddot{y} = Y$，$m\ddot{z} = Z$。

需要注意的是，当物体处于平衡状态时，$X=0$，$Y=0$，$Z=0$。

66. 特例——现在，我们将结合物块的运动等特例，对以上结论进行讨论。

（1）以初速度 v 发射一个质量为 m 的物块，在运动过程中，物块受到阻力，且阻力大小与速度成正比。

在研究物块运动状况前，我们可以先假设物块仅沿着 x 轴的方向运动。这样一来，我们只需研究一个方程：

$$m\ddot{x}=-k\dot{x}$$

其中，k 为常量，将方程两边乘以 $\mathrm{d}t$，则上式可以写成：

$$m\mathrm{d}\dot{x}=-k\mathrm{d}x$$

其积分方程为

$$m\dot{x}=c-kx$$

为确定常数 c 的值，我们需要得到 $x=0$ 时的 $\ddot{x}$，也就是初速度 v_0 的值。这时，$c=mv_0$，最终我们得到：

$$m(v_0-\dot{x})=kx$$

这一结果表明，物块从发射位置经过 mv_0/k 的距离后变为静止状态。

那么，可以将这一关系写为

$$\frac{m\mathrm{d}x}{mv_0-kx}=\mathrm{d}t$$

结合第 4 章第 38 节的内容，设物块最终静止时的时刻为 T_0，我们会发现物块的持续运动时间 $t=T_0-m/k\log(mv_0-kx)$。当 $t=T_0$ 时，$x=mv_0/k$。所以，物块到达静止状态所需的时间 $t=m/k\log mv_0$。

（2）如图 47 所示，物块在重力作用下由静止状态在倾斜平面上运动时，通过一定距离需要的时间是多少？当物块处于某一特定位置时，运动速度是多少？

分别用 m、α、R 和 F 代表物块的质量、斜面与平面之间的倾角、物块对斜面的法向压力和摩擦力，并设物块运动方向为 x 轴，则：

$$m\ddot{x} = mg\sin\alpha - F$$

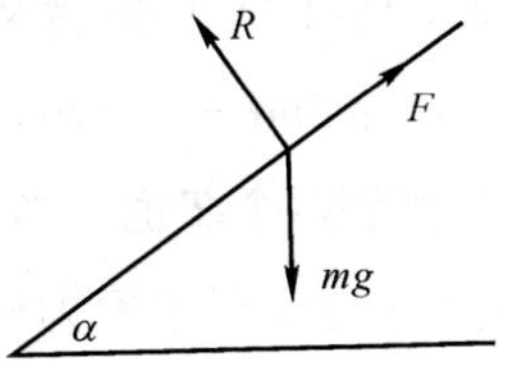

图 47

如果摩擦力系数为 μ'，则上式可写作：

$$m\ddot{x} = mg\sin\alpha - \mu' R$$

如果 y 轴垂直于斜面，则在 y 轴上有

$$m\ddot{y} = 0 = R - mg\cos\alpha$$

因此，设 $\ddot{x}$ 为 A，则：

$$\ddot{x} = g(\sin\alpha - \mu'\cos\alpha) = A$$

这个量与物块质量无关。将以上方程两边乘以 $\mathrm{d}t$，我们得到 $\mathrm{d}\dot{x} = A\mathrm{d}t$，可推导出 $\dot{x} = v_0 = At$，其中，v_0 是初速度，已知物块由静止状态开始运动，所以等于零。因此得出：

$$x = x_0 + \frac{1}{2}At^2$$

以物块由静止状态开始运动时的位置为原点，则 $x_0 = 0$，则其通过距离 x 所花的时间为

$$t = \sqrt{\frac{2x}{g(\sin\alpha - \mu'\cos\alpha)}}$$

此时获得的速度为

$$x = \sqrt{2xg(\sin\alpha - \mu'\cos\alpha)}$$

获得的动能为

$$mgx(\sin\alpha - \mu'\cos\alpha)$$

（3）位于斜面某一位置的一个物块，被平行于斜面的一根弹簧所牵引，

为避免物块在重力作用下下滑，求弹簧对物块所需施加拉力的极限值。

设弹簧的拉力为 T，其他量与（2）中的含义一致，则：

$$m\ddot{x} = 0 = mg\sin\alpha - T \pm \mu mg\cos\alpha$$

根据这个方程，我们可以找到两个 T 值。当等式最右边的最后一项符号为正时，弹簧拉伸程度最大，斜面受到摩擦力作用；当最后一项符号为负时，物块有下滑的运动趋势，拉力 T 达到最小值。

（4）物块在一根长度为 l 的绳子牵引下，于垂直平面内做圆周运动。为了使绳子刚好在运动路径的最高点松弛，物块的角速度 ω 必须小于何值？

首先，我们可以对物块进行受力分析。运动过程中，物块受到竖直向下的重力，并在另一个方向上受到向心力作用。因此，要想令绳子刚好在运动路径的最高点松弛，则在最高点绳子的拉力为 0，重力完全充当向心力：

$$g = \omega^2 l$$

其中，ω 为角速度。

而在最低点

$$T = mg + m\omega^2 l$$

67. 动力学相似原理——我们可以将牛顿第二运动定律（参见本章第 64 节）的表达式写为

$$f = m\frac{l}{t^2}$$

其中，l 指质量为 m 的物体在时间 t 内由静止状态运动经过的距离。我们可以进一步把这个方程式看作一个量纲方程（参见第 4 章第 27 节）。在这个量纲方程中，等号仅仅意味着方程左边的量在量纲上与方程右边的量相同。但是，我们无法根据量纲方程对每个量的绝对大小进行推导，因为量纲方程只能判定方程中各项式之间量的比例。然而，通过对每个量的单位下适当的定义，我们可以将量纲方程转化为普通方程。因此，在上述方程式中，我们可以把单位大小的力定义为单位时间内使单位质量物体由静止状态开始运动所需的力，或者采用本章第 64 节中我们对力的定义。

在物理学中，量纲的概念具有重要意义。由于在量纲方程中，等号两边的量纲相同，因此我们可以根据量纲来有效检验代数计算结果的准确性。实际上，量纲的用途并不仅限于此。例如，我们可以将方程 $f = m(l/t^2)$ 写为

$$\alpha f = \beta m \frac{\gamma l}{\frac{\beta\gamma}{\alpha} t^2}$$

从中我们可以发现，如果两个物块运动过程中所受的力、物块质量、运动距离比例分别为 $\alpha : 1$、$\beta : 1$、$\gamma : 1$，且开始运动时的动力学特征相似，则当两个物块运动时间间隔之比为 $\sqrt{\beta\gamma/\alpha} : 1$ 时，其运动情况类似。

这一原理称为动力学相似原理，为牛顿所证实。在后续章节，我们会谈到它在不同情景下的实际例子（见第 73 节、第 76 节、第 124 节以及第 159 节）。

68. 牛顿第三运动定律——到目前为止，我们还没有讨论由物体之间力的相互作用引发的运动。牛顿第三运动定律对牛顿第一和第二运动定律无法解决的这些问题进行了必要的补充，即相互作用的两个物体之间的作用力和反作用力总是大小相等，方向相反，作用在同一条直线上。

应力指存在于一个平衡系统内部的力，因此我们也可以将上述定律表述为：任何两个物体之间的相互作用都具有应力的属性。

毋庸置疑，当多个物体在一个系统中达到平衡状态时，牛顿第三运动定律说明的情况显然成立。因此，我们认为，当一本书放在桌子上时，书本对桌子的压力等于书本的重力。但当绳子拉着一个物块在桌面上向前运动时，拉力并不一定与物块在反方向上受到的阻力相等。为了弄清物块在桌面水平方向上受到的合力是否为零，我们必须考虑到物块运动时受到的所有力。如图 48 所示，B 代表物块，F 为 $F'F$ 方向上的拉力，F'' 为作用在 $F'F$ 反方向上的另一个力。

只有当物块在同一方向上受到的力（比如 F 和 F''）大小相等时，物块才会达到平衡稳定状态，且这两个力使物块达到的平衡稳定状态与牵引力 F'

对物块的作用无关。因此，当 F 和 F'' 大小相等时，至于 F 和 F' 相等与否，只能通过实验来证明。无须赘言，牛顿的三个运动定律都是观察和实验的产物。

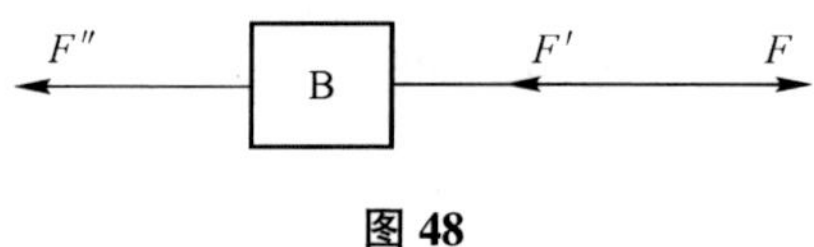

图 48

但是（正如牛顿指出的那样），我们通常认为作用不仅与力有关，还等于力与力使物体产生的速度的乘积。产生的速度指物体在力的方向上运动（关于时间）的速率，速度与力的乘积等于这个力做功的速率（或功的时间变化率）。物理学称其为活度。因此，对牛顿第三运动定律的另一种解释是，一组作用于给定系统的力做功的（时间）速率，与其反作用力对系统做功的速率相同。如果牛顿意识到热量也是一种形式的能量，这一定律对现代能量守恒原理（见汤姆森和泰特的《自然哲学原理》一书）的阐述就完美了；然而，在牛顿所处的时代，人们认为物体在运动时，克服摩擦方面所做的功不可避免地完全损失掉了。

结合牛顿第二运动定律，牛顿第三运动定律使我们能够研究相互碰撞物体的运动。为了避免使问题复杂化，我们可以假设质量为 m_1 和 m_2 的两个表面光滑球体，分别以速度 v_1 和 v_2 向两个球体连线的中心方向运动，碰撞后速度变为 v'_1 和 v'_2。大多数实际情况下，两个球体的撞击时间很短，甚至不到 0.1 秒，但撞击时两个球体的相互作用力很大。因此，如果缺少特殊装置，就几乎无法确定这些量的值。然而，力与速度的乘积——功率，则很容易求得。根据牛顿第三运动定律，两个球体的功率相同，因此得出：

$$m_1(v'_1 - v_1) = m_2(v'_2 - v_2)$$

除此之外，牛顿所做的实验中还发现

$$v'_1 - v_1 = e(v'_2 - v_2)$$

其中，e 为常数，小于 1，称为恢复系数。这个方程说明两个物体撞击后，分离的相对速度小于它们撞击前相互接近时的相对速度，并与它们撞击前相互接近时的相对速度成正比。然而，如果撞击后物体产生的形变过大，以上条件将不再适用。

如果碰撞后两个物体以相同速度 V 一起运动，则：

$$(m_1 + m_2)V = m_1v_1 + m_2v_2$$

这一原理被应用于弹道摆锤中，以确定炮弹或步枪子弹的速度。此时，摆锤的质量 m_2 比子弹的质量 m_1 要大得多，摆锤的速度 v_2 为零。较大的质量 m_2 确保了摆锤会在明显偏离垂直方向之前，与子弹以共同速度 V 一起运动。V 值可以通过摆锤摆动的距离测得。由此，我们可以得到摆锤与惯性中心（参见本章第 69 节）相比升高的高度 h，从而算出 $V = \sqrt{2gh}$（参见第 5 章第 42 节）。

69. 惯性中心——在由质量为 m_1、m_2 等的物体组成的系统中，我们总能找到一点，该点处到平面之间的距离与各物体质量之和的乘积，等于各物体质量与该平面之间距离乘积的总和。

令各物体的质量之和为 $\Sigma(m)$，各物体质量与给定平面距离的乘积之和为 $\Sigma(md)$，显然，我们可以找到距平面距离 D 的一点，使得

$$\Sigma(m)D = \Sigma(md) \tag{1}$$

由于在这个方程中，D 为未知量，我们可以把它映射到另外两个平面上，且三个平面互不平行，由此得到一个位置固定的点，该点距三个平面的距离为 D。

为方便起见，我们假设这三个平面相互垂直，交线分别为 x、y 和 z 轴，便可得到与上面类似的三个方程：

$$\Sigma(m)X = \Sigma(mx)$$

$$\Sigma(m)Y = \Sigma(my)$$

$$\Sigma(m)Z = \Sigma(mz)$$

将三个方程两边分别乘以 λ、μ、ν 并进行相加，得出：

$$\Sigma(m)(\lambda X + \mu Y + \nu Z) = \Sigma[m(\lambda x + \mu y + \nu z)]$$

而 λ、μ、ν 分别为过三个平面的法向量的方向余弦，因此 $\lambda x + \mu y + \nu z$ 为垂直于任意过坐标点 x、y、z 平面的垂线。因此，方程（1）适用于过三个平面交点的任意平面。

但是，当我们把 D 和 d 的数值分别增大 h 时，方程（1）仍然成立，因为这只是在等号两边加上了 $\Sigma(m)h$ 而已。可以看出，对于所有平行于给定平面的平面，方程（1）始终成立。这意味着，方程（1）适用于所有平面。

根据这一方法找到的点称为给定运动系统的惯性中心。

通过计算上述方程中各量随时间的变化率，我们得到：

$$\Sigma(m)\dot{D} = \Sigma(m\dot{d})$$

以及

$$\Sigma(m)\ddot{D} = \Sigma(m\ddot{d})$$

前一个方程表明，在任意给定方向上，系统的动量等于各物体在该方向上的动量之和，其运动总是位于惯性中心。后一个方程证明，在单一力的作用下，不同质量的多个物体与同等质量的单个物体相对于惯性中心的运动状态变化情况一致。

由于物体的作用力和反作用力相等，系统处于平衡状态，因此在任意相连的物体系统中，力对惯性中心产生的作用不受系统中物体相互作用的影响；而且，对于刚体，我们可以假设其质量集中在惯性中心，并只考虑合力对惯性中心的作用。换言之，刚体的平动方程和平衡方程与第 65 节中物块运动的方程相符。

70. 力矩和转动惯量——力矩是指力使物体在转动轴或支点垂直方向上转动的趋向。它等于力与力的作用线和转动轴之间最短距离的乘积。

一对大小相等、方向相反、但不共线的平行力称为力偶。在力的平面上，力偶作用于任意一轴的力矩，等于力偶中任意一个力与力的作用线之间垂直距离的乘积。如图 49，设该段距离为 r，两个平行力的大小均为 F，任意垂直于力偶的轴与力作用平面的交点为 P。如果从点 P 到任意一个力的作用线的垂直距离为 x，则从 P 到任意一个力的作用线的垂直距离为 $r-x$，两个力矩之和，也就是力偶矩为

$$Fx + F(r - x) = Fr$$

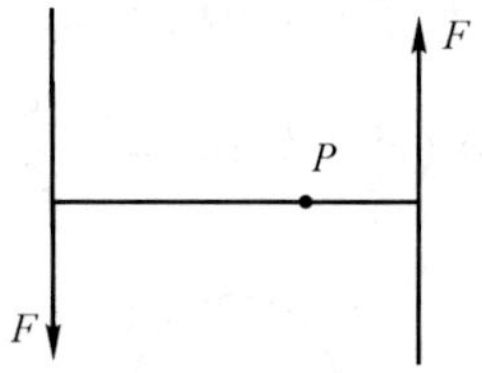

图 49

事实上，$Fr=mar$，其中，m 为受力物体的质量，a 为线性加速度。其次，$a=\dot{\omega}r$，其中，ω 为角加速度，因此：

$$Fr = mr^2\dot{\omega}$$

以上三个独立的方程可以表明一定质量物体的旋转运动情况。

mr^2 这个量被称为质量为 m 的物体关于给定旋转轴的转动惯量。将以上方程的两边分别乘以 $\omega\mathrm{d}t$，我们得到以上方程的积分：

$$Fr\theta = \frac{1}{2}mr^2\omega^2$$

如果 $\mathrm{d}\theta/\mathrm{d}t = \omega$，则物体旋转的总角度为 θ。但由于 $r\omega = v$，v 为线速度，所以方程右边的量可代表物体旋转过程的动能。可以看出，在一定的力偶作用下，物体旋转时的动能与旋转的角度成正比。

当运动物体为多个时，上式中的 mr^2 前需要加上数学求和符号 Σ，写成 $\Sigma(mr^2)$，我们可以根据同样的方法，将方程写为

$$\Sigma(m)k^2 = \Sigma(mr^2)$$

显然，由于方程中只有 k（称为回转半径）为未知量，因此这种写法并无不妥。

下面，我们将拿圆柱体在斜面上的滚动（并非滑动）作为例子进行研究

（见图 50）。设斜面与水平平面成 α 角，圆柱体横截面半径为 r，回转半径为 k，则圆柱体旋转过的角度为 θ 时，圆柱体下降的高度 $s = r\theta\sin\alpha$。如果圆柱体的质量为 m，则此时重力做功为 $mgs = mgr\theta\sin\alpha$，等于圆柱体增加的动能。圆柱体用于旋转运动的能量为 $mk^2\dot{\theta}^2/2$，用于平移运动形式的能量为 $m(r\dot{\theta})^2/2$。因此，圆柱体沿斜面方向向下的运动速度为 $\nu(=r\dot{\theta})$，则：

$$2gs = (r^2 + k^2)\dot{\theta}^2 = \frac{r^2 + k^2}{r^2}\nu^2$$

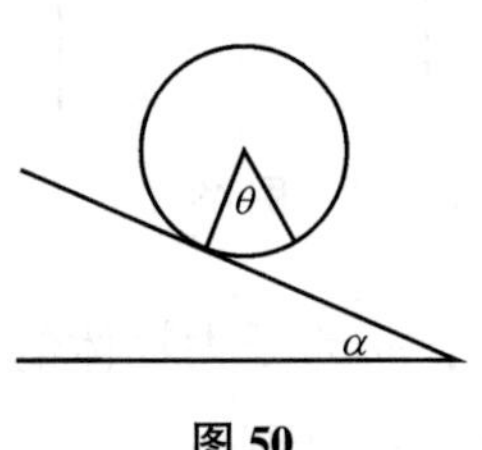

图 50

如果圆柱体不发生旋转，则有 $\nu^2 = 2gs$；但是，由于除了下落的动能之外，部分势能还转化为圆柱体旋转的动能，所以实际上圆柱体在斜面方向上下滑的速度要更小。

71. 转动惯量拓展——一个物体相对于任意轴的转动惯量，等于这个物体相对于一条平行于该轴且过惯性中心的轴的转动惯量。同样，这个物体相对于原轴的转动惯量等于整个物体相对于惯性中心的转动惯量。

转动惯量可用方程式表达为

$$\Sigma(mr^2) = \Sigma(m\overline{x^2 + y^2})$$

如图 51 所示，将惯性中心点 P ［原坐标为（α，β）］所处的位置记作原点，设平行于过点 P 的轴上任意一点的坐标为（ξ，η），根据惯性中心的特点，$\Sigma(m\xi)$、$\Sigma(m\eta)$ 为 0，因此得出：

$$\Sigma(m\overline{x^2 + y^2}) = \Sigma[m\overline{(\alpha + \xi)^2 + (\beta + \eta)^2}]$$

$$= \Sigma(m\overline{\alpha^2 + \beta^2}) + \Sigma(m\overline{\xi^2 + \eta^2})$$

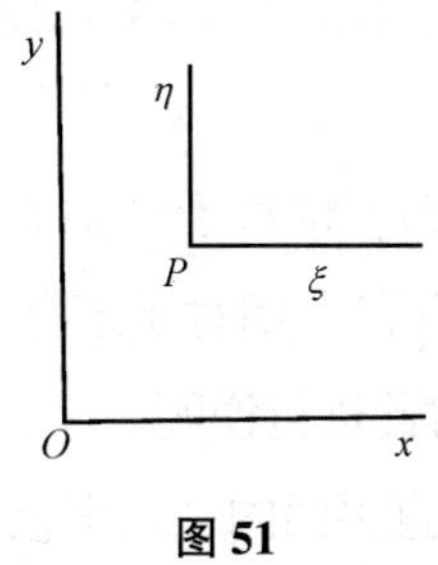

图 51

为了解释这一结果的重要意义，我们将继续研究圆柱杆的转动惯量。设圆柱杆的长度为 $2l$，横截面半径为 a，圆柱杆绕过其中点且与杆身垂直的轴旋转，当圆柱杆横截面直径无穷小，等于 dh 时，横截面相对于杆身的转动惯量为 $\Sigma(mr^2)$。其中，r 为单位质量 m 到轴的距离，求和符号表示我们对从 $r=0$ 一直到 $r=a$ 的转动惯量进行求和。如果杆的密度为 ρ，我们可以将质量 m 写为 $2\pi r\mathrm{d}r\rho\mathrm{d}h$。由于横截面面积为 $2\pi r\mathrm{d}r$，因此 $2\pi r\mathrm{d}r\rho\mathrm{d}h$ 可代表独立横截面单位质量。这一部分的转动惯量为 $2\pi\rho\mathrm{d}hr^3\mathrm{d}r$，转动惯量从 $r=0$ 到 $r=a$ 的积分即为整个圆柱杆的转动惯量，这个量等于 $\pi\rho\mathrm{d}ha^3/2$。

整个圆柱杆相对于其中心垂直于杆身的轴的转动惯量为

$$\Sigma(mr^2)=\Sigma[m(x^2+y^2)]=\Sigma(mx^2)+\Sigma(my^2)$$

x 和 y 为圆柱杆横截面 m 于该横截面所在平面任意两条坐标轴上的坐标。由于 $\Sigma(mx^2)$ 和 $\Sigma(my^2)$ 分别为横截面相对于 x 轴和 y 轴的转动惯量，所以我们可以将任意横截面相对于该横截面内过惯性中心旋转轴的转动惯量，看作其相对于过惯性中心且与该横截面垂直的轴的转动惯量的一半。

因此，横截面相对于该横截面内中心轴的旋转惯量为 $\pi\rho\mathrm{d}ha^4/4$。如果该横截面中心距离圆柱杆中心的距离为 h，则该横截面（质量为 $\pi\rho a^2\mathrm{d}h$）相对于过杆体中心且垂直于杆身的轴的转动惯量为 $\pi\rho a^2\mathrm{d}hh^2$，且位于该横截面的中心。所以，该横截面相对于这个轴的转动惯量为 $\pi\rho a^2(a^2/4+h^2)\mathrm{d}h$。将从 $h=0$ 到 $h=1$ 的横截面的转动惯量进行叠加，我们得到整个圆柱杆旋转惯量的一半。把以上极限量的积分乘以二，我们得到所要计算转动惯量为

$2\pi\rho la^2(a^2/4+l^2/3)$，也可以写作 $M(a^2/4+l^2/3)$，其中，M 为整个圆柱杆的质量。

72. 转动平衡——当 $\Sigma(Fr)$ 相对于一轴的值为零时，物体相对于该轴无转动。因此，转动平衡指所有力相对于三条互不平行的轴的力矩之和为零。我们将用下面两个例子对此进行说明。

(1) 如图 52 所示，在竖直平面内，地面上一条长度为 $2l$ 的梯子靠墙而立，处于静止状态，梯子内部各处的质量分布均匀，梯子和地面、梯子和墙壁之间的摩擦力系数分别为 μ 和 μ'，求梯子恰好处于转动平衡时的极限位置。

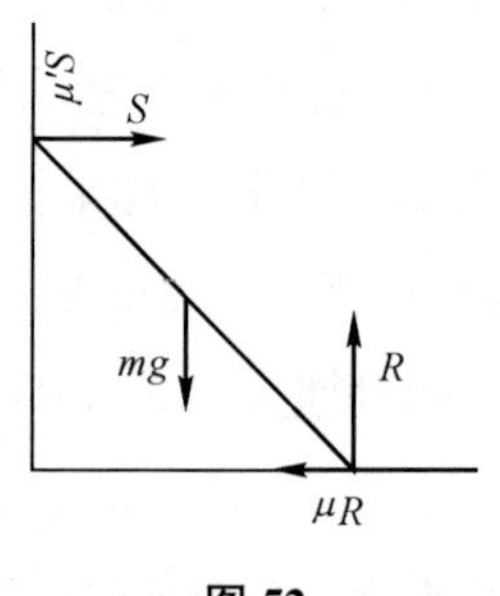

图 52

设梯子与地面之间的倾角为 α。根据已知条件，梯子只能在竖直平面内运动。因此，梯子只有三个自由度，两个平动自由度用于平移和一个转动自由度。就平动而言，在任意两个相互垂直的方向上作用于梯子的力之和为零时，梯子将处于平衡状态。我们可以把这两个方向定为沿着梯子和垂直于梯子长度的方向，但随后我们给出的每一个方程都会涉及所有作用在梯子上的五种力。而如果我们选择水平方向和垂直方向，方程将只涉及两到三个力。因此，为了使我们的方程表达式更为简单，我们应选择后者，得到：

$$S=\mu R$$

$$mg=R+\mu' S$$

式中，S 和 R 分别代表墙壁和地面上的法向压力。

令各种力相对于任意与运动平面垂直的轴的力矩之和为零，我们便可得到这些量之间的第三个关系。以过梯子上所受力的数目最多一点（梯子两端）的作用线为这条轴时，表达这些量关系的方程最简单。原因是这些力在此处的力矩为零。选择过梯子下端的作用线为这条轴，则：

$$mgl\cos\alpha = (S\sin\alpha + \mu' S\cos\alpha)2l$$

即

$$mgl\cos\alpha = 2S(\sin\alpha + \mu'\cos\alpha)$$

这就表明这个量与梯子的长度无关。

当已知梯子的质量、摩擦力系数 μ 和 μ' 时，我们可以排除以上三个方程中的未知量 S 和 R 的干扰，得到一个确切的表达式，根据已知量求出 α 的值。

（2）一个长度为 l、质量为 m 的钟摆以恒定角速度 ω 绕一条竖直的轴旋转，用重力加速度 g、钟摆转动时摆长在垂直方向上投影的高度 h 来表示 ω。

设钟摆与竖直方向的夹角为 θ，则垂直于轴线的“离心力”为 $m\omega^2 l\sin\theta$，其垂直于摆线，以阻止夹角 θ 变小的分量为 $m\omega^2 l\sin\theta\cos\theta$。重力在同一条线相反方向上，使夹角 θ 变小的部分为 $mg\sin\theta$。因此，钟摆到达转动平衡状态的条件为

$$\omega^2 l\cos\theta = \omega^2 h = g$$

由此，我们可以得出角速度的表达式，并发现角度 θ 的值是恒定的。

73. 运动在非刚性固体中的传播——在本节，我们将以波沿被拉伸绳子的传播为例，研究运动在非刚性固体中的传播。

如图 53 和图 54，假设这根绳子位于一个光滑的空心管中，并以速度 v 沿着箭头方向穿过该空心管。由于管道内壁是光滑的，所以绳子所受的张力 T 是均匀的。静止状态下，绳子对部分管道（曲率半径为 r 的地方）的压力为 T/r。令绳子以圆弧 PQ 的弧度与空心管内壁接触，且角 POQ 的角度为 θ，点 O 为圆弧 PQ 的圆心。如果直线 OR 平分角 POQ，则绳子张力沿 RO 的分

量为 $2T\sin(\theta/2)$。如果 θ 值比较小，则 $T\theta = T \cdot PQ/R$，而总压力为 pPQ，p 为圆弧单位长度上的压力。

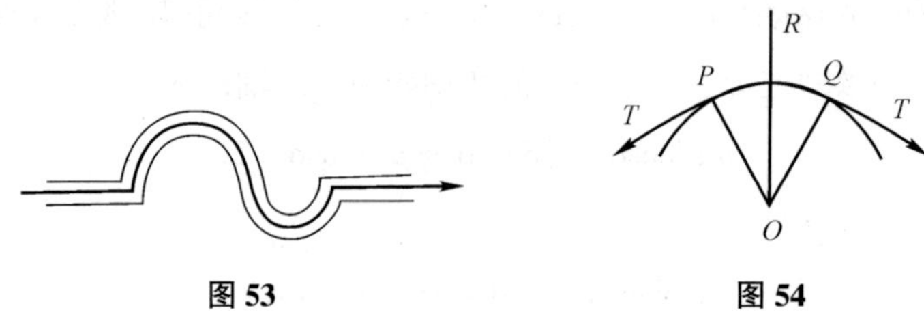

图 53　　图 54

如果绳子单位长度的质量为 m，则当绳子以速度 v 运动时，绳子的离心力大小为 mv^2/r。当它等于 T/r，即 $T = mv^2$ 时，绳子对空心管内壁施加的压力为零。我们可以发现，满足这一方程的速度 v 值与曲率半径 r 完全无关。所以，当达到合适的速度时，空心管内壁各处所受绳子的压力为零。现在，当我们把绳子从空心管中抽出，绳子会继续做类似的运动，且绳子各部分的运动状态与之前在空心管中的运动状态一致。而且，由于所有的运动都是相对的，如果用恒定张力将绳子固定，绳子的波形就会以速度 v 向后运动。

因此，当波的运动沿受张力 T 作用的绳子传播时，速度为

$$v = \sqrt{\frac{T}{m}}$$

式中，m 为绳子单位长度的质量。

尽管上述（汤姆森和泰特所得到的）证明结果足够简单，但根据动力学相似性原理推导出的结果也同样简洁。

相似波形的相似部位的曲率半径与波长 l 成正比。因此，单位长度的压力与 T/l 成正比，同时与 T 成正比。同样，绳子单位长度的质量为 m，我们可以得到以下量纲方程：

$$T = \frac{ml^2}{t^2}$$

式中，t 为波长 l 对应的周期，而 l/t 是波的传播速度。根据本章第 64 节中对

力的定义，$l/t = \sqrt{T}/\sqrt{m}$。

74. 理想流体运动——流体因受到作用于其整个体积（例如重力）或作用于其表面的力（例如外部压力）的作用而运动。

理想流体指所受压力始终垂直于压力与流体接触面的流体。理想流体内部完全不存在摩擦力。在自然界中，理想流体是不存在的。但当流速足够慢时，流体的性质会与理想流体十分接近。因此，我们可以通过研究理想流体的运动，来推导自然界中类似流体的性质。（无论是否为理想流体，当流体处于静止状态时，其所受的压力往往垂直于压力和流体的接触面。）

设流体形状为一个小立方体，其长宽高 $\mathrm{d}x$、$\mathrm{d}y$、$\mathrm{d}z$ 与坐标轴平行，流体密度为 ρ，则流体的质量为 $\rho\mathrm{d}x\mathrm{d}y\mathrm{d}z$。在与轴平行的方向上，由于受到这个方向上的合力作用而产生，流体加速度分量大小为 $\rho\ddot{x}\mathrm{d}x\mathrm{d}y\mathrm{d}z$。

设作用在流体单位质量上的力为 X，单位面积受到的压力为 P，则距坐标原点最近的立方体表面所受的总压力为 $p\mathrm{d}y\mathrm{d}z$，方向沿 x 轴向右。当增加 $\mathrm{d}x$ 时，p 变为 $p+\mathrm{d}p$，因此沿 x 轴向左的压力为 $(p+\mathrm{d}p)\mathrm{d}y\mathrm{d}z$，向右的压力之和为 $-\mathrm{d}p\mathrm{d}y\mathrm{d}z$，或 $-\mathrm{d}p\mathrm{d}x\mathrm{d}y\mathrm{d}z/\mathrm{d}x$。所以，流体沿 x 轴运动的表达式可写为

$$p\ddot{x} = \rho X - \frac{\mathrm{d}p}{\mathrm{d}x}$$

类似地，有

$$p\ddot{y} = \rho Y - \frac{\mathrm{d}p}{\mathrm{d}y}$$

以及

$$p\ddot{z} = \rho Z - \frac{\mathrm{d}p}{\mathrm{d}z}$$

必须注意，$\ddot{x}$、$\ddot{y}$ 和 $\ddot{z}$ 三个量分别代表三条坐标轴上总的加速度分量。它们会随时间以及单位流体质量的变化而变化。总之，为确保结果的严谨性，我们只能对已知流体的部分进行研究。

我们可以以流体在重力作用下通过容器侧面的小孔溢出的运动为例，对理想流体的运动进行研究。小孔位于流体自由表面下方，深度为 z，以小孔上方自由表面所在平面的点为原点，z 轴竖直向下，x、y 轴处于水平方向，则流体运动的表达式为

$$\rho\ddot{x}=-\frac{\mathrm{d}p}{\mathrm{d}x};\ \rho\ddot{y}=-\frac{\mathrm{d}p}{\mathrm{d}y};\ \rho\ddot{z}=\rho g-\frac{\mathrm{d}p}{\mathrm{d}z}$$

g 为重力加速度。将三个等式两边分别乘以 $\dot{x}\mathrm{d}t$、$\dot{y}\mathrm{d}t$、$\dot{z}\mathrm{d}t$，然后相加，得到：

$$\rho(\dot{x}\mathrm{d}\dot{x}+\dot{y}\mathrm{d}\dot{y}+\dot{z}\mathrm{d}\dot{z})=\rho g\mathrm{d}z-\left(\frac{\mathrm{d}p}{\mathrm{d}x}\mathrm{d}x+\frac{\mathrm{d}p}{\mathrm{d}y}\mathrm{d}y+\frac{\mathrm{d}p}{\mathrm{d}z}\mathrm{d}z\right)$$
$$=\rho g\mathrm{d}z-\mathrm{d}p$$

以上方程的积分为

$$p=p_0+\rho gz-\rho\frac{1}{2}v^2 \tag{1}$$

其中，$v=\sqrt{\dot{x}^2+\dot{y}^2+\dot{z}^2}$，为流体运动的速度，$\rho_0$ 为液体自由表面上的压力，由于在自由表面上 $v=0$ 且 $z=0$，因此对应小孔面积相对于自由表面面积无穷小时，流体在小孔表面的压力值。

小孔处的压力为 ρ_0，因此 $v^2=2gz$。这里的速度 v 指流体在重力作用下，从静止状态做自由落体运动，经过小孔到流体底面的深度而获得的速度。

这一结果很容易通过流体的能量推导出来。质量为 m 的流体从小孔溢出后，最终获得的动能为 $mv^2/2$。而当我们将溢出的流体再次倒入容器中，其失去的能量又会立即恢复。将流体升高高度 z，需要对流体做功 mgz。因此，根据能量守恒原理，我们同样可以得到 $v^2=2gz$。

公式（1）表明，在运动的流体中，速度最大的地方压力最小。因此，当流动的流体存在射流时，射流处的压力比其他地方压力更小。这时，浸在流体中的物体受到流体内部力的作用，被迫运动到射流的中心。这解释了较轻的物体会在水或空气的垂直射流中上升的现象。

75. 流体的平衡状态——根据流体的运动方程，比如，我们可以立即得到流体达到平衡状态需要满足的条件：

$$\rho X = \frac{\mathrm{d}p}{\mathrm{d}x};\ \rho Y = \frac{\mathrm{d}p}{\mathrm{d}y};\ \rho Z = \frac{\mathrm{d}p}{\mathrm{d}z}$$

当无外力作用于流体时，以上方程为

$$\frac{\mathrm{d}p}{\mathrm{d}x} = 0;\ \frac{\mathrm{d}p}{\mathrm{d}y} = 0;\ \frac{\mathrm{d}p}{\mathrm{d}z} = 0$$

据此得出的结论简单明了：液体内部各处压力相等，且为定值。

如果我们假设原点位于流体的表面，流体受到重力作用，z 轴方向竖直向下，以上方程可写为

$$\frac{\mathrm{d}p}{\mathrm{d}x} = 0;\ \frac{\mathrm{d}p}{\mathrm{d}y} = 0;\ \frac{\mathrm{d}p}{\mathrm{d}z} = \rho g$$

前两个方程表明在水平面上，流体内部的压力值恒定；最后一个方程表明，压力随流体深度的增加而均匀变大，积分为

$$p = p_0 + \rho g z$$

在上节的（1）式中，令 $v=0$，可得到相同的结果。

76. 表面波在液体中的传播——为了简单起见，我们假定波都是相似的，其脊线为相互平行且等距的直线。动力学相似原理使我们能够轻松推导出波的传播规律。

当波在重力作用下传播时，所受的力与液体密度、重力和波长的平方成正比，质量与密度和波长的平方成正比。因此，量纲方程可以写为

$$f = \frac{ml}{t^3}$$

根据本章第 67 节，上式可写作：

$$\rho l^3 g = \frac{\rho l^2 l}{t^2}$$

或

$$g = \frac{l}{t^3}$$

推导得出：

$$v^2 = gl$$

在以上各方程中，ρ 代表液体的密度，其他符号代表的意义与上文一致。因此，我们可以发现，传播速度与波长的平方根和重力加速度的平方根成正比。符合这一条件的波称为振荡波或自由波。

在上述例子中，我们假设液体的深度相对于波的长度来讲无穷大。其实，当深度与波长相比非常小时，只要我们能表示出液体的确切深度 l，上述方程仍然适用。因为，当相似的波（相似性与深度有关）在不同深度的液体中传播时，相似的质量与深度的平方成正比，而波在垂直方向上运动的范围与深度成正比。这种波被称为长波或孤波，其传播速度同时与深度的平方根以及重力加速度的平方根成正比。

在波纹的传播中，表面张力（参见第 10 章）比重力产生的作用更大。如果液体表面张力为 T，波长为 l，则液体表面单位面积的压力与 T/l 成正比。因此，忽略波纹传播垂直方向上的相互平行波峰的长度，液体相似表面面积的压力与相似面积的张力 T 成正比。相似的质量与 ρ 和 l^2 成正比，所以我们得到：

$$v^2 = \frac{T}{\rho l}$$

因此，波纹的传播速度与表面张力的平方根成正比，与密度与波长乘积的平方根成反比。因此，纹波的波长越短时，传播速度越快；而振荡波波长越大时，传播速度越快。在液体中，当波长达到一定长度（在水中为 2/3 英寸）时，波纹的传播速度最慢。在液体表面，由于表面张力作用占据优势，波长较短的波传播得更快；而随着深度变大，重力对液体产生的作用远远大于表面压力，此时波长较长的波传播速度更快。

第 7 章　物质的属性

77. 物质的定义——现在，我们可以对物质稍微下一两个定义。物质的本质是什么？我们尚未可知，也许永远不会得到答案，所以，目前我们所能给出的定义只是暂时性的。我们可以拿物质的任意特性来对其进行定义，比如，我们可以称物质为具有惯性的实体。由于能量与物质是紧密相关的，离开了物质，能量便失去了意义，因此，物质也是能量的载体。还有一种说法（根据第 1 章和第 6 章第 62 节的结论，后一说法可能不太严谨），即物质可以是产生力的主体，也可以是力的作用对象。物理研究进一步表明，以上三种定义只是同一事实的不同阐释而已。

78. 物质的状态——通常，我们认为物质以三种不同的状态存在：固体、液体和气体。

固体状态下的一部分物质本身具有一定的形状。必须对这些物质施加相当大的力，才能使其形状发生明显的变化。另一方面，当物质处于液体状态时，物质本身并不具有确定的形状，我们只需施加极小的力，就可以改变它的形状，气体或蒸汽也是如此。而气体与液体的不同之处在于——气体的体积受到其所在密闭容器体积的限制；而在给定的物理条件下，给定量液体的体积是完全确定的，无论容器有多大。

尽管这些规律具有普遍的适用性，但我们决不能假定固体和液体，或液体和气体之间有任何严格的区别：也许，在某些物理条件下，物质的固态和气态之间没有明显的界限（但目前尚未有实验证明这一说法的真实性）。

随着封蜡温度逐渐升高，封蜡渐渐从固态变为液态。这段时间内，严格来讲，固态与液态共存，我们不能称封蜡处于液体或固体状态。类似地，冰变成水似乎发生在转瞬之间，但实际上却是一个连续的过程。在第 23 章，我们还将发现气态物质到液态物质的转变是一个不中断的连续过程。

一个有关于上述非刚性物质的显著例子是鞋蜡。这种物质类似于一种易碎固体，在锤子的用力打击下，鞋蜡会瞬间破碎成碎片；然而，在长期轻微的力的作用下，鞋蜡可以被塑造成我们想要得到的任何形状。

在第 13 章，我们还将讨论到气态物质存在的极端形式，即物质的“超气体”或“辐射”状态。

79. 常规属性——无论处于何种物理条件、何种状态以及如何变化，部分物质的属性都是相同的，这种属性被称为物质的常规属性。

惯性是物质主要的常规属性之一。我们已在上文中提到过物质的惯性，在此不做进一步讨论。

同样，所有的物质都会占据一定空间，因此物质在空间中具有可延伸的属性。在第 3 章，我们已经考虑过这一问题。然而，物质占据的空间又与物质自身的形状有关，因此，形状也属于物质的属性。除了已经提到的物质的形状外，我们将在第 12 章，对结晶体的形状加以补充说明。

据我们所知，物质的任何一部分都会占据一定的空间。当某空间被一种物质占据时，其他物质在该处便无法存在。这一规律适用于所有我们看得见的物质。因此，我们可以把不可渗透性看作物质的常规属性之一。但是，不可渗透性的量与物质的相互渗透无关。几种物质是否可以相互渗透，取决于物质中任何特定部分存在的孔隙，这种属性被称为孔隙率。所有物质的结构在不同程度上都是海绵状的，其所谓的“内部”孔隙实际上物质外部的空间。软木、木材、粗砂岩等物质的孔隙率较大。金属的孔隙率由气体可以自由穿过的程度来表示，比如，钯吸收及隔绝氢气的能力极强；碳的氧化物气体很容易穿过炽热的铁；电解质分解形成的气体可轻松通过金属电极；重铬酸钾易进入釉面陶器的孔隙，并在里面结晶，逐渐分解成其他物质。液体的孔隙率可由它们对气体的吸收程度来表示。

目前，只有玻化体尚未被直接证明内部存在孔隙；或者，公正些讲，我们还没有找到测试玻化体内部是否存在孔隙的适当方法。毫无例外，如果找到了适当的方法，得到的结果也必将符合上述规律。

某些金属（如锡和铜）的合金化过程是非常值得关注的例子。锡铜合金的体积远远小于锡和铜以单独形式存在时的体积之和，而金和银合金化却不会发生这种现象。因此，只有当希罗王的王冠成分为金和银时，阿基米德（Archimedes）著名的王冠杂质测试才能说明问题。当时，国王给了一个铁匠一定质量的纯金，嘱咐铁匠为自己打造一顶王冠，但怀疑铁匠从中偷取了部分金子，并掺入了等量的银。在浴室中，阿基米德想到，当总量相等时，银子的体积比金子大，如果王冠中掺入了银，则王冠的体积一定比同等质量的纯金大。因此，他需要着手解决的问题是如何测得王冠的体积。而对于形状如此不规则的固体，该如何测得其体积呢？当时并没有合适的直接测量的方法。一番冥想之后，他最终将王冠放入盛满水的浴池内，用王冠排出的水量来测量王冠的体积。而在金和银合金融化过程中，如果体积发生收缩，最后得到合金的体积和质量便可能与纯金相同。

物质的另一个常规属性是可分割性。关于物质无限可分割性的问题将在关于物质构成的后续章节进一步讨论。同时，我们只讨论极限分割的例子。其实，我们身边有很多关于极限分割的现象，比如用黄金以及其他金属制成的薄膜可以薄到透明。通过化学方法沉淀并抛光的金膜，其厚度不超过千万分之一英寸；石英纤维可以做得很细，肉眼几乎无法看见；钠蒸气燃烧时，火焰呈深橙色，并连续几小时不熄灭；一滴深颜色的液体滴入大量清水之后，颜色会逐渐变浅，直到很长一段时间后，我们的眼睛就无法察觉这滴液体了。此时，我们可以利用化学手段，来检测它的存在。在后续有关物质构成的章节中，我们将进一步研究更多关于物质极小性分割的例子。

在压力作用下，所有物质的体积都会或多或少减小。因此，我们称物质是可压缩的。我们将在第 9 章、第 10 章及第 11 章对物质的可压缩性进行探讨。

同样，所有的物质都是可变形的。与物质的可变形性相比，我们更多会谈到物质的刚性，即物质抵抗变形的属性。这一问题也将在下文中讨论。

之后，我们还将谈到更为特殊的属性——弹性、粘度。所有物质在一种或两种状态下都有一定的弹性；粘度指一个物体对另一个物体的相对运动能够产生抵抗的属性；在第 22 章，我们还将讨论物质的可扩展性。

虽然质量是物质普遍的属性，但我们仍可以将其视作一种纯粹偶然的属性。要想出现质量，则必须存在两个单独物体的相互作用。这一点在上一章中得到了充分证实（参见第 6 章第 64 节）。

80. 特殊属性——我们可以列举出许多属性，例如可塑性、可扩展性、脆性、韧性等。这些属性对某些物质来讲可能比较明显，对其他物质来讲可能不太明显。同样，某些特殊能量形式的物质可能拥有另外一些属性，例如色散功率、热导率、电导率、磁导率、半透明性、不透明性等。事实上，抛开能量，我们对物质便一无所知，甚至，有可能此时的物质根本称不上是物质。因此，物质的所有属性都可以通过一篇关于能量的论文加以阐述。

81. 特定属性——一个物体的许多属性取决于物体的尺寸。同种物质的质量和体积大小呈正比，当体积更大时，质量也会更大。

通常，对某物的属性进行定义时，选取不同大小的样本，排除样本尺寸对结论的干扰尤为必要，例如，物质的单位密度大小（特定质量下）可以等于该物质单位体积的质量大小。以水为例，“特定重力”指单位体积水的质量；“特定质量”可以定义为每单位表示的单位体积的质量。此外，我们还将刚性、粘度等（参见第 9 章第 108 节、第 11 章第 128 节）定义为某些物质的特定属性。

82. 分子和原子——所有肉眼可见的化合物，例如水，可以分割成更小的部分。之后，每个部分都具有与整体相同的化学特性。实际上，物质分割后得到的部分可能十分小，甚至最精密的显微镜都无法观测到。在最终阶段，如果物质继续分割时得到的部分与原先部分的化学性质不同，便无法进行进一步的分割。化学性质与整体一致的最小物质部分被称为分子。

每一个分子都可以进一步划分，形成所谓的构成分子的原子。一般来讲，纯净物的分子（如氢气）像水一样简单统一，而组成分子的原子却各不相同。原子为不可分割的物质。换言之，我们无法根据目前所能支配的所有手段对原子进行分割，因为这个工程实在太复杂了。

一种由同种原子构成的分子成分被称为单质，其内部的物质被称为化学元素。我们知道，我们目前所知道的元素，只是自然界中存在的元素的一小部分。

不可否认的是，无论位于空间的何处，或在物理上被何种物质包覆，一个基本分子或原子的属性都是绝对不可变的，这是一个极其重要的事实，比如，遥远星云中的氢分子与地球表面的氢分子的属性严格一致。我们稍后会谈到这一点。

83. 分子力——为了分离出一个物体的分子，我们必须对其施加极大的力、做极多的功。在分子将要分离时，我们常说该物体具有分子分离的势能，分子增加的势能相当于我们为了分子分离所做的功。当分子间的距离 s 增加了 $\mathrm{d}s$，如果能量 e 增加了 $\mathrm{d}e$，则我们所做的功为

$$\mathrm{d}e = \frac{\mathrm{d}e}{\mathrm{d}s}\mathrm{d}s$$

能量的空间变化率 $\mathrm{d}e/\mathrm{d}s$ 被称为做功所需克服的分子力（参见第 4 章第 29 节）。这就是说，相对于我们而言，分子之间单独存在某种力的作用。这种力将各个分子固定在一起，使它们相对于自身的位置不变。

将两个分子分离到其相互作用力范围之外所做的功通常很多，但实际上，整个过程都发生在一个非常短的距离内。分子间作用力十分大，而分子

间的距离却非常小，几乎为零，所以，de/ds 的值会很大。为了证实这一点，我们可以将两颗铅弹的表面打磨后紧紧地压在一起。之后，它们会粘成一块，处于低处的铅弹会因位于高处的铅弹所吸引而升高。在接触面上的分子力大小已足以克服整个地球的引力。如果在实验中，有一枚铅弹表面的氧化膜过厚，分子间无法产生足够的吸引力，则实验极可能会失败。（关于这一问题的详细说明，见第 12 章。）

物质的许多属性取决于物质内部分子力的属性，比如，韧性取决于分子力克服将分子分离的外力做功的属性，在测试物质的韧性时，我们只在一个方向上对物体进行拉伸，物体在垂直于该方向的其他所有方向上收缩；可扩展性在本质上与韧性有相似之处，它指物质受到外力作用压缩时，在另外两个与该力相互垂直的方向上具有伸展的属性，这一过程中，物质的体积实际上保持不变；相对来讲，物质的脆性指物质的分子容易被分离到分子相互作用力可以对分子相对位置产生影响之外的范围；物质的刚性取决于分子力抵抗物质分子相对位置变化的能力，因此，我们意识到物体可以有两种刚性——体积刚性和形状刚性；粘度取决于物质的分子力抵抗剪切运动的能力。

84. 在接下来的章节中，我们将对以上提到的一些重要属性进行更详细的检验，偶尔也会谈到其他属性。

第 8 章　引力

85. 地球表面的所有物体都具有势能。在条件允许的情况下，势能总是转化为向地球方向运动的动能。因此，我们说每一个物体都受到一种力的影响而被“吸引”到地球，这种力被称为重力。

由相同材料制成的物体质量与其体积成正比，可以根据其体积粗略地判断其质量或内部物质的含量。其实，这不是一种粗略的估计方法，而是一个经过推导后得到的严格定律。最精确的物理实验表明，物体的重力与质量成正比。

首先，空气阻力的影响忽略不计，让每个物体都从同样的高度由静止状态开始下落，到达地面所需的时间相同。换句话说，在所有情况下，物体做自由落体运动的加速度都是相同的。因此，根据牛顿第二定律，力与质量成正比。

事实上，单摆的振动周期与摆锤的质量无关，这一例子也表明了重力与质量成正比，证明过程也很简单：设单摆与竖直方向的夹角为 θ（图 55）；当单摆的重力为 w 时，单摆在运动方向上受力大小为 $w\sin\theta$； 当 θ 角较小时，可将这个力记作 $w\theta$，且摆长为 l 时，$w\theta$ 与动量加速度 $ml\ddot{\theta}$ 相等，即 $w\theta = ml\ddot{\theta}$， 所以（参见第 5 章第 51 节）

$$\theta = a\cos\left(\sqrt{\frac{w}{lm}}t + \alpha\right)$$

式中，a 和 α 为常量。上式表明，单摆在做简谐运动，且完整的振动周期为

$2\pi\sqrt{lm/w}$。

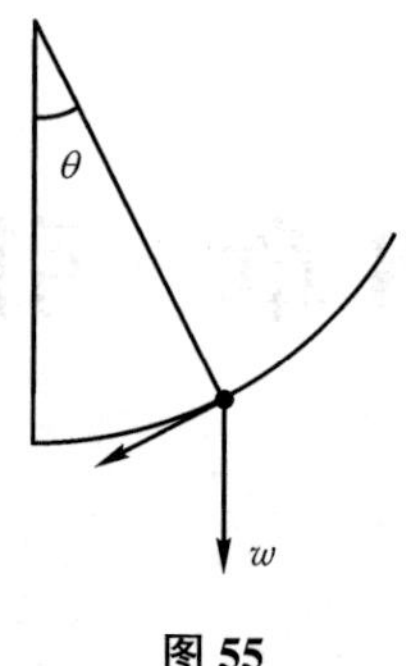

图 55

每隔 $2\pi\sqrt{lm/w}$ 的时间间隔，夹角 θ 的值相同。实验表明，当摆长 l 固定时，振动周期相同。因此，w 与 m 成正比。

同样，一个物体，无论其表面积大小、无论是一个整体还是被分裂成了单个的小份，只要质量一定，重力就不会发生改变。这证明，物体外部部分不会屏蔽内部部分所受到的引力作用。这样一来，如果某物被放置在地面上垂直安装的轮子的下半部分，那么轮子的下半部分将永远更重。事实上，若非如此，物体相对于地球便有可能永远运动下去。

86. 开普勒定律总结了关于行星运动的真相。该定律证明了行星和（固定的）太阳之间的引力作用在它们中心连线上，并且与它们之间距离的平方成反比。开普勒定律的详细内容如下。

（1）所有行星绕太阳运行的轨道都是椭圆，太阳位于椭圆的一个焦点上（彗星的运动轨道可以为任意二次曲线）。

（2）行星和太阳的连线在相等的时间间隔内扫过相等的面积。

（3）所有行星绕太阳运动一周所需时间的平方，与它们之间平均距离的立方成正比。

在相同的时间内，如果行星绕太阳运动扫过的面积相同，则 $\mathrm{d}(r^2\dot{\theta})/r\mathrm{d}t$ 等于零（参见第 5 章第 50 节），即引力完全充当向心力，r 方向的加速度为 $\ddot{r}$

$-r\dot{\theta}^2$（参见第 5 章第 43 节）。任意以极点为焦点的二次曲线方程式为 $r = 1/a(1+e\cos\theta)$，a 为半长轴长度，e 为偏心距。因此（令 $r^2\dot{\theta}=h$），我们可以立即得到：

$$\ddot{\theta} = -\left(\frac{2}{r}\frac{\mathrm{d}r}{\mathrm{d}\theta}\dot{\theta}^2\right)$$

根据第5章的方法，我们发现 $\ddot{r} - r\dot{\theta}^2 = -ah^2/r^2$，表明行星与太阳之间存在引力作用，且引力与行星和太阳之间距离的平方成反比。最终，由于 $r^2\dot{\theta} = h$，我们推导出 $a^2(1+e\cos\theta)\,\mathrm{d}\theta = h\mathrm{d}t$；由 $\theta=0$ 到 $\theta=2\pi$，这一方程的积分为 $ht = 2\pi a^2$。当太阳与行星之间达到平均距离 a 时，如果加速度为 μ，则 $h^2 = \mu a$，我们得到 $4\pi^2 a^3 = \mu^2 t^2$。因此，根据开普勒第三定律，我们可以推断出引力只取决于物体的数量，而与物体的质量无关。对于任何两个绕太阳运动的物体，只要它们的质量相同，与太阳的平均距离相同，则它们的运动周期也相同。

87. 如果，我们根据以上证据，给出牛顿万有引力定律，即宇宙中任何两个物体都是相互吸引的，引力的大小跟这两个物体的质量乘积成正比，跟它们的距离的二次方成反比，则可以发现，从严格意义上来讲，开普勒定律是不完全成立的。首先，太阳系中的所有物体（包括太阳）都围绕太阳系的惯性中心旋转，而实际上惯性中心不一定位于太阳的中心；其次，由于宇宙中所有物质间都存在相互作用，则行星与太阳之间的运动会受到干扰，行星相对于太阳的运动轨迹不可能是标准的椭圆。

现在，我们知道了开普勒定律并非严格意义上的真理；而且，它与实际情况的偏差是由于不同行星之间的相互吸引造成的。事实上，基于牛顿运动定律和万有引力定律的成立，亚当斯和勒维叶得以独立预测未知的行星——天王星的存在以及具体位置。

各种证据显示，万有引力定律在证明各种类似问题时具有极强的说服力。

88. 到目前为止，我们只是把太阳和行星看作质点来研究引力。我们对这一点的证明包含在牛顿的后两个定理中：

（1）由引力均匀的物质组成的球壳对其内部任意位置的一个粒子引力的合力为零；

（2）它对外部粒子的引力作用与位于其中心处相同质量的粒子对外部粒子的作用效果相当。

如图 56 所示，设 A 为球壳 $PQQ'P'$ 外部一点，球壳内部中心位于点 O，球壳表面单位密度为 ρ；作一个顶角角度 ω 无限小的圆锥体 APQ，顶点位于点 A，圆锥体与 P、Q 处相交的面积无限小，且两处相对于圆锥体 APQ 顶点的夹角大小相同；因此，圆锥体 APQ 在与 P、Q 相截处的质量分别为 $\omega\rho AP^2\sec OPQ$ 以及 $\omega\rho AQ^2\sec OPQ$，两者对点 A 处的物体存在的吸引力大小相等。现在，在 AO 另一边作一个完全相似的圆锥体 $AP'Q'$，与 APQ 相对于 AO 对称。球壳点 P、点 Q 处的物质对点 A 处的物体的吸引力大小相等。令 PQ' 与 AO 相交于点 R，显然点 R 的位置与点 P 无关，因此点 R 为一个圆锥体的顶点，设其顶角大小为 ω'，令该圆锥与 APQ 和 $AP'Q'$ 在点 P、点 Q 处所截的面积相等，则两处的质量分别为 $\omega'\rho PR^2\sec OPR$、$\omega'\rho Q'R^2\sec OPR$。由于 $OPR=QAP$，点 P、点 Q 对单位质量的吸引力的合力为 $\omega'\rho(PR^2/AP^2+Q'R^2/AQ'^2)$。

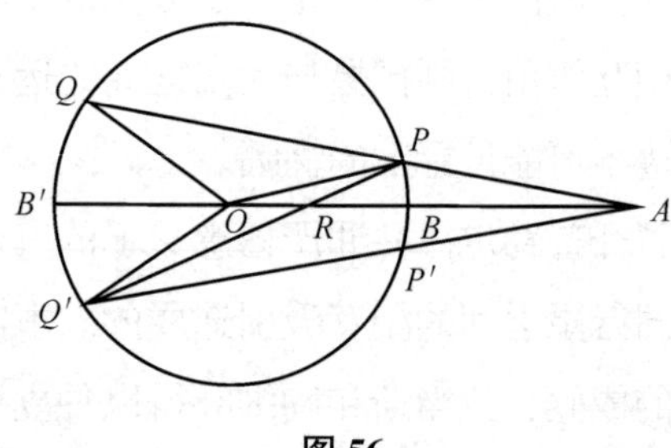

图 56

又因为，$PR/PA=BR/BA=OP/OA=Q'R/Q'A$，所以合力可表示为 $2\omega'p\,OP^2/OA^2$。

因此，将所有类似的量考虑进去，球壳在 AO 方向上吸引力的合力为

$4\pi\rho OP^2/OA^2$，这个命题得以证实，因为球壳的整体表面积为 $4\pi OP^2$。

这一结论不仅适用于球壳，也适用于实心球体。我们可以将实心球体看作是由无数多个球壳组成的。因此，对于行星和太阳来说，该结论仍旧成立；尽管在任何情况下，行星不能被称作由均匀致密的同心层组成的球体，但它们离太阳的距离相比于自身的尺寸要大得多，因此，我们可以将行星结构对引力的影响忽略不计。（当点 A 在壳内时，P 和 Q 恰好位于另一面上。这时上述定理的第一条成立。）

以上例子表明，一定质量的物体与其外部的物体会相互吸引，且两者之间的作用效果与两个物体质量凝聚在确切的一点时相当，这一点称为该物体的惯性中心。在第 27 章第 317 节的另一个例子也证实，物体的重心往往与惯性中心重合。

89. 第二个定理是卡文迪许（Cavendish）利用实验方法在测定地球的质量（以及平均密度）时发现的。

如图 57 所示，两个质量为 m 的小铅球附着在一根轻而有刚性的杆或管 ab 上，且该杆或管的中点附着在一根垂直的金属丝上；力偶使金属丝的扭转

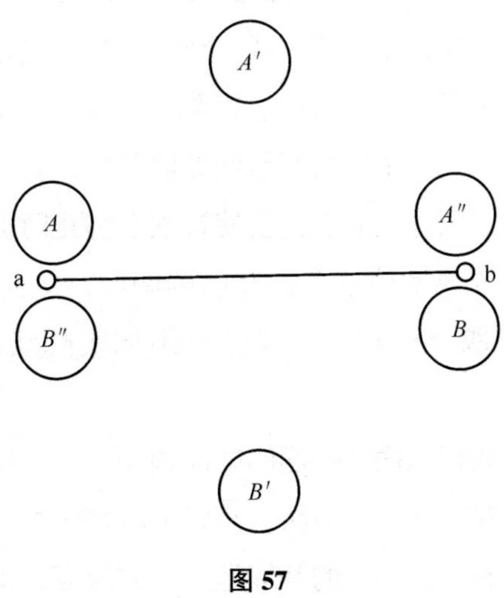

图 57

角度，可根据系统的振动周期来确定。两个质量为 M 的大铅球由原位置 A'、B'运动到 A、B。A 与 a、B 与 b 之间的作用力会使 ab 偏离原位置，并在新的位置上产生振动。ab 偏离的角度可以通过金属丝上镜子中光束的偏移角度来确定。同样，令两个大铅球由位置 A'、B'运动到 A''、B''，使 A''、B''与 A、B 到 ab 距离相等且 A''、B''位于另一方向上，使 ab 朝另一方向偏转，反复多次实验。如此一来，我们获得偏移角度的平均数，并取得所需力矩的大小。这样，我们即可求出质量为 M 和 m 铅球之间的引力大小以及两者中心之间的距离 r。我们可以将得到的数据与地球和小铅球之间的引力进行比较。设地球的质量为 μ，地球半径为 R，则 $k\mu/R^2 = M/R^2$，即

$$k\rho \frac{4}{3}\pi R = \frac{M}{r^2}$$

式中，ρ 为地球的平均密度；k 为引力常量。

近些年来，C. V. 博伊斯（C. V. Boys）教授成功地提取出了极细的石英纤维。使用这种扭转刚度极小的石英纤维，可以很容易地观察到两个铅芯之间相互的引力作用。

90. 谢赫伦实验以测定平均密度 ρ 值为目的，与卡文迪许进行的实验性质完全相同。这次实验用钟摆作铅垂线，测定了两个地方（一个位于山的北面，另一个位于山的南面）的纬度差，得到了钟摆在山体引力作用下与垂直方向的偏移量。如果我们从中减去两地纬度的差异，就可以得到山体与地球对钟摆吸引力的比值。因为山的引力会使钟摆在静止时偏离垂直方向，在山的北边，使我们得到的纬度值偏大；在山的南面，使我们得到的纬度值偏小。这种方法最不可取之处在于，我们对山体实际状况的了解是非常欠缺的。

另一种方法是观察相同摆长钟摆的振动周期，一个钟摆位于煤矿竖井的顶部，另一个位于井底。用这种方法，我们可以将两处钟摆受到整个地球的引力进行比较。可以看出，两者的差异是由井的深度，也就是两个钟摆之间的地球厚度差异引起的。然而，问题是这个实验仍然具有不确定性，因为我

们对地壳密度的了解是有限的，因此只能假设地壳密度等于竖井附近地球的密度。这一实验是在哈顿矿山进行的，因此被称为哈顿实验。

与卡文迪许实验（所得地球平均密度值与实际情况接近一致）相比，由谢赫伦实验获得的地球平均密度值偏小，由哈顿实验获得的地球平均密度值偏大。结果表明，地球的平均密度约为水密度的 5.5 倍。

91. 关于万有引力的假说。

各种对万有引力的解释或多或少都有些不尽如人意。其中最著名的一个是勒萨日的超级微粒假说。勒萨日认为，引力是由于无数的微粒以极快的速度在太空中的四面八方飞来飞去，撞击物体后形成的。位于空间中的单个物体并非只在一个方向上运动，而是在各个方向上运动，因为它会在各个方向上受到微粒的均匀撞击。但是，当空间中有两个物体时，这两个物体将朝着对方的方向运动，最后位于同一位置，前提是它们之间的距离至少要比微粒的自由运动轨迹（参见第 13 章第 148 节）小，否则两个物体的接触面将或多或少受到微粒的屏蔽，从而无法重合。如果物体的尺寸远小于它们之间的距离，那么引力（这个术语在这里不一定准确，根据实际情况，可以看出这种力在这里应该是一种冲力）将与两个物体之间相对的横截面积变化成正比。但这一规律不是万有引力定律。为了得到物体之间的引力，我们必须假设物质分子之间的距离无穷大，比如，完全穿过地球而未撞击地球任何部分的微粒数量要远远大于被地球阻挡的微粒数量。在这种情况下，每个分子都会受到周围粒子的匀速撞击，分子之间的引力与分子间的距离的平方成反比，我们从而得到牛顿的万有引力定律。

为了避免行星在绕太阳运动的过程中受到明显的阻力，我们有必要进一步假设——行星的速度相对于微粒的运动速度为零。这表明了超级微粒假说的一个重大缺陷——由于微粒必须拥有足够的能量才能维持万有引力，通过将自身能量转化成热能，才能激发我们所知道的任何物质进行运动，所以这一假设显然无法成立。

92. 我们可以在不知道两个距离较远的物体间万有引力发生机制的情况下，根据万有引力定律计算出它的所有结果（至少在我们方法的可用范围内）。但是，正如牛顿所说，一个有能力对物质现象进行正确思考的人永远不可能会满足于这种假设。于是，他提出了一个存在可能性的解释——稠密天体附近存在稀薄的以太。汤姆森爵士则指出了一种使太空中物体所受压力减小的动力学方法。他认为，一种不可压缩的流体充斥着整个太空，在物质的每个粒子表面以与该粒子质量成比例的速率产生或湮灭，并在无限远的地方以同样的速度湮灭或产生，这为解释万有引力提供了必要的手段（参见第6章第74节）。

横穿某一介质的波会使浸没在介质中的物体彼此靠近。

在由相互接触的刚性粒子共同构成的介质中，膨胀性质（参见第33章）也可以解释这一介质对介质内部物体的引力作用。

麦克斯韦电磁介质中的某种应力（参见第32章）也可以解释引力。而正如勒萨日的超级微粒假说一样，每个已经提出的临时假设，都可能或多或少地受到一些反对意见。

如果引力是由于物质通过介质传播引起的，那么引力在一定距离内的传播必定需要一些时间。我们只能断定，与行星绕太阳运行的速度相比，引力的传播速度非常大。除了我们所能观测到的之外，任何对行星运动的解释都无法站稳脚跟，因为它们都无法通过直接观测进行证明。

93. 星云学说。当用倍数足够高的望远镜观察各种星云时，我们发现它们如同我们的银河系一样，只是一组恒星，但其他星云可能无法如银河系这样划分。它们可能有各种各样的结构，有些星云内部恒星分布较为均匀，有些星云不同部位的密度似乎差别很大，还有些星云可能由一个密度极大的核与周围的低密度物质组成。

这些现象事实促使拉普拉斯（Laplace）提出了著名的星云学说。该学说认为，宇宙中的星系，比如我们的太阳系，处于不同的演化阶段。太阳是因其在整个空间中处于扩散状态的各部分之间相互吸引而形成的；并且，为了解释太阳的旋转，这些部分的动量矩必须与目前太阳的动量矩相同。很可能，在它们开始相互吸引之前，各部分的平动速度要远远小于它们在引力作用下获得的速度，否则，它们之间相撞的概率就会非常小。太阳的各部分碰撞后，会产生巨大的热量，这将导致一个星云产生。该星云会超出海王星运行的轨道，并绕自身的轴缓慢旋转。当星云逐渐缩小时，它的角速度会增加，直到在离心力的作用下，星云进一步缩小为环状；之后，这个环再次破裂（按照动力学原理所示，该环通常会发生破裂）并随后在更小的范围内聚集，形成行星，然后继续演化。

拉普拉斯的假设不能像他最初所说的那样，对太阳系的所有现象作出完美的解释。但我们知道，如果我们根据目前拥有的知识，找到了太阳热量的物理来源，那么这种假设无疑是正确的。

目前，除了引力物质各部分之间的势能外，我们还无法对来自太阳的巨大热辐射以及类似的能量储存现象作出解释。

94. 势。由于任何力 f 都等于其作用的物质系统动能的空间变化率，并且根据守恒原理，动能的变化量与势能的变化量绝对值相等，符号相反，因此：

$$f=\frac{\mathrm{d}e}{\mathrm{d}s}=-\frac{\mathrm{d}V}{\mathrm{d}s}$$

其中，V 为势能。

势能 V 的值取决于系统的瞬时位置，也取决于其各个部分的相对位置。

我们可以把两个物体在任意给定相对位置上的相对势能定义为，允许它们在相互排斥作用下运动到无限远的距离所做的功。当然，这个定义将无限远处的相对位置的势能看作零。

对于任意分布的物质，其任何一点的势能为该物质和位于给定点的一个单位物质之间的相对势能。该点的势能大小等于将该单位物质移动到无穷远处的运动轨迹上任意一点所需的力与该点处无穷小位移 $\mathrm{d}s$ 的乘积，并将得到的数值在运动轨迹的各处进行积分，用符号可表示为$\int_s^\infty f\mathrm{d}s$。

它的意思是，我们要找到$f\mathrm{d}s$积分的一般值——首先，用∞代替s；其次，用给定点的实际值代替s；最后，用前者减去后者即可。如果这一过程中，力符合守恒原理，则做的功只与单位物质的初位置和末位置有关。因为，如果只有排斥力对物体做功，我们可以通过一个简单的限制，对物体做少于排斥力做的功，即可使物体返回到它的初位置。在这种情况下，物体的能量不但不会损耗，还将会持续增加。

例如，假设物体内部的相互作用力是排斥力，且排斥力大小与物质两部分之间距离的平方成反比。令s从s增加到s'，所需做的功为$\int_s^{s'} m\mathrm{d}s/s^2$。

其中，m为产生排斥力物质的质量。我们假设，排斥力的作用规律与牛顿的万有引力定律类似，将单位排斥力定义为单位质量物体发生单位距离的位移所需的力，则积分的一般值为$-m/s$［参见第4章第35节，公式(3)］。

所需做的功为$m/s - m/s'$。

现在，如果令$s' = \infty$，则上式的第二项消失，计算得出势能的大小为

$$V = \frac{m}{s}$$

所以排斥力为

$$\frac{m}{s^2} = -\frac{\mathrm{d}V}{\mathrm{d}s}$$

95. 引力势——当力相互吸引时，如存在引力的情况下，上述定义的势为

$$V = -\frac{m}{s}$$

因此，势在本质上是负的。也就是说，当物体之间的距离增加时，我们在与引力相反的方向上对物体做功。但必须注意的是，在距离小于无穷远时

势能为负的这一事实，完全是我们为了方便起见，人为选择了相距无穷远处作为相对的零势能位。其实，当我们向无穷远处运动时，势能的增加为正。不过，为了避免在有限距离内将引力势记作负数带来的不便，我们最好改变符号。在这种情况下，可将其写为

$$V = \frac{m}{s}$$

及

$$f = -\frac{\mathrm{d}V}{\mathrm{d}s}$$

其中，f 可理解为向内的力或吸引力，因而势 V 并不表示相对势能，而代表单位质量的物体在引力作用下从无穷远处运动到位置 s 所消耗的势能。

在拥有多个独立物体的系统中，任意一点的势等于其相对于各个物体的势之和。

96. 等势面与力线和力管——任意 V 为常数的表面都可称为等势面；任何一点上与该点力的方向一致的切线称为力线。在给定的力作用下，每一条力线都可能是粒子的运动轨迹。

在等势面上，从一个位置运动到任一位置，$\mathrm{d}V$ 始终为零，所以，等势面上任何一点的力在等势面方向上的分量为零。换句话说，等势面上的力线在任意一点始终垂直于等势面。

两个不同的等势面无法相交，这意味着，势的任意变化都必定导致物体产生位移，哪怕这个量非常小。实际上，令任意两个等势面相交需要无穷大的力，而这样的力在自然界中是不存在的。

如果我们将等势面上面积无穷小的封闭曲线看作点，过这些点作力线，则会得到一个横截面无穷小的管，这样的管被称为力管。

力线和力管只能产生于存在物质的点，因为只有有了物质的存在，才可能有力的产生。倘若在空间的任意一点上，存在一个力 f，则我们可以过这些点画一个横截面积无穷小的力管，并在其单位面积的法向截面上将力线包

围。因此，单位横截面积上的力线数目即表示给定点力的强度。

如果力管的某一给定部分不包含任何物质，由于所有力线都通过力管内部，且力线无法穿过力管侧面，因此力管所包含的力线数目将为定值。这说明：

$$f\sigma = c$$

式中，f 为力管上任意一点横截面上的力；σ 为力管的横截面积；c 为常数，等于力管包含的力线数目。

97. 特殊应用。

(1) 令两个相互吸引的物体围绕一个点对称。这种情况下，力管为锥面，每个力管的任意法向横截面面积都与其距对称点距离的平方成正比。因此，上面的方程表明，任何一点上的力与该点到对称点的距离的平方成反比，例如：

$$f = \frac{a}{s^2}$$

(2) 令相互吸引的两个物体位于无限长的直轴两端，并关于直轴中心对称。等势面为共轴与对称轴重合的同心柱面，力管是以轴面为界的楔形物。力管横截面面积与直轴中心距力管轴的距离成正比，因此引力与该距离成反比，即

$$f = \frac{b}{s}$$

(3) 令物质均匀地排列在面积无限大且相互平行的平面上，此时等势面是与这些面平行的平面，力管为与这些平面垂直的圆柱体。因此，力在所有距离上都是恒定的，比如：

$$f = c$$

98. 封闭曲面上的总力——如图 58 所示，作任意闭合曲面 S，并且：

(1) 设 m 为曲面外一个巨大的粒子，该粒子受到力的作用；画任一横截面积无穷小的力管 mnp，交曲面于 n 和 p 处（当然，力管与曲面可以相交

于任意偶数个位置）。n 处和 p 处总力大小相同，但在其中一处，力由曲面的正面指向反面；在另一处，力由曲面的反面指向正面。因此，考虑到在整个封闭曲面的范围内，类似与曲面相交的力管有无穷多个，所以整个曲面由内指向曲面外物体的总力为零。（当然，“由内指向”这个词在这里意味着，当外力作用方向相反时，外力为负。）

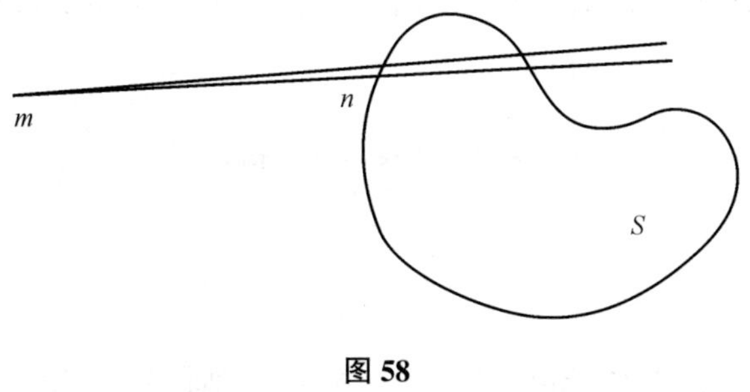

图 58

这一规律同样适用于曲面外部存在多个物体的情况下。

（2）将质量为 m 的粒子放置于闭合曲面内。以粒子所在位置为圆心，画一个单位半径的球体，则这个球的表面积是 4π，由于球心处粒子的吸引，球面上任意一点所受的力大小等于 m。因此，球体向内的总力为 $4\pi m$。但是，根据本章第 96 节的结果，这个球面向内的总力等于给定曲面 S 上向内的总力。因此，如果 S 内包含的全部物体质量为 m，则封闭曲面受到曲面内部物体 m 向内的总力为 $4\pi m$。

这些结果可以用符号表示为 $\int N\mathrm{d}s = 0$ 或 $4\pi m$，其中，N 为在 $\mathrm{d}S$ 区域内通过每单位面积曲面 S 的力线数目。

99. 特殊应用——我们可以使用上面得到的结果，来测定本章第 97 节中 a、b 和 c 的值。

在本章第 97 节的例（1）中，穿过包围球形引力物质外部任意封闭表面的力线总数为 $4\pi m$，其中 m 是引力物质的总质量。因此，如果我们假设封闭表面是一个半径为 s 的同心球体，可以得到总力为

$$4\pi s^2 f = 4\pi s^2 \frac{a}{s^2} = 4\pi m$$

因此：

$$a = m$$

类似地，在本章第97节例（2）中，由于横截面半径为 s 的同心圆柱柱面单位长度的面积为 $2\pi s$，因此，单位长度的圆柱表面受到质量为 m 的物体的引力为

$$2\pi s f = 2\pi s \frac{b}{s} = 4\pi m$$

所以：

$$b = 2m$$

同样，在本章第97节例（3）中，如果我们画出一个单位半径的正圆柱体，且正圆柱体垂直于这些无穷大的平面，正圆柱体的两个底面分别位于给定存在物质的平面的两边，并关于该平面对称，则作用在正圆柱体两端的力为

$$2\pi f = 2\pi c = 4\pi m$$

显然，可以得出：

$$c = 2m$$

尤其当存在物质的给定平面厚度无限薄、面积无限大、密度为 σ 时，任意一点的力可表示为

$$f = 2m = 2\pi\sigma$$

其实，对于引力物质，这种物质的分布情况是不可能发生的，但这一问题在电学理论中有着直接的应用。因此，在表面曲率有限的情况下，在存在物质的表面外，任何一点上的力都与该表面垂直，等于 $2\pi\sigma$。因为把该点放在与平面极其接近的位置上来看，这个表面实际上可以视为一个面积无限大的平面；也就是说，相比于表面附近一点的尺寸，表面任意无限小的部分（尽管实际上面积很小）都可以看作平面。

100. 在刚才考虑的情况下，表面两侧的法向力分别为 $f = 2\pi\sigma$ 和 $f' = -2\pi\sigma$。因此，穿过表面时，力的总变化量为

$$f - f' = 4\pi\sigma$$

这向我们显示了，为了得到从表面一边传递到另一边时法向力的给定的变化值，应如何将物质分布在一个给定的表面上。

我们可以把这个表达式写成：

$$-\left(\frac{\mathrm{d}V}{\mathrm{d}n} - \frac{\mathrm{d}V'}{\mathrm{d}n'}\right) = 4\pi\sigma$$

其中，V 和 V' 分别为曲面两侧势的大小，$\mathrm{d}n$ 和 $\mathrm{d}n'$ 是沿着每侧向外绘制的法线测量的。当不同部位的势的值为已知时，我们可以根据以上公式来求出物质的分布情况。

据此，我们也很容易得到物质的体积与密度之间关系的表达式，这对为获得连续的等势面分布，如何分布物质质量来讲必不可少。

质量分布对称的球体之外的力 f 的大小，可根据下面公式来获得：

$$4\pi r^2 f = 4\pi m$$

其中，恰好位于球体外且与球体无限接近一点的力的大小，可表示为 $f = m/r^2$［顺便观察到，这个力符合牛顿的定律（参见本章第 88 节）］；如果球体的密度均匀，为 ρ，则 m 等于 $(4/3)\cdot\pi\rho r^3$； 此时，$f = (4/3)\cdot\pi\rho r$。也就是说：

$$-\frac{\mathrm{d}V}{\mathrm{d}r} = \frac{4}{2}\pi\rho r$$

从而有

$$-V = \frac{2}{3}\pi\rho r^2 + C$$

其中，C 为常量。

现在，如果我们以球体中心为坐标原点，则有

$$r^2 = x^2 + y^2 + z^2$$

从而得到 $dr/dx = x/r$、$dr/dy = y/r$、$dr/dz = z/r$。因为 x、y 和 z 为自变量（参见第 4 章第 28 节），我们必须假设 x 变化时，y 和 z 是不变的，以此类推，因此得到：

$$-\frac{dV}{dx} = \frac{4}{3}\pi\rho r\frac{dr}{dx} = \frac{4}{3}\pi\rho x$$

$$-\frac{d^2V}{dx^2} = \frac{4}{3}\pi\rho$$

同样有

$$-\frac{d^2V}{dy^2} = \frac{4}{3}\pi\rho;\quad \frac{d^2V}{dz^2} = \frac{4}{3}\pi\rho$$

从而得到：

$$-\left(\frac{d^2V}{dx^2} + \frac{d^2V}{dy^2} + \frac{d^2V}{dz^2}\right) = 4\pi\rho$$

在空间中，密度为 ρ 的物质分布的任意点都可以近似地看作一个无穷小的球体，其包含的物质密度是一定的常数。我们可以假设所有引力物质都由两个部分组成。在此处，一部分为物质内的小球体部分，而一部分为物质内小球体之外的部分。我们可以把整个势 V 分为两部分，V_1 和 V_2，前者是由小球体产生的，后者是由小球体外部的物质产生的。因此，V_1 满足条件：

$$-\left(\frac{d^2V_1}{dx^2} + \frac{d^2V_1}{dy^2} + \frac{d^2V_1}{dz^2}\right) = 4\pi\rho$$

ρ 为产生势 V_1 的给定点处物质的密度，而小球体外的物质对球内给定点的密度没有影响。也就是说，在给定的点上，产生 V_2 的物质密度为零，因此：

$$-\left(\frac{d^2V_2}{dx^2} + \frac{d^2V_2}{dy^2} + \frac{d^2V_2}{dz^2}\right) = 0$$

以上两式相加，我们得到：

$$-\left(\frac{d^2V}{dx^2} + \frac{d^2V}{dy^2} + \frac{d^2V}{dz^2}\right) = 4\pi\rho$$

这向我们表明了，为了获得连续的等势面，应如何将物质在整个空间中进行分布。

通过完全不同的方式，我们可得到与上述相同的结果。甚至，有时候得到的方程会更简单，意义更加明了。

如图 59 所示，以任意点 O 为原点作三个直角轴，在该点处画一个平行六面体，其各边平行于 x、y 或 z 轴，在 x、y 或 z 轴上的长宽高分别为 δx、δy、δz。

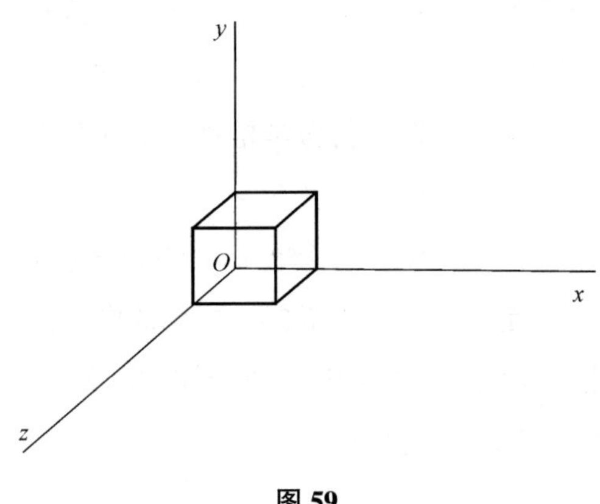

图 59

将平行六面体附近的力分解为与坐标轴平行的分量，得到的结果与第 98 节相符。现在，我们可以画出垂直于各个小表面的力线。

设平行六面体表面上单位面积内过原点并垂直于 x 轴的力线数目为 n_x。由于该面积大小为 $\delta y\delta z$，因此穿过该面积的力线总数是 $n_x\delta y\delta z$。同样地，过该面与距离为的平行面的力线数目为 $(n_x + \mathrm{d}n_x\delta x/\mathrm{d}x)\delta y\delta z$。

现在，假设穿过以上面的力线完全是由小六面体之外的物质产生的。同时，这些力线也穿过平行面，则经这两个面通过该六面体的力线数目为 $(\mathrm{d}n_x/\mathrm{d}x)\delta x\delta y\delta z$。

这两个量略有差异。通过对经过平行六面体另外两对表面的力线进行类似推理，我们发现进入六面体的力线总数（进入六面体的力线多于离开六面体的力线）为 $(dn_x/dx + dn_y/dy + dn_z/dz)\delta x\delta y\delta z$。

但是，根据本章第 98 节，这个量等于 $4\pi\rho\delta x\delta y\delta z$，其中，$\rho$ 为体积 $\delta x\delta y\delta z$ 的六面体内部物质的密度，因此：

$$\frac{dn_x}{dx} + \frac{dn_y}{dy} + \frac{dn_z}{dz} = 4\pi\rho$$

结果与六面体的体积大小无关，因此，以上方程的含义是，空间任何点的体积密度为 $1/4\pi$ 乘以该点处单位体积的力线数目。

下面的命题也很重要——把物质分布在一个内部含有一定质量物体的给定表面上，从而使这个表面外，产生与给定质量物体产生的相同的势能是可行的。我们在此将不再对此命题进行数学推理，但在静电学一章中会用实验方法来进行证明。

101. 在大多数情况下，计算给定物质周围的势能分布是极其困难的，甚至是不可能完成的。但是，利用汤姆森爵士提出的电图像法，我们很容易能够根据所能了解到的知识，来推导出许多未知问题的解。在谈到电学问题时，我们会继续对这一问题进行探讨。

第 9 章　气体的性质

102. 可压缩性——在整个研究过程中，我们假设气体的温度保持恒定。为方便起见，我们将在第 23 章“吸热效应：温度及物态变化”中讨论由温度变化引起的热效应。

所有的气体都是可压缩的。也就是说，气体的体积可以通过施加压力而减小。稍后，我们会发现声音无法以一定的速率通过不可压缩的气体。因此，我们可以根据气体能否传递声音来判断其是否具有可压缩性。

103. 波义耳定律——利用实验的方法，波义耳发现了一个接近完美的定律。尽管这个定律不是绝对精确的，但仍能够在很大程度上代表空气(以及其他多种气体）体积和压强之间的关系——在密闭容器中的定量气体，在恒温下，气体的压强和体积成反比关系。如果用符号 ρ 表示气体密度，p 表示压强，则两者的关系满足

$$\rho = cp$$

其中，c 为常数。密度，即以单位体积表示的物质质量或数量，等于包含单位质量物质体积的倒数。因此，用 v 来表示这一体积，我们可以将上式写为

$$pv = c$$

其中，常数 c 为前一个 c 的倒数；或者，换句话说，体积与压强成反比。

波义耳所使用的实验仪器为一个 U 形玻璃管。如图 60 所示，U 形管一端较长、一端较短。较长的一端有开口，内部与外部空气连通；较短的一端封闭。用水银填满 U 形管底部的弯曲部分，较短的一端内部会出现一定量的空气，且这部分空气无法与外界空气接触。水银在 U 形管两端的液面同样高，因此封闭空气（精确计算其体积）的气压与大气压相等（参见第 6 章第 75 节）。然后，继续向较长一端的开口注入水银，直到两端的液位差与水银气压计的液位差相等。此时，内部的空气受到两个大气压的压力作用，体积减半；当在空气受到的压力成倍增加的情况下，体积也会相应地成倍减少。

对仪器稍加改造，我们就能在压强较小的情况下对波义耳定律进行证明。AB（图 61）是一个盛有汞的容器。玻璃管 ab 在 a 端闭合，在 b 端敞开，并放置于容器 AB 中，底部充满水银。由于比水银气压计的高度短，所以管 ab 内部仍会充满水银。现在，假设空气或任何气体可以进入管 ab 内，直到管内的汞与容器中的汞处于同一水平高度。在这些条件下，管 ab 中的气体压强等于大气压。如果将管 ab 抬高一点，里面汞的液位又会比容器 AB 中的液位高，管 ab 内部的压力降低，气体膨胀。严格遵守波义耳定律体积与压强之间变化的气体被称为理想气体。

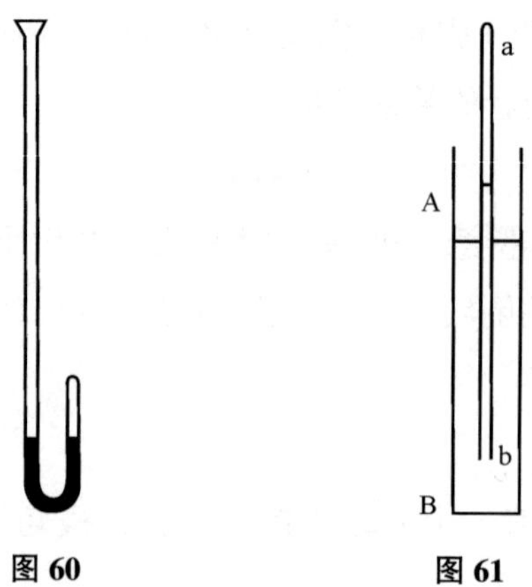

图 60　　图 61

104. 理想气体的可压缩性——不同气体的可压缩性具有可比性，一种气体可能比另一种气体的可压缩性更强。气体的可压缩性与该气体在给定压力下产生的体积变化成正比，与产生一定程度体积变化所需的压力成反比。因此，我们通过体积变化率与产生体积变化所需压力之比来评估气体的可压缩性。也就是说，当压强为 p 时，如果体积 V 的变化量为 v，则气体的可压缩性可由比值 v/Vp 来测量。

根据波义耳定律，我们得出：

$$PV = c$$

以及

$$(P + p)(V + v) = c$$

因此得出：

$$pV - pv = 0$$

由于 pv 为两个极小的量的乘积，我们在此将其忽略不计，所以：

$$\frac{v}{Vp} = \frac{1}{p}$$

上个公式表明理想气体的可压缩性与其所受压力成反比。

105. 波义耳定律的偏差——虽然理想气体在自然界中并不存在，但在相当大的压力范围内，多数气体的可压缩性大致上都符合波义耳定律。

当压强低于 1 吨/平方英寸时，空气的可压缩性要比根据波义耳定律得到的计算值大得多。当超过这一临界压强之后，空气的可压缩性小于计算值。原因很简单，气体的体积实际上不可能无限减小。而波义耳定律认为，在压强无限大时，气体的体积为 0。

与空气不同的是，在常温下，氢气的可压缩性总是低于根据波义耳定律得到的计算值。而氮气以及许多其他气体的可压缩性则与空气类似。

这些结果可用图 62 来表示。竖轴表示实际的气体体积，而横轴表示同等压强下理想气体的体积。显然，过原点与两条坐标轴成 45° 角向上的直线，代表理想气体体积的变化情况。与理想气体变化线相交且向右倾斜的曲线，代表与理想气体可压缩性类似的空气体积变化情况；另一条倾斜曲线则代表氢气体积的变化情况。

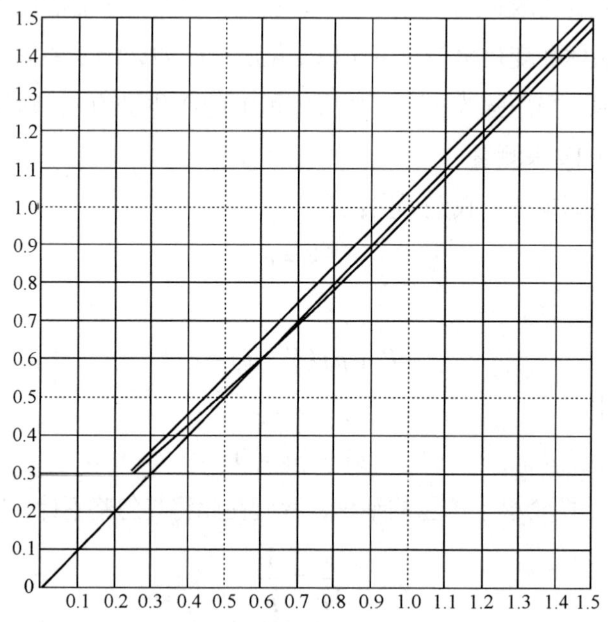

图 62

106. 蒸气的可压缩性——尽管在相当大的压力范围内，蒸气的可压缩性可能遵循波义耳定律，但随着压力持续升高，蒸气的可压缩性与波义耳定律的偏差将越来越大。在 152 个大气压以下，蒸气与空气相比产生的偏差情况类似，即蒸气比理想气体的可压缩性更强。当压力足够大时，蒸气开始液化，之后压力保持不变，直到所有蒸气完全变成液态。这时，对液态物质进一步压缩相对来讲是一个非常有难度的挑战。

整个上述过程必须以极缓慢的速度进行，以便遵守设定的恒温条件（参见本章第 102 节）。

现在，我们假设温度升高到了一个更高的定值，并保持不变。如果压力与刚才过程开始时的压力相同，由于所有蒸气在恒压下加热时都会膨胀，则蒸气的体积将更大。而且，如果压力变化的情况与之前类似，则蒸气会产生一系列完全相似的现象。然而，在相同的压力条件下，温度高时物质的体积总会更大一些。这两个过程有一个重要的区别是，温度高时液化过程中体积的变化量将小于温度较低时的体积变化量。最终，当温度足够高时，物质呈液态，体积不会产生突变；如果温度再继续升高，偏离波义耳定律的偏差现象将越来越微弱。

在所有使液化过程停止的极限温度以上，这种物质被称为气体；低于这一温度时，它被称为蒸气。

根据这一解释，我们可以轻松理解另一幅图所代表的含义。理想气体的体积 v 是从图外一点开始沿横轴测量的。体积范围为横坐标倒数的 1000 倍，反映了大气压的大小。竖轴代表碳酸的实际体积 v'。用这种方法，我们得到一系列曲线。这些曲线能够表明在不同温度下，这种气体的体积与根据波义耳定律得出的计算值之间的偏差。如果气体为空气，我们则能够画出两条近似的直线。两条曲线的垂直部分表示液化发生的阶段，曲线近乎水平的部分表示碳酸处于液态。

由图 63 可以看出，与曲线相交的线（在满足这些条件的点处）与水平轴形成的角度，可能大于或小于相应理想气体在该处的角度大小——该线在此处的正切值与理想气体曲线在此处的正切值之比为 v'/v。因此，在给定的压力和温度条件下，这种物质的可压缩性可能比理想气体大，也可能比理想气体小。因此，当物质处于类似于液态的状态时，它的可压缩性比理想气体的可压缩性要小；所以，我们发现氢气比理想气体的可压缩性要小，因为在常规的温度和压力条件下，相比于气体的状态它的状态更接近于液体。

如果在相似的条件下将氢气与图 63 右上角区域的碳酸进行对比，比如，在温度和压力足够低时，几乎可以确定氢气的实际体积要比根据波义耳定律得到的计算值小。

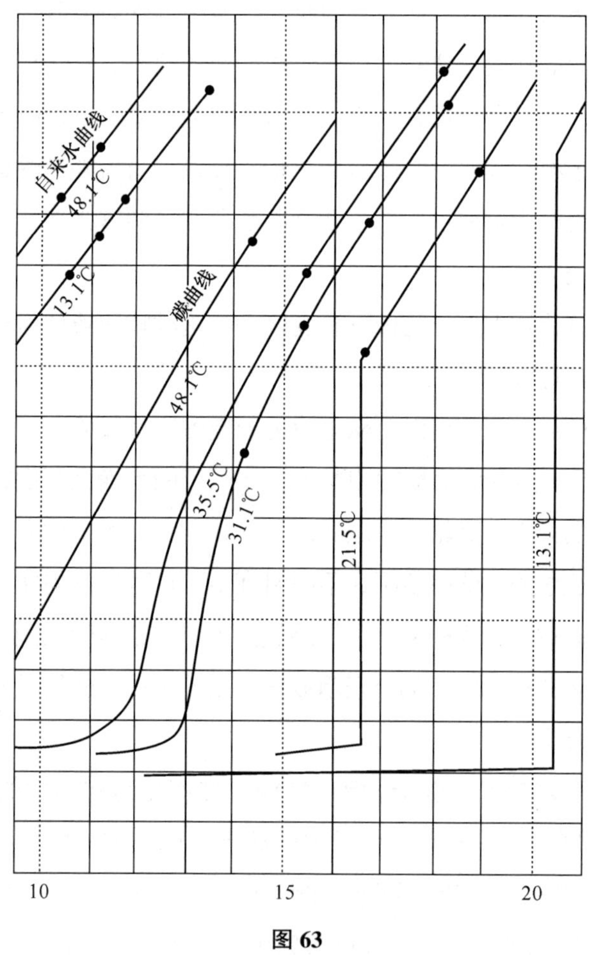

图 63

107. 弹性——所有的气体和蒸气都具有恢复到理想体积的弹性。也就是说，将使体积减小的压力全部释放后，它们会完全恢复到原来的体积。通过简单的实验，我们很容易能够证明这一点——将一个含有空气或任意气体的玻璃容器倒置在水中，且这些气体不会被液体明显溶解。通过将玻璃容器升高或降低，可以对气体进行加压或减压。子弹从枪管中释放、用压缩气体推动船只前进或驱动机器运转等例子同样可以证明气体的弹性。能够证明气体弹性的另一个例子是——气体能够传递声音。就像无法被压缩一样，如果气体没有弹性，声音就不可能在其中传播。

108. 粘度——我们已经给这个术语下了一个大致的定义，即一种抵抗剪切运动的性质。但为方便起见，我们也可以用这个词来指代一个特定的属性(这个属性与体积大小无关，参见第 7 章第 81 节)。因此，我们将粘度定义为流体在两个无限大的平行平面单位面积上的切向力，且这两个平面的距离为单位距离，两个平面以单位速度相对平行移动。由此可知，两个以相对速度 v 移动且相距 x 的平面，单位面积上的切向力为 $\tau v/x$，其中，τ 为粘度。但在剪切运动中，v 总是与 x 成正比，所以切向力为 $\tau \mathrm{d}v/\mathrm{d}x$。

在实际测定任意气体的 τ 值时，我们可以基于上述定义进行各种形式的实验。麦克斯韦使用了一个圆盘来进行研究。他令圆盘沿过圆盘中心且垂直于圆盘的轴进行振动，并将两个相似的圆盘固定放置在振动圆盘的两侧，空间中充满气体。最后，他发现圆盘在高黏性气体中的振动速度明显低于在低黏性气体中的振动速度；τ 值可由实验结果确定。在这一过程中，数学研究比我们进行的基础研究受到的挑战更多。

不同气体的粘度有很大差异。在氢气、碳酸、空气和氧气中，粘度从左到右依次增加，氢气的粘度大约是空气的一半。随着温度升高，气体的粘度会显著增加。

由于气体有粘度，云层或细小的悬浮尘埃在空气中会缓慢下沉。在一滴水下降的过程中，水滴的质量与其直径的立方成正比，而由粘度产生的阻力与直径的一次方成正比。因此，如果水滴的直径减小到原来的 1/10，那么质量就变成原来的 1/1000，而阻力只减小到原来的 1/10。也就是说，这时水滴受到的阻力相当于之前的 100 倍。

109. 扩散——当各自占据一定体积的两种气体混合时，每种气体逐渐扩散直到整个体积填满整个空间，仿佛没有另一种气体的存在。另一种存在的气体（假定两种气体之间不会发生化学反应）对这一过程的唯一影响是，使这种气体均匀填充空间所需的时间大幅增加，上述过程称为扩散，与之相应的性质是扩散系数。

实验表明，在时间 t 内，区域 a 中通过单位长度的密度变化率 r 的气体量与 t、a 和 r 成正比。因此，假如气体量为 q，我们可以得到：

$$q = \delta rta$$

其中，δ 为常数（扩散系数，或互扩散系数），其大小取决于气体的性质。

如果 r、t、a 为单位量，则

$$q = \delta$$

因此，我们可以将扩散系数定义为，当浓度梯度为一个单位时，物质在单位时间内通过单位面积的量。r 通常被称为浓度梯度，可以表示为 $d\rho/dx$，ρ 代表密度，x 为沿着扩散方向测得的长度。

随后我们将发现，根据气体动力学理论得出的结论是，气体的扩散系数应大致与一个大气压下两种气体密度的几何平均数成反比。表 1 第一列给出了每对气体相对的 δ 值，第二列给出了其几何平均数倒数的相对值。

表 1

气体	实际扩散系数	相对值
碳酸和空气	1	1
碳酸和一氧化碳	1	1
碳酸和氢气	3.9	3.8
一氧化碳和氢气	4.6	4.8
氧气和氢气	5.2	4.5

与其他气体相比，氧气和氢气的实际扩散系数最大，相对值次之，这可能是由于两种气体之间存在分子作用。

110. 逸出——气体通过固体的孔隙时所呈现的现象引起了人们极大的兴趣，格雷厄姆（Graham）对此进行了细致的研究。实际上，当固体厚度无限薄且内部无孔隙，只有一个小孔时，我们会得到最简单的实验结果。在恒压

下，如果一种气体位于固体的一侧，固体另一侧是真空，这种气体通过小孔的过程称为逸出。与这一问题相关的理论极为简单。由于单位面积上的总压力可产生单位距离，气体单位体积在位置转移过程中所做的功（参见第 62 节）在数值上等于压力。气体得到的动能大小为 $\rho v^2/2$，其中 ρ 为单位密度或单位体积的质量，v 是气体逸出的速度。因此，气体逸出的速度，以及在单位时间内通过小孔的气体量，与气体密度的平方根成反比。四种气体逸出速度的观测值和计算值见表 2。

表 2

气体	观测值	计算值
碳酸	0. 835	0. 809
氧气	0. 952	0. 951
空气	1	1
氢气	3. 623	3. 802

氢气的逸出速度似乎比上述规律所表明的要快，而碳酸的逸出速度似乎要慢，其原因将在下一节中进行介绍。

111. 蒸发——当上述无孔隔膜厚度足够大时，小孔就变成一个极尖细的管子。液体只有通过蒸发，才能通过这个管子。格雷厄姆发现，通过率与形成管壁的物质性质毫不相干。这意味着，有一层气体分子附着在管子的内壁上，所以实际上气体是通过了一个在气体自身物质高度浓缩状态下组成的管子。（众所周知，大多数甚至可能所有固体都有较强能力使气体在其表面或孔隙中浓缩。）因此，我们认为，蒸发过程与气体的粘度有关。事实证明，与粘度恰好相反，同等条件下，氧气、空气、碳酸和氢气的蒸发速率从左到右依次不断增加，氢气的蒸发速率是空气的两倍。因此，我们认为氢气和碳酸逸出速率与计算值的异常差异是由粘度引起的，即薄膜上的小孔在某种程度上起到了短管的作用。

112. 当气体通过的物质孔隙极细时（如在未上釉的陶器中），气体通过孔隙的速率与一般的扩散或逸出规律一致，即气体通过孔隙的速率与气体密度的平方根成反比。因此，我们可以微孔分气法来分离两种不同密度气体的混合物。如果将混合物气体充满多孔陶罐中，密度较低的气体会最快通过孔隙。这样，这个过程持续一段时间后，我们会得到两部分气体，一部分气体主要为密度较低的气体，另一部分主要由密度较大的气体组成。这种方法可以多次使用，以便将两种气体分离到所需的纯度。

前面已经提到过（参见第 7 章第 79 节），一氧化碳可以快速通过炽热的铁；在常温下，氢气可以通过钯、铂等金属。

在某些情况下，气体会在物质的一侧与物质发生化学反应，然后再通过它扩散，最终于另一侧逸出。印度橡胶时常发生这种现象。

第 10 章　液体的性质

113. 可压缩性——液体和气体一样，可以传递声音，因此也具有可压缩性和弹性。但与气体不同的是，液体的可压缩性通常非常小。不同液体的可压缩性变化规律常常会大相径庭。通过第 23 章第 278 节的图 160，我们可以发现，当碳酸等蒸气接近液化阶段时，其可压缩性会变得越来越强；而在液化过程中，碳酸几乎可以无限压缩；而当整个物质变成液体时，与之前的过程相反，碳酸的可压缩性会变得非常小，并随着压力的增加而降低。例如，在超过 21.5℃时，图 159 右侧部分实际上是一条直线，因此 dv/dp 为定值；而可压缩性为 dv/vdp，随着液化阶段临近，v 逐渐减小，可压缩性增加。类似的推理过程证明了上述关于液体状态的说法是正确的。

早期，我们使用一种称为压力计的仪器来对液体的可压缩性进行测定。现代的仪器虽然更为完善，却沿用了同样的工作原理。这台压力计由一个大空心玻璃球组成，并含有一根纤细的杆，杆上有精密的刻度，杆的顶部敞开。根据刻度，我们可以准确测量出空心玻璃球和杆的内部体积。我们需要测量位于整个空心玻璃球和杆底部液体的可压缩性。一个小的水银柱足以将位于坚固玻璃容器内空心玻璃球中的液体与水分开。外部容器为密封状态。通过拧动塞子，我们可以减小容器内部容积，对容器施加压力。

由于杆和玻璃球相互连接，压力可以在容器中传播，玻璃球内的液体从而也会受到压力作用；压力的大小可以通过容器外部上端闭合的玻璃管中的空气压缩量来测量。

如果玻璃是不可压缩的，那么通过观测水银在杆中下降的程度，就会立即得到液体的压缩量。如果液体是不可压缩的，而玻璃可以压缩，则水银在杆中的位置就会上升。如果液体和玻璃的可压缩性一致，水银的位置就不会发生改变。因此，我们发现，这个实验的确帮助我们得到了玻璃和液体的可压缩性之间的差别。所以，为了测定液体的可压缩性，我们首先必须通过实验来了解构成玻璃球的玻璃的可压缩性。在下一章中，我们将继续讨论这一相对简单的问题。

每增加一个大气压，水的体积大约就会被压缩为原来的 1/20000 两万分之一。与迄今为止观察到的其他所有液体不同，水的可压缩性随着温度的升高而降低，在 63℃时达到最小值。

所有液体的可压缩性都会随压力的增加而减小。

114. 弹性——像气体一样，所有的液体都具有完美的体积弹性，而没有形状弹性。

115. 粘度和粘度系数——同种物质处于液体时的粘度比处于气体时要大得多，不同液体之间的粘度在很大程度上有所不同。细泥在水中下落速度变慢是由于受到了液体粘度的影响，而细雨滴下落速度变慢也是由于空气具有粘度。甘油液体的粘度极大，而硫酸醚与之相比粘度则几乎为零。

我们可以通过一个非常简单的方法来测定液体粘度——在压力下，使液体通过一个很细的圆柱管。单位时间通过圆柱管的液体量与单位长度的压力差和圆柱管横截面半径的四次方成正比，与粘度系数成反比。

通常，粘度随温度的升高而迅速降低。

粘度是一种与将液体拉伸成长线形状相关的性质。在其他条件相同的情况下，液体的粘度与其粘度系数成正比；但除了粘度外，分子力也会对液体性质产生一定的影响，使得液体的粘度系数变小（参见本章第 125 节）。

116. 扩散——在液体扩散时，溶解于液体中的固体也会随液体扩散。

与气体的扩散相比，液体的扩散速度明显要慢许多。如果往底部盛有水的容器里小心地倒入重铬酸钾溶液，则在混合后的液体达到明显均匀状态之前，互扩散过程可能会持续数月。

我们可以利用许多方法（电学、光学方法等）来确定互扩散系数（互扩散系数的定义如本章第 110 节所述）。

格雷厄姆将两个容器连通，每个容器中都盛有一种液体，每种液体都能够扩散到另一个容器盛有的液体中。需要特别注意的是，应该避免电流的产生，无论是在容器连通的过程中还是由于液体密度差异引起的电流。一定时间后，将两个连通的容器分离，确定两种液体扩散的程度。随后，进行一系列的类似实验，每次实验持续不同的时间，并根据实验结果确定扩散系数。

117. 渗透和渗析——液体可以通过生物膜进行扩散，比如膀胱。密度较低的液体通过生物膜扩散的速度更快。如果将浓糖溶液用生物膜密封起来，浸入一个盛有水的容器中，那么生物膜内的物质量就会迅速增加，最终可能导致生物膜破裂，这种扩散过程称为渗透。

根据液体通过生物膜的难易程度，我们可将液体大致分为两类——晶体溶液和胶体溶液。晶体物质，如普通的盐、糖等的溶液很容易通过生物膜；而胶体物质的溶液，如胶水，则几乎无法通过生物膜——这是渗析过程的基础。我们可以利用渗析法来分离胶体和晶体的混合物。将这两种物质的混合物溶解于纯水中，利用生物膜进行分离，两种物质通过生物膜的量差异显著。重复一次或两次以上过程，便足以将混合物的两种成分完全分离。

从本质上来看，该方法类似于我们在本章第 112 节中提到的微孔分气法。

118. 内聚力——除了各部分与整体之间的引力之外，内聚力会使得不同物质或同种物质内部各部分相互吸引而聚合在一起，物质的某些部分（无论是同一类还是不同类）粘在一起。我们可以将其看作分子力作用的结果（参见第 7 章第 83 节）。当猛烈撞击物体时，物体各部分被分离到分子力作用的范围之外。这时，只要对物体施加足够的压力，使分子再次处于相互作用力的范围之内，就可以再次产生内聚力。在液体中，我们仅需使液体分离的各部分相互接触即可。（有关进一步的处理方法，请参考下一章“固体的性质”。）

119. 毛细现象——众所周知，根据流体静力学定律，流体处于同一水平的所有点上的压力值处处相等（参见第 6 章第 75 节）。因此，我们认为，暴露于大气中的连续流体所有表面上的压力一定相等。然而，在某些情况下，事实远非如此。

如果在某些液体中插入一根细毛细管，则管内的液位会比管外的液位高；而在其他某些液体中，管内的液位会低于管外的液位（图 64）。比如，水在玻璃管内液位上升，而水银在玻璃管内液位下降。

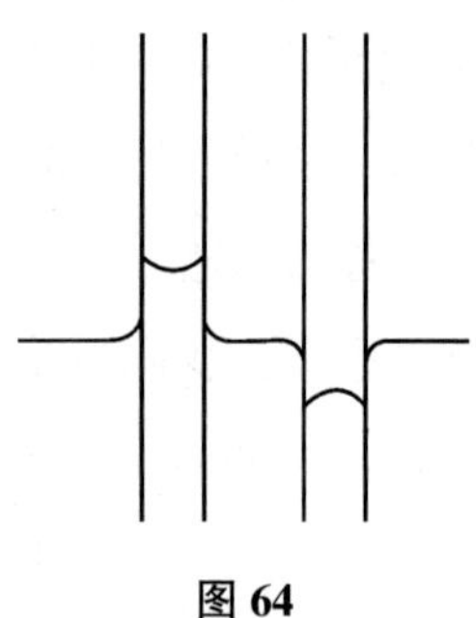

图 64

表面上看，这些现象（称为毛细现象）似乎违反了上述流体静力学定律，但实际上它们严格遵守这一定律。

120. 在对此进行证明之前，我们首先需要注意到，在细毛细管中上升的液体表面总是向下凹的（见图 64 左侧管），而下降的液体表面总是向上凸的（见图 64 右侧管）。

接下来，我们观察到，如果在张力下，一个表面由最初的平面变为曲面，那么凹面一侧受到的压力一定大于凸面一侧受到的压力。否则，表面就会具有收缩的趋势，从而将由曲面再次变为平面。因此，如果我们能证明液体表面的膜上存在张力，则液体曲面凹侧的压力一定比凸侧的压力大。

但是，我们都知道，液体的表面往往倾向于越小越好。许多现象都可以表明这一点，比如，如果肥皂泡内部的空气与外部的空气接触，肥皂泡就会收缩。自然状态下，肥皂泡自身是球形的，这也证明了以上观点，因为当体积一定时，球体的表面积最小。雨滴是球形的，也是由于同样的原因。彩虹为一段完美的圆弧，也可以证明这一点。同样，如果将一些酒精滴在一层薄薄的墨水上，由于墨水的表面张力大于酒精的表面张力，墨水的表面积会减少，而酒精的表面积会增加。

现在，让我们假设，在一个细管里，液体的表面总是向下凹的。只有在表面外围极小的平面正下方的压力为一个大气压，而位于弯曲部分下方的压力更小。如图 65 所示，在曲面以下，某点 p 所受到的压力为一个大气压（由于受到上方液体重量施加的压力，该点总压力值有所增加）。因此，根据流体静力学定律，管内液体必定会上升，直到 p 点位置与管子外部液体表面在同一水平上。

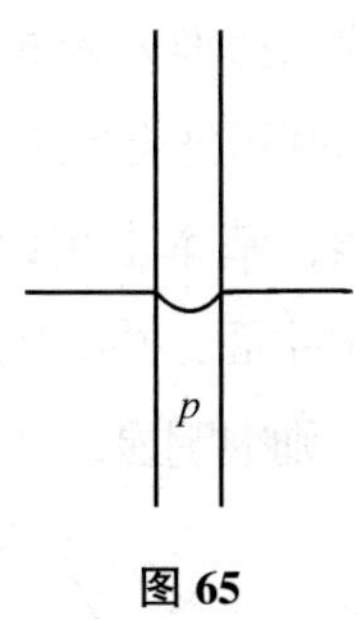

图 65

类似的解释也可以说明细管内下降的液面会向上凸的原因。

现在，我们只剩下解释为什么表面会变得弯曲。假设我们使用的细管为玻璃管，液体是水，周围的大气为空气，与玻璃接触的液体表面存在张力，每单位宽度的张力大小用 ${}_wT_g$ 来表示，玻璃管表面也有一层冷凝气体膜，每单位宽度的张力用 ${}_sT_g$ 来表示，则当 ${}_sT_g$ 大于或小于 ${}_wT_g$ 时，玻璃管边缘处的液体分子将被上升或下降。如果${}_sT_g$ 大于${}_wT_g$，液面会向下凹陷。与空气接触的水表面张力${}_sT_w$ 由之前的垂直于管壁向外作用，变为在与管壁成角的方向向下作用（图 66）。因此，每单位宽度向下作用的总张力为 ${}_wT_g+{}_sT_w\cos\alpha$，当满足下个公式时，液体处于平衡状态。

$${}_wT_g+{}_sT_w\cos\alpha={}_aT_g$$

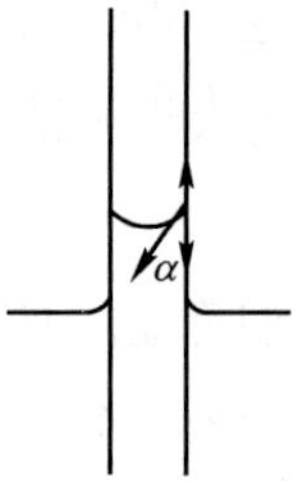

图 66

121. 在上述实验中，当所用的液体为水时，由于${}_wT_g$ 总是大于 ${}_sT_w$，即使 α 角消失为零，以上方程也始终不会成立，所以细管中液体表面会呈现为半球形。实验过程中，我们需要保持液体表面没有杂质，并确保仪器表面清洁无污染，因为即使微量的油脂都可能会完全干扰液体上升。

角 α，也就是所谓的接触角，基本上可以通过下面的方法找到：让 AB（图 67）为玻璃（或其他固体）的平面，并将其浸入液体 CD 中。如果液体上升并润湿固体，与固体形成锐角 α，则很明显，当 AB 与 CD 成 α 角时，液体平面

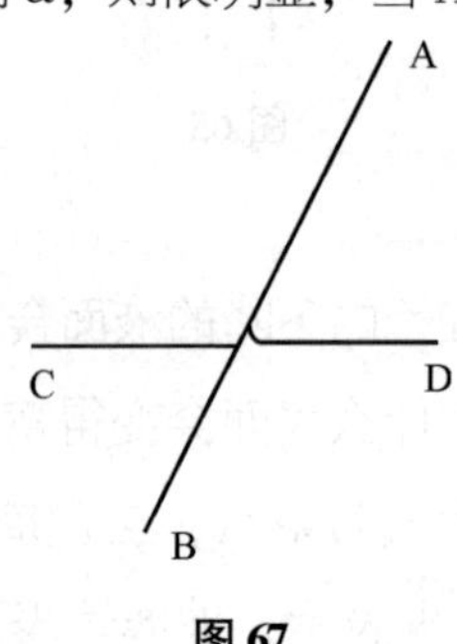

图 67

在固体向上倾斜的一侧不变。现在，我们可以通过直接测量得到 α 角的大小。如果液体液面边缘下降，则这个数字对应液体在毛细管中下降的情况。

122. 现在，我们可以确定液体在给定口径的管子中上升的高度。设细管横截面半径为 r，与空气分离的液体表面单位宽度的张力为 T，接触角为 α，则单位宽度上向上的拉力为 $T\cos\alpha$，总向上的拉力为 $2\pi rT\cos\alpha$。这个力的作用效果会与升高液体的重力相抵消。因此，如果 h 为外围液体上升的平均高度，ρ 为液体密度，g 为升高液体部分的重力，则有

$$2\pi rT\cos\alpha = \pi r^2 h\rho g$$

从而得到：

$$h = \frac{2T\cos\alpha}{\rho g r}$$

因此，液体上升高度与管的半径大小成反比。

当液体在两个相距长度为 d 且相互平行的宽板之间上升时，上述方程变为

$$2bT\cos\alpha = bdh\rho g$$

此时，得出：

$$h = \frac{2T\cos\alpha}{\rho g d}$$

也就是说，虽然液面在宽板和细管中的变化规律相同，但只有当宽板之间的距离等于圆管的半径时，液面上升高度才会一致。

如果知道了 α 的大小，我们就可以用上述两种方法中的任何一种来确定 T 值。

液体上升的高度与 d 成反比。如果两个宽板不平行，相互垂直且相交放置，则 d 将与公共边缘的距离成正比，因此，当 d 最小时，液体上升高度最大，以矩形双曲线的方式与两个宽板接触。双曲线的轴线将分别与两个宽板的公共边缘重合，并与液面和宽板的交线重合。

123. 根据本章第 120 节的结果，我们得以能够解释为什么中间放置一滴

水的两块平行玻璃板之间会产生强大的“吸引力”。由于水向外凹，它内部的压力会低于大气压，因此两块平行玻璃板是被压在一起，而非被吸引在一起。用皮革可以“吸”起石头，也是类似的原因。

如果液体没有浸湿玻璃板，比如，如果水滴形状向外凸，玻璃板显然会被弹开。这一点很容易证明。如果只有一块玻璃板被水浸湿，也将产生同样的结果。此时，液体在一块玻璃板上升的高度更高，在另一块玻璃板上下降的高度更低，而非同时在两块玻璃板内部上升或下降。在 ab 部分（图 68），外侧液体压力低于大气压（由于液体向上凸），而内部压力等于大气压。而且，在 cd 部分，内侧液体的压力比外侧大。出于这两种原因，玻璃板被弹开。

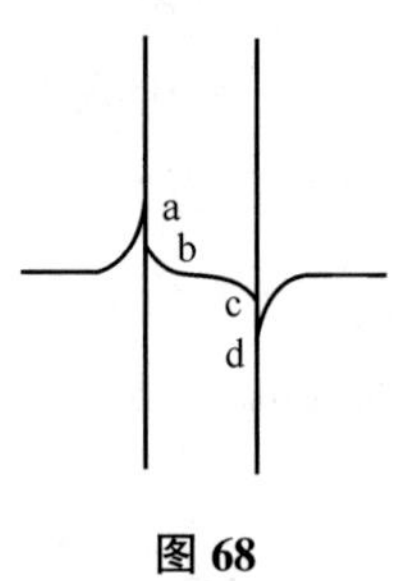

图 68

124. 在第 6 章第 73 节的证明过程中，我们可以假设有一个单位宽度的薄膜在一个圆柱体上伸展，而非一根绳子在圆管中伸展。由此，单位面积的压力为 T/R。

如果薄膜被半径为 R 的球面拉伸，由于在两个拉伸方向上的曲率相等，彼此成直角，因此压力值为 $2T/R$。（本章第 122 节的研究为此提供了一个特殊的证据。如果 $\cos\alpha = 1$，则液面在圆管中呈半球形。但公式表明，若圆柱体和球体的半径相等，液体在细管内上升的高度是在玻璃板之间的两倍。换言之，在第一种情况下，薄膜上支撑上升液体重力的朝向曲率中心的压力值大小为第二种情况下的两倍。）

在肥皂泡中，我们必须注意液膜有两个表面，因此，当气泡是球形时，液膜对内部空气的压力大于对外部空气的压力 $4T/R$。

受到上述结果的启发，汤姆森发明了一种测量 T 值的方法：将毛细管插入盛有一定量液体的容器 B（图 69）底部，并用虹吸管将容器 B 与盛有一定量液体的容器 A 连接。通过将容器升高或降低，可随意控制容器 B 中给定液体的液位。液体将通过虹吸管，并在其下端聚集成一滴；但是，只有当虹吸管最低点与 B 中液体自由表面之间的高度差 h 足够大时，液滴才会下落并消失。当大气压为 p，液滴半径为 r（用测微法测得）时，液滴单位表面上受到的压力为 $p + 2T/r$。由于液体自身重力和大气压，液滴表面单位面积上对外界产生的压力大小为 $p + hs$，其中 s 为液体特定的重力。因此，$2T = rhs$。

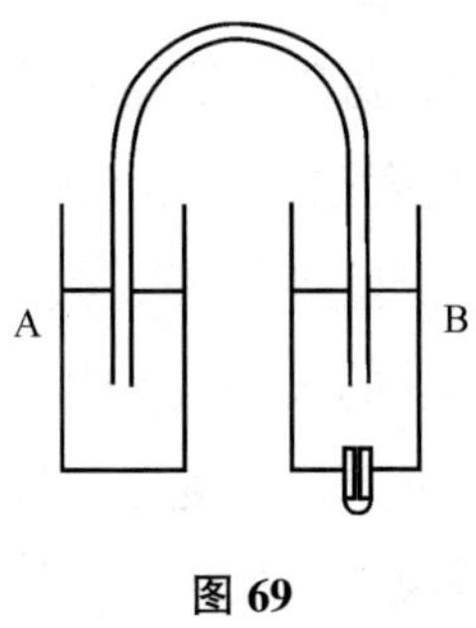

图 69

125. 迄今为止，我们仅仅把表面张力看作一个基于观测而发现的事实，但实际上，我们很容易看出分子间势能相互作用的必然结果，或者说，是分子力的必然结果。如图 70 所示，设 p' 为液体中的一个分子，其与液体表面的距离大于该分子与液体表面之间分子力的作用范围。以 p' 为球心，以分子力作用范围为半径作一个球体，则该分子与 p 或所作球体之外的任何分子之间都没有相互作用；且位于球面各个方向上的分子对该分子的吸引力大小相等。但是，在球体内部，任意与该分子距离小于球体半径的分子 p 都会受到整体上指向球心的吸引力作用。球体表面上分子对球心处分子作用效果与表面张力作用效果相当，也会以表面张力的形式产生作用，并往往倾向于减小液体的表面积。

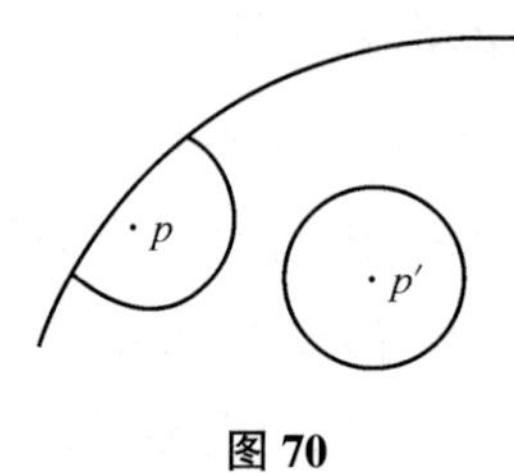

图 70

126. 印度橡胶片的表面张力与表面积大小成正比；而当表面积变化时，液膜的张力保持恒定，始终不变（至少在极大的范围内）。在不受到外力作用的情况下，印度橡胶片将收缩，直到其表面积再次达到最初的值；而液体会收缩，直到其表面积变得尽可能小。

如果一个宽度为 b 的薄膜，每单位宽度的张力为 T，则沿薄膜长度方向上的总张力为 Tb。如果薄膜长度被拉伸了 l，则在该过程中所做的功为 Tbl（参见第 6 章第 62 节）。而这个量等于 TS，其中 S 是增加的表面积。因此，将薄膜拉伸所做的功与面积增加的大小成正比。我们可以将 T 看作薄膜每增加一个单位面积所做的功，而非单位宽度上的张力。

把这个结果和上一节的结果结合起来，我们可以得到一个表达式，来表示当两部分同种液体在给定区域面积上接触时，分子分离势能的耗尽（分子力所做的功）。设两种液体的接触面积为 S，则两部分液体减小的表面积大小为 $2S$，分子力所做的功为 $2TS$。

设 T 和 T' 为两种不同液体的表面张力，设 t 为两种液体由分离状态互相接触时的表面张力，则显然在接触时分子力所做的功是 $(T + T' - t)S$。上述结果也是与这种情况相同的一个特例，因为当两种液体相同时，有 $t = 0$ 且 $T = T'$。

如果在任何情况下所做的功大于 $(T + T' - t)S$，即如果 t 为负，则两种液体的分离表面积必定增加。这对应液体表面存在皱褶的情况，皱褶程度越小，增加的表面积就越大。汤姆森认为，在看不见的液体分离表面，大范围的皱褶的产生预示着扩散过程的开始。

127. 液体的表面张力随着温度升高而迅速减小，在临界温度（参见第 3 章第 24 节、第 23 章第 278 节）下完全消失为 0。

液体蒸气的饱和压力（参见第 23 章第 275 节）取决于温度。但是，当温度固定时，它也会随着液体表面的曲率而变化，表面向外凸起程度越大，饱和压力就越大。因此，当云中的小水滴蒸发时，蒸气可能会沉积在较大的水滴表面上。

由于温度升高时，液体的表面张力会减小，我们可以用稳定平衡原理（参见第 2 章第 15 节）推测：突然拉伸液体表面的膜会导致液体温度下降。由于体系处于稳定的平衡状态，所以拉伸薄膜会导致液体出现一个抵抗拉伸的力。众所周知，这个力抵抗拉力做功，将导致液体温度降低。

动力学相似原理表明，一个液球（失重状态下）基本振动周期的平方与液球密度、液球半径的立方成正比，与表面张力大小成反比。此外，肥皂泡（失重状态下）的基本振动周期与它的线性尺寸无关。

第 11 章　固体的属性

128. 可压缩性和刚度——我们对固体可压缩性的定义与对液体和气体的可压缩性一样。固体的可压缩性指固体体积变化百分比与对应压力的比值，这个量的倒数称为抗压强度，通常用字母 k 表示。

当静水压力大小已知时，我们可以根据受到静水压力作用的一根杆的长度变化，来快速确定物质的可压缩性。如果长度变化百分比为 p'，则体积变化百分比约为 $p = 3p'$。如果 l、b、t 分别代表给定物质杆的长度、宽度和厚度，则变化后的体积为 $lbt(1-p')^3$，约等于 $lbt(1-3p') = lbt(1-p)$。实际上，p'为极小的值，任何关于一次幂以上的量都可以忽略不计。我们需要在假定物质各向同性的情况下展开测量，也就是说，物质的性质与方向无关。否则，在物质的不同方向上 p'将略有差异。这一假设将贯穿本章始终。

固体的刚度可以用于衡量固体对形变的抵抗能力。令 $ABCD$（图 71）为给定固体的立方体，其边长为一个单位长度，分别在面 AB 和 CD 上施加等

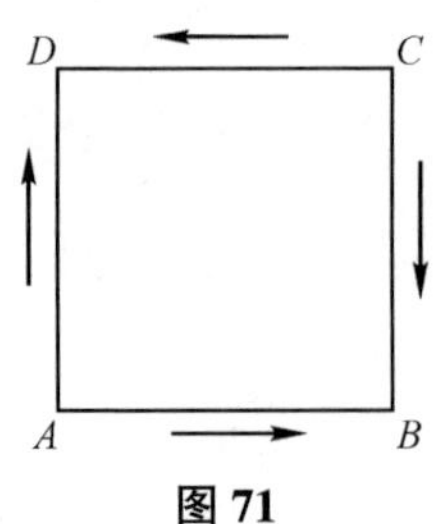

图 71

大反向的切向力，每单位面积上切向力的大小为 T，并令切向力作用于沿箭头所示方向上。这些力会对立方体产生剪切力，并使立方体逆时针旋转。为了阻止旋转产生，需要在 AD 和 CB 上施加等大反向的切向力，使其作用效果与 AB 和 CD 上的力相抵。这样一来，图 71 中所示的方形截面会变为菱形，D 和 B 处的角变小，而同时 A 和 C 处的角度变大，角度变大和变小的量相同。如果角度的变化量为 θ，则刚度（通常用字母 n 表示）为

$$n = \frac{T}{\theta}$$

129. 让我们用 A、B 和 C 表示单位立方体的三对平行面。同样，将 A 面上的边称为 A 边，以此类推。

使单位面积的单位法向压力均匀地施加在 A 面上，将使得 A 边的长度减少 l，B 边和 C 边长度同时增加 l'。令单位面积的单位法向张力作用于 B 面，这时 B 边的长度增加 l，C 边和 A 边的长度同时减少 l'，少数较小的二阶量忽略不计。结果表明，A 边长度减小了 $l + l'$，B 边长度增加了 $l + l'$，而 C 边长度保持不变，因此总体积没有变化。

现在，我们可以使用上一节的方法来得到同一结果。如图 72 所示，如果单位立方体的面 DC 上任意一点相对于 AB 向前滑动很小一段的距离 s，则对角线 DB 增加的长度是 $s\cos45° = s/\sqrt{2}$；同样，AC 边长度减少量为 $s/\sqrt{2}$。给定的切向力显然等于与 AC 平行的压力，其在每$\sqrt{2}$个单位面积大小为 $2T\cos45° = T\sqrt{2}$，比如每单位面积的 T 与平行于 DB 的张力大小相等。现在，我们令 $T = 1$，$s/\sqrt{2}$ 为$\sqrt{2}$个单位长度的对角线长度变化量，则平行于 DB 的单位张力与平行于 AC 的单位压力引起对角线长度的变化百分比为 $s/2$。因此，令两种方法得到的结果相等，我们得到 $s = 2(l + l')$。然而，单位立方体的角度变化 $s = \theta$，因此：

$$l + l' = \frac{1}{2n} \tag{1}$$

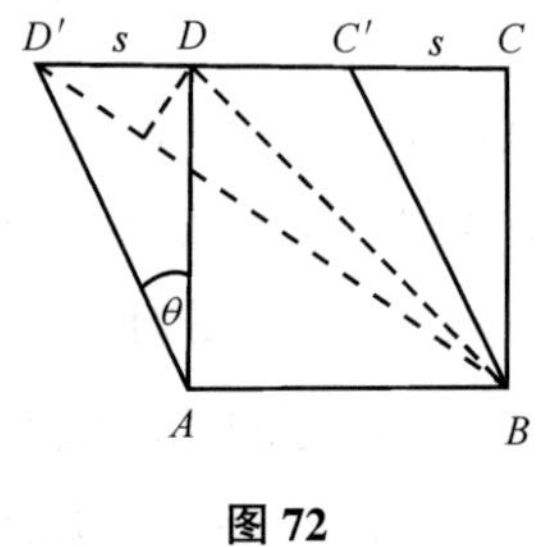

图 72

130. A 面上单位面积的单位压力使 A 边长度缩短 l，使 B 边和 C 边长度增加 l'。l 和 l'为非常小的量。如果现在在 B 和 C 面上施加单位大小的压力，则立方体的所有边的长度都将减少 $l-2l'=p'$。因此：

$$l-2l'=\frac{p}{3}=\frac{1}{3}k \qquad (2)$$

$1/l$（一根杆在单位张力或单位横截面上压力作用下长度变化率的倒数）被称为杨氏模量。根据公式（1）和公式（2），我们可以发现：

$$l-\frac{1}{9k}+\frac{1}{3n}=\frac{3k+n}{9kn} \qquad (3)$$

当 l、k 和 n 中两个量确定时，我们可以根据这两个量确定另外一个量。表 3 给出了每平方英寸的单位压力等于 1 磅的重量时，几种物质的 l 值：

表 3

物质	l 值
钢	30×10^{-9}
铁	39×10^{-9}
铜（硬铜）	56×10^{-9}
铜（软铜）	64×10^{-9}
玻璃（普通）	141×10^{-9}

131. 在本章第 128 节中，我们实际上并没有求出刚度 n。刚度可以通过

确定圆柱杆扭转一定角度时所需的耦合力矩来求。

假设这根杆上有一个圆环，圆环半径为 r，宽度为无穷小的量 dr，厚度 $dh=dr$。如果圆环被穿过杆的轴 OP 的一系列平面分成多段小圆弧，且每段小圆弧之间成 dr/r 角，则每段小圆弧可以近似看作小立方体，立方体的数量为 $2\pi r/dr$（图 73）。如果根据已知圆柱杆的扭曲度，任意一个小立方体中的上端相对于下端向前扭曲了较小的角度 $d\theta$，则小立方体随后的角度变化为 $rd\theta/dh$。由于一个单位立方体中每单位面积上的切向应力，与作用在这个基础立方体上的切向应力大小相同，它们会产生相同的角度变化，因此（参见本章第 128 节）：

$$\frac{rd\theta}{dh}=\frac{T}{n}$$

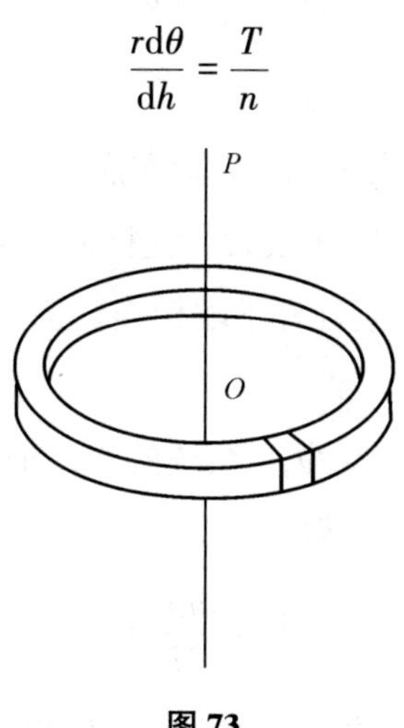

图 73

据此，作用在圆环上的总切向应力（为 T 和圆环平面面积的乘积）大小为 $n(rd\theta/dh)2\pi rdr$，作用在圆环上的力矩大小为 $2\pi n\theta r^3 dr$。

其中，θ 为圆柱杆每单位长度的扭转角度，所以 $d\theta=\theta dh$。沿着圆柱杆外周的轴对这个量进行积分，则使圆柱杆单位长度扭转 θ 角的总力矩大小为

$$\frac{1}{2}\pi n\theta r^4 \tag{1}$$

其中，r 为圆柱杆的半径。

如果圆柱杆长度为 l，则 $\pi nr^4/2l$ 为圆柱杆的扭转刚度。当然，这并不属于一种特定的性质。

通过简单思考，我们很容易能够推导出公式（1）。让我们想象一下：圆柱杆像上面的圆环一样，被分割成许多小立方体，则任意距离轴 r 的小立方体上每一个面上的总切向应力与 r^2 成正比，力矩大小与 r^3 成正比。令小立方体上底面相对于下底面向前扭转的量与 r 成正比，因此，引起所需扭转的总力偶 c 与 r^4 成正比。在圆柱杆的变化符合胡克定律的情况下，c 与 θ 成正比，因此，假如我们对涉及的每个单位下一个合适的定义，我们可以写出：

$$c=\frac{1}{2}\pi n\theta r^4$$

其中，n 为刚度。

此外，我们还有一个更简单的实验方法：在圆柱杆的一端附加一个物体，这个物体绕杆轴的转动惯量很大。让杆的上端牢牢地固定在一个位置，杆身处于竖直状态，物体与圆柱杆下端相连。整个系统围绕这个轴的振荡时间取决于 n 的值。

力偶关于轴的力矩大小为 $I\ddot{\theta}$，系统的转动惯量为 I（参见第 6 章第 70 节），因此，根据公式（1）可得：

$$\ddot{\theta}=\frac{\pi nr^4}{2I}\theta \tag{2}$$

该方程认为，角加速度与角位移成正比，因此积分为（参见第 5 章第 51 节）

$$\theta=\theta_0\cos\left(\sqrt{\frac{\pi nr^4}{2I}}t+\alpha\right) \tag{3}$$

α 和 θ_0 为常量。如果我们将 t 值增加常量 $2\pi\sqrt{2I/\pi nr^4}$，则 θ 值保持不变，这意味着，系统的振动周期为

$$T=2\pi\sqrt{\frac{2I}{\pi nr^4}}$$

这为我们提供了一种现成的测定 n 的方法。（这里假设杆的长度为一个

单位。在其他情况下，只要我们把观测到的 T 值除以长度的平方根，方程仍然成立。）

132. 表 4 给出了本章第 130 节中提到的几种物质 l 确定时的 n 值。根据这些数字，我们可以利用本章第 130 节中的公式（3）求出 k 值，表 4 的最后一列中给出了 k 的观测值。可以发现，计算值和观测值之间有相当大的差异，我们不必对此感到惊讶，因为有多种因素可能会导致实验结果出现偏差。刚度表达式中的 r 值通常很小，因此在测量时误差出现的概率会比较大；而且，即使 r 在整个圆柱杆中是均匀的，由于 r 涉及四次方，因此 n 的计算值的误差可能为实际测量误差的四倍。同时，这些物质可能实际上并不是各向同性的；特殊的物理处理方法，例如，从一个原本各向同性的物质中抽取出一根金属丝，常常会使该物质变为非各向同性的。

表 4

物质	n	k（计算值[4]）	k（观测值[4]）
钢	121×10^5	450×10^5	284×10^5
铁（熟铁）	112×10^5	120×10^5	213×10^5
铜	64×10^5 ~ 71×10^5	122×10^5 ~ 288×10^5	227×10^5
玻璃（普通）	28.4×10^5	47×10^5	43×10^5

法国物理学家阿马伽得到钢、铜和玻璃的观测值分别为 220×10^5、174×10^5 和 66×10^5。

133. 给定平面上杆状物体的抗弯刚度，可通过使该平面产生单位曲率所需的耦合力矩来测量。在不同物质构成的同样大小的杆中，抗弯刚度与杨氏模量成正比；对于同种物质构成的横截面面积大小不同的杆，抗弯刚度与横截面面积的平方成正比。但无论杆如何弯折，所有横截面惯性中心的轨迹长度不变，而除此之外其他所有线条的长度会增加或减少。出于这一原因，我们需要引入杨氏模量的概念。

设想一下，将一个厚度为 d，宽度为 b 的矩形杆以单位曲率均匀弯曲，并假设 b 和 d 相对于曲率半径来讲为极小的量，如果进一步假设这个矩形杆由许多个杆组成，且这些杆的横截面与给定的矩形杆相似，长度等于给定杆的长度，则根据动力学相似原理，我们很容易看出，产生曲率所需的力偶必定与垂直于弯曲平面测得的杆的宽度 b 成正比。此外，比给定杆的中心平面距离曲率中心更远的基础杆延伸长度，与其到该平面的距离成正比，而更接近曲率中心的基础杆则以相同比例缩短。因此，就作用效果而言，合力与 d 和 m，也就是与杨氏模量成比例；力偶、力矩从而一定与 d^2 和 m 成正比。给定尺寸的小矩形杆的数量与 d 成正比；因此，最终力矩 c 必须与 b、m 和 d^3 成正比。这一关系可记作：

$$c = fmbd^3$$

其中，f 为常数。由此我们可以看出，矩形杆在弯曲平面上的抗弯刚度与矩形杆宽度和厚度的立方成正比。

134. 弹性——所有固体，无论是形状还是体积，都具有或多或少的弹性。在一定限度内（不同物质的弹性有所差别），固体具有理想的弹性，即形变之后可以完全恢复到原来的形状或体积；但如果施加的应力太大，固体就会断裂，暂时或甚至永久形变，钢铁就是一个典型的例子。不同性质的钢铁之间弹性极限相距甚远，多数在产生永久性形变之前就已经断裂。另一方面，有些物质，比如铅，无论形变的程度多么轻微，形变之后几乎完全无法恢复到原来的形状或体积。当永久性形变发生时，这些物质的分子将自身固定成新的永久性分子团；而当短暂性形变发生时，它们可以逐渐恢复到原来的位置。

如果将一个相当长时间内被扭曲了的弹性固体缓慢地释放，同时避免该固体发生振动，则该固体一般不会立刻恢复它原来的形状，而是逐渐地变回去。如果将固体在相反的方向上连续进行两次扭曲，则两次扭曲即将产生的永久性形变将相互抵消。一段时间内，固体会在第二次形变后缓慢地恢复，变为原始状态。

弹性极限在很大程度上取决于物质受到的物理处理方式。如果长时间振动，金属丝的弹性就会大大降低。这一点可以根据以下事实得到证明：金属丝长时间振动后，令其处于静止状态时，再次由振动转为静止状态的速度更快。据说，在这个过程中金属丝的弹性产生了疲劳，失去了反弹的能力。

135. 我们可将弹性定义为物体保持应变（参见第 6 章第 68 节）所需应力的性质。在弹性极限内，所需的应力与应变程度成正比——这就是著名的胡克定律。这一定律通常被表述为“固体材料受力之后，材料中的应力与应变（单位变形量）之间呈线性关系”。

在本章第 129 节的公式（1）以及本章第 130 节的公式（2）中，只有当胡克定律成立时，n 和 k 才会为定值；而当 n 和 k 为定值时，单位压力将与方程左侧的量同比例变化。

当乐器发出的音符、音高恒定时，证明乐器内发生振动的零件在给定的弹性形变范围内，其振动规律符合胡克定律。

如果形变过大，刚度和抗压强度将发生变化。这一变化后，在新的极限以内，胡克定律将再次成立，n 和 k 为新的定值。

136. 粘度——固体和液体中都存在较为明显的粘度或内部摩擦力。在空气中，音叉的振动传播比其产生声音的能量消失速度更快。内部摩擦力将最初振动的部分能量转化为音叉的热能。弹性疲劳现象的出现也正是由于这一原因，在对抗“疲劳”的过程中，内部摩擦力增大。

137. 内聚力与韧性——总的来说，固体的内聚力比液体更大。

固体的所有各部分都是通过内聚力和相互引力作用而结合在一起的。在像石头这样小的固体中，引力所起的作用与内聚力相比是微不足道的。但是，对于地球这样的大质量固体，引力的作用要大得多。

内聚力通常被认为是一种不同于引力的分子属性。然而，汤姆森先生指出，内聚力可以用万有引力定律来解释。

如果一根铅条被切割成两部分，使新切割形成的表面可以精确地相互匹配，则当表面足够接近时，两部分将很容易重新结合在一起。如果物质连续且密度均匀时，这种现象就不会发生，因为分子力（参见第 12 章第 145 节）的范围很小。根据万有引力定律，在杆状物的一个表面上，只有极少量的物质能吸引到另一个表面的给定粒子。但是，为了使一个表面的较大部分相对于另一个表面给定粒子处于“分子力作用范围”内，我们只需要假设，物质的密度分布在肉眼不可见的小尺度上时是高度不均匀的；由此，分子间引力可能变得足够大，以充当内聚力。

138. 从另一个角度看，韧性，即固体抵抗自身各部分被拉断的特性，显然是凝聚力的表现。我们可以根据使杆或丝单位横截面积的物质断裂所需的张力来测量物质的韧性。表 5 给出了使一些物质突然断裂时的张力值。当张力较小（通常比所需张力小）时，这些物质将缓慢断裂。然而，由于固体的性质随物理处理方法和化学纯度而变化，这些数字只能用于粗略计算。它们表示导致横截面积为 1 平方毫米的杆突然断裂时所需的质量，单位为千克。

表 5

物质	拉伸状态	退火处理后状态
铅	2.4	2
锡	2.9	3.6
黄金	28	11
银	30	16
铜	41	32
铁	65	50
钢	99	54
橡木	7	
石灰	12	

第一列和第二列中的数字分别对应金属在拉伸状态和退火处理后的情况。木棒沿木纹方向的韧性比在其他方向上的韧性要大得多。

第 12 章　物质的构成

139. 在物理学史的早期，人们就开始讨论物质无限可分性的问题。一滴水可以被细分为更小的水滴，但这一分割的过程不能无限地继续下去，因为到达某一点之后，如果不改变物质的化学性质，就无法进一步分割。但我们现在所涉及的问题远不止于此：我们希望揭开物质不可分割的部分——原子的面纱。

尽管关于物质的基本构成或结构的各种假设已经形成，但这个问题本身仍没有答案。

其中，最著名的一个假说为留基伯提出的硬原子假说。

根据留基伯的说法，自然界中存在硬原子；由于硬原子的硬度无限大，因此它们是不可分割的。为此他给出的理由是，物质的衰变过程比物质的凝聚或积聚过程更快，且衰变必定有一个极限。倘若没有这样的限制，所有物质都将在时间的无限长河中消失。他的假说也许是成立的，但他对假说做出的假设可能并不完全正确，因为我们都知道，将物质积聚比将物质解体要更快。

留基伯进一步断言，原子之间一定有空隙，否则固体在流体中的运动，类似于鱼在水中游一样，都不会发生。同样，尽管得到了正确的结论，这一说法本身也是不全面的。实际上，即使硬原子紧密地聚集在一起，固体在流体中的运动也可以发生。我们可以通过流体在再入路径中的循环原理来了解到这一点。但由于所有物质都是可压缩的，所以硬原子之间一定存在间隙。

140. 博斯科维奇的原子假说仅仅是一个数学模型。它使我们能够避免将物理问题复杂化。博斯科维奇将原子看作具备惯性和吸引力或排斥力的数点，且原子具备的力会随距离变化。当距离超过某个上限时，原子具备的力为吸引力；当距离低于某个下限时，原子具备的力为排斥力；当距离为零时，排斥力变得无限大，因此没有两个原子能同时位于同一位置。汤姆森爵士提出，这一理论可用于确定类似结构连续介质的性质。

141. 目前，物理学界最新的原子假说是汤姆森爵士提出的涡旋原子假说。① 这一假说备受学界关注。汤姆森认为，物质由一种理想（参见第 6 章第 74 节）惰性流体的旋转部分组成，且这种流体充斥着宇宙中所有的空间。

由于流体处于理想状态，因此它的任意部分一旦开始运动，将永远保持运动状态，并与其他部分完全区别开来。因此，物质守恒原理是这一假说的重要组成部分。

最终部分或涡旋是不可分割的。这并不是因为它们的硬度大，而是因为我们不可能捕捉到它们来进行划分。

我们可以用烟环来说明这种涡旋的性质，例如，当炉门突然关闭时，偶尔可以看到从火车头的烟囱里冒出来的烟环，或者有时从炮口吹出来的烟环。

这些烟环可以很容易地通过一个盒子来制造。令盒子的一端为柔性的，另一端为一个直径为 3 或 4 英寸的圆形开口，如果在盒子的底部撒上浓氨水，并将一个容器中的浓盐酸溶液注入（最好是加入浓硫酸的普通盐溶液），就会产生白色的浓氯化铵烟雾。轻击盒子的柔性端，可以轻松地将一部分空气从盒内排出。这部分气体会以图 74 所示的方式旋转，形成一个完整的圆形涡旋，其运动可以通过周围静止的空气追踪一段距离。当烟环前进时，它

① 1870 至 1890 年间，有一种理论在英国的物理学界和数学学界非常流行，声称原子就是在以太中的漩涡；前后有 25 位科学家，撰写了约 60 篇科学论文。在汤姆森的领导下，学界发展了纽结理论（代数拓扑学的一个分支）。

的速度减小，直径增大；最后，烟环的运动因摩擦而停止，最终消失。

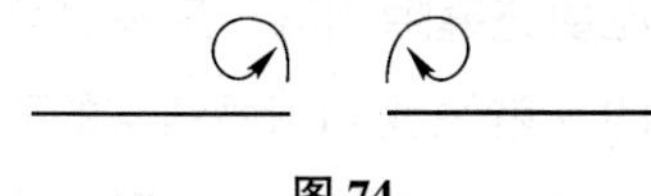

图 74

如果在第一个环之后，我们以较快的速度再发射出另外一个环，则这两个环几乎会在同一条直线上，且不一定会发生实际的碰撞。但在直接碰撞后，每个环都会像弹性环一样振动。如果第二个环被精确地投射到与第一个环相同的直线上，则当两个环接近时，第二个环会变小；并且，随着第二个环速度的增加，第二个环会从第一个环内部通过。如果接近时的相对速度较小，两个环就不会分开，继续以图 74 所示的方式相互旋转。这与涡旋原子的分子或化学结合相对应。周围的气体会流动，流动方向与烟环运动方向相同，并穿过烟环内部绕过烟环外部向下。正是这些气流阻止了两个烟环之间的实际接触，使得分割理想流体中形成的环成为几乎不可能的事。

圆形原子是存在形式最简单的原子，而涡旋原子可以由任何数量的涡旋原子构成，比如单一涡旋原子，或以结状、环状、交织状和锁状等形式结合的涡旋原子。

涡旋运动和相互作用的研究在数学上面临重重困难。迄今为止，我们只是攻克了一小部分难题。但是，只要解决了这些问题，我们往往能得到对原子假说有利的结论。

这一假说的最大意义在于——对惰性涡旋流体的运动做出了假设。已知关于所有物质的性质都是由这一假设推导而来的。还有一些假说假设原子间存在特殊的作用力。当一个假说无法解释某一现象时，我们可以将多个假说进行组合，以解决这一问题。

在下一章和第 33 章中，我们将对涡旋理论做进一步解释。

142. 与这些原子假说形成鲜明对比的一个假说是——物质是连续的，但具有强烈的异质性。我们可以以一堵没有灰泥的砖墙为例，对上述原子假说进行大致的描述。独立的砖块代表不同的原子，它们之间存在间隙。而现在，我们将通过一面由水泥填充缝隙的墙，来解释将要提到的假说。从远处看，这面墙整体上是同质的（就像我们用最精密的显微镜观察物质时一样）。但如果观察得再仔细一点，就会发现这面墙是异质的。

无论原子是否存在，异质性都是必然的结果。这一点可以通过许多物理现象体现出来，尤其是光的色散。在波动理论成立的前提下，光色散时涉及的物质就不可能是均匀连续的。

143. 如果我们假设分子在一个很小的范围内于各个方向上发挥作用，我们就能解释晶体结构的各种现象。首先，我们假定，当分子的中心相距一定距离时，分子在相互作用下处于稳定平衡状态。很明显，我们可以用同等大小的球或大理石来建立一个这样的分子排列模型，假设每个球的中心位置都有一个分子。

我们可以将大理石排列成一个平面三角形（图 75），然后在这一平面上再加上一层大理石，使第二层中的每个大理石恰好位于第一层大理石中三个大理石之间的中空区域，以此类推，这样我们就得到了一个正四面体。

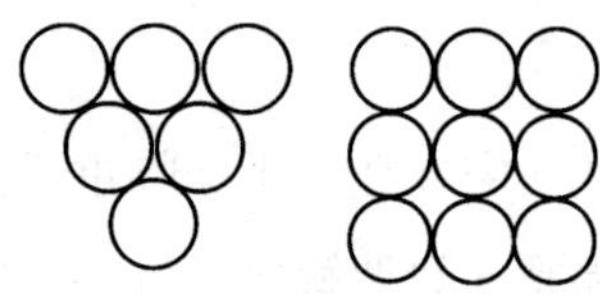

图 75

这个四面体有六条边，如果每条边在中点处都被与这条边相邻两面倾斜程度一致的平面截断，我们最终会得到一个立方体。

该立方体有八个顶点，如果这些顶点恰好被过顶点周围三条边中点的平面所截，我们会得到一个八面体。

如果立方体的十二条边在中点处被与每条边相邻面倾斜程度一致的平面斜切，我们最终会得到一个菱形十二面体。

用这种方法来解释属于立方晶系中对称形式的各种晶体绝非难事；而

且，如果我们用旋转的椭球体来代替以上的球体，就可以解释所有已知的晶体形式。

所以，我们认为，晶体是由粒子组成的。在相互作用力的作用下，这些粒子使自己处于势能最小的位置，也就是处于使自身稳定平衡的位置。我们所能得到的最有力的证明是，所有已知自然晶体的边长都可以表示为最小整数的倍数。

144. 如图 75 所示，正方形的排列方式与三角形排列方式类似，即上面一层的任何一个球体都会接触到下面一层的四个球体；因为，如果我们将三角形金字塔中一条边上的球体进行移除，则明显可以看出，粒子是以正方形的形式对称地排列于与这条边斜切的平面上的。

在三角形和正方形排列方式中，任意一个粒子都与另外十二个粒子相互接触。在三角形排列方式中，一个粒子在其所在平面上与另外六个粒子相互接触，在相邻的两层中各接触到三个粒子。在正方形排列方式中，一个粒子可以分别在这三个面上接触到四个粒子。

立方晶系的所有晶体形式的确都可以用另外两种排列方法来解释，但我们通过物理方法对其进行研究是徒劳无益的，因为它们并不位于相互吸引的自由粒子应处于的稳定平衡位置。

首先，我们可以构建一个立方体，令上层的每一个粒子恰好位于下一层粒子之上；然后，同之前一样，我们可以根据这个立方体形式推测出其他晶体形式。同样，我们可以从一个“开放的正方形排列方式”（图 76）开始着手，假设任何一层中各个粒子相距较远的距离，每个粒子在自身所处平面上接触到的粒子个数为 0，在相邻两个平面上接触到的粒子共计有八个，分别位于该粒子的八个对角线方向上。这样，我们也可以得到规则立方晶系的所有晶体形式。在前一种方法中，任意粒子都会在自身所处平面接触到四个粒子，在相邻层共接触到两个粒子；而在后一种方法中，粒子在自身所处平面不会接触到任何粒子，而在该平面上下的两个平面分别接触到四个粒子，并在这些平面之外接触到两个粒子——任意粒子接触到的其他粒子数目共计十个。与上一节所讨论的情况相比，这两种情况下粒子的平衡状态稳定性较差。

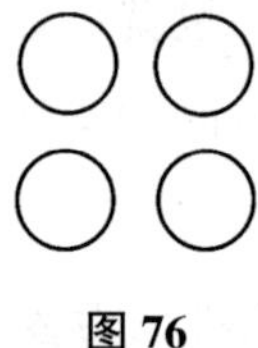

图 76

145. 除了晶体之外，许多其他物理现象也体现了分子是物质的本质结构这一事实。这些现象也能够帮我们求出分子力的范围和相邻分子之间平均距离的近似估计值。

其中一类现象是通过液膜表现出来的。我们已经证明（参见第 10 章第 125 节），液体表面存在的分子力可以充当表面张力。同时，在液膜的厚度减小到一定程度之前，表面张力大小几乎保持不变（参见第 10 章第 126 节）。雷诺德和里克用这些方法证明，当肥皂泡的厚度为 96～45 微米（1 微米等于 0.001 毫米，1 英寸约等于 25.4 毫米）时，肥皂泡的表面张力开始减小。当厚度为 12 微米时，表面张力减小到最小值，然后再次增大到最大值。

早在之前，比利时物理学家普拉托（Plateau）发现，当液膜厚度减小到 118 微米时，表面张力不再变化。因此，他得出的结论是，分子力的作用范围在 59 微米以下。（随后，麦克斯韦对这一结论作出解释。他认为在薄膜的总厚度减小到分子力的作用范围之前，表面张力大小不会改变。这将使普拉托得到的分子力作用范围上限为 118 微米。）

毛细力会使液体在涂有薄楔形金属膜的平行玻璃板之间上升。昆克根据液体上升高度的测量结果，发现当金属膜的厚度为 50 微米时，玻璃和液体之间的作用力变得明显。

维纳（Wiener）发现，当液膜厚度为 12 微毫米时，光被覆有银薄膜的云母反射后，振动相位开始改变。甚至，我们可能根据光振动相位的变化来判定银薄膜的存在，即使其厚度可能不超过 0.2 微毫米（参见第 19 章第 243 节）。

分子力作用范围也可以基于凝聚在固体上的气膜厚度进行测量，但这一方法是否可行？学界对此仍有很大的争议。

根据以上所有结果，我们可以得出结论，分子力的作用范围约为 50 微米。

146. 我们也有可能得到物质粗粒度的估计值，即相邻两个分子之间的平均距离。

如果两块不同金属板（如铜和锌）相互接触（参见第 27 章第 324 节），则两块金属板上将产生相反的电流，因此它们会相互吸引。如果两块金属板的面积为 1 平方厘米，之间相距距离为 1/100000 厘米，且它们在结合时的相互吸引力为 2 克。因此，电引力把它们引至相互结合的位置上，所做的功为 2/100000 厘克。如果我们现在构建一个铜和锌层交替排列的金属立方体，每层金属的厚度为 1/100000 厘米，每两层金属之间的距离为 1/100000 厘米，那么电引力所做的功就为 2 厘米 · 厘克。如果这些功用于加热这块金属，则金属块的温度将上升 16/1000℃。但是，如果每层金属之间的距离为一亿分之一厘米，则这些功足以将整个金属块的温度升高 62℃。并且，如果每层金属板之间的距离在此基础上变为原来的 1/4，那么这些功产生的热量将比铜和锌进行分子组合产生的热量还要多。所以，铜和锌的接触带电量必须明显减小，我们才能如所设想的那样对其进行细分。但结果表明，在一亿分之一厘米的厚度范围内不可能有较多分子分布——粗粒度的尺度范围实际上可能更大。

在第 10 章第 126 节，我们知道使水膜面积增加 1 平方厘米所做的功在数值上等于水膜每平方厘米的张力，但张力的大小约为每平方厘米 16 厘克。因此，如果我们把水膜的表面增加 n 平方厘米，我们所需做的功为 n 乘以 16 厘克。然而，水膜受拉伸时会冷却。汤姆森爵士证实，在拉伸过程中，如果要使温度和张力同时保持恒定，就必须为水膜提供热量，这样就需要再做约一半的功。所以，如果在恒温下，水膜的面积增加了 n 平方厘米，则所做的功为 $24n$ 厘米·厘克。如果我们将体积为 1 立方厘米的水表面积增加到原来的一亿零一倍（同时减小宽度），我们需要做 2.4 亿厘米·厘克的功。用这些功来加热液体，将足以使液体完全挥发。因此，如果厚度可以降低到以上程度，表面张力必定会大幅减少。因此我们得出结论，在一亿分之一厘米的厚度范围内，水分子存在的数量不多。

光在穿过致密透明介质时的色散现象证明了这些介质具有异质性。从关于这种介质构成的某些假设出发，柯西（Cauchy）推导出的结论是：普通玻璃中紫光波长（约 4×10^{-5} 厘米）范围内只有 10 个分子。由于各种原因，这一结论无法被接受。但汤姆森爵士最近发现，如果将柯西理论中设定的极限值增大，我们有可能会得到正确的结果。

气体的动力学理论指出了（参见第 13 章第 153 节）另一个有关分子力作用范围的线索。这一线索更具有确定性。

根据以上四个推理过程，汤姆森爵士得出结论：在普通液体或固体中，每延厘米的分子数目在 5×10^5 以上，在 5×10^9 以下。

通过另一种方法，我们可以测量将电解液与电极分离的电介质层的厚度。这个厚度大概等于液体分子和固体电极相邻分子之间的距离。该方法给出了每延厘米分子数的数值，范围为 5×10^7 到 5×10^8 之间。

同样，如果我们假设 1 立方厘米的任意液体被三组平行于立方体三对面的 n 个平面所分割，那么液体的表面积就会增加 $6n$ 平方厘米。使表面积增加这一大小需做的功为 $6nT$ 厘米·厘克（忽略保持温度恒定所需的热当量），其中，T 为表面张力，单位为“克/延厘米”。（当然，我们假设这一过程中 T 值为恒定的。实际上，普拉托也发现表面张力在 118 微米厚的水膜中不变。雷诺德和里克也已经证实了，当肥皂泡厚度为 12 微米时，表面张力达到第二个最大值，这个值只与第一个值相差约 0.5%。）如果每延厘米的分子数为

n，则 $6nT$ 约等于把组成立方体液体的所有分子分解所需做的功，且等于液体潜热（参见第 23 章第 276 节、第 25 章第 289 节）的功当量。因此，如果令 $L = 6nT$，则类似地，我们得出 $n = L/6T$。根据这一公式，我们计算出水、酒精、乙醚、氯仿、二硫化碳、松节油、石油和木精等液体每延厘米分别有 5×10^7、52×10^6、3×10^7、15×10^6、19×10^6、3×10^7、4×10^7 和 7×10^7 个粒子。这些数字都处于汤姆森提出的极限范围内。当然，这些数字的相对值，甚至绝对值之间都不应存在限制。我们的关注点是，未知量确定的顺序应严格一致。

第 13 章　物质的动力学理论

147. 早在德谟克利特和留基伯的时代，就有人认为物质所能观察到的性质可能是由运动引起的；直到胡克出现，这一想法才实际发展成为一个物理假说；接下来，丹尼尔·伯努利提出，气体压力可能是由于气体分子对所包含它的容器侧面作用而产生的；紧接着，正如我们所知，勒萨日用类似的原理来解释万有引力，普雷沃斯特和赫拉巴斯也对气体动力学理论的发展做出了各自的贡献；1848 年，焦耳计算出了给定气体中粒子产生给定压力所需具备的速度。但总而言之，对气体动力学理论的数学发展做出最多贡献的科学家当属克劳修斯和麦克斯韦。

148. 在动力学理论中，假设气体粒子以极大的平均速度向各个方向飞来飞去。在短时间内，一些粒子的速度可能要比这个平均值小得多，而另一些粒子速度可能比这个平均值要大得多。这个平均值为各粒子速度平均值的平方根，称为均方根速度。

这些粒子之间会发生碰撞。一个粒子的任意两次连续碰撞之间的间隔，存在一个我们所描述的粒子平均距离，这个距离称为平均自由路径。在一般条件下，平均自由路径比分子直径大。分子可以被看作具有单位恢复系数的光滑硬球。

就像弹性固体一样，我们假设两个分子之间碰撞时的分子力为排斥力，而实际上，在许多、甚至大多数所谓的“碰撞”中，分子可能并不会发生真正意义上的接触。实际上，两个分子之间的力也可能是吸引力。在分子引力作用范围内的两个分子会像彗星绕太阳运行一样，在急剧弯曲的路径上相互旋转，结果就如同发生了实际的接触一样。不可否认，这个过程中分子不可避免会发生接触，除非分子尺寸为无限小。

焦耳和汤姆森通过对某些气体进行实验得出，在总能量一定的情况下，如果每种气体的密度发生变化，当密度变大时，气体温度会相对升高。因此，如果气体两部分的温度相等意味着每个分子的平均动能相等，则在密度更大时，分子相对势能会减小（参见本章第 150 节）。而这表明，分子之间的引力作用于实验中分子之间的平均距离。

149. 气体压力与波义耳定律——设每单位体积的分子数为 n，这些分子以速度 u 沿给定方向运动，则单位时间内通过垂直于运动方向平面单位面积的分子数目为 nu；如果每个分子的质量为 m，则这些分子携带的动量为 mnu^2。根据牛顿第二运动定律，这个量必定等于分子对容器侧面产生的压力。因此，这一过程中涉及均方根速度。我们发现，就产生的压力而言，我们可以假设每个分子都以均方根速度运动。

设 x 轴为分子运动方向，则该方向上单位面积的总压力为 $mN\overline{u}^2$， 其中，N 为每单位体积的分子总数，$\overline{u}^2$ 为所有分子 u^2 的平均值。同样地，y 轴和 z 轴方向上单位面积的压力可以写作 $mN\overline{v}^2$ 和 $mN\overline{w}^2$。但在整体静止的气体中，这些量都是相等的。由此，我们可以得到压强 p 的表达式：

$$p = \frac{1}{3}mN(\overline{u}^2 + \overline{v}^2 + \overline{w}^2)$$

或：

$$p = \frac{1}{3}mN\overline{V}^2 = \frac{1}{3}\rho\overline{V}_2 \qquad (1)$$

式中，$\overline{V}$ 为均方根速度，与方向无关；ρ 为气体的密度。根据这一公式，焦耳计算出了各种气体中的 $\overline{V}$ 值。在氢气中，这个量约为 1828 米/每秒。

我们可以确定，当温度稳定时，$\overline{V}$ 是恒定的，所以以上方程可以说明气体密度与压力成正比——这就是波义耳定律。

150. 阿伏伽德罗定律和查尔斯定律——公式（1）可以写为

$$pv = \frac{1}{3}\overline{V}^2 \tag{2}$$

式中，v 为 ρ 的倒数，等于单位气体量的体积。如果将公式（2）与表达式（参见第 22 章第 266 节）$pv = RT$ 进行比较，我们会发现：分子运动速度的均方根与绝对温度成正比，而绝对温度由充满给定气体的气体温度计（参见第 22 章第 266 节、第 267 节）测得。

根据动力学理论的原理，当两种气体处于平衡状态时，每种气体分子的平均动能相同。如果我们假设阿伏伽德罗定律成立，即在给定的温度和压力下，两种气体单位体积的分子数目相同，则根据公式（1），两种气体中每个分子的平均动能也一定相同。相反，和动力学理论一样，如果假设在同一温度下的两种气体每个分子都具有相同的平均动能，我们就可以推导出阿伏伽德罗定律。但必须注意，阿伏伽德罗定律成立时，并不一定意味着假设成立。我们只是在这一定律的基础上，证明在同一温度和压力下，两种气体中每个分子的平均动能是相等的。然而，如果气体严格遵守阿伏伽德罗定律和波义耳定律，则对于任意气体，无论 p 如何变化，$m\overline{V}^2$ 保持不变。

根据公式（2），我们可以做出以下总结：对于任何遵守这些定律的气体，我们只要根据每个分子的平均动能来测量其温度，在温度增量相等时，气体都会均匀膨胀。此外，有了这个限制条件，公式（2）还能表明，任意两种气体都会随它们的共同温度升高而成比例地膨胀。这两个结果构成了查尔斯定律（参见第 22 章第 265 节）。

如果我们将粒子之间在碰撞距离之外的分子作用考虑进去，就可以用动力学理论来解释波义耳定律的偏差。

151. 扩散、热导率与粘度——在第 8 章，我们已经讨论了气体扩散的问题。动力学理论认为，正常情况下，每一个粒子都会以极高的速度飞来飞去，只有在任何给定的时刻受到大量其他粒子的碰撞时，粒子才会暂时无法离开所处的位置。每秒钟之内，粒子会受到无数次撞击，运动方向会发生改变，因此粒子在气体中的扩散是一个非常缓慢的过程。根据该理论得出的互扩散规律与观测结果一致。

扩散中的分子具备动能，碰撞过程中粒子的能量互换。这种能量转移就是热的传导过程（参见第 24 章）。热传导过程比分子本身的能量转移要快一点。因为，虽然分子碰撞后可能会回到原位，但是这一过程中分子的能量是另一个分子与之碰撞时提供的。

如果两部分气体相对运动，则这两部分气体会发生互扩散，气体分子的动量会发生改变。但大体上，每种气体分子的动量方向相反，所以气体的相对运动会逐渐停止。据此，我们可以对气体粘度作出解释。以两列在相互平行的铁路运动的火车为例，如果不断将每列火车上的行李扔到另一列火车上，行李撞击火车时，产生的动量交换可能很快会使两列火车处于相对静止状态。

152. 蒸发和解离等——当气体密度越来越大时，它的平均自由路径越来越小。直到在液体状态下，平均自由路径大小与气态粒子相比大幅减少。然而，在液体中，分子作用与气体分子作用的性质完全相同。但是，由于分子的相对封闭性，通过撞击（即热传导）传递能量的过程比分子自身的能量传递要快得多；与气体分子的扩散速度相比，液体分子的扩散速度极小。

在液体中，一些快速移动的粒子可能会挣脱邻近分子的引力作用，变成蒸气粒子。同时，一些蒸气粒子可能会被液体缠住。当这两个过程以相同的速率发生时，液体和它的蒸气即处于平衡状态。当前一个过程发生速度较快时，液体将会蒸发；当后一个过程占优势时，蒸气将会冷凝。

当剧烈撞击使一个化合物分子分解成其基本组成结构时，物质就会发生解离，也称离解。可能所有流体都存在轻微的解离，即使它们的温度远低于一般解离发生时所需的温度。但此时，组分复合的速度会很快。随着温度升高，碰撞变得更加剧烈，解离的速度也越来越快，复合的速度变缓。当最终达到解离温度时，复合无法平衡解离，物质被分解成基本组分。如果使温度再次下降，解离后的组分可能会复合，也可能不会复合，具体情况取决于在此过程中能量是否会消失（参见第 1 章第 11 节）。如果复合发生时消失的能量比不发生时更多，则复合将必定发生（参见第 23 章第 280 节）。

麦克斯韦得到了有关动力学理论的一个重要结论——在充满不同气体混合物的容器中，每种气体在重力作用下的最终分布情况与该气体单独位于该容器中的分布情况一致，不受其他气体影响。

此外，他还发现，当垂直的气体柱在重力作用下处于平衡状态时，各部分具有相同的温度，或者说，重力对热平衡条件没有影响。

153. 根据以上理论，我们可以推导出一个表达式。通过该表达式，我们可以根据粘度、材料和热扩散系数的观测值来计算分子在普通气体（如空气）中的平均自由路径长度。根据麦克斯韦的说法，在氢气中，这个量为 3.8×10^{-6}（约百万分之四）英寸。这一理论还表明，每立方英寸普通气体的粒子数约为 3×10^{20} 个（即三万亿亿个）。假定分子为硬球体，则分子直径约为 2.3×10^{-8} 英寸。

麦克斯韦给出了以下结果，如表 6 所示。

表 6

规测项目	氢气	氧气	一氧化碳	碳酸气体
0℃时的平均平方速度（英尺/秒）	6190	1550	1656	1320
平均自由路径（1/11 英寸）	3860	2240	1930	1510
碰撞次数（百万分之一秒）	17750	7646	9489	9720
直径（$\times10^{-11}$ 英寸）	2300	3000	3500	3700

自由路径的长度随着气体密度的减小而增加。首先，泰特和杜瓦发现，在一个密封良好的真空中，自由路径能达到几英寸。克鲁克斯辐射计可以根据自由路径的不同长度做出反应。（这台仪器由四块云母片组成，分别安装

在两根灯杆的末端，灯杆的中心固定在可自由旋转的垂直轴上。每片云母片都位于穿过其所附的杆处的垂直平面，两根杆彼此成直角放置。之后，每根灯杆的一端的云母片会变黑，另一端的云母片会变亮，每根灯杆变黑一端的云母片相对于垂直轴旋转的位置相似。整个装置安装在一个玻璃容器内，从中抽取大量空气。黑色云母片表面比亮色云母片表面对辐射热（或光）的吸收效率更高，因此前者比后者温度更高。所以，撞击黑色表面的空气粒子比撞击明亮表面的空气粒子受到的反弹更多。根据牛顿第三运动定律，这一反应将导致灯杆旋转。

我们需要排除容器中的部分空气，以便经云母片反弹出去的粒子在撞击容器侧面之前不会接触到其他粒子。但是，如果排出的空气过多，实验效果就会减弱，因为在给定时间内撞击云母片的粒子会大幅减少。

有时，自由路径极大的气态物质被称为“辐射”物质。

154. 在以上假说中，我们假设一个（光滑硬球形）分子的直径为 2. 3 亿分之一英寸，但这并不意味着实际物质分子的大小。大体上讲，这大约是两个分子在碰撞过程中分子中心的最小距离。

但是，即使物质的分子是光滑球体，它们也不可能是坚硬的。因为对于坚硬的分子，其经过平均自由路径的时间必定与粒子的平均速度成反比。但是，恰恰相反，麦克斯韦的气体粘度实验表明，气体平均自由路径时间与速度无关。只有当粒子拥有弹性时，才符合实验结果。

此外，我们还有更具说服力的证据，来证明分子不能是光滑、坚硬的球体。许多气体和蒸气的复杂光谱（参见第 17 章）表明，分子的结构异常复杂，且分子本身具有很大的振动自由度，而一个光滑硬球形分子实际上只有三个平动自由度。同样，该理论认为，分子每增加一个自由度，都要求定压气体的比热容（参见第 23 章第 271 节）与定容气体的比热容（参见第 23 章第 271 节）之比对应增大；而我们实际观测到的比值要远远小于根据该理论得出的比值。此外，我们几乎可以肯定地讲：在由小弹性分子组成的气体中，分子平动的能量必须逐渐转换成振动周期越来越小的能量，这样分子最终才能静止。

155. 尽管对物质动力学理论的研究面临重重困境，但科学家们并没有因此而放弃。在前几节中，我们基于坚实的基础，对部分现象进行了简要研究。我们还需要进一步探讨有关于该理论基本假设的真实性或可能性，并根据这些假设得到正确的推论。我们对比热容相关理论的研究困境，似乎是由于我们的理论概括过于草率笼统导致的。汤姆森爵士指出，将弹性固体的平动能转化为振动能过程中遇到的障碍，似乎并不同于涡流的情况。

156. 然而，仅仅了解气体的动力学理论还不够，如果可能的话，我们希望认识到不可压缩的惯性物质各介质部分的所有动力学性质。

我们可以利用物质的刚性部分制造出具有弹性的复合体。一个安装在铰上但不能旋转的陀螺（本质上是一个沉重的飞轮，具有很大的转动惯量，可以绕其轴自由旋转）非常适合充当弹性物体的动力学模型。我们可以根据需要，将陀螺放置到任意位置，同时使陀螺没有重新回到它原来位置的趋势。但是，如果陀螺绕着轴旋转，系统就会同时具备刚性和弹性，并处于运动状态。猛击陀螺，使其旋转轴突然偏离原来的方向，陀螺会迅速绕着最初位置摆动，最后停下来。

同样，通过底部安装有转动飞轮的刚性杆，我们可以构造一个类似于弹簧的框架，来代表一个弹性分子。将数百万个这样的刚性杆排列组合在一起，我们就有可能建立一个可以使扭曲波通过的弹性固体模型。在适当条件下，这些波在模型中将表现出类似于光通过大磁力场中的介质时出现的现象。

涡旋理论表明，我们可以用一个完美流体中的涡旋模型，来完全取代上面的飞轮模型；而且，利用这样的涡旋分子，我们可以构建一个分子间存在相互作用力的气体模型，以弥补刚性飞轮模型的缺陷。

经过这样的考虑之后，我们相信，从运动角度来解释物质表面的静态特性最终将成为可能。

第 14 章　声音

157. 声音一词通常指由听觉器官的兴奋引起的生理效应。而在物理学上，这一术语指引发这种主观印象的外部因素。

我们习惯说声音在一定的介质中传播，这个介质可能是固体、液体，也可能是气体。在这一过程中，介质中的粒子并不会从声源处向前运动到声音被接收的地方。相反，介质粒子的间歇性撞击可以解释鼓膜的振动，而这正是使我们对声音产生心理印象所必需的条件。但是，固体的粒子很明显无法随声音传播的方向移动，而假设声音在气体和固体中的传播方式完全不同也是不科学的，尤其当声音经过固体后仍继续在气态介质（如空气）中传播时。然而，我们无须考虑所有偏向于形而上学的观点，因为声音在空气中的传播速度快到惊人，如果空气中的粒子随声音向前运动，那情景一定会像一场史无前例的龙卷风。简而言之，我们可以确信，声音在空气中传播时，空气中的粒子并不会随着声音向前运动。这证明了一个众所周知的事实：声音在静止空气中的传播效率最高。

但是声音在空气中传播时，可以将振动传递给空气中的物体，例如鼓膜。因此，这一过程涉及能量的传递，能量的传递又意味着物质的运动。而这种运动只能是介质粒子的振动，以波的形式从一个粒子传递到另一个粒子。这种波可以使它所到达的任何固体发生振动，就像沿着拉伸的绳索传播的波可以引发绳索上连着的任意物体运动一样。

介质粒子的振动方向可能与波的传播方向垂直，也可能与波的传播方向一致。稍微思考一下，我们就会发现，在声波中，介质粒子一定会在波的传播方向上振动。假设某一点爆炸后，发出声音，则声音一定会以这一点为中心向四面八方传播。我们还发现，在这一点上，粒子随爆炸向外运动，从而使邻近区域的粒子大量凝结。但是，如果介质是弹性的，原本处于压缩状态的介质会膨胀，使得相邻部分的粒子压缩，处于压缩状态的介质粒子会从中心向外移动。在爆炸时，介质中心变为稀释状态，位于外围压缩部分的粒子会向后冲，以填补部分空位。如此，继压缩状态之后，介质中心会处于向外移动的稀释状态，这两种状态变化的速率相同。由此我们可以看出，声音是由压缩和稀疏状态相互变化产生的波传播形成的，即介质中的粒子在波传播的方向上来回振动。（我们可以用等长的线连接到水平直杆上等距的球来建立一个模型，以大致说明这一过程。)

在传播方向上，从一个粒子到下一个运动位置类似的粒子之间的距离为波长。波长可以通过压缩或稀释程度最大的相近粒子之间的距离来测得。

实际上，任意粒子的运动都是简谐运动。因此，我们在讨论介质粒子的运动时所提到的振幅、相位、周期等术语具有与上文类似的含义。

通常，在空气中，当一种声音对我们要听的声音形成干扰时，我们把这种产生干扰的声音称为噪音。当这种或一系列产生干扰的声音周期性传播时，根据干扰是否具有周期规律性，可将“声音”分为乐音和非乐音。

乐音会涉及声调或音色，不同声调的乐音具有不同的周期。此外，一种乐器发出的声音通常可以有多个声调。我们可以使用声调来表示实际发出的复合声音。

所有声音都可以通过三个要素来进行区分——音高、音强和音质。我们将在下文对此进行详细讨论。

158. 下面，我们将开始研究声音在任意气体介质中的传播。

为简单起见，我们假设干扰以平面波的形式传播，也就是说，我们假设任意一组连续的粒子在同一平面上进行同相位运动。

设声波传播的速度为 u，任何粒子的实际速度 v 为速度 u 和粒子简谐运动速度之和，则在垂直于声音传播方向的理想平面上，所有粒子的瞬时速度都是恒定的。(当时，这一瞬时速度值与平面的初始位置有关。) 与之相应的一种说法是，平面运动时密度始终处于恒定状态。

如果平面密度为 ρ，则：

$$\rho v = c \tag{1}$$

其中，c 为常数，这一方程表明，在单位时间内粒子穿过平面单位面积的总动量保持不变。但是，任意两个距离相等的平面之间，运动物质的总动量显然是恒定的。因此，c 必定为定值。按照第 4 章的方法，我们可以将公式（1）写为

$$\frac{d\rho}{dv} = -\frac{c}{v^2} = -\frac{\rho}{v} \tag{2}$$

如果我们所考虑的平面上单位面积的压力为 p，则距离其 dx 的另一平面单位面积的压力为 $p + dp/dx \cdot dx$。因此，这两个平面单位面积的压力差为 $-dp/dx \cdot dx$。但是，根据牛顿第二运动定律，这个量等于这两个平面之间气体柱单位横截面上的动量在给定时刻的瞬时增长率。所以，这一部分体积中的物质的量为 ρdx，我们得到 $\rho dv/dt = -dp/dx$，即 $\rho v dv/dx = -dp/dx$，于是得出：

$$\frac{dv}{dp} = -\frac{1}{\rho v} \tag{3}$$

根据公式（2）和公式（3），我们推导出：

$$v^2 = \frac{dp}{d\rho} \tag{4}$$

在符合波义耳定律和查尔斯定律的气体中，$p = Rt\rho$，式中，R 为常数，t 为绝对温度。如果温度不变，则有

$$\frac{dp}{d\rho} = \frac{p}{\rho} \tag{5}$$

公式（4）也可以写成

$$v^2 - \frac{p}{\rho} = Rt \tag{6}$$

但是，当声音在空气中传播时，压缩和稀释发生的速度异常快，使得方程 $p = Rt\rho$ 并不能代表实际情况。相反，我们必须将其写成（参见第 26 章第 302 节）：

$$p = Rt\rho\gamma$$

式中，γ 为恒压空气比热容与定容空气比热容之比，因此，我们可以将公式（5）写为

$$\frac{\mathrm{d}p}{\mathrm{d}\rho} = \gamma \frac{p}{\rho} \tag{5'}$$

将公式（6）写为

$$v^2 = \gamma \frac{p}{\rho} = \gamma Rt \tag{6'}$$

159. 只要我们将 p 和 ρ 的正常值代入右侧的表达式中，根据公式（4）得到的 v 值适用于物质在所有条件下的情况，而公式（6′）给出了气体介质一般条件下的值。

因此，我们发现，在公式（6′）将近成立时，声速与压力无关；在所有情况下，声速与绝对温度的平方根成正比。

同样，公式（6′）成立时，在压力和温度相同的不同气体中，速度与密度的平方根成反比。表 7 给出了一些较常见气体中观察到的理论相对速度的观测值和计算值。可以发现，这两个值尤其接近。

表 7

气体	观测值	计算值
空气	1.000	1.000
碳酸气体	0.786	0.811
氧气	0.953	0.952
氢气	3.810	3.770

须谨记，这些结果是在假定气体为理想气体的基础上计算出来的。

运用本章第 158 节的方法，我们在下文中将以更严格规范的方式，推导出适用范围更广的结论。

给定压缩状态的传播速度取决于压缩气体向其原始状态恢复的准备程度。在理想气体中，这一程度与压缩阻力成正比。压缩阻力可由压力测量(参见第 104 节)。但是，恢复的准备程度同时也取决于物质膨胀前必须移动的质量部分。也就是说，准备程度取决于密度，密度越小，恢复程度越大。因此，我们发现，在理想气体中，声速仅取决于温度。压力不变时，理想气体的密度随温度升高而减小，而如果温度恒定时，压力和密度的变化则成正比。

160. 除了气体中的声速，公式（4）还给出了所有物质中平面声波的声速。在 104 节中，抗压强度 k 指增加的压力与相应体积减小率的比值，而体积减小率等于密度增加率。因此，我们得到 $k=\rho\cdot \mathrm{d}p/\mathrm{d}\rho$，公式（4）变成：

$$v^2=\frac{k}{\rho} \tag{7}$$

在理想气体的情况下，$k=p$，此时公式（7）与公式（6）相同。

一项在日内瓦湖进行的观测试验发现，水中的声速几乎是空气中的四倍。日内瓦湖的水域洋流相对较少。试验人员利用机械装置，令一声钟声在水下响起，且在同一位置同时向同一地点的水面发出一声枪鸣，并将一个装满空气的大接收器放置在离钟声装置表面一定距离处。试验人员在与声音接收器相连管子的末端聆听，以测出这一过程中声音通过水到达接收器的时刻。此外，试验人员还需要计量枪声通过空气到达他耳朵处的时刻。钟声和枪声会同时响起。通过枪口冒的烟，试验人员得知两种声音产生的时刻，以此来比较声音在空气和水中的速度。

在固体中，声音传播的速度更大。

空气中的声速可以通过观察远处枪口冒烟的瞬间，到人听到枪声之间的时间间隔来大致确定。如果空气并非处于静止状态，则必须同时进行两次测量，一次使声音顺空气流动方向传播，一次逆空气流动方向传播，最后取这两个结果的平均值。

在下文中，我们将给出一种更精确的方法，来测定气体中的声速（参见本章第 172 节）。

161. 声音的响度或强度是由介质单位体积的动能决定的。这个量取决于介质粒子的振动幅度，与振幅的平方成正比。同时，当其他量恒定时，这个量也取决于介质的密度，且随密度增大而增大，当密度变为零时，声音的响度消失。因此，当在内部空气几乎排空的接收器内敲钟时，我们不会听到任何声音。

当质点做简谐运动时，位移为 $a\sin(2\pi/T)\cdot t$，其中，T 为运动周期，a 为振幅。运动速度，即位移随时间的变化率为 $(2\pi/T)a\cos(2\pi/T)t$，振动粒子的能量为 $m(2\pi^2/T^2)a^2\cos^2(2\pi/T)t$，其中，$m$ 代表质量。在时间间隔 τ（远大于 T）内，能量可以看作恒定的，等于这段时间之内的平均值，大小为

$$\frac{1}{\tau}\int_0^T m\frac{2\pi^2}{T^2}a^2\cos^2\frac{2\pi}{T}t\cdot \mathrm{d}t=\frac{1}{\tau}\cdot\frac{m\pi^2a^2}{T^2}\int_0^\tau\left(\cos\frac{4\pi}{T}t+1\right)\mathrm{d}t$$

$$=\frac{1}{\tau}\frac{m\pi^2a^2}{T^2}\left[\frac{T}{4}\sin\frac{4\pi}{T}t+t\right]_0^\tau$$

由于 T 与 τ 相比为很小的量，因此上式中括号中的第一项可以忽略不计。如此，每个粒子的动能为 $m\pi^2a^2/T^2$，每单位体积内粒子的动能为 $\rho\pi^2a^2/T^2$。

单个粒子的最大动能为 $2m\pi^2a^2/T^2$，所以每单位体积内粒子的最大动能可能为 $2\rho\pi^2a^2/T^2$。因此，在单一简谐运动系统中，当时间间隔大于一个完整的振动周期时，单位体积内总能量一半为动能、一半为势能。如果每单位体积内的粒子数目非常大，且其他干扰声音的波长较小，则在没有上述时间间隔限制的情况下，这一说法仍然正确。

在静止的均匀空气中，声音从声源处均匀地向外部各个方向传播，因此，同相位振动的粒子必定处于同一半径的正球体表面，且球体半径会均匀增加。由于振动的能量分布在这个不断增长的球体表面上，因此声音的强度会随表面积增加而同比例地减小。这意味着，某处声音的强度与该处和声源之间距离的平方成反比。

当声音传播方向与空气流动方向一致时，声速和空气流动速度进行叠加，使得声音在空气中的传播速度更快；同样，当声音传播方向与空气流动方向相反时，声速明显变慢。除此之外，介质的运动还会影响到声音传播的距离。如果 ab 代表沿 ax 方向平面声波的（垂直）波前，平面声波传播方向为顺风，很明显，由于上层空气运动比下层空气运动受到的摩擦力小，所以波前在向前移动时，波形总会倾向于在垂直方向上拉长。连续的新位置可由线 $a'b'$ 等表示；并且，声音并非直线向前传播，而是以图 77 中的曲线方式朝地面向下传播。当风向与声音传播方向相反时，声音会被地球表面反射，之后在相对较短的距离内消失。

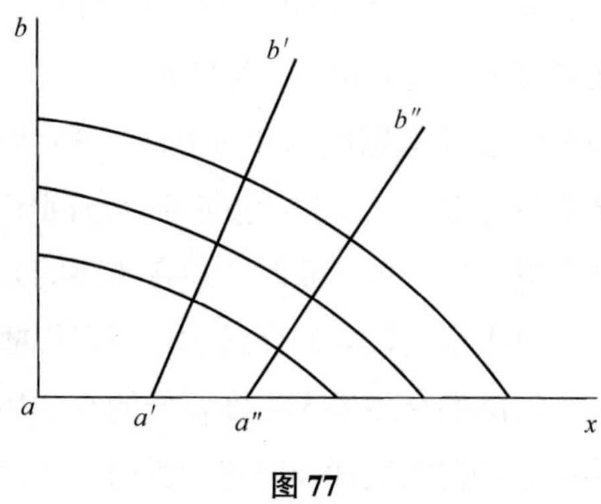

图 77

162. 声音的反射——当声音撞击障碍物时，会在障碍物表面的平面进行反射，反射声线（与光反射现象中的入射光线类似。下文中我们将讨论到光的相关现象，这也是由于波的传播引起的）和入射声线与垂直于障碍物表面的平面成相同角度。因此，如果 ab（图 78）代表一个平面，eO 为入射声线，Of 为反射声线，则 Of 所在平面过 eO 和法线 cd，角 eOd 等于角 fOd。

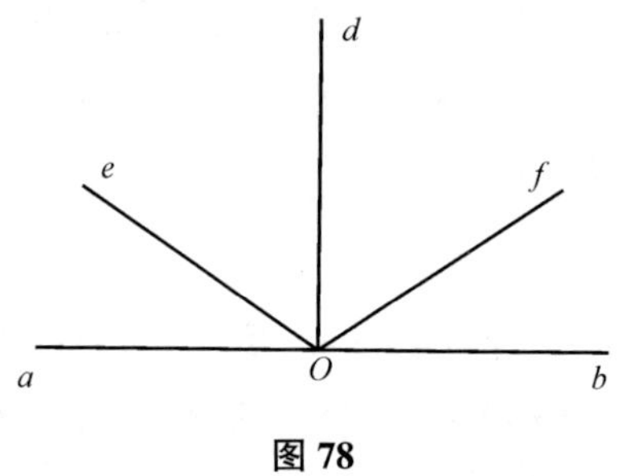

图 78

声音与光的平面反射定律一致，因此第 16 章中推导出的所有有关光反射的结果，都适用于声音的反射。根据这一定律，我们可以推导出的结果是，声音是由波的运动形成的，完全符合第 16 章第 186 节中根据光波理论推导出的相应定律。声音经建筑物、岩石、稀土、云层等反射后，会产生回声。有时候，即使无法观测到实际的物体，我们也可以听见回声。在这种情况下，声音的反射必定发生在两个不同密度，或每单位体积含水量差异巨大的大质量空气的公共表面。如果反射面的形状是弯曲的，则经反射的声音会汇聚于一个焦点，比未经反射的原声音更加清晰。

163. 声音的折射——在不同密度的介质中，声速会略有差异；而在任意一种均匀介质中，声音从干扰中心均匀地向各个方向传播。所以，一般来讲，当声音从一种介质进入另一种介质时，声音传播的方向会突然改变。当声音从密度较低的介质进入密度较高的介质后，声音传播方向与法线的夹角会变小；当声音从密度较高的介质进入密度较低的介质后，声音传播方向与法线的夹角会变大——这种现象被称为声音的折射。声音折射时，入射声线和折射声线传播方向位于垂直于折射面的同一平面上，并与折射面成一定的夹角，两个夹角大小与其各自的正弦数成正比。如果 ab（图 79）表示两种介质的公共表面与纸张平面的交线，cd 为法线，eO 为入射声线的传播方向，而 Of 为声音经折射后在第二种介质中的传播方向，则角 $i=eOc$ 和 $r=fOd$ 满足关系 $\sin i=\mu\sin r$，μ 为常数。

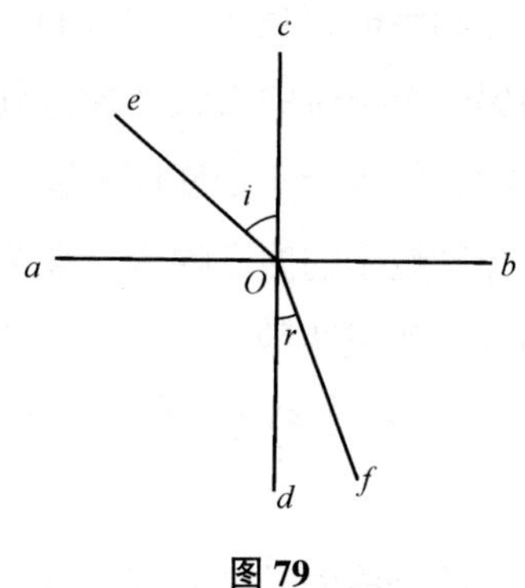

图 79

以上结果与光的折射现象（参见第 16 章第 187 节）一致，第 16 章第 200 节的推理过程也可以直接应用于声音折射时的情况。

与光线被凸玻璃透镜聚焦一样，一个装满碳酸气体的凸透镜状袋子，可以将声音聚焦于一点。

164. 声音的衍射——当声音通过窗户等缝隙进入房间时，在房间内的所有地方都能听到同样的声音。声音的传播方向会发生弯曲，以便绕过所有物体，而不会像光线那样，投射到障碍物时会使其产生“阴影”。声音弯曲并绕过障碍物传播到其后方区域的现象称为衍射。随后，我们会发现，在适当的条件下，光的衍射现象与之类似。

但是，通过适当的方法，也可能产生声音“阴影”。使声音衍射时出现“阴影”的必要条件是，声音通过的孔径或衍射时的障碍物大于声音的波长。因此，在陡坡一侧发出的声音在另一侧可能完全听不到；同样，一个声音在两座山的山谷之间可能会很清晰，而在两座山后面的区域则完全消失。而且，事实上，当声音的波长足够短时，便可以在直径只有几英寸的障碍物后，产生相对明显的声音“阴影”。（关于这种现象的解释，参见第 18 章有关光的衍射等内容。）

165. 声音的干扰——在物理上，声音是由压缩波和稀疏波组成的。因此，根据一般波的干扰定律，两种声音可能相互“干扰”。如果两个声音在一个给定的介质中沿同一方向传播，且这些声音的强度和波长相同，当其中一个声音的最大压缩量与另一个声音的最大稀疏量同时发生时，则两种声音不会对介质产生干扰，这时我们也听不到任何声音。如果两种声音的最大压缩和最大稀疏同时发生，介质粒子的振动幅度会变为原来的两倍，我们就会听到四倍强度的声音。而且，如果两种声音的波长不完全相同，则合成的声音强度将在前者（零）到后者（四倍）之间呈周期性变化。

166. 音高。

通常，空气中多个粒子的合成振动是极其复杂的；但是，当一个单一声音在空气中传播时，每个粒子的振动都是简谐运动。因此，如果振幅和振动周期相同，声音的音调则相同。由于振幅决定声音的强度，我们可以推测，声音的音高取决于振动频率，即介质粒子每秒振动的次数。

事实上，我们可以用非常简单的仪器来证实这一猜想。当一块纸板压在齿轮的边缘上时，齿轮以一定的速度旋转，就会发出相当清脆的声音。随着车轮转速的增加，即车轮轮齿与纸板每秒撞击的次数增加，声音的音高增大；一定音高的声音与一定的车轮转速相对应。通过音高，我们可以间接确定纸板的振动速率。

使用验音盘，我们可以进行更精确的证明。如图 80 所示，这台仪器的基本构造是一个穿孔的金属圆盘，小孔绕圆盘圆心在边缘处排列成圆圈。在圆盘后方放置有一个通有气流的气管，当圆盘旋转时，气管中的气流从圆盘的小孔处涌出。每次气流通过小孔时，都会产生一种压缩状态，在两次气流

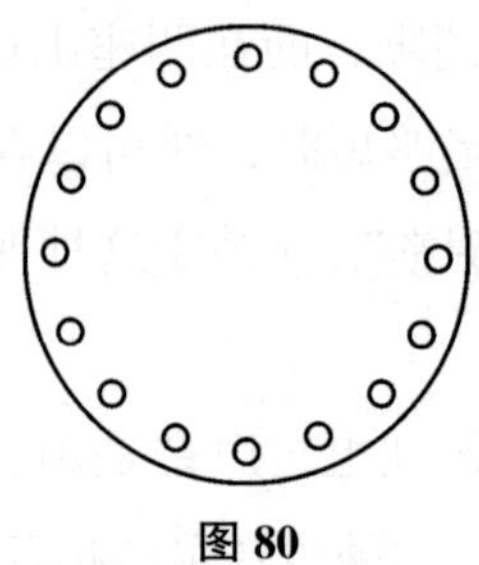

图 80

之间的间隔内会发生一次稀释。因此，当圆盘匀速旋转时，会产生一个周期恒定的声波。当圆盘的转速和每圈的小孔数目已知时，我们可以立即求出对应音高下每秒振动的次数。

当圆盘的转速很慢时，我们听不到明显的声音，但是可以清楚地听到单个小孔内气流流动的声音。随着速度的增加，人耳会听到一个音高较低的声音，而无法区分出单个气流的声音。如果速度继续增加，所产生的声音的音高越来越高，最后音高高到一定程度时，我们会听不到任何声音。不同的人所能听到的声音音高范围可能差别很大，但总而言之，当振动速度在 20 次/秒以下或 7 万次/秒以上时，人耳无法听到任何声音。事实上，无论距离声源处多远，我们都能感知到声音的旋律，这表明声音的传播速度与波长无关。

一个音符的表现音高取决于听者和产生音符乐器之间的相对运动。如果听者靠近乐器，音符的音高似乎会升高，因为在给定时间内，声波在到达耳朵时的振动次数会大于正常次数；反之，如果听者远离乐器，音符的音高似乎会降低。特殊情况下，当听者远离乐器的速度大于声音传播的速度时，听者就听不到任何声音。

167. 音程。

如果以特殊的音调作为基调，我们会发现，当其他一定音高的音调混合出现或与基调一起出现时，会令人产生愉悦的感觉。这些音就是在普通的大调和小调音阶中用到的音符。两个音符的音高差称为它们之间的音程。当两个音符的音高相同时，它们就是一样的。

主音程是八度音阶。对于任意音符，振动率必须准确加倍，才能产生八度音阶。八度音阶被细分时，各个小音程不尽相等，表 8 给出了它们的值。第一列为从基调中分离出的音符的音程名称，第二列给出了形成该音程的两个音符之间的相对振动率，例如，当两个音符的音调相隔一秒时，较高音调的音符振动八次，较低音调的音符振动一次，共发生九次振动。

稍微思考一下就会发现，为了得到两个音程的和，我们必须将上面给出的音程的分数相乘。因此，五度音等于小三度音和大三度音的乘积。此外，要找出两个音程之间的差距，我们可以用较大音程的分数除以对应较小音程的分数。通过第二种方法，我们可以写出与小七度、大六度、小六度和五度音对应的分数，也就是这些音符和八度音之间的音程，分别为二度、小三度、大三度和四度。

表 8

音程	相对振动率
一度	$\frac{1}{1}$
二度	$\frac{9}{8}$
小三度	$\frac{6}{5}$
大三度	$\frac{5}{4}$
四度	$\frac{4}{3}$
五度	$\frac{3}{2}$或$2\left(\frac{3}{4}\right)$
小六度	$\frac{8}{5}$或$2\left(\frac{4}{5}\right)$
大六度	$\frac{5}{3}$或$2\left(\frac{5}{6}\right)$
小七度	$\frac{16}{9}$或$2\left(\frac{8}{9}\right)$
大七度	$\frac{15}{8}$
八度	$\frac{2}{1}$

168. 杆的振动——我们假设杆的振动情况遵循胡克定律（参见第 11 章第 135 节），在这种情况下，由于振动周期与振动程度无关，只要振动速度

足够快，就会听到一个音高恒定的声音。我们需要考虑到以下两种振动形式。

（1）横向振动。根据第 5 章第 51 节、第 6 章第 63 节，我们可以看出，任何物质系统的简谐振动时间都与振动物体质量的平方根成正比，与给定位移引起的应力的平方根成反比。在所考虑的情况下，它与抗弯刚度的平方根成反比。一根杆的抗弯刚度和质量都与杆的宽度成正比（参见第 11 章第 133 节），所以横向振动的周期与杆的宽度无关。同样，杆的质量与长度成正比，而刚度与长度的立方成反比，因此周期与长度的平方成正比。类似地，由于刚度与杆厚度的立方成正比，所以周期与厚度成反比。

据此，我们得出结论：相似矩形杆的横向振动周期与其线性尺寸成正比。通过同样的考虑，我们发现，任何类似形式的杆的横向振动情况都符合以上结论，因为这些杆的质量与其线性尺寸的立方成正比，且刚度随尺寸的一次方变化。

（2）纵向振动。将一根杆的一端固定，在与杆身平行的方向上轻轻敲击另一自由端，压缩波将沿着杆的一端传播到固定端，并在此处进行反射，再次从固定端返回自由端。

由于杆具有弹性，我们现在将杆身延伸到更长的长度，令稀疏波沿着杆传播到固定端并在此进行反射。自由端为一个环，或者说是波的运动量最大的地方，而固定端为一个节点。因此，波的长度为杆长的四倍，声波由杆的一端传到另一端所用的时间为纵向振动周期的四分之一。

如果将杆的两端固定，则波长等于杆长的两倍，因为每一端都是一个节点。

在每种情况下，周期时间都可以用波长除以声波的速度得到。速度可以根据本章第 160 节的公式（7）求出，其中，常数称为杨氏模量。由此可知，周期与杆长和密度的平方根成正比，与杨氏模量成反比，而与杆的横截面面积无关。

两端固定时的杆振动速率为一端固定时的两倍。当杆的两端都不固定，节点位于杆的中心时，振动速率与两端固定时相同。

169. 一端或两端都固定的杆可能具有多种横向或纵向振动模式。在图 81 中，a 代表杆一端固定时的基本振动模式，而 b 和 c 代表类似复杂的其他振动模式。以振动的音叉为例，当音叉受到微弱的激发时，主要发生基本的振动模式；但在强烈的激发下，音叉将同时产生 b、c 等其他复杂形式的振动。由于波的自由部分和环形部分的振动周期相同，因此 b 中的另一个节点距离固定端的距离为整个杆身长度的 2/3。此外，b 中自由部分的长度为 a 中自由部分长度的 1/3，所以 b 中的振动周期为基本周期的 1/9。参照本章第 167 节的表格，音叉的振动模式与基本音符的音高存在差异，音程为三个八度音阶和一个二度音阶。

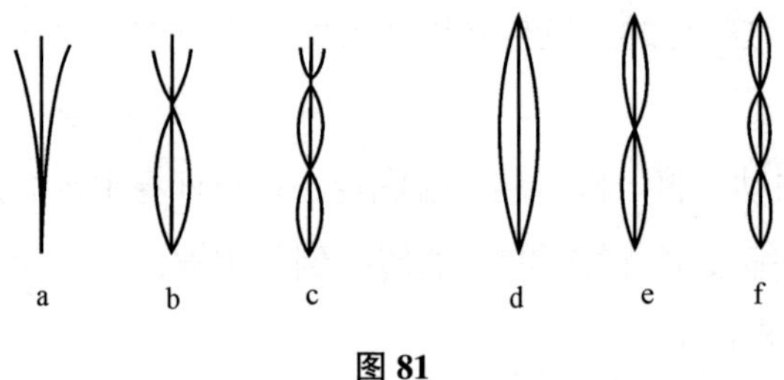

图 81

在图 81 中，d、e 和 f 表示了杆两端固定时的三种最简单的横向振动模式。当以模式 d 和 e 振动的音符之间音程为两个八度音阶时，d 和 f 之间的音程与 a 和 b 之间的音程相同。

杆的纵向振动与空气柱的纵向振动模式相同，关于空气柱的振动会在下文中简单涉及。

170. 板的振动——我们可以通过在板的边缘画上一个弓形，来使板振动。板的振动模式取决于板的形状，也会通过作用于某些节线上的点而发生很大变化。后者可以通过手指接触控制所需点来实现。

与本章第 168 节一样，我们可以轻而易举地推导出，相同材料的、类似的板（厚度和形状相似）的振动周期与其线性尺寸成正比。此外，如该节所述，我们也可以得出振动周期与给定形状和面积的板厚度成反比。将以上两个结果结合起来，我们会发现，相同厚度的、相似板的振动周期与其线性尺寸的平方成正比，也就是与板的面积成正比。

171. 弦的振动——声音沿着一条被拉伸绳子传播的速度 v 与张力的平方根 T 成正比（参见第 6 章第 73 节），与绳子单位长度质量 μ 的平方根成反比。因此，如果 λ 为波长，则一次完整的振动周期为

$$\frac{\lambda}{v}=\frac{\lambda\sqrt{\mu}}{\sqrt{T}}=\frac{\lambda\sqrt{\rho s}}{\sqrt{T}}$$

式中，ρ 为弦材料的密度；s 为其横截面面积。

图 82 给出了被拉伸的弦两端固定时的三种最简单的振动形式。任意点处的声音都会从弦上的声源处向两边等速度传播，并在到达两边的固定端时反射。因此，根据第 5 章第 53 节，弦会被分成多段，每段的波长等于环长的两倍。

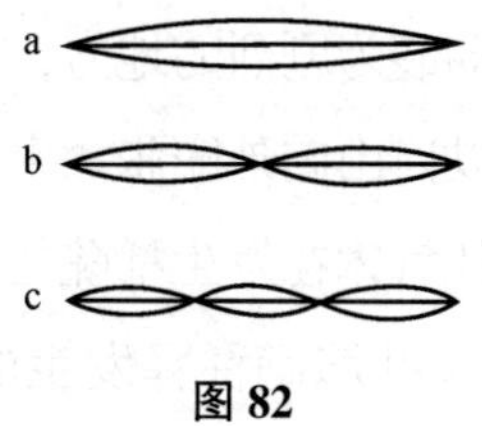

图 82

因此，通过上述方程，我们能够断言，弦的基本振动周期与长度成正比，与密度和横截面积的平方根成反比。

当一个长度为 l 的弦每秒振动 n 次时（由验音盘确定），声波的速度为 $2nl$。

更高振动次数声音对应一个、一个半、二个、二个 1/4 等基础音调之上的八度音。将此结果与两端固定的振动杆的相应结果进行比较，会发现有趣的现象。在两端固定的振动杆中，横向传播的力为挠曲应力；弦上存在张

力，而非挠曲应力。

172. 空气柱的振动——当管道的封闭端内存在声音传播的空气被压缩的情况时，我们只能通过使空气沿管道向后膨胀来释放增加的压力。类似地，当稀释气体到达封闭端时，压力减小，只能通过增加管道中向该端流动的空气量来调节。换言之，声波只在封闭端反射，结果导致两个声波同时沿管道以相同速度在相反方向传播。在管道的封闭端，由每种情况产生的压力状态总是处于同一阶段。但在离封闭端一定距离的地方，压缩气体向外扩散，逐渐变为稀释状态。因此，假设在反射过程中没有能量损失，压力在这里为正常值。只要声音的波长不变，这一正常条件就一直保持不变，因为这两个反向传播的波在距离管道 1/4 波长位置的压力总是相反。

当波被反射时，空气粒子的运动状况会简单逆转。最后，在压力或密度处于同一相位时，入射声线和反射声线的振动相位相反。因此，在没有振动的地方，压力变化最大；在法向压力均匀一致的地方，振动幅度最大。所以，管道的封闭端会出现一个节点，而其他节点则出现在半个波长的相等间隔处。

很明显，一个循环或振动最为剧烈的地方，必定位于管道的开口端。在这些地方，被压缩的空气可以自由向外膨胀。事实上，空气向外膨胀比向内膨胀更加自由，因此管道内部气体在发生稀疏之后，会相继发生压缩。类似地，周围富集的空气也会涌入并填满稀释发生的地方，在该处回归压缩状态。因此，我们看到，在管道的开口端会发生剧烈的空气振动，并处于一个循环。(在开口端附近，空气压力是均匀的，等于正常大气压。因此，开口端的振动幅度最大。)

停止和开放管道——一端关闭的管道为“停止”管道，而两端打开的管道为“开放”管道。

在停止管道中，节点出现的位置明显与一端固定的横向振动杆节点位置相同。如图 83 所示，以管道长度方向上任何两条波浪线之间的垂直距离来表示该部分的振动程度。第一幅图为基本的振动模式。在所有可能的模式中，波长和振动周期显然都与奇数 1、3、5 成反比，在基本振动模式中，波长等于管道长度的四倍；当离开开放端的压缩空气再次到达封闭端进行反射时，相位反转。为了产生原始相位，声波必须发生两次反射。

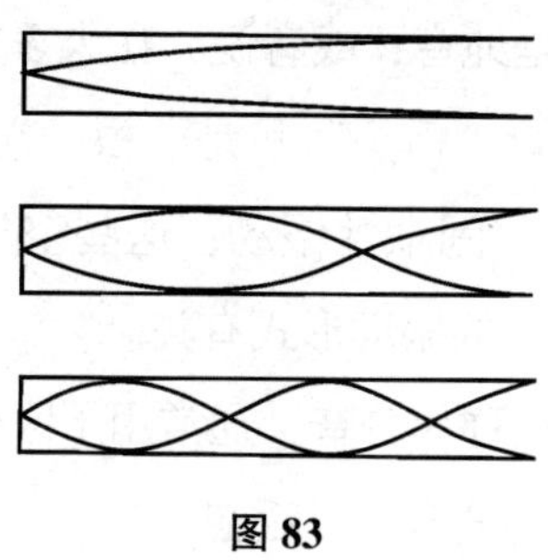

图 83

在开放的管道中，节点出现的位置与两端自由的横向振动杆上的节点出现的位置相同，具体位置如图 84 所示。可能出现的振动周期随自然数 1、2、3 增大而变短。基础振动模式的波长为管道长度的两倍。管道一端的压缩状态到达另外一端时变为稀疏状态，经反射后回到原来的一端时，会再次变为压缩状态。当开放管道与一定封闭管道的基调相同时，开放管道的长度必定为封闭管道长度的两倍。

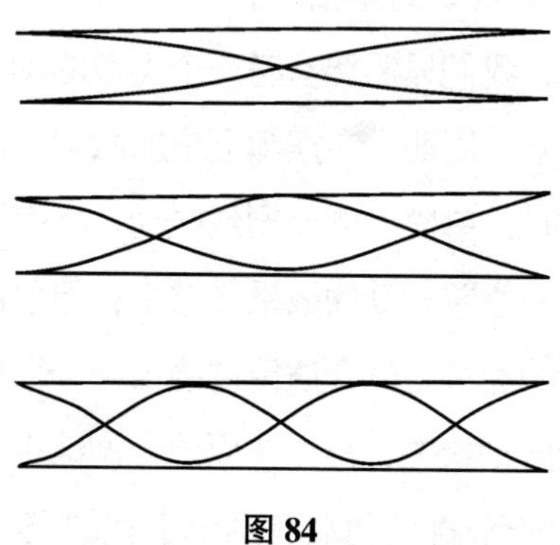

图 84

声音的速度。为了测定给定气体中的声速，我们只需使充满该气体的管道内部产生声音。利用验音盘，我们可以确定气体粒子每秒振动的次数。如

果管道长度为 l，每秒的振动次数为 n，则封闭和开放管道中的声速分别对应 $4nl$ 和 $2nl$。在常规大气压下，声音在空气中的传播速度为每秒 1120 英尺。

173. 分音和共振——根据前几节的讨论，我们可以得出结论：严格地说，乐器发出的声音并不是纯音；或者说，在大多数情况下，乐器发出的声音不是纯音。因此，簧片的“舌头”只是一根一端固定的金属棒或金属条，气流通过簧片，使“舌头”间歇性振动；这些空气脉冲会对应产生一个音符，其具体音调与“舌头”的振动形式有关。

这些组成音符的音调被称为分音，通常用于区分基本音调（对应发声体的基本振动模式）和更高的分音——泛音。

物体的振动速度越快，使物体产生这一效果的力就越大，因此泛音的音调弱于基音。将每个泛音按音高顺序由高到低排列。这样一来，就会出现一个音高和基音一样的音调。

人耳在很大程度上能够探测到某一音调的各种泛音；而且，在仪器辅助的情况下，我们的分析会更加准确。仪器借助共振原理进行工作。根据共振原理，任意发声的物体都能轻松吸收并再次发出声音，且另一个发声体发出的声音振动周期与该声音振动周期相同。

为了理解这一原理，我们只需要参考一个类似的动力学现象：一个给定长度的单摆有一个确定的振动周期。在摆锤上施加微弱的脉冲，脉冲在瞬间以自然振动周期规律性传播时，单摆可能会剧烈振动。所有脉冲的效果都位于同一方向上。因此，虽然单一位置振动的效果非常小，但总的效果会非常明显。同样地，微弱的周期性脉冲通过空气介质传递给另一个可以发声的物体。在适当的时间中，该物体处于振动状态，然后在原始音调结束后发出自己的声音。

赫姆霍兹谐振器由一个直径两端有两个小孔的空心黄铜球组成。如图 85 所示，声音通过稍微大一点的小孔进入球内空气进行传播，人耳在较小的小孔处倾听。球内空气会有一个确定的基本振动周期，与这个周期相对应的音调（如果存在的话）最为清晰，而其他音调几乎被抑制而完全消失。

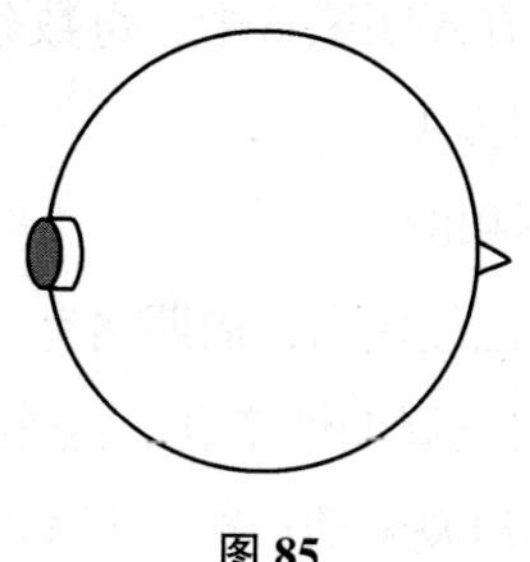

图 85

在许多情况下，加强音调的基调是可行的。共振原理表明，这可以通过将具有相同基本振动周期的空气共振柱与发声体结合来实现。因此，簧片需要安装在适当长度的开放管的一端，音叉需要安装在“音箱”上。事实上，音箱只是一个长度足够长的封闭管，内部空气柱与音叉基本振动周期相同。音箱随叉子振动而振动，因此音箱内部的空气也会随之振动。小提琴的腔体也有与谐振器类似的作用。当敲击键盘时，钢琴的测音板随附在上面的金属丝振动而振动，随之振动的空气量增加，因此，通过共振，声音得到强化。

174. 音质。

同一音高的两个纯音之间的音质没有差别，例如，在两种不同的乐器上演奏时，区别同一个音调的音质。因此，我们可以得出结论：两个音调的音质差异是由分音的存在引起的。

实验表明，事实正是如此。它进一步表明，一个音调的音质取决于其分音的数量。当分音的数量相同时，音质取决于该分音数量下的一组特定音调。从本质上讲，它取决于分音的相对强度。

当其他相位一定时，音质与组成振动的特定相位无关。现在，合成振动的性质本质上取决于这一条件，参见第 5 章第 52 节（1），所以以上结果似乎有些令人吃惊。其成立的前提，仅仅是因为人耳是一种可以将复合振动分解为独立成分的工具，所以仅仅改变作为成分的相位对所听到的声音性质没有任何影响。

我们可以举一个特殊的例子，以说明封闭风管和开放风管上同一音高的两个音调在音质上的不同。在封闭风管中，奇数分音单独出现；而在开放风管中，奇数和偶数音调都会出现。

175. 节拍——和谐与不和谐。

在本章第 165 节，我们已经指出，周期略有不同的两个振动合成的声音强度在最大值和最小值之间呈周期性变化，经常出现的强度最大值构成节拍。在完整的周期时间内，声波振动一次，即发生一拍。因此，每秒的拍数等于两个分量音调每秒发生的振动次数之差。

当节拍以过快的速度交替发生时，耳朵无法将它们区分开来，但仍然能识别出明显不连续的声音。这种声音会产生一种“不和谐”的刺耳效果。

当然，当两个给定的纯音响起时，每秒的拍数取决于这些音调的绝对和相对音高。在中间 C 附近，当音高相差大约半个音调时，就会产生最大程度的不和谐；当音程为小三度时，声音听起来最为和谐。

另一方面，在两个音调的分音之间可能会产生节拍，导致两个音调相当的不和谐，即使它们的基本音调相差超过小三度。正是出于这一原因，八度以下的音程无法形成完美的和谐音。尽管如此，只有在二度、大七度和小七度等情况下，才会被归类为不和谐音。如上文定义，在某些情况下，声音的不和谐程度最大，但并不会使人产生不愉快的感觉。

176. 和音——不和谐纯音。

当节拍的速度足够快时，人耳听到的乐音音高与相同音调的音高每秒的振动次数，等于产生节拍的两种音调每秒振动次数之差（和），这些音调被称为“和音”。

第一和音和任意主音调之间叠加可能产生更高阶的和音。

节拍可能发生在一个和音和一个主音之间，或两个和音之间。当两个纯音的音程大于小三度时，和音可能会不和谐。当音程为大七度，较低音调的振动次数为 240 次/秒，较高音调振动次数为 450 次/秒时，和音振动次数为 210 次/秒，较低音调的主音每秒有 30 拍。

第 15 章　光的强度、速度和理论

177. 光的直线传播和强度——在均匀介质中，光一般做直线运动。虽然，在太阳光的照射下，地面上的物体产生的阴影边缘或多或少会有些模糊，无法用精确的数学方法来衡量，但这并不能驳倒上述事实。阴影外周出现的边界模糊是由于从太阳有限尺寸每个点发出的光都能使物体产生一个单独的阴影。

第 18 章将讨论与上述规律产生偏差的情况。

光源的总强度可以由其单位时间发出的光的量来测定。在介质的任意给定点上，光的强度可以由单位时间照射在垂直于该点移动方向单位面积上光的量来测量。此外，由于光从均匀介质中的点光源处在各个方向上均匀向外传播，因此该介质一点上光的强度与该处与光源之间距离的平方成反比；在不同时刻，光在不同同心球体表面上分布的总量相同，表面面积与半径的平方成正比。（当然，我们假设介质无法吸收通过于其内部的光。倘若真的发生了吸收现象，则穿过不同同心球体表面光的总量就不可能相等。）

用于比较不同光源强度的仪器称为光度计。最简单的光度计其形式是一张上方有油渍的纸。如果从背面照射纸张，油点会看起来很亮；如果从正面照亮纸张，油点会看起来很暗；如果同时用同等强度的光照亮两边，油点会消失。在最后一种情况下，光源的强度与光源距油点之间距离的平方成反比。

另一种为存在两个油点的仪器。用两个单独的光源照亮每个油点，当两个油点的距离相等时，两个油点距离各自光源的距离相等。

178. 速度。

在上一节中，我们谈到了光的运动。位于距同一光源不同距离处的两位观察者无法同时看到光。借此，我们可以对光的运动进行解释。当两个观测点之间的距离十分接近，比如，光从一个点传播到另一个点所用的时间间隔非常小时，我们必须用特殊方法对光速进行测量。然而，通过两种天文学方法，无须测定光在小段距离内传播所用的时间，我们便可以确定光速。

第一个方法是丹麦天文学家罗默（Romer）发明的。他观察到木星卫星的日食现象并没有以相同的时间间隔出现，并指出这是光速的有限性导致的必然结果。

为了更细致地了解这一过程，我们可以拿声音中的现象进行说明。如果一个观察者距离一个固定点一定的距离，该固定点每隔一分钟会发出一声枪鸣，他听到的连续两个声音之间的时间间隔为一分钟；但是，如果在连续两次枪鸣之间，他向固定点处靠近，他听到的连续两个声音之间的时间间隔将小于一分钟；而如果他远离固定点，时间间隔必然大于一分钟。当研究对象为光（参见第 17 章第 204 节）时，这一原理通常被称为多普勒原理。声速可以根据以下两次观测结果来确定——设 τ 为两个声音产生时的时间间隔，设 t 为观察者与枪之间的距离增加了 d 后，观察者所听到的两个声音之间的时间间隔，t' 为声音通过距离 d 所花费的时间，我们得到 $t=\tau+t'$，因此，声速等于 d 和 $t-\tau$ 之商。

目前，根据已知的天文数据进行精确计算，我们可以发现木星卫星的日食现象是一个瞬间的过程。但是，从地球上观测到的日食发生的时刻与计算值明显不一致。由于木星和地球之间距离的变化，（假设光速有限）在一年中不同时间进行观测会存在误差。当光传播通过的距离变化最大时，表观误差最大。而木星和地球之间距离变化的最大差异为地球轨道的直径，由此我们可以得到光传播通过这个已知距离所需的时间。

根据这种方法，我们推算出光速约为 18.6 万英里/秒。

英国天文学家布拉德利（Bradley）发明了另一种天文方法。他观察到，在地球绕太阳运动的过程中，固定的恒星在天空上的相对位置变化轨迹类似于一个小椭圆。在地球轨道运动的直接作用下，每颗恒星相对于椭圆轨道的中心位置都会有相同的偏移量。他得出结论：出现以上现象的原因，是由于光速与地球轨道运行速度相比是有限的。

我们可以举一个简单的例子来说明这一点：在平静无风的日子里，雨滴垂直下落。但当一个人以相当快的速度向前移动，雨滴相对于他来讲显然并非垂直落下，而是沿着运动方向上方的一条直线下落。很明显，雨滴相对于人体运动时的表观速度，等于雨滴实际下落速度和一个与人体运动速度等大方向相反的速度的合速度。

来自恒星的光似乎是朝着相同方向来的，这个方向取决于光速和地球轨道运行速度。根据地球轨道运行速度和恒星距离其真实位置的最大角位移等已知量，我们可以计算出光速。用这种方法得到的值与用上一种方法得到的值非常接近。

第一个（1849 年）通过直接实验测定光速的是法国科学家斐索（Fizeau）。他使一束经镜子反射的光从一个齿轮的两个齿之间的缝隙中射出。镜子放置在离齿轮几英里远处，这两个齿和缝隙的尺寸相同。这样，光线就可以通过齿轮之间相同的间隙再次反射回来。之后，转动齿轮，使其旋转，当达到一定的旋转速度时，在光线于齿轮和镜子之间距离移动两次的时间间隔内，相邻的一个齿移动到了缝隙的位置，于是光线无法再通过两个齿之间的缝隙。当已知齿轮的旋转速度和它所包含的齿数时，我们可以求出光经过给定距离所花费的时间。如果单位时间内的转数为 N，而齿轮上间隙和轮齿的总数为 n，则光速为 $2dNn$，其中 d 代表轮子和镜子之间的距离。

后来，科努（Cornu）用改进过的仪器重复进行多次斐索的实验；近些年来，G. 福布斯（G. Forbes）教授和 J. 杨博士（Dr. J. Young）对同样的方法进行了进一步的研究。

在福柯（Foucault）的实验方法［近来由迈克尔逊（Michelson）改进］中，光束经过狭缝后落在一面镜子上，镜子可以绕着平行于狭缝的轴旋转。光线经过镜子反射后，会通过一个透镜，并聚焦于一个位置固定的另一面镜子上。这面镜子固定的位置恰好可以使光束的方向反转，再次落于第一面镜子上并进行反射。如果第一面镜子正在旋转，且在光于两面镜子传播两次的时间间隔内转过一个可感知的角度，则光束将不会经过狭缝返回，而与狭缝之间存在一定的偏离距离。根据刚才提到的两个距离、第一面镜子的旋转速度以及它与狭缝之间的距离，我们可以计算出光速。

根据以上两种实验方法得到的光速值，与利用上文中两种天文方法得到的值非常吻合。

福柯的方法十分灵敏。当镜子之间的距离只有几英尺时，这种方法仍然十分有效。据此，我们很容易能够用其测定不同介质（如玻璃、水等）中的光速。人们发现，致密介质中的光速低于稀疏介质中的光速。

179. 理论——由于任何物体吸收光时，其内部粒子的运动都会增加，因此光的迁移涉及物质的运动。事实上，在辐射计（参见第 13 章第 153 节）中，大质量物体吸收光时，我们甚至可以看见它的运动情况。在第 32 章第 376 节中会有另一个经典的例子。

因此，光的迁移意味着能量的迁移。正是在这个意义上，我们称光是一种形式的能量。

在此，我们仅做出两个关于光的物理性质的假设——光可能存在于从发光物体处传出的物质粒子或微粒的实际传播过程中，也可能存在于填满整个空间的物质介质的波动传播过程中。前者称为光的微粒说，后者称为波动说。

如果微粒说成立，则微粒的质量一定非常小。根据这一理论，微粒撞击视网膜，我们才拥有视力。而这些微粒的速度极快，同时如果单个微粒的质量并非无限小，则眼睛的结构将因受到微粒撞击而完全破坏。这个理论一开始有些难以令人信服。无论发光物体的温度多高，微粒的速度都是相同的。对此，我们很难解释。同样，当微粒发射出去后，发光体的质量明显受到影响，但没有证据表明这种影响存在。尽管如此，如果我们大胆解决微粒说初步的困扰，就会发现这一理论能够轻松解释许多光的现象，然而最终我们并未成功。

根据波动说，视觉是由假定发光介质（称为以太）的振动作用于视网膜的神经末梢而引起的。发光体的分子（参见第 17 章第 202 节）快速振动，并将这种振动传播到以太粒子，使以太粒子之间产生一系列以光速传播的波。第 14 章第 161 节的研究同样适用于本节，并表明光的强度与介质微粒振幅的平方成正比。当光在介质中传播时，介质的能量一半是动能，一半是势能。（根据微粒说，光的强度与微粒的空间密度成正比。）随后，在第 19 章，我们会发现，介质中微粒的振动方向总是垂直于波的传播方向。

波长指在光的传播方向上，运动状态完全相同的相距最近两点之间的距离（借鉴第 14 章第 157 节）。

波动说并非没有令人困顿之处——事实上，其中许多令人困顿的地方都与光最难以解释的性质有关。但是，从严格意义上讲，虽然后来出现的对相关重要性质的解释似乎完全成立，牛顿却驳回了这些观点，因为他无法据此来解释光的直线传播。现在，我们知道，在以上基本理论成立的情况下，光的存在是必然的结果。

180. 颜色——许多不同种类的光都能被我们识别出来，比如红光、蓝光等。微粒说认为，这种颜色差别必定是微粒固有的。而根据波动说，这种差别仅仅是由波长或振动周期的差别引起的。在自由空间中，所有颜色的光的传播速度都有一个固定值。因此，以上两种说法只是对同一事物的不同说明形式。

第16章　光的反射、折射和色散

181. 反射定律——当一束光线到达它所在均匀介质的边界面时，会在一定程度上向后弯曲或发生反射，传播路径虽然仍是直线，但方向会发生改变。

反射光线和入射光线位于一个平面上，与垂直于反射面的法线之间的夹角相同。

设 *EBF*（图 86）表示纸平面的边界表面的一部分，并设 *BD* 为法线，*AB* 为入射光线，*BC* 为反射光线，点 *B* 为反射过程发生的位置，*AB* 和 *BC* 与 *BD* 形成的角 i 和 r 大小相等，*AB*、*BC* 和 *BD* 位于垂直于反射面的同一平面上。i 和 r 分别称为入射角和折射角。

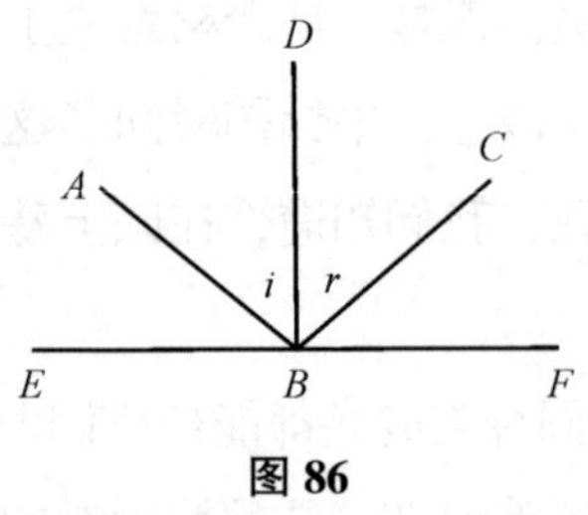

图 86

许多表面，如粉笔或粗糙白纸的表面，会将入射光散射到各个方向。但这只是一种特殊的反射。在这样一个表面的每一点上，光线都是按照上述规律反射的；但整个表面实际上是由大量非常小的倾斜平面组成的。

反射光线的强度取决于入射角。当入射角较大时，反射光线强度最大；当入射角垂直于反射平面时，反射光线强度最小。此外，反射光线的强度还随反射物质的性质和表面抛光状态而变化（入射光线强度一定），也与光线传播通过的介质性质有关。

182. 平面反射——如果光线从点 B（图 87）发射，经平面 CD 反射后到达点 A，则按照给定表面的反射条件，路径 APB 的实际长度会尽可能短。

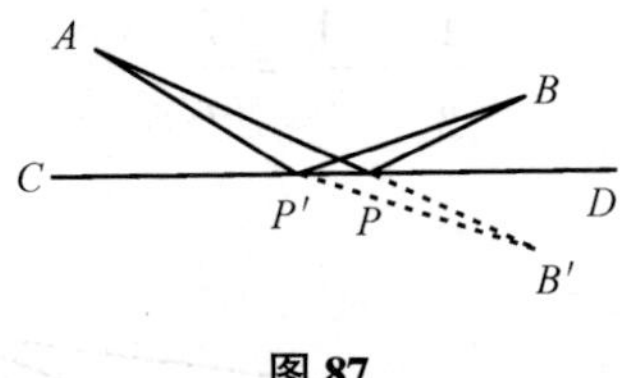

图 87

如果人眼位于 A 处，则其看到光线会沿着 AP 方向，好像光来自点 B 关于反射平面的对称点 B'一样。[这是因为，眼睛可以通过一束锥形的光线看到一个物体，并且，由于（图 88）a_1p_1 和 a_2p_2 与反射平面之间的夹角分别等于 bp_1 和 bp_2 的连续线段 $p_1a'_1$ 和 $p_2a'_2$ 与反射平面之间的夹角，因此反射后锥形光线角度并未改变。同时，a_1p_1 和 a_2p_2 的连续线段相交于点 b'处，角 bp_1b'和 bp_2b'被平面平分，因此点 b'和点 b 位于同一条垂直于反射面的法线上，且与反射面之间的距离相等。] 另一条路径 $AP'B$ 的长度等于 $AP'B'$，大于 APB，而 APB 长度等于 APB'。

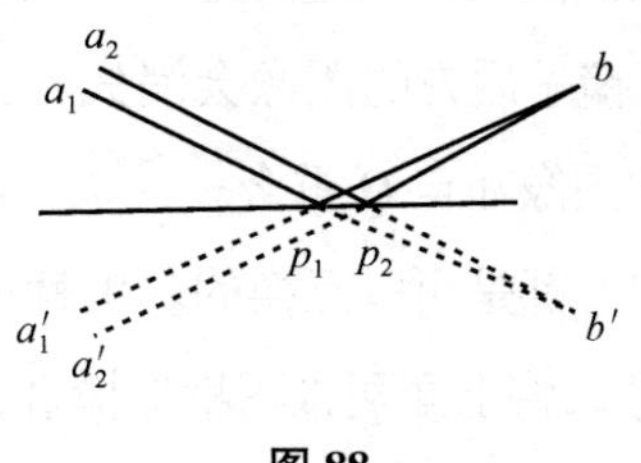

图 88

点 B'被称为点 B 的像点。如果 B 为一个具有有限尺寸的物体，则它的每一个点都会成一个像点，所有像点的集合形成物体 B 的像。

183. 曲面反射。

设 PQ（图 89）为球面镜与纸面上交线，O 为球体中心，UP 为位于 U 点的发光体发出的光线，经反射后到达点 V，则 $PVQ = UPV + PUQ = 2UPO + PUQ$，因此 $PVQ + PUQ = 2(UPO + PUQ) = 2POQ$。当点 P 和点 Q 接近重合时，上式可大致写为 $PQ/PV + PQ/PU = 2PQ/PO$ 或 $1/PV + 1/PU = 2/PO$。如果我们分别用 u、v 和 r 分别代表线段 PU、PV 和 PO 的长度，则有

$$\frac{1}{u} + \frac{1}{v} = \frac{2}{r}$$

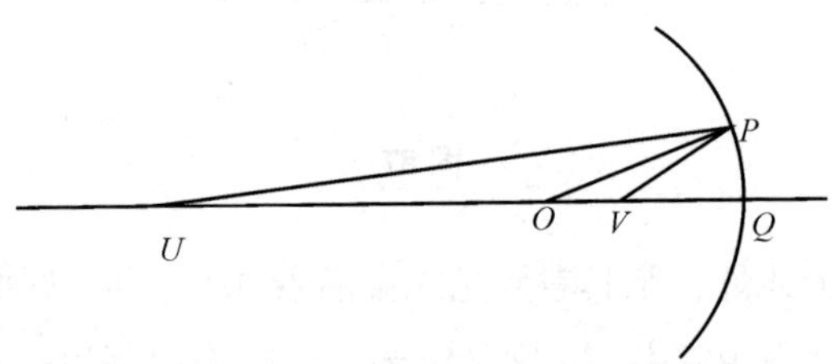

图 89

当点 U 处的物体的位置已知时，这一方程使我们能够计算出点 V 处的物体的镜像的位置。如果 U 位于图左侧无穷远处，则 V 位于点 O 和点 Q 之间。这一点称为球面镜的主焦点。当 U 从无穷远处向右移动时，V 会向左移动，最终两点在点 O 处，即球体中心重合。现在，将 U 和 V 的位置互换，最后，当 U 位于主焦点时，V 在左侧无穷远处。当 U 与点 Q 之间的距离小于半径的一半时，量 v 变为负值，镜子后方的图像会消失（图 90），逐渐从无穷远处向镜子靠近，直到物体和图像在点 Q 重合。

在所有情况下，U 和 V 都是可以互换的。也就是说，点 V 处的也有可能是物体，点 U 处的为镜像。将上面两张图稍加检查，我们就能清楚地发现这一点。

当镜像与物体位于镜子的同一侧时，镜像称为真实镜像；当镜像位于镜子的另一侧时，镜像称为虚拟镜像。

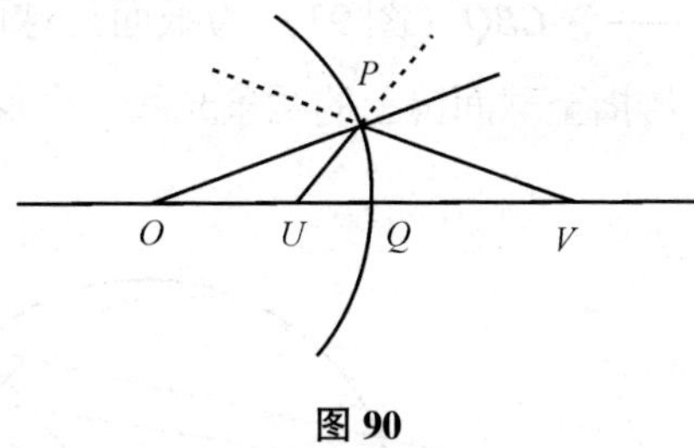

图 90

显然，球体凸面一侧的物体只能有一个虚拟图像。在这种情况下，为了表示凸面镜成像的情况，上述公式需要进行适当修改，变为

$$\frac{1}{v}-\frac{1}{u}=\frac{2}{r}$$

在上一节有关平面镜成像的论述中，只要光的传播路径符合实际情况，我们提到的定律——光在两点之间的传播路径总是尽可能短，在任何表面的情况下都成立。考虑到从椭球焦点反射发散的光通过的最长的路径，也是这束光最短的路径，我们有必要给出以上限制条件。

图 91 和图 92 分别表示真实镜像和虚拟镜像的位置：a 和 a′互为真实镜像；b 和 b′互为虚拟镜像；b 表示 b′在凸面镜中的镜像，而 a、a′和 b′分别表示 a′、a 和 b 在凹面镜中的镜像。当反射发生奇数次时，真实镜像为实际物体的倒像，而虚拟图像为正像。利用上述公式，我们可以找出镜像中各点与物体给定点对应的位置。

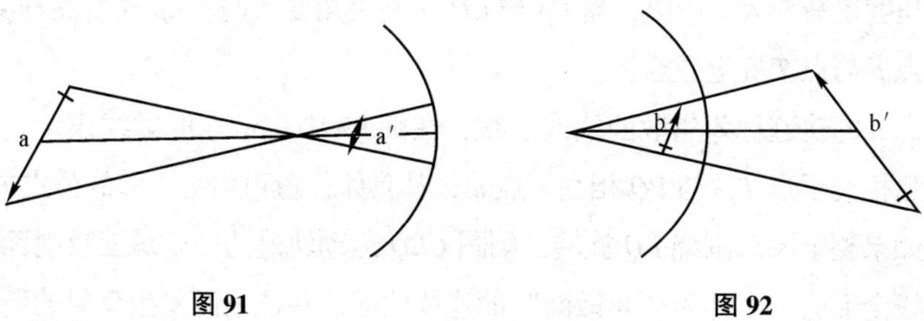

图 91　　　　图 92

184. 焦散与焦线——令 CBQ（图 93）为纸面与球面镜的交线，令 PC、PB 代表从点 P 出发、传播至球面镜上的两条光线，令反射光线 Cpf' 和 Bpf 相交于点 p。

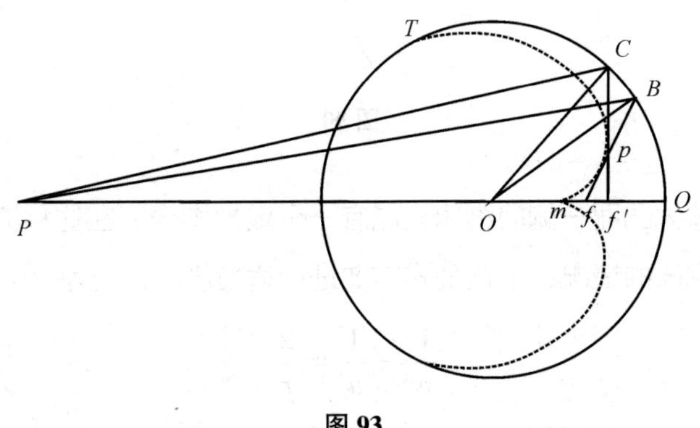

图 93

由于 Cp 和 OB（半径之一）交点处的对顶角相等，因此 $OCp + COB = OBp + CpB$，或 $OCP + COB = OBP + CpB$， 可得：

$$COQ - CPO + COB = BOQ - BPO + CpB$$

从而有

$$CPB + CpB = 2COB$$

上一节的结果可作为一个特例。

设 CB 为一条长度一定的无穷小圆弧，点 T 为从点 P 出发的切线与圆 CBQ 的交点。CPB 大小递减，因此根据上述等式，当 C 由点 Q 向 T 接近时，CpB 角度逐渐变大。所以，当 Cp 与 CO 之间夹角变大时，Cp 长度逐渐减小，最终点 p 与点 T 完全重合。

点 p 的轨迹称为焦散曲线或焦线，在图 92 中用带点的虚线表示。焦线与圆弧相交于点 T，与 PQ 相交于点 m，其具体位置可由上一节的公式求得。

如果整个图形围绕 PQ 旋转，则圆 CBQ 运动轨迹为一个球面反射面，焦散曲线会形成一个称为“焦散面”的连续曲面。在该表面发生反射的所有点上，光的强度要比其他表面的所有点都要高，而尖点（m 处）的光强度最高。所有经该平面反射的光线都会经过 PQ。

让我们假设一束有限的锥形光线落在点 B、点 C 附近的反射面上，从小圆弧上每点发出的光线都通过点 B，极点为点 Q，与 PQ 相交于点 f；类似圆弧上所有点上发出的光线都过点 C 以及 f'；依此类推。因此，很明显，一个垂直于反射锥轴线且过轴线与 PQ 交点的平面，会在被拉长的八个形状区域图形中将光锥切割。我们可将该图形视为一条直线，称为二次焦线。

焦线与二次焦线相互垂直。两条线之间区域存在近似于圆形的截面，我们称其为“最小模糊圈”，此处反射光汇聚程度最接近于一点。

185. 光的反射定律大体上遵循微粒说的原理。如图 94 所示，令 pq 代表微粒的运动轨迹，AB 为微粒发生反射的表面。在微粒与反射面相距一定的范围 ab 之内，微粒会受到以 AB 面为界面的介质的吸引力，因此会偏离原先的直线传播路径。根据某未知的定律，微粒和介质的相互作用在吸引和排斥之间多次交替，但最终的力一定为排斥力（在 r 处），使微粒向表面的运动过程受阻。现在，相互作用力不变，令微粒的运动轨迹 rq' 与 rq 一致，直到位于点 q'时，受反射介质的作用消失，沿 $p'q'$进行直线传播。$p'q'$与 pq 两条直线与 AB 之间的夹角大小相同。而且，在反射过程中，介质处处都是垂直于表面 AB 的直线，微粒的速度方向平行于 AB，直线 pq 和 $p'q'$位于垂直于反射面的同一个平面上。

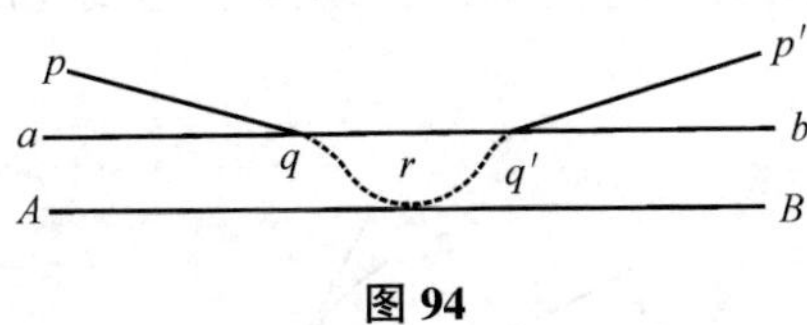

图 94

186. 我们也可以用波理论来解释反射现象。

但是，在此之前，我们有必要在波理论的基础上，对光的直线传播加以考虑。对此，牛顿无法给出相应的答案，所以他支持微粒说。第一个证明波理论可以解释相应现象的为荷兰物理学家惠更斯。

设 AB（图 95）为从点 O 发射的球面波的一部分波前。这个表面上的所有点，如 a、b、c，都会成为二级球面波的发射中心。以 a、b、c 为圆心，光在一定时间 t 内传播的距离为半径 AA'或 BB'。这些圆将形成另一个与 AB 同心的球面 $A'B'$，构成新的波前。在这个曲面的所有点上，二级球面波进行叠加，因此会产生很强的合成效应。除了 $A'B'$上的点之外，其他任意位置的独立子波都不会发生叠加，且孤立的子波太弱，无法产生光。因此，AOB 区域中的光线会以直线向外传播。

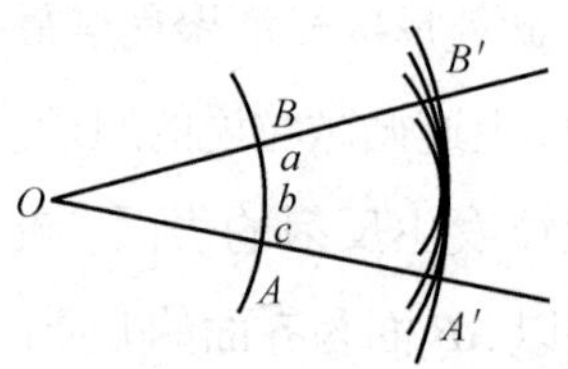

图 95

以上的解释是由惠更斯提出来的，用它解释我们现在的困惑已经足够了。但是，正如法国物理学家菲涅尔所言，为了使论证更为严谨，我们需要引用杨氏干涉原理（参见第 18 章第 226 节）。

为简单起见，假设我们研究的是在发光介质中传播的平面波，令 ADF 表示反射面（图 96），且给定的波传播到 ABC 位置，则 ABC 表示平面波波前的一部分。如果介质均匀且各向同性，则其中光线（图 95 中标示出三条）处处垂直。

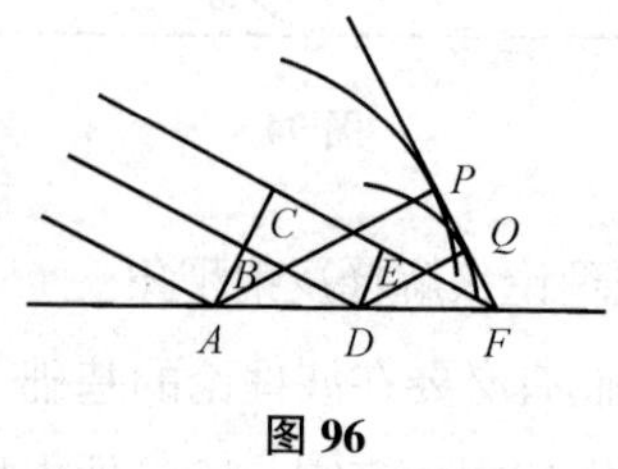

图 96

当波到达 A 点时，以太粒子在该点处振动并产生一个球面波，球面波以

A 为中心向外传播。如果，我们以 A 为中心，画一个半径为 $AP=CF$ 的球体，我们会得到波源为 C 的球面波到达反射表面时的位置。同样，DE 平行于 ABC，如果我们以 D 为圆心画出一个半径 $DQ=EF$ 的球体，就可以得到波阵面到达 D 点时产生的球面波的相应位置。所有这些球体都会接触到一个平面 PQF，也就是反射后的波前。因此，我们发现，平面波反射后仍然是平面波。

但是，进一步讲，$AP=CF$，AF 为两个直角三角形 ACF 和 APF 共同的边。因此，角 CAF 和角 PFA 大小相等，即反射波前和入射波前与反射平面之间的倾角大小相等。这是因为根据已知的反射定律，光线垂直于波前。

187. 折射定律——光线从一种介质进入另一种不同密度的介质后，会偏离其原来的传播方向，即发生折射。折射光线与法线之间的夹角称为折射角。

折射光线和入射光线位于垂直于反射表面的一个平面上，入射角的正弦值与折射角的正弦值大小成正比。

入射角和折射角大小（图 97）分别用 i 和 r 表示，上述定律可以写成：

$$\sin i=\mu\sin r$$

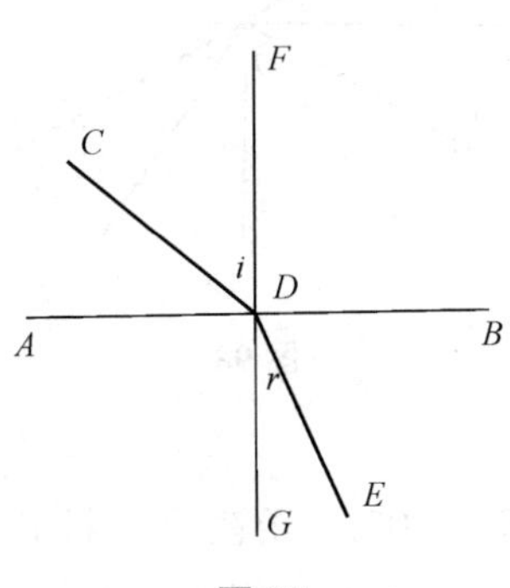

图 97

常量 μ 为折射指数或折射率。当光线从光疏介质进入光密介质中时，μ 值通常大于 1；相反，当光线从光密介质进入光疏介质中时，μ 值通常小于 1。

折射光线的强度取决于入射角大小。当入射光线垂直于折射面时，折射光线强度最大；随着入射角角度增加，折射光线强度减小；当光线发生折射进入光密介质中时，入射光线为切线方式时折射光线的强度最小；在光线发生折射进入光疏介质的情况下，入射角小于 90°时折射光线的强度最小；入射角达到一定程度时，光线不会发生折射。

188. 平面折射——如图 98 所示，令光线 aO 照射于折射指数为 μ 的介质平面上，第一种介质的折射指数为 1。如果我们假设 μ 大于 1，则射线在第二种介质中的路径将会为一条 Ob 的线，使得 $aOc = \mu \sin bOd$， CD 在入射点 O 处垂直于 AB。同样，沿 bO 方向传播的光进入第一种介质时，传播方向为 Oa，则有

$$\sin bOd = \frac{1}{\mu}\sin aOc$$

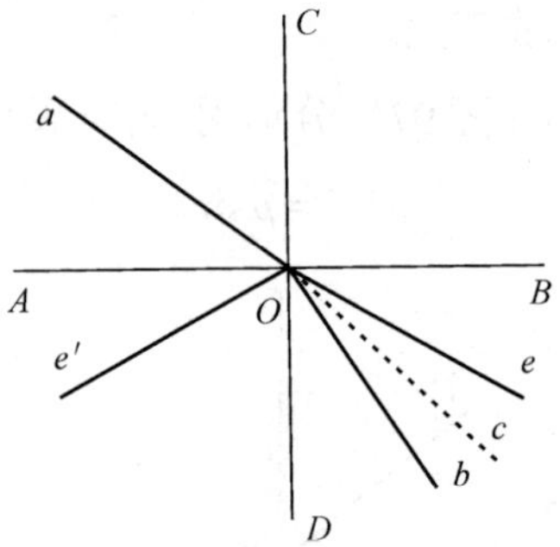

图 98

现在，我们假设 $aOC = 90°$，光在第二种介质中的传播方向为 Oc，$\sin cOD = \mu$；相反地，沿着 cO 方向行进的光恰好在与表面平行的地方进入第一种介质。按照一般规律，$eOD > cOD$ 时，沿 eO 方向传播的光根本无法进入第一种介质，而是在 Oe'方向发生全反射（这证明了我们上一节的结论）。光线 eO 会发生全反射，极限角 cOD 被称为临界角。

普通的黄光在水中与在空气中的折射率约为 4/3。因此，在水下观测水面上的物体时，光线会挤成一个圆锥体，其半顶角的正弦值为 3/4。

光线通过单次折射后偏离其原始方向的角度为 $i-r$，i 和 r 分别为入射角和折射角。

如图 99 所示，以点 O 为圆心的两个圆弧 APB 和 CQD 半径分别等于 1 和 μ。令 $COQ=r$，作 QPN 平行于 CO，则 $ON=\sin OPN=\mu\sin OQN=\mu\sin r$，且 $OPN=i$。

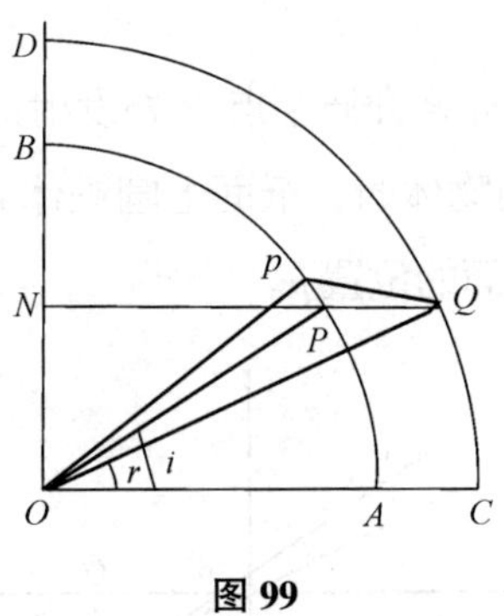

图 99

现在，令 OP 和 OQ 的长度固定，PQ 始终平行于 OC，则当角 i 变为 90° 时，OPQ 和 OQP 会越来越接近于直角，PQ 长度会越来越大。因此，随着 i 或 r 的均匀增加，$i-r$ 增加的速率将越来越大。

假设 PQ 通过无穷小的距离从 OC 移动到位置 $P'Q'$，令 OQ' 回到与 OQ 相同的位置，点 P' 会运动到位置 p，使得 Ap 大于 AP。在此过程中，$i-r$ 增加了 Pp 的量，$PQO=r$ 的量增加了 $pQP=Pp\cos(i/PQ)$，因此 $r-(i-r)=2r-i$ 增加了 $Pp[\cos(i/PQ)-1]$。当 $\cos i=PQ$ 时，这个量为零。而 $\cos i=NP$，因此以上条件为 $NP=PQ$。这意味着，$AC<OA$，即 $\mu<2$。其次，$2r-i$ 的正负取决于 NP 大于或小于 PQ。因此，在达到极限角之前，这个角始终为正值，在此之后 PQ 仍然增大，而 NP 减小，所以 $2r-i$ 将持续减小。换句话说，满足 $NP=PO$ 或 $2\cos i=\mu\cos r$（由于 $NQ=\mu\cos r$）等条件可以得出 $2r-i$ 的最大值。

将这个条件与 $\sin i = \mu \sin r$ 相结合，得到：

$$3\sin^2 i = 4 - \mu^2$$

类似地，在相同条件下，角 $3r-i$ 的大小会增加 $Pp[2\cos(i/PQ) - 1]$，当 $2NP=PQ$ 或 $3\cos i = \mu\cos r$，也就是$\mu<3$ 时，角 $3r-i$ 的大小不变。与前一种情况一样，此时 $3r-i$ 最大。根据 $\sin i = \mu \sin r$，得到：

$$8\sin^2 i = 9 - \mu^2$$

这些结果对讨论一次彩虹和二次彩虹具有重要意义。

189. 焦散和焦线。

设 OPo'（图 100）为光密介质中点 P 处发射的无穷小圆锥体的轴截面。从光疏介质中看向 P 处的物体时，纸面上圆锥体 $a'pa$ 的截面顶点会出现在另一个比 P 更加接近于表面的位置 p。

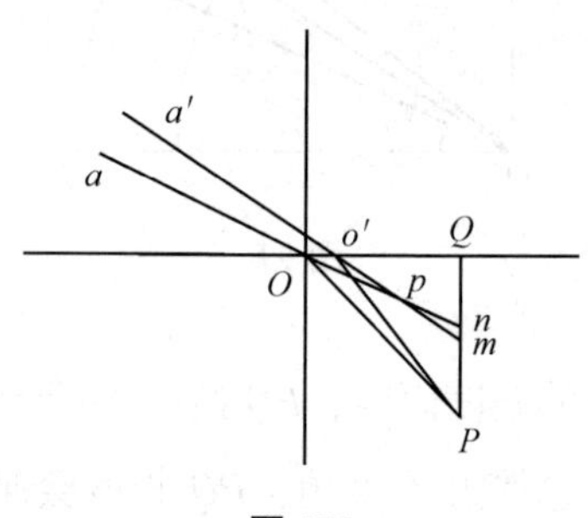

图 100

设 i'、r'和 i、r 分别表示光线 $a'o'P$ 和 aOP 的入射角和折射角（从光疏介质来看)，顶点为 P 的圆锥体顶角角度为 $r'-r$，顶点为 p 的圆锥体顶角角度为 $i'-i$。

为了找出这些角度之间的关系，我们可以将 $\sin i' = \mu \sin r'$ 写为 $\sin(\overline{i'-i}+i) = \mu\sin(\overline{r'-r}+r)$，可推导得 $\sin(i'-i)\cos i + \cos(i'-i)\sin i = \mu[\sin(r'-r)\cos r + \cos(r'-r)\sin r]$。由于 $i'-i$ 和 $r'-r$ 为非常小的量，我们得到：

$$\frac{i'-i}{r'-r} = \mu\frac{\cos r}{\cos i} = \frac{\tan i}{\tan r}$$

但 $i' - i = Oo'\cos(i/Op)$，且 $r' - r = Oo'\cos(r/OP)$，因此：

$$\frac{OP}{Op} = \frac{\sin i}{\sin r} \cdot \frac{\cos^2 r}{\cos^2 i}$$

现在，令 Op 延长，交 PQ（过点 P 垂直于表面的线）于点 p'，我们得到 $Op'\sin i = OP\sin r$，所以得出：

$$Op = Op' \frac{\cos^2 i}{\cos^2 r}$$

我们在研究球面透镜（参见本章第 194 节）时将使用到这一公式。它（参见本章第 184 节）表明，在任意给定的垂直平面截面中，两个有限的直射光无法相交于一点 p；但是，当圆锥体非常小时，给定平面截面中的所有光线大约都通过一个点。

接下来，我们要研究光束的横向发射。显然，这是不受折射影响的：折射后，光线穿过法线，保持在同一平面上。因此，在横向上，光线从 PQ 上的点发散。由于圆锥体在 p 点处有一定的横向厚度，因此我们看到在 p 点处，出射光似乎通过一条垂直于 PQ 的小线段进行传播。

这就是主焦线。

二次焦线为折射锥与垂直于其轴线并过轴线与 PQ 交点的平面的交线。

在垂直入射时，$Op = Op' = Op/\mu$，使光线看起来好像从一个比实际点更接近表面的点开始发散，发散比率为 $1/\mu$，例如，水的视觉深度似乎只有其真实深度的 3/4。

主焦线的存在意味着焦散面的存在。在图 101 中，根据上一个方程以及条件 $\sin i = \mu\sin r$，我们可以画出连续的点 p_1、p_2 等，对应点 o' 的连续位置。这样一来，我们得到焦散线 $p_0p_1p_2o'$，交 QP 于点 p_0，交 Qo' 于点 o'。线 Po' 表示发生全反射的极限位置。如果焦散线围绕 QP 旋转，就会形成焦散面。

190. 光在平行层中的折射——当一束光线穿过一个拥有两个相互平行的反射面的介质（图 102）中时，传播方向会发生两次折射，第二次折射后光线的传播方向与未经折射时平行。这一点从光线排列的对称性就可以看出。

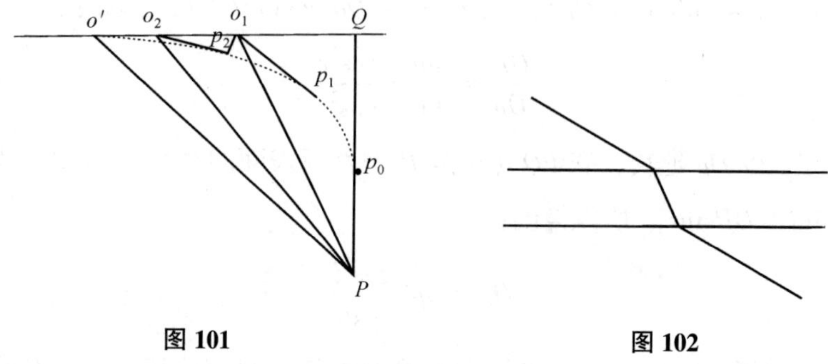

图 101　　图 102

如果通过从垂直方向上观察一个厚度为 t 的平行层，则该物体距离眼睛减少的距离为 $t(\mu-1)/\mu$。因为，如果物体与平行层之间的距离为 d，眼睛在平行层内部向外看时，该物体离平行层之间的距离为 $d\mu$。当眼睛刚好位于平行层最靠外的内侧时，物体的视距为 $t+d\mu$。如果眼睛恰好在平行层外侧，这个距离会以 $\mu/1$ 的速率减小，与上文中的结论相符。

如果一束光穿过三层这样的层，那么这束光经折射后的传播方向与其原始方向并无二致，完全不受中间层的影响。令交替出现的第一种介质和第二种介质的折射指数为 μ_1 和 μ_2（图 103），则：

$$\frac{\sin i_1}{\sin r_2}=\frac{\sin i_1}{\sin r_1}\cdot\frac{\sin r_1}{\sin r}=\frac{\sin i_1}{\sin r_1}\cdot\frac{\sin i_2}{\sin r_2}=\mu_1\mu_2$$

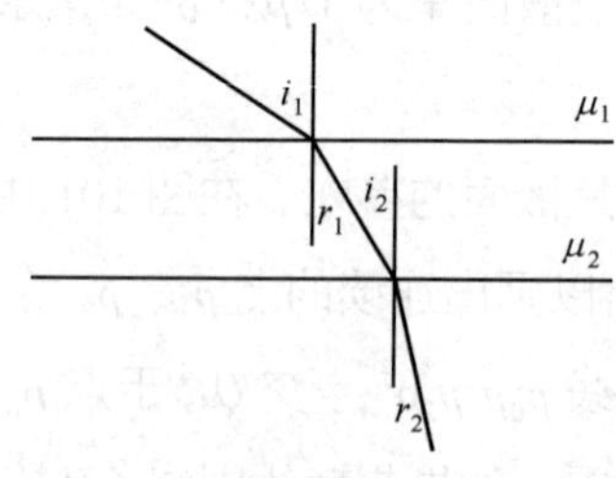

图 103

其中，μ_2 为第二种介质相对于第三种介质的折射指数，μ_1 为第一种介质相对于第二种介质的折射指数，$\mu_1\mu_2$ 为第一种介质相对于第三种介质的折射指数。

因此，无论中间层有多少，光最后的反射都不会受到影响。据此，我们可以计算恒星视高度的折射误差等。

191. 海市蜃楼。

当光束通过由不同密度连续平行层构成的介质时，光束的传播方向会不断发生改变。在图 104 中，假设地面 *AB* 上方的空气密度随高度递增，且平面 *ab* 上的密度一致。由于光束进入以上密度不均匀的介质中时，会向上倾斜后再次进入密度均匀的介质中并过点 *p*，因此我们在点 *p* 处看到的物体 *nm* 并非位于其真实位置。观察时，我们会看到它仿佛出现在 *m′n′*方向上，由于物体上下两端反射的光线在到达眼睛之前会相互交叉，因此我们看到的物像为倒立的。在 *ab* 上方的介质中，我们也可以直接看到该物体的倒像。沙漠的海市蜃楼就是这样发生的。

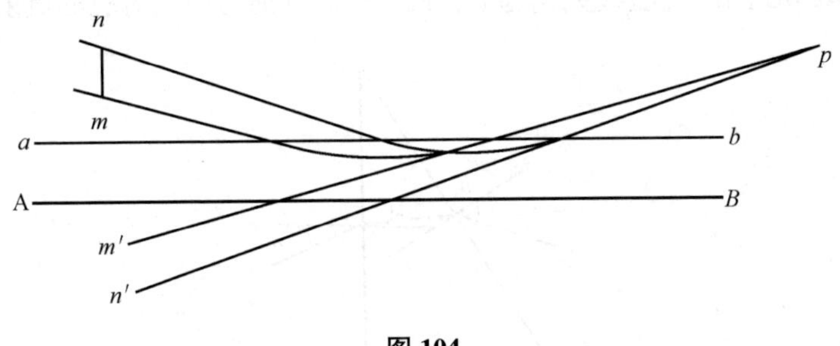

图 104

在图 105 中，*AB* 同样代表地面，空气密度由高到低递减，这样就会形成一个正像的海市蜃楼。

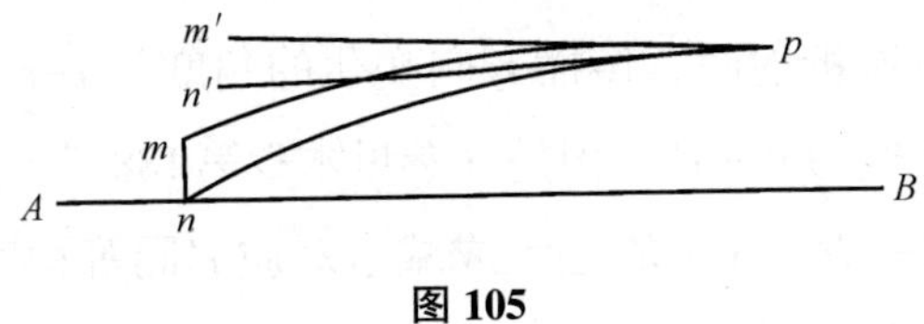

图 105

在图 106 中，AB 和 ab 之间的空气密度均匀，ab 下方空气密度持续减小。显然，这样将会形成一个倒立的物像。

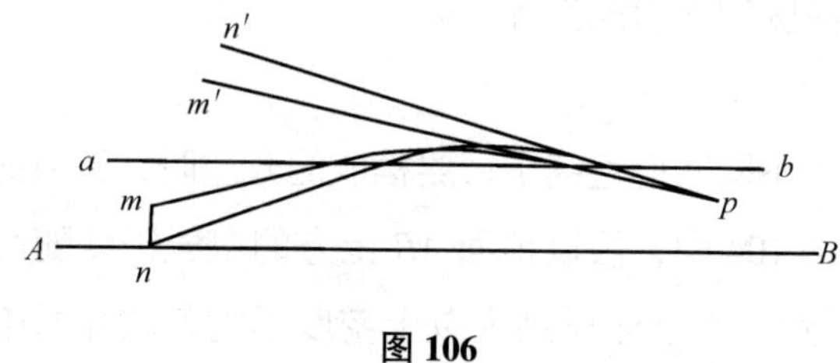

图 106

192. 棱镜——当介质的两个边界平面不平行时，出射光线不再平行于入射光线，这种结构的介质可被称为棱镜。

如图 107 所示，令 ABC 表示一些光密介质（如玻璃）的棱镜与纸面的截面，令棱镜的边缘 B 垂直于纸面，光线 a、b、c、d 与 AB 面的内法线的夹角为 i，与 BC 面的外法线夹角为 i'，设 r 和 r'分别为与之对应的折射角。

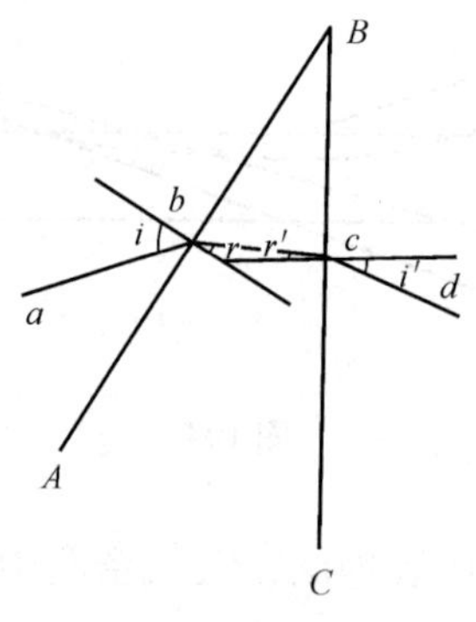

图 107

光线发生第一次折射时，传播方向变化的角度为 $i-r$；第二次折射时，传播方向变化的角度为 $i'-r'$。但是（参见本章第 188 节），当 i 的变化一定时，i 或 r 越大，$i-r$ 越大；r 的增大或减小对应 r'同等程度的减小或增大。因此，如果 i 大于 i'，i 减小时，$i-r$ 将同样减小，这个量减小的程度大于 $i'-r'$增大的程度。所以，当 $i=i'$时，即当光线通过棱镜使 $Bb=Bc$ 时，光线折射时的方向变化最小。

当棱镜的角度小于 $\sin^{-1}1/\mu$ 时，$i'-r'$将可能与 $i-r$ 的方向变化相反，但我们很容易看出来，上述结果在所有情况下都是成立的。

在上述标准情况下，光线的总偏移角度 δ 等于 $i' + i - (r' + r)$。在最小位置，这个量为 $2(i - r) = 2i - \alpha$，α 为棱镜的角度。如果构成棱镜的介质折射指数为 μ，则：

$$\mu = \frac{\sin(\alpha + \delta)/2}{\sin\alpha/2}$$

这为测定棱镜物质的折射率提供了一种有效的方法。如果棱镜是空心的，其侧面由厚度均匀的玻璃板制成，则我们可以据此求出棱镜内部任何液体的折射率。

193. 透镜的球面折射——设 QAB（图 108）为球面的一部分，球心位于点 O 处；并设物体在球面凸面上的折射率为 μ，令从点 P 发射出的光线 PB、PA 分别与该面相交于点 A 和点 B，假设 Ap、Bp 为反射光线后方的延长线，μ 值大于 1，连接 PO 并延长线段，交曲面于点 Q。

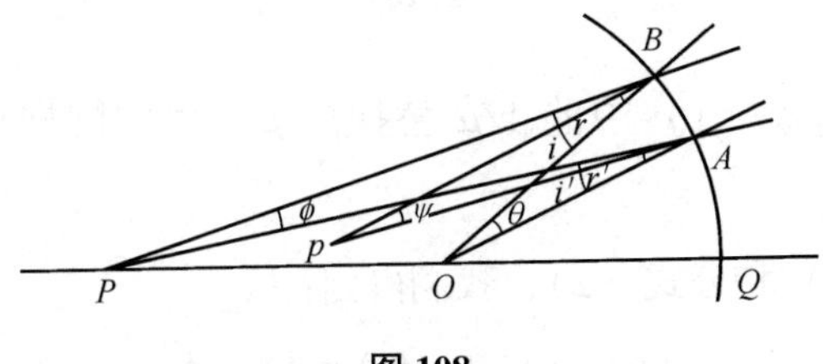

图 108

如果我们分别用字母 i'、i、r'、r、ϕ、ψ、θ 来表示角 PAO、PBO、pAO、pBO、BPA、BpA、BOA 等，则图中有 $i' - i = \phi - \theta$ 及 $r' - r = \psi - \theta$。因此，当这些角度足够小时，我们有 $\sin i = i$、$\cos i = 1$，等等。根据（参见本章第 188 节）$i' - i = \mu(r' - r)$，因此：

$$(\mu - 1)\theta = \mu\psi - \phi \tag{1}$$

当点 A 与点 Q 重合，且 AB 为无穷小时，上式可写为

$$\frac{\mu-1}{OQ}=\frac{\mu}{pQ}-\frac{1}{PQ}$$

当 $\mu=-1$ 时，我们得到的公式与本章第 183 节的第一个公式一致。

现在，令光线（见图 109）从点 p 处发散，照射在光密介质第二个球面上的点 A' 和 B' 处，令 O' 为新的表面的球心，$O'p$ 与该球面交于点 Q'，用字母 i'、i、r'、r、ψ'、θ' 分别代表角 $pB'O'$、$pA'O'$、$p'B'O'$、$p'A'O'$、$A'p'B'$、$A'O'B'$。由于 $A'pB'=\psi$，据图可得 $i'-i=\psi-\theta'$ 以及 $r'-r=\psi'-\theta'$。所以，当 $A'B'$ 长度极小时，$(\psi'-\theta')=\mu(\psi-\theta')$，或得出：

$$(\mu-1)\theta'=\mu\psi-\psi' \tag{2}$$

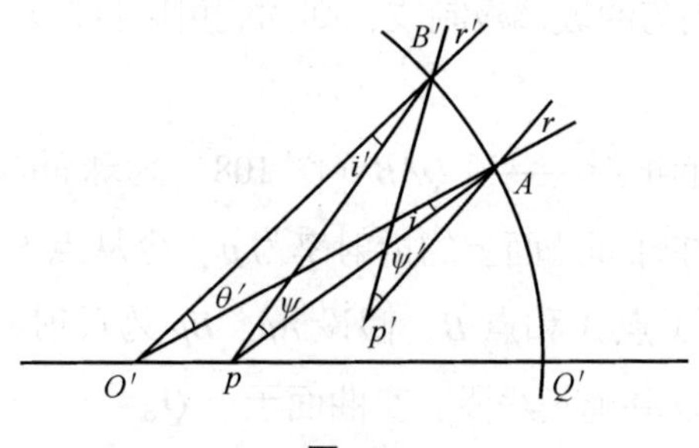

图 109

[当然，将公式（1）中的 $1/\mu$ 替换成 μ，我们同样可以推导出公式（2）。]

根据公式（1）和公式（2），我们得到：

$$(\mu-1)(\theta-\theta')=\psi'-\phi \tag{3}$$

当点 A（图 108）与点 Q 重合时，点 A'（图 109）与点 Q' 重合，因此，当角度足够小时，我们可以将公式（3）写成：

$$(\mu-1)\left(\frac{1}{r}-\frac{1}{s}\right)=\frac{1}{v}-\frac{1}{u} \tag{4}$$

其中，r 和 s 为两个球面的半径，v 和 u 分别为 p' 到 Q'、P 到 Q 的距离。公式（4）左边的量为常数。因此，我们可将其改写为

$$\frac{1}{f}=\frac{1}{v}-\frac{1}{u} \tag{5}$$

其中，f 为主焦距，是一个常数。当 u 为无穷大，即当入射光线相互平行时，我们得到 $f=v$；换句话说，f 是相互平行的光线穿过介质后偏离的点到点 Q' 的距离。这一汇聚的点被称为主焦点，P 和 p' 称为共轭点。

被两个球面包围的介质部分被称为透镜。

在刚才我们所讨论的情况下，取 s 大于 r，并设球面的凹面朝向点 P，沿 PQ 方向绘制的所有线为正，则沿 QP 方向绘制的线为负。

公式（4）适用于所有透镜。公式（1）中，s 为正但小于 r 时，f 为负；公式（2）中，当 r 为无穷大且 s 为正时，f 为负；公式（3）中，当 r 为负且 s 为正时，f 为负。

在这种情况下，平行光线的主焦点和光源分别位于透镜的两侧，透镜中间的部分最厚（图 110）。

公式（1）中，s 和 r 为正且 s 大于 r 时，f 为负；公式（2）中，当 s 为无穷大且 r 为正时，f 为负；公式（3）中，当 s 为负且 r 为正时，f 为负。

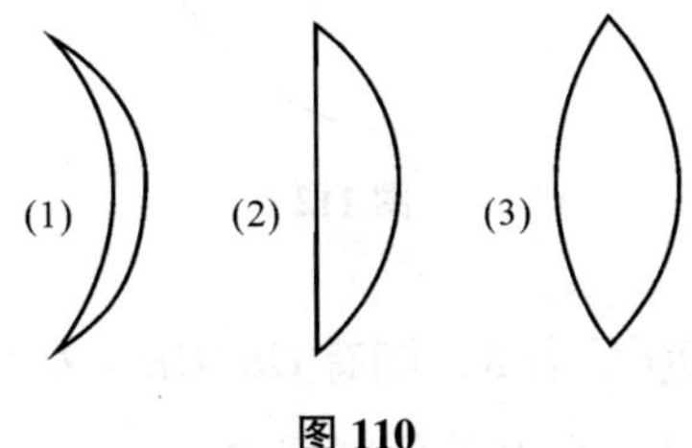

图 110

在后三种情况下，平行光线的主焦点和光源位于透镜的同一侧，此时透镜中部最薄（图 111）。这种透镜会使入射光线的汇聚增加，发散减小。公式（3）可以立即证明这一点。

公式（4）适用于一个垂直照射在透镜中心部分的给定小光锥。它表明，所有这些光线穿过透镜后，似乎都能在另一个完全确定的点发散或汇聚。我们在下一节倾斜入射的一束光线中将看到同样的结果。

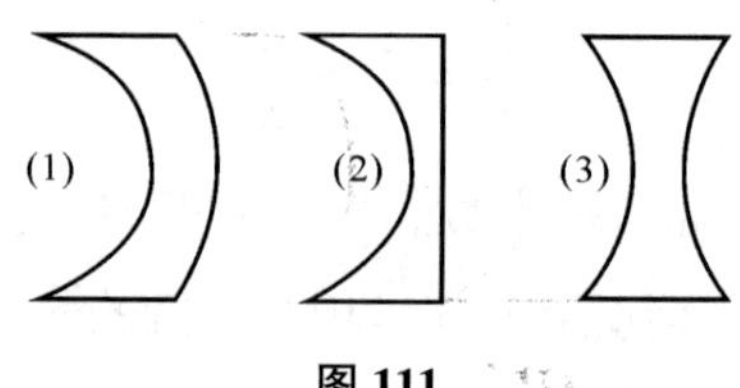

图 111

194. 透镜的倾斜折射——令 *DCBA*（图 112）表示一束光线，光线于 *C* 处进入透镜 *CBQQ'* 中，在 *B* 点出现，并交 *OQ* 于点 *A*。（*O*、*O'*、*Q*、*Q'* 与上节中的意义相同。）调整光线，使 *OB* 平行于 *O'C*，由于 *BC* 与 *OB*、*BC* 和 *O'C* 之间的角度相等，所以 *AB* 和 *CD* 这两条线之间的角度也相等，从而有 *AB* 平行于 *CD*。

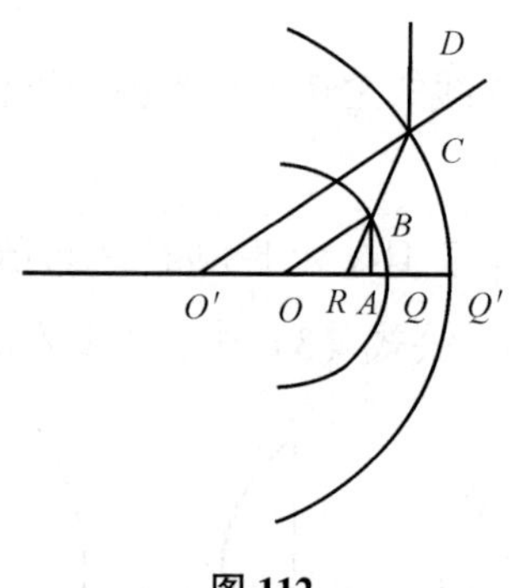

图 112

延长 *CB*，令其交 *OQ* 于点 *R*，则有 $OR/OB = O'R/O'C$，所以 *OR*、*O'R* 的长度之比为定值。因此，点 *R* 的位置固定，为透镜中心。

因此，过透镜中心的光线不会偏离其原始方向。

根据透镜的厚度和曲率半径，我们可以轻松写出距离 *RQ* 的表达式。当透镜薄到一定程度时，*R* 实际上会与 *Q* 或 *Q'* 重合。

下文中，假设我们只研究薄透镜。

本章第 189 节最后的方程可以写为 $op/op' = \mu^2(1 - \sin^2 i)/(\mu^2 - \sin^2 i)$，或大致写为 $\mu^2(1 - i^2)/(\mu^2 - i^2)$。这表明，当 *i* 值足够小时，它的平方可以

忽略不计，p 与 p' 重合。这很容易证明，当反射面为球面，而非平面时，p 与 p' 实际上仍然重合（第 193 节的公式使我们能够计算出焦距线的位置）。因此，我们得出结论，一束足够弱的光线经薄透镜折射后，将在一个确定的点处聚合或发散；这个点必定位于从入射光锥顶点到透镜中心的直线上。

现在，我们研究透镜的成像。

195. 透镜成像——设 AB（图 113）为薄透镜，C 为透镜中心，CF 为主焦距。如果 MN 处有位于距透镜的距离大于 CF 的物体，则从点 N 发散的光线将聚焦于点 n，使得 $1/CF = 1/CN + 1/Cn$。

类似地，$1/CF = 1/CM + 1/Cm$，依此类推。

因此，MN 处的实物在 mn 处形成倒置图像，且人眼在距图像约 10 英寸远的地方看到的图像最为清晰。

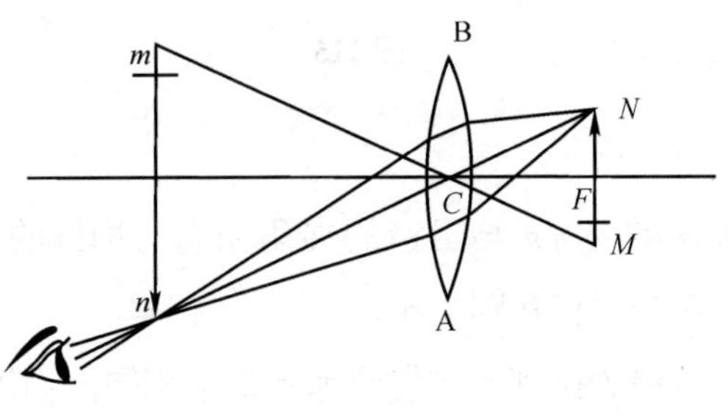

图 113

另一方面，如果 MN 比主焦点距离透镜的位置稍微近些（图 114），则透镜只会使入射光线发散减小，MN 成像后的像距大于物距。为了使眼睛在透镜后方能观察到物像，此距离必须为 10 英寸左右。

透镜的放大倍数为 mn 与 MN 的比值，大约等于 $10/f$，其中，f 为主焦距，单位为英寸。

普通天文望远镜的物镜以上述方式工作。来自遥远夜空的物体 MN（图 115）的平行光线会聚到物镜的主焦点上，从而形成倒像 mn。目镜与 mn 的距离略小于目镜的主焦距。在距眼睛 10 英寸处，得到倍数放大后的倒立图

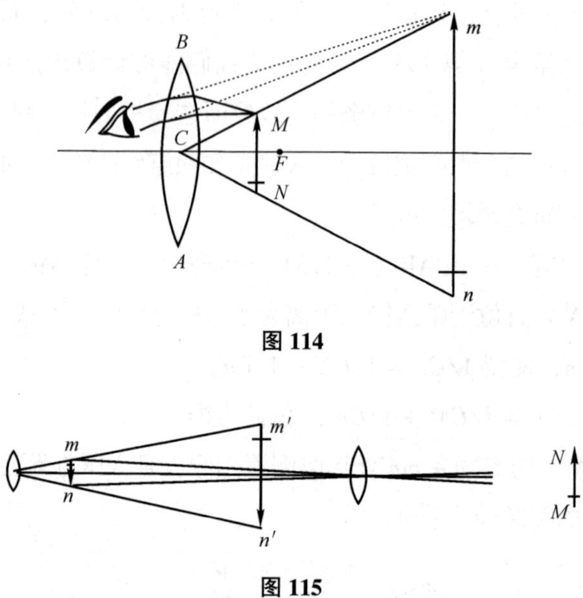

图 114

图 115

像 $m'n'$。

望远镜的放大倍数为 mn 与目镜的夹角和它与物镜的夹角之比，因此，它大约等于物镜焦距与目镜焦距之比。

复合显微镜中透镜的排列方式与望远镜基本相同。物体被放置在物镜主焦距之外，形成放大的倒像，并被目镜进一步放大。

196. 色散与像差——在前面所有章节中，我们都假设只处理一种特定类型或颜色的光。但是，不同颜色的光线经任何给定物质折射时的程度是不同的。鉴于此，我们必须再次考虑棱镜和透镜的作用。

令一束白光 ab（图 116）沿垂直于棱镜边缘的方向落在棱镜 ABC 上，则这束白光在进入棱镜后，会被分解成一系列有色光线，如 bc、bc'等。红色光线的折射程度最小，蓝色或紫色光线的折射程度最大，介于红色和紫色之间的光线通常按橙色、黄色、绿色、蓝色和靛蓝的顺序依次排列。

令 bc 和 bc'分别代表一束紫光和一束红光，且这些线与 AB 上过点 a 的垂

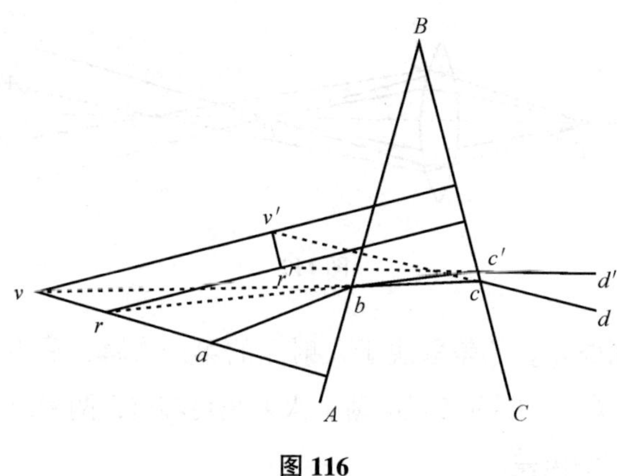

图 116

线相交于点 r 和点 v，入射角的平方忽略不计，则在棱镜内部，人眼会观察到一条彩色的线，最靠近棱镜的一端是红色，最远的一端为紫色。

从 BC 面发出后，两束光线的传播方向变为 cd 和 $c'd'$，在 BC 面上作垂线 rr' 和 vv'，令 dc 交 vv' 于点 v'，$d'c'$ 交 rr' 于点 r'。当 BC 与出射光线之间的夹角很小（要求 ABC 长度很小）时，如果我们从棱镜另一侧观察，会发现在与点 a 所处的相同介质中，出现了一条彩色光线 $r'v'$。

我们假设 a 代表纸面上一条平行于棱镜边缘的发光白线，此时，$r'v'$ 代表一个彩色光带，被称为光谱。白光折射后成分分离，形成彩色光的现象称为色散。任意给定物质色散的测量值，等于该物质可见光谱的两端颜色光线的折射率之差。

图 117 中，设点 P 为发散光线落在透镜 AB 上的发光白点，紫光在透镜中的折射率大于红光的折射率，并在比 p' 更近的 p 处聚焦。BpA 和 $B'p'A'$ 区域的光大体上为白色，但总而言之，前者会有些偏紫，后者略带红色。在紧靠 BpA 外侧的区域，光是红色的；而在紧靠 $B'p'A'$ 外侧的区域，光是紫色的。

据说，当透镜无法将从一点发散的光线集中到另一点时，就会产生像差；如果像差是由色散引起的，就称为色差；当像差是由透镜表面为球形引

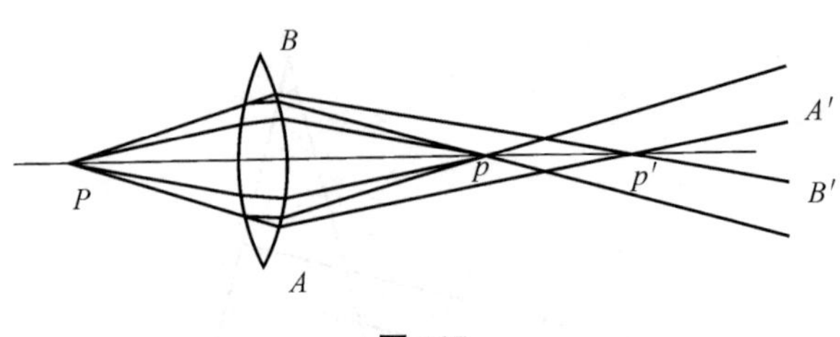

图 117

起时，称为球面像差。色差取决于入射角的第一次幂，后者（参见本章第194节）取决于i^2。只要透镜足够薄，入射角足够小，两者都可以忽略不计。

197. 色散与消色差。

在保持折射率不变的情况下，我们可以使色散完全消失，从而得到一个消色差透镜。由于某些高折射率物质产生的色散相对比较微弱，而相较而言，一些低折射率物质产生的色散相对较大，所以我们可以实现以上效果。

假设两个角度相同但所含物质不同的棱镜分别产生色散d_1、d_2，其光谱中红光的折射率分别为μ_1和μ_2。如果我们以d_2/d_1的比率改变形成色散d_1的棱镜角度，将两个棱镜的边缘向后弯折，组装成一个复合棱镜，则白光进入棱镜时，仍然会发生反射，但不会出现红光和紫光的色散现象，除非$d_1/\mu_1 = d_2/\mu_2$。

用同样的方法，我们可以构造一个复合透镜以避免色差。

然而，我们至今尚未找到一对能够完全消色差的物质。如果一个棱镜对两种特定光线完全消色差，那么其对任何单独一种光线都无法消色差。倘若一系列特定种类的成对光线在一个棱镜中传播时会产生给定色散，则它们在其他任意棱镜中传播时都无法产生同等的色散，这就是所谓的不规则色散。

由三个透镜组成的复合透镜比由两个透镜组成的复合透镜消色差能力更强。

198. 彩虹和光晕——现在，我们来讨论彩虹和光晕的形成。

令AB（图118）表示一束照射在一滴水上的光线，光线落在B处，折

射到 C 位置并在此发生反射，最后出现在 D 处。整个图形沿过点 C 至水滴中心的连线对称。AB 和 ED 之间的半角显然为 $2r-i$，i 和 r 分别为入射角和折射角。

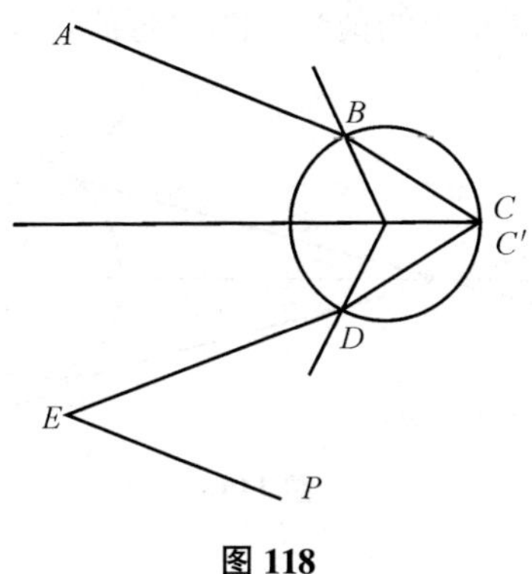

图 118

当 $3\sin^2 i = 4 - \mu^2$ 时，这个量为最大值（参见本章第 188 节）；当黄光在水中传播时，$\mu = 1.336$；当 $2r-i$ 达到最大值时，半角的角度等于 21°1′。而最大值的存在意味着光线在接近最大角度的介质区域内聚集在了一起，因此人眼在 E 处向 ED 方向看时，会看到一道较强烈的黄光。

现在将 AB 看作一缕白色光线，这束光在折射时会发生色散。由于蓝光的折射率更高，因此它会在 C' 点发生反射，所以角度 $2r-i$ 会变得更小。总之，当 μ 增大时，$2r-i$ 的最大值变小。

过点 E 作 EP 平行于 AB，令大量水滴在昏暗的太阳光线方向上对称分布于 EP 周围（当然，在图 117 中，水滴大小相对于其他物体被放大了），则我们在点 E 处会观察到一个半径为 21°1′的黄色光圈，且光圈中心位于 EP 上。这个光圈内部会出现一个蓝色的光圈，外部会出现一个红色光圈，并按照折射率由高到低、由内圈到外圈依次出现太阳光谱的各种颜色成分。这就是用几何光学来解释彩虹的方法。在实际的折射过程中，由于从太阳的每一点发出的光都会单独发生折射，因此我们看到的彩虹是多个彩虹叠加的结果，彩虹上出现的各种颜色显然并不纯正。

如果光线 AB（图 119）在水滴内部发生两次反射，则出射光线 EP 与入射光线形成的角度为两倍的 $\pi/2-(3r-i)$。但在本章第 188 节中，当 $8\sin^2 i=9-\mu^2$ 时，$3r-i$ 达到最大值。因此，当 i 值与公式中的计算结果一致时，角 BPE 最小。对于落在一滴水上的黄光，图中对顶角大小为 50°58′。

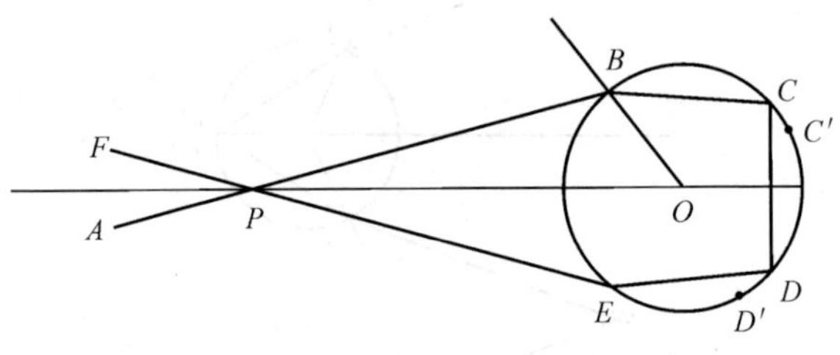

图 119

折射率更高的光线将在 C'、D' 点处反射。这样，过点 O 到 $C'D'$ 的垂线与 AB 之间的角度将大于角 BPO。当 μ 增大时，$\pi/2-(3r-i)$ 的最小值增大。二次彩虹中的内部由于发生了二次反射，光谱的颜色成分由内到外会按照折射率从低到高依次排列。

此外，由于一次彩虹中入射光线与出射光线所形成的角度为最大值，而二次彩虹中两条光线之间的角度为最小值，我们会看到，水滴内部两次反射发生之间的区域没有光的存在，而第一次反射之间以及第二次反射之后的区域有光的存在。

两次以上反射形成的彩虹极其微弱，肉眼几乎难以观测到它的存在。

光晕是光经过冰晶折射后形成的。在折射量最小的方向上，光线最为密集。红光的折射率最小，因此总是出现在光晕的内部。光晕的大小取决于冰晶对折射过程的有效角度。幻日和幻月指光晕中极其明亮的部分。

无色光晕是由于光在晶体平面上反射而产生的。

199. 反射和折射的一般现象都可以通过光的微粒说和波动说加以解释。

在图 120 中，设 AB 为两个屈光介质之间的边界面，令 $pqrst$ 表示微粒的运动轨迹，则在从 p 到 q 进行直线运动的过程中，微粒在任何方向上都不会受到吸引力的作用。而在 *AB* 和 *ab* 之间，*AB* 另一侧对介质的吸引力变大，微粒的运动轨迹向离开的表面凹陷的程度越大。这一过程会持续，直到微粒到达点 *s* 时，所受总吸引力为零。因此，剩余的运动轨迹 *st* 为直线，与平面 *AB* 的法线之间所成的角度小于 *pq* 与平面 *AB* 的法线所成的角度。

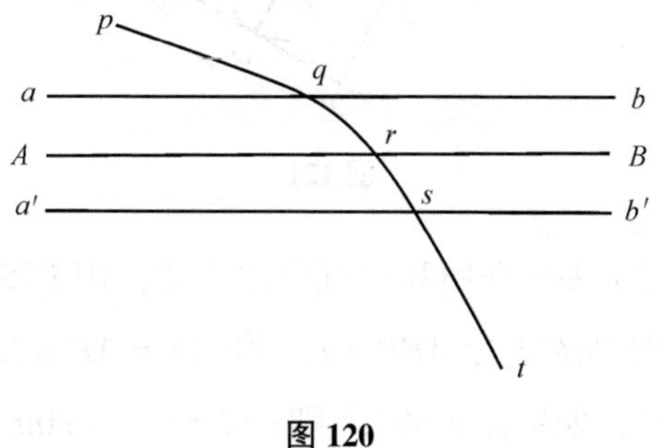

图 120

就目前的推导过程而言，即使折射面非平面，在有限曲率的所有情况下，由于微粒运动轨迹的 *qs* 部分无限小，因此折射面都可以看作平面。

现在（对照第 5 章第 42 节），在从 *ab* 到 *a′b′*的过程中，微粒在法线方向上的速度分量增加了一个常数，而在平行于介质表面的方向上的速度保持不变，因此微粒在第二种介质中的总速度 v'与在第一种介质中的总速度 v 之比为定值。和之前一样，我们设 *pq* 与 *st* 法线之间的角度分别为 i 和 r，则 $v\sin i - v'\sin r$，也就是 $\sin i = \mu\sin r$，其中，μ 等于 v'/v，而这正是我们熟知的折射定律。

因此，微粒在光密介质中的速度大于在光疏介质中的速度。

200. 如图 121 所示，*ABC* 表示一个平面波的波前。它沿着箭头指示方向穿过空气，到达折射介质的表面 *ADF*。我们以点 *A* 为中心，画一个半径为 *AF* 的球体，使光在折射介质中穿过 *AF* 所用的时间与在空气中穿过 *CF* 所用的时间相等。类似地，我们以点 *D* 为球心，画出一个半径为 *DQ* 的球体，使得 *DQ* 与 *EF*（*DE* 平行于 *ABC*）的比值等于折射介质和空气中的光速之比。从结构上来讲，很明显所有这些球体都会与平面 *PQF*，即折射后的波前接触。

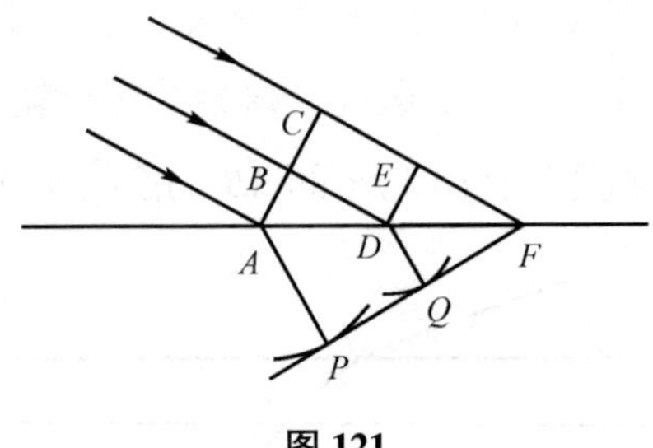

图 121

我们分别用 v'和 v 表示介质和空气中的光速，用 i 和 r 分别表示入射角和折射角的大小，则 $CAF = i$，$AFP = r$，则 $CF = AF\sin i$，$AP = AF\sin r$，而 $CF/AP = v/v'$。因此，如果 $\mu = v/v'$，则 $\sin i = v/v' \cdot \sin r = \mu\sin r$，所以，我们已知的折射定律可由光的波动说推导得出。

注意，在 μ 大于 1 的光密介质中，v'不一定小于 v。根据这一理论，光密介质中的光速一定小于光疏介质中的光速。这一结论与从根据光的微粒说得到的结论完全相反。因此，我们有必要再次进行试验，在这两种理论之间做出取舍，最终实验结果（参见第 15 章第 178 节）完全支持波动说。我们以后将单独讨论根据这一理论推导出的结果。

根据以上理论，我们很容易计算出，光从一种介质中的给定点到另一个给定点所用的时间通常为最小值。令 PAQ（图 122）为光从点 P 到点 Q 的实际路径，PBQ 为与之非常接近的路径，分别作 AC 垂直于 PB、BD 垂直于 AQ，则 $CB/AD = \sin i/\sin r = v/v'$。这意味着，$CB/v = AD/v'$，或光线经过 AD 和 CB 所用的时间相同。然而，当点 B 从点 A 出发做匀速运动时，$QA-QB$ 增

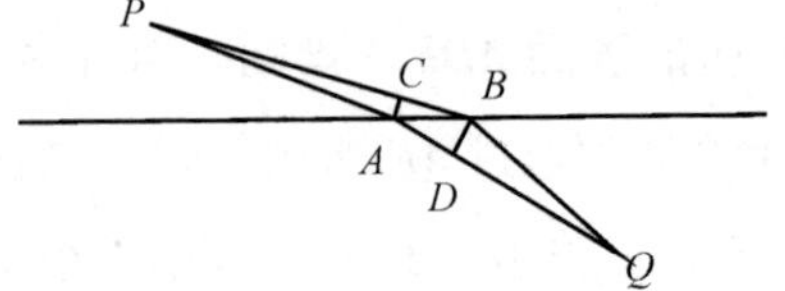

图 122

加的速度变慢。因此，光线经过 PAQ 的时间为最小值。

法国科学家费马（Fermat）最早证明了这一定律——即光倾向于沿着所用时间最短的路径进行传播。在反射的情况下，这一定律仍然适用（参见本章第 182 节）。根据微粒说，我们求出 $PAv + AQv' = a$ 的最小值。这就是光的传播行为。

201. 哈密顿特征函数——在 19 世纪早期，哈密顿爵士介绍了一种通用的方法，以一个过程来解决所有的光学问题。在哈密顿爵士自撰并发表的《光线系统理论》中，他对这一研究课题进行了说明，下文为部分节选：

“在光学中，光线为光传播方向上的一条直线、折线或曲线。当这些光线有共同节点、同一光源时，就构成了一个光线系统，具有了某种光学统一性。因此，从同一光源处发出的光线组成一个光学系统，当它们被镜子反射后，又形成了另一个光学系统。在研究光线系统时（就像在上文中的例子一样），我们需要研究已知光线系统中各个光线之间的几何关系，包括光源及光线的传播、光线在光学系统中如何分布、光线如何汇聚或发散、各条光线之间是否平行、光线接触或切割的表面如何、传播方向变化的角度、如何汇聚成光锥、如何使汇聚在一起的一束光发散，等等，并总结出不同光线系统中的共同规律和通用方法，以形成一套适用于所有光线系统的光线系统理论。为实现这一目标，我们需要借助现代数学的力量，用函数代替图形，用公式代替图表，来建立一个类似的系统代数理论，使代数在光学研究中发挥妙用。”

“那篇论文［法国物理学家马吕斯（Malus）《光学的特征》一文］中所采用的方法可以描述为：根据某一系统的特定特征和特殊规律，任何光学系统中最终的直射光线的方向，取决于该光线上某个指定点的位置。通过将光线的另一点的三个坐标值表示为三个函数表达式，我们可以用代数方法来表示这一定律。因此，马吕斯引入了三个类似函数（或至少三个与之等价的函数）的通用符号，并通过复杂但却对称的计算得出了几个重要的通用结论。

后来，在不知道他的研究成果的情况下，我开始尝试将代数应用于光学，用类似的方法得出了许多类似的结论。但是，在陆续研究过程中，我很快便将其替换成了一种完全不同的方法；并且，这种方法（我认为我已经证明了）更适合用来研究光学系统。通过这种方法，我们只需一个函数就可解决问题，而非上面提到的三个函数或至少两个比值。在此，我称这个函数为特征函数或主函数。马吕斯用一束光线的两个方程来对问题进行推导，而另一方面，我建立并应用了一个关于系统的函数。”

“我为研究目的所引入的函数，是我在数学光学中用到的基础推导方法之一，也向前辈们展现了数学光学推导过程的高级性和广泛性。研究得到的结论通常被称为最小行为定律，或最短时间原理。此外，得到的结论还涉及关于如何确定光线传播路径的形状、位置，以及这些光线发生一般或异常反射或折射后的方向变化等问题。研究过程中存在一个这样的量，它在一个物理理论中被称为行为，在另一个物理理论中被称为时间。我们发现，光从实际路径上任意一点到另一点所用的时间总是短于其他路径所用的时间。或者说，在路径的末端一定时，光实际传播路径的变量为空。我采用的数学方法的新颖之处在于，将上面的这个量看作这些光线两端坐标的函数。根据光线传播行为的变化规律，当光线发生变化时，这些坐标会发生变化。就像笛卡尔将代数应用到几何中一样，在将所有对关于光学系统的研究简化为对单一函数的研究过程中，我体会到数学光学在一种全新视角下呈现出的简洁之美。”

第 17 章　辐射和吸收：光谱分析、反常色散和荧光

202. 在前文中，我们已经讨论过光在两种介质接触面的反射、折射、散射等情况。现在，我们来研究光通过物质介质时，介质对光的吸收以及其他相关现象。

假设波动说成立，则接下来我们会得到更多证据证明，光是由在充满空间的介质（称为以太）中传播的波形成的。

因此，辐射状态的物体粒子必定处于快速振动过程中，并将自身振动传递给以太分子、组成以太分子的物质或其原子。

当猛烈并频繁地敲击大钟时，它所产生的钟声是极其复杂的，会由各种音调以及音高的声音组成。这些声音在强度上也可能有很大差别，敲击的力度越大、速度越快，钟声的复杂程度就越高。当出现新的受迫振动时，之前所有声音的强度会增大。只有当敲击的力度极其微弱、频率十分低时，人耳才能分辨出基调。

现在，高温固体中的分子不断碰撞，一次碰撞引起的分子振动在另一次碰撞持续之时并不会消失。因此，该固体产生的辐射由多种周期的振动组成。而且，随着固体温度升高，固体呈现出的振动周期越来越短，之前存在的所有振动强度都变大。所以，当固体的温度逐渐升高时，如果我们要检查其光谱，则我们可能无法在最初阶段观测到可见的光辐射。但是，随着温度

持续升高，固体的光谱上首先会出现红光，然后是黄光，以此类推，直到最后我们会看到一个完整的连续光谱。随着温度继续升高，光谱各部分的亮度逐渐增加。

然而，对于普通气体来说，分子运动通常完全不受碰撞影响，这使得它们以自身特有的模式振动。因此，普通气体分子只会产生一定周期的辐射，其光谱由不连续的亮线组成。这些亮线会随温度和压力而变化。压力增加时，谱线变宽，光谱变得更为连续，就像液体和固体的光谱一样。

在第 14 章第 173 节，我们已经知道，在静止状态下，一个有固定振动周期的物体，可以绕过与另一个振动物体之间的中间介质，随着该物体以相同的振动周期振动。因此，当以太的辐射进入另外一种物质介质（固体、液体或气体）时，如果介质分子的自然振动周期与某些以太分子的振动周期相吻合，介质分子就会振动，辐射的能量从而减少。这就是所谓的吸收过程。在许多情况下，也可能是在大多数情况下，产生的振动周期比导致其产生的以太振动的周期要长（参见本章第 208 节）。在几乎所有的情况下，物质吸收的能量都表现为温度升高。

203. 发射率和吸收率相等——在给定条件下，物体对任意特定辐射的吸收率，是指物体所吸收的辐射占全部入射辐射的百分比。黑体是指可以吸收全部入射辐射的物体。所以，我们可以把物体对给定辐射的吸收率定义为入射辐射量相同时，该物体吸收的辐射量与黑体吸收的辐射量之比。

在给定温度下，物体关于任意给定辐射的发射率，指在相同条件下，物体产生的辐射量与黑体产生的辐射量之比。

我们可以用一个非常简单的关系将这些量联系起来：在给定的温度下，物体对任意辐射的发射率和吸收率是相等的。

关于这一定律的证据，是由爱尔兰物理学家斯图尔特在 1858 年给出的。这一定律是对普雷沃斯特观点（参见第 21 章第 255 节）的延伸。大约于一个世纪前，普雷沃斯特提出，一个物体所产生的辐射量只取决于物体的性质和温度。早在斯图尔特之前，人们就已经得到了与之相关的各种实验结果，例如，英国物理学家布儒斯特证实，在太阳穿过地球大气层的过程中，一定量的太阳光被吸收了；福柯也曾指出，如果电弧产生两种一定折射率的黄光(比其他颜色的光辐射更加自由)，那么当一道光通过碳素电极的电弧时，这道光的光谱中两种折射率的黄光会消失。斯托克斯还通过以发声物体的类似性质为例，对以上现象做出了解释（参见第 14 章第 173 节）。

众所周知，实验结果表明，在不同温度下，放置于封闭空间中的既无法吸收辐射又无法产生辐射的一系列物体，最终将达到一个共同的温度。但这只在每个物体吸收的辐射量和产生的辐射量完全相同时发生。以上就是辐射定律的全部内容。(自然界中并不存在这种封闭空间，但用抛光的银反射表面可以得出类似实际情况的实验近似值。条件越是符合实验要求，得到的结果就越符合实际情况。)

由于封闭空间内的任意物体都可以看作黑体，因此封闭空间内的辐射必定为温度相同的黑体辐射。我们假设封闭空间中的一个物体只吸收确定的辐射，并允许其他所有辐射自由通过（钕盐的溶液几乎都具有这种性质)，那么该物体所产生的辐射量必定完全等于它所吸收的辐射量，否则，物体的温度将会变化。据此，我们可以证明辐射定律。

斯图尔特用实验来对定律的真实性进行解释。因此，将一块红玻璃放在火前，由于吸收绿光和蓝光，因此玻璃颜色会变红。如果把它放在火里，当玻璃的温度等于火的温度时，就会变为无色，但仍然允许红光穿过。此外，玻璃本身发出的光也会被自身吸收。如果将红玻璃从火中取出，放在一个黑暗的房间里，它就会发出蓝绿色的光，也正是它吸收的光。

斯图尔特和基尔霍夫两人分别对问题进行了研究并得到了相同的答案，尽管基尔霍夫的研究从时间上讲更靠后一点。结果表明，一盘在平行于晶体轴方向上切割得到的电气石受热时，会沿垂直于光传播的方向产生偏振的光(参见第 19 章)，也就是电气石在寒冷时吸收的光。

204. 光谱分析——为了检验一个给定物体产生的光辐射，我们可以在物体前面放置一个狭窄的垂直狭缝，并使它位于凸透镜的主焦点处。如此，从狭缝发出的光会被凝聚成一束平行光线，该光线通过棱镜（通常由致密玻璃制成）后，产生光谱。利用望远镜，我们可以将这一光谱放大。这种排列结构基本上可以构成一种称为分光镜的仪器（如果为了确定望远镜关于光谱不同部分时的角度位置而在分光镜上安装了刻度圆盘和游标，该仪器也可以称作分光计)。

假设我们正在检验一个高温石灰球发出的光，在传播落到狭缝上之前，使其先通过金属钠气化形成的本生灯火焰。单独的石灰球就可以产生连续的光谱，含有钠的火焰会产生一个不连续的光谱。后者由两条位于一起的亮黄色或橙色的线组成。我们实际观测到的光谱是连续的，而在钠火焰光谱的同一位置会有两条亮线。

基尔霍夫解释并指出，如果我们用酒精灯火焰代替本生灯火焰来蒸发钠，保持其他条件不变，就会看到一个连续的光谱，前两条亮线的同一位置会出现两条交叉的暗线。

产生以上现象的原因在于，本生灯火焰与酒精灯火焰的温度不同。在火焰温度一定时，根据光源的辐射强度是否超过同种的黑体辐射强度，光谱上不连续的线将有明暗之分。因为，如果从光源发出的给定辐射强度为 R，而在火焰温度下从黑体发出的光强度为 $R' = pR$，p 为该火焰的辐射率（或吸收率），人眼观察到的光强度为 $R - \rho R + \rho pR = R[1 + \rho(p - 1)]$。当 p 大于 1 时，这个量大于 R；当 p 小于 1 时，这个量小于 R。如果光源是黑体，只有在火焰温度大于光源温度时，p 才会大于 1；但是，如果光源不是黑体，尽管火焰温度低于光源温度，我们也可以看到亮线，p 也会大于 1。然而，倘若光源和火焰的温度差异过大，线条就会显得很暗。

英国物理学家沃拉斯顿和后来的德国物理学家夫琅和费发现，太阳光的光谱上会出现一些持续的暗带。根据上述原则，我们得出结论，这些谱线是由于吸收所致。其中一些已经被证明是由于在地球大气中的吸收形成的，而绝大多数是由于太阳体周围冷蒸气（相对而言）中的吸收而产生的。在地球和太阳之间的空间，并没有足够的物质可以吸收谱线。

现在，我们可以通过实验确定各种基本物质的热蒸气所产生的辐射种类。如果发现这些辐射都不存在于太阳光谱中，则可以推断，这些物质的蒸气在不来自地球的前提下，一定存在于紧靠太阳的区域。通过这种方法，我们发现，地球表面存在的许多物质都以蒸气的形式存在于太阳中。图 123 中，谱线 A、B 与氧气有关。经证明，它是由地球大气中的吸收引起的。谱线 C 和 F 与氢气有关；谱线 D 与钠蒸气有关；谱线 b 与镁蒸气有关；大约有几百条谱线与铁蒸气的存在有关。

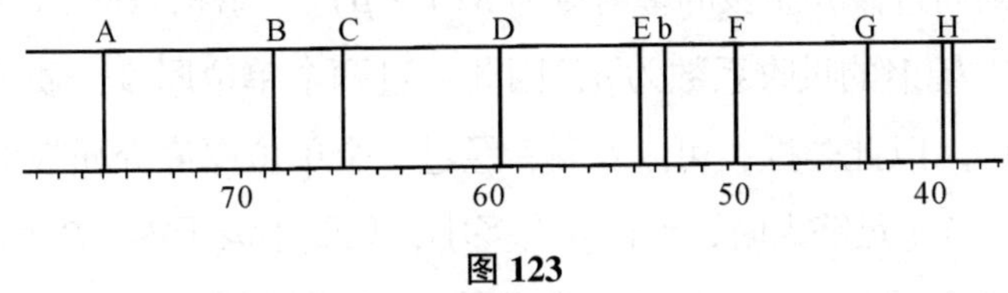

图 123

我们可以用同样的方式，来检测任意恒星、彗星或星云等发出的光，并推断出发光体的化学成分。根据光谱的性质，各种恒星可以按照相对年龄大小，分为若干组。一般来说，较新的恒星谱线较亮，而较老的恒星光谱上会有许多较暗的连续谱线。然而，几近消亡的恒星光谱在很大程度上与刚出生的恒星相似。

如果分光计的狭缝很宽，各种彩色图像会重叠，从而产生不纯净的光谱。在其他条件相同的情况下，光谱上亮光区域会变宽，变得模糊。但是，无论狭缝有多窄，由于辐射状态下的分子在剧烈运动，有的朝着观测者的方向，有的背着观测者的方向，因此一条有一定折射率的光线总会有一定的宽度。

如果以太每秒产生的振动次数为 n，且如果发光的分子相对于观察者处于静止状态，则振动的波长 λ 可由方程 $V = n\lambda$ 来求，其中，V 为光速。但是，如果分子相对观测者的方向以速度$\pm v$移动，则波长可由方程$V\pm v=n\lambda'$求出。显然，以上两种过程中的波长变化为

$$\lambda'-\lambda=\pm\frac{v}{n}$$

因此，一个发光体分子所有可能出现的速度都处于极限值$+v$和$-v$之间，其光谱中的一条亮线即便仅对应一种确定的辐射，也会有一定的宽度。

这一原理已被应用于确定太阳在旋转轴上的自转速率、太阳耀斑爆发时的气流速度以及恒星相对于地球的运动速率中。

205. 吸收定律、体色与二色性。设照射在吸收介质上的某种辐射量为R，设被单位厚度的介质板阻挡的辐射量占总辐射量的百分比（称为吸收系数）为ρ，则通过该介质板的辐射量为$R(1-\rho)$。同样，第二个单位厚度的同种介质板对辐射的吸收系数为ρ，因此经过两个单位厚度介质板的辐射量为$R(1-\rho)^2$。以此类推，可以发现，经过n个单位厚度介质板的辐射量为$R(1-\rho)^n$。当n足够大时，无论ρ有多小，只要不等于零，$R(1-\rho)^n$最终实际上都会等于零。相反，如果ρ等于零，则同种温度下，当介质厚度达到一定程度后，所产生的辐射量等于黑体产生的辐射量。[只有在n个单位厚度介质板的吸收系数ρ都相同时，经过n个单位厚度介质板的辐射量才为$R(1-\rho)^n$，否则，我们需要将其写为$\Sigma\cdot R(1-\rho)^n$。]

我们观察到，在光经过一种吸收红光的物质后，该物质会呈现出蓝绿色。而且，光通过的物质厚度越大，物质看起来颜色就越深，直到最终几乎没有光可以通过该物质。

因此，只要物质对光发生选择性吸收，当光穿透物质一小段距离后又被反射出去后，物质就会呈现出颜色，并且出现的颜色将与它所允许通过的光的颜色相同，这种颜色被称为物质的体色。

例如，蓝色颜料和黄色颜料的混合物看起来是绿色的。这是因为，白光照射到它上面时，蓝色颜料分子会吸收折射率低的光线，而黄色颜料分子会吸收折射率高的光线，只有绿光会在两种颜料分子表面发生部分反射，所以

混合物看起来是绿色的。黄色和蓝色混合后得到紫色。将一个圆盘分成若干扇区，部分扇区涂成黄色，部分扇区涂成蓝色，然后将圆盘绕圆心快速旋转，可以观察到圆盘呈紫色。

现在，假设某些物质吸收红光和绿光，令物质对红光的吸收系数大于对绿光的吸收系数，并假设入射光线中，红光强度远大于绿光。很明显，当物质厚度比较小时，红光在出射光中的强度大于绿光；而当物质厚度达到一定程度后，绿光在出射光中的强度大于红光。因此，我们会看到，该物质的颜色会随着其厚度的增加，从微红色调变为微绿色调，这种现象被称为物质的二色性。

图 124 以图像化的方式说明了以上事实。曲线的横坐标表示吸收介质的厚度，一组曲线的纵坐标表示不同介质厚度下一种出射光的强度，另一组曲

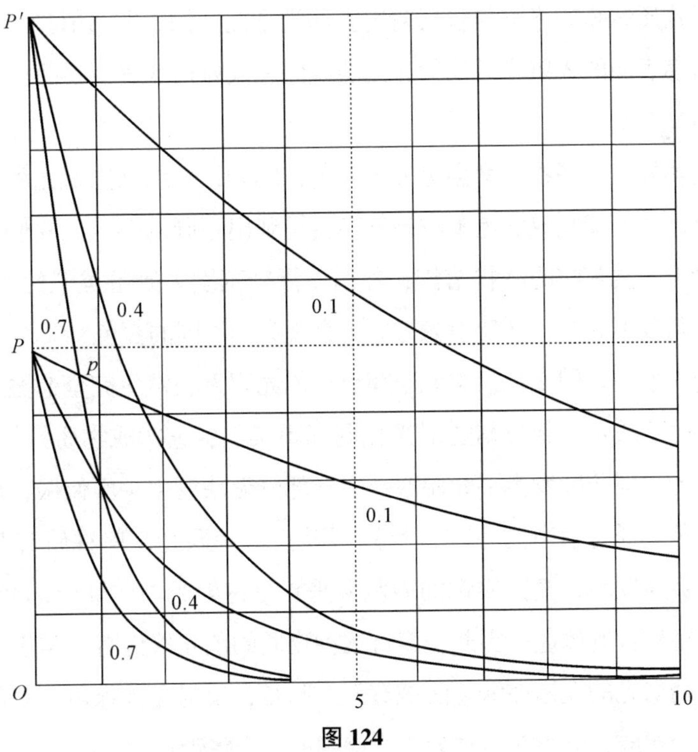

图 124

线的纵坐标表示不同介质厚度下另一种出射光的强度。曲线上的数字代表不同的吸收系数值。在 p 点，物质厚度相同且出射光强度相同的情况下，物质对较高强度光线的吸收系数为 0. 7，对强度较弱光线的吸收系数为 0. 1。

自然界中存在许多这样的物体，例如用钴盐着色的玻璃，当厚度很小时，这种玻璃透射蓝光，呈现蓝色；其厚度足够大时，光穿过玻璃，玻璃会呈现红色。

如上所述，当吸收系数与光的强度无关时，吸收定律成立（忽略光的反射或散射等外部效应）。类似的实验对此提供了证据。

206. 表色与金属反射——有些物质表面只对某些光线产生反射，比如黄金反射淡黄色光线，铜反射淡红色光线，这种金属反射产生的颜色称为表色。

通过物质薄膜的光与薄膜反射出去的光是互补的，即透射光和反射光共同构成薄膜表面的入射光。反射光无法以任意入射角度发生平面偏振（参见第 19 章）。

除金属外，许多物质都会呈现出表色，比如，分别从出射光和透射光方向观察时，玫瑰苯胺或蓝色苯胺等薄膜会呈现出不同的颜色。我们可以在玻璃板上涂上一层苯胺的酒精溶液，然后使酒精蒸发来制备类似性质的薄膜。当入射光角度不同时，在反射光方向上会观察到不同的颜色。

无论入射角如何变化，类似薄膜反射的光都无法发生完全偏振。反射的光由两部分组成：一部分与透射光相同（事实上，它构成物质的体色），可以以一定的入射角度发生平面偏振；另一部分无法发生平面偏振，形成类似金属的表色。通过适当的方法，我们可以去除偏振光，单独研究其余的部分。斯托克斯发现，高锰酸钾的表色似乎正是透射光中所缺乏的光线颜色，也就是高锰酸钾的体色。因此，穿过这种物质的色光仅仅有非常小的一部分被吸收。透射光的光谱在绿色区域有五个暗带，反射光为绿色；表色的光谱由五个亮带组成，分别对应透射光光谱中的五个暗带。

207. 反常色散——暗吸收带的存在与反常色散现象密切关联。

一般来说，波长较长的光线在通过棱镜时会比波长较短的光线折射率更小。但是，在许多物质中，以上规则并不成立。这些物质的介质拥有反常色散属性。

第一个观察到反常色散现象的是英国科学家福克斯·塔尔博特（Fox Talbot），但直到研究完成 30 年后他才发表了自己的观察结果。与此同时，勒鲁克斯（Le Roux）观察到碘蒸气对红光比对蓝光的折射程度更大。

克莉丝汀森、昆特等人也发现了大量具有反常色散属性的物质。昆特已经证实，光在所有呈现出表色的物体中都可以发生反常色散现象。

如果用一个由反常色散物质制成的棱镜，来检查另一个玻璃棱镜产生的连续光谱，则我们得到的光谱便不再连续，而是呈现一个或多个暗带。如果转动由反常色散物质制成的棱镜，使其边缘与玻璃棱镜的边缘成直角，则连续光谱的各个部分将从其原始位置偏离，偏离程度取决于反常色散物质对每种光的折射指数。当光线的波长短于吸收光线的波长时，在靠近暗带的部分光谱中，光谱偏离的程度极其小。当光线的波长略微大于吸收光线的波长时，光谱偏离的程度极其大（图 125）。

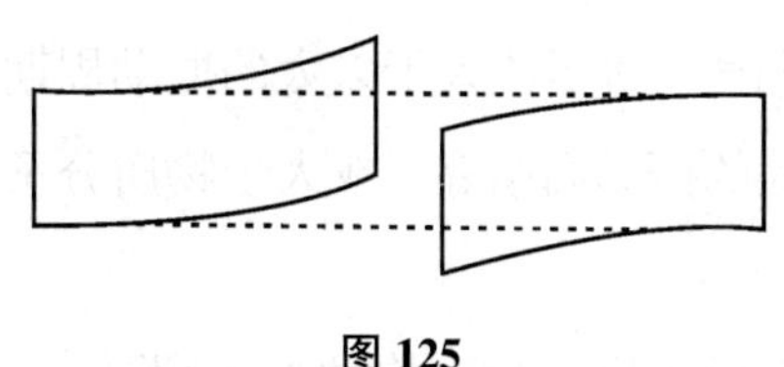

图 125

昆特总结出的一般规律是，通过吸收介质时，如果光线折射率低于被吸收光线的折射率，则光线的折射率会异常增加；而当光线折射率高于被吸收光线的折射率时，光线的折射率会异常减小。

208. 荧光现象也必然与光的吸收有关。

布鲁斯特观察到，一束白光在叶绿素溶液的路径呈现出红光。他将这种现象称为“内部色散”；之后，赫歇尔发现，阳光照射到硫酸奎宁溶液时，硫酸奎宁溶液表面呈亮蓝色，他将这种现象称为“发荧色散”。但布鲁斯特再次表明，如果太阳光足够集中，硫酸奎宁溶液内部也会呈现蓝色。因此，他得出结论，以上两种溶液中出现的现象是相同的。

斯托克斯已经证明，许多普通的物质，如骨头、白纸等，都具有这种特性，并把这种特性称之为荧光，因为它在萤石中最为明显。他的观察方法是：让一束光线通过一盘蓝色钴玻璃进入一个黑暗的房间，一部分落在白色非荧光体（白瓷）上，一部分落在待研究的物体上，然后用一个狭缝和棱镜来研究经两个物体反射后的光。用这种方法，可以将荧光和产生荧光的光进行比较。

此外，他还发现，荧光体发出的光总是比产生荧光的光折射率更低。奎宁硫酸盐的荧光是由于光谱中的深紫色光以及更高折射率的不可见光引起的。因此，通过这样的方法，我们可以确定光谱中是否存在不可见光部分的光线。将光谱照射在用这种溶液制成的阻尼屏幕上，就会产生一般可见光部分之外的荧光，除非某些折射率的光线不存在。就叶绿素溶液而言，产生这种荧光效应的光主要存在于可见光光谱中。

斯托克斯对这种现象的解释是，荧光物质吸收了以太的振动，从而自身产生振动，且振动周期通常等于或大于以太的振动周期。振动的荧光物质又作用于以太，使得以太的振动周期等于或大于物质分子的振动周期。这是造成折射率降低的原因。

以下为斯托克斯对以上反应给出的动力学解释：在风平浪静的海面上，处于静止状态的小船会因远处传播出来的一定振动周期的波浪而振动，每只小船的自然振动周期一般不会与波浪的振动周期相一致。每只小船振动时又会产生一个向外传播的波浪，且这些波浪的振动周期通常会大于或等于原始波浪的振动周期，但永远不可能小于原始波浪的振动周期。

如果斯托克斯给出的解释成立，那么我们可以预料，产生荧光的光将在荧光物质的吸收光谱中消失。事实也正是如此。

磷光和荧光两种现象大致相似，唯一的区别是它们发生的时间长短。当刺激磷光产生的辐射消失后，磷光通常可以持续数个小时；而荧光物质受到的光照突然消失时，荧光通常仅能维持不到一秒的时间。

贝克勒尔测量并给出了许多物质荧光持续的时间。他使用的仪器由一个两端挂有穿孔旋转圆盘的盒子组成，一端的盒子闭合，另一端的盒子处于开放状态。待测物质放置于盒内即将旋转的圆盘上（盒子和圆盘有一个共轴），使一束间歇光通过待测物质，只有在待测物质为荧光物质的前提下，才会有光线从盒子的另一端射出。如果满足待测物质为荧光物质这一条件，当圆盘的旋转速度足够大时，光就可以通过盒子另一端射出。

根据前文中给出的动力学解释，我们可以理解荧光持续的时间。当引起船只振动的波浪停止后，船只将持续振动一段时间，然后停止。

209. 色散理论——第一个提出色散动力学理论的是柯西。他将色散归因于组成色散物质的粗粒度。这一理论遇到的最大困难在于，为了解释诸如玻璃等物质折射率的观测值，必须假设在光波长度上并排存在的物质分子数量远远小于其他方向上的分子数量（参见第 12 章第 146 节）。后来，汤姆森爵士发现，柯西的假设可以适当调整，以便克服这一困难。

根据这一假设，我们可以得出一个关于任意物质折射率 μ 的表达式：

$$\mu = a + \frac{b}{\lambda^2} + \frac{c}{\lambda^4} + \cdots$$

式中，a、b、c 等为常数；λ 为波长。这一公式表明，折射率随波长减小而增大。根据上述公式所得的结果与可见光谱范围内的实验观测结果十分吻合；但对于光谱末端折射率低的不可见光，该公式则不太适用，各种数值的大小会大幅减少。

布瑞奥特对柯西的研究做了一些总结，并推导出：

$$\frac{1}{\mu^2} = x\lambda^2 + a + \frac{b}{\lambda^2} + \frac{c}{\lambda^4} + \cdots$$

这一公式比前者更符合实验观测结果，且更适用于更大范围的波长。

$x\lambda^2$ 取决于存在于以太和物质之间的直接作用。

相比于波长和分子距离之间的空间关系，现代理论（例如赫尔姆霍兹的理论）更注重以太振动周期和物质分子自由振动周期之间的时间关系。

德国物理学家赫尔姆霍兹假设分子运动时存在黏性阻力。当以太振动和分子振动周期相同或近似相同时发生吸收，并且分子间存在黏性，振动的能量以热能的形式出现。

汤姆森的结果与赫尔姆霍兹得到的结果不同，主要是由于他故意避免假设分子运动时黏性的存在。他得到的方程为

$$\mu^2 = 1 + \frac{c_1\tau^2}{\rho}\left(-1 + \frac{q_1\tau^2}{\tau^2 - x_1^2} - \frac{q_2\tau^2}{x_2^2 - \tau^2} - \cdots\right)$$

式中，μ 为折射率；τ 为以太的振动周期；x_1、x_2 等为按时间长短递增排列的分子自然振动周期。只要 τ 远大于 x_1、远小于 x_2，这个方程就对应普通折射发生的情况。当 τ 接近 x_1 时，折射率会异常增加；当 τ 小于 x_1 时，随着 τ 进一步减小，μ^2 最初为负，而随后变为正，尽管这个量非常小。这解释了造成反常色散的原因。μ^2 为负时，物质通常发生反常色散现象，表明物质存在吸收或金属反射。

因此，根据这一理论，银的反射率较高是由于观察到的每一种被反射的辐射振动周期都小于银分子的最小自然振动周期。

同样，当 μ^2 为正，τ 值小于 1 时，周期为 τ 的特定辐射通过物质的速度将高于通过空气的速度。

分子快速振动的能量逐渐转化为缓慢振动的能量，这一点可以用来解释吸收光的物体的荧光和热辐射现象的成因。在某些特殊的分子结构下，荧光（或磷光）也可以持续很长时间。

第 18 章　干涉和衍射

210. 干涉原理。

如果光是由以太传播产生的波动形成的，且在以太传播任意一点上的振动情况为单一的简谐运动（参见第 5 章第 52 节），则我们认为在这种情况下，该点上的合成运动为零；而在其他条件下，合成运动可能异常剧烈。我们已知，由于类似的因素，当波从两个不同的波源处出发沿水面传播时，在水面某些点上可能并不发生振动。同样，在一定距离内，来自两个声源处的声音相互干涉后，人耳可能听不到任何声音。

为了使给定点上产生连续干涉，从两个波源处开始传播的波必须具有完全相同的周期，否则产生的干涉将在最小值和最大值之间交替变化。如果两个波为声波，振动周期的不同会产生人耳所能听到的节拍。

现在，假设两个火焰处振动的相位毫不相干，则我们无法确保两个火焰产生的光线之间发生的干涉与我们的期望一致。当然，两种光线之间一定会产生干涉，但一般来讲，产生的干涉将在最大效果和最小效果之间迅速交替，以至于肉眼无法观测到强度的变化。

据此，我们得出结论：为了能够观测到持续干涉效应，两条产生干涉的光线必须来自同一光源。

两个多世纪前，意大利物理学家格里马尔迪（Grimaldi）观察到，当来自两个不同光源的光线相互重叠并落在屏幕上时，屏幕上同时被两条光线照射的区域似乎比被一条光线照亮的区域更暗。他令阳光通过百叶窗上的两个小孔进入一个黑暗的房间，且这两个小孔之间通过的光线来自太阳的各个区域。这样一来，格里马尔迪观察后得到的结论是，以上现象无论如何，绝对不可能是由干涉引起的。事实上，他本人并没有发现干涉现象，干涉现象是直到 150 年后才进入科学家们的视线。当初，格里马尔迪只想证明光不是物质，因为两部分光叠加后的效果显然不如两束单独的光。实际上，这一推论过程具有启发性的意义——为了能够用光线发散理论解释相关现象，他设定的条件似乎有些太过轻率和随意，没有人能从严格意义上对其加以证明。

211. 杨氏实验——第一个真正观察到干涉效应的是英国物理学家托马斯·杨（Thomas Young）。他令光从百叶窗的一个小孔中射出，并在这个小孔后又放置了一个带有两个小孔的百叶窗。通过这种方式，他得到两束光线，且这两束光线最初来自同一光源，即第一百叶窗的小孔。最终，投射到屏幕上的两道光线的重叠处会出现交替排列的暗带和亮带。他还发现，当第二个百叶窗上的两个小孔之间的距离增加时，光带变窄；如果两个小孔都关闭，屏幕上就会出现一片空白。

他观察到的现象可以用波动理论来直接解释。

设 A、A'（图 126）表示百叶窗上的两个开口，并设 AP、$A'P$ 为两条同时照射在屏幕 PN 上点 P 处的光线，M 是 AA'的中点，MN 垂直于 AA'和 PN，a 表示 AM（或 $A'M$）的长度，b 表示 MN 的长度，x 表示 PN 的长度。

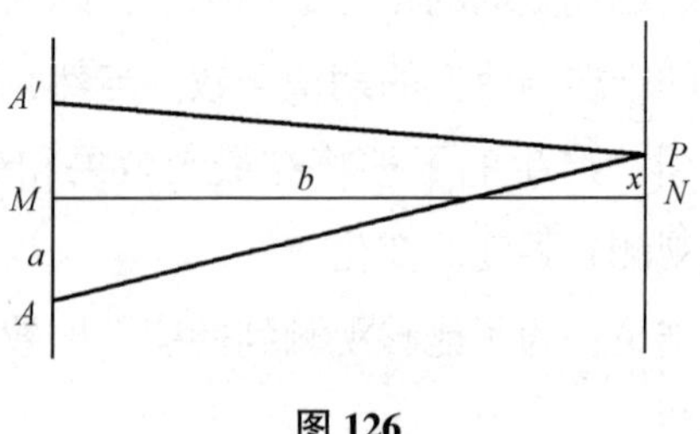

图 126

波分别从点 A 和点 A'开始，以同一相位沿着 AP 和 $A'P$ 传播。最终，当 $AP-A'P$ 为半波长的偶数倍时，点 P 变亮；当 $AP-A'P$ 为半波长的奇数倍时，

点 P 变暗。

现在，$AP^2=(a+x)^2+b^2$ 且 $A'P^2=(a-x)^2+b^2$，所以 $AP^2-A'P^2=(AP+A'P)(AP-A'P)=4ax$。然而，$AP+A'P$ 约等于 $2b$（a 和 x 相比于 b 为非常小的量），因此根据这些条件得出：

$$\frac{2ax}{b}=n\frac{\lambda}{2}$$

当 n 为偶数时，点 P 变亮；n 为奇数时，点 P 变暗。

这个公式表明，在以上类似的情况下，当 b 变化且 n 保持不变时，点 P 的轨迹为直线 MP。当 A 和 A' 为焦点时，标准的轨迹是双曲线。因此，我们可以发现，$AP-A'P=a$ 为一个常数。

当然，A 和 A' 可以用于表示垂直于纸张平面的窄发光条，点 P 对应于垂直于纸张平面的暗带或亮带。

通过测量 a、b 和 x 的数值，并计算观察到的特定波段的 n 值，我们可以计算 λ 的值。

n^a 和 $(n+1)^a$ 之间的距离与 n 无关。因此当 a、b 和 λ 的值不变时，该距离是恒定的。

212. 菲涅尔实验。

在杨氏实验中，光束通过固定的小孔传播。因此，观察到的现象可能是由衍射引起的（参见本章第 224 节）。这导致托马斯·杨的结论无法被世人普遍接受，而菲涅尔对他的实验进行了调整，完全解决了这个问题。

从 B 点射出的光（图 127），在两个相互倾斜放置的镜子 OR 和 OS 处进行反射。OR 和 OS 彼此倾斜的角度非常小，两个镜子交于点 O。光线在此处反射后，似乎分别从 B 在 OR 和 OS 中所成的像——A 和 A' 处再次发散。因此，A 和 A' 可以充当两个辐射强度一样的光源。在这一过程中，光线并未通过小孔，有效避免了杨氏实验的不足之处，并观察到了同样的效果。

显然，点 A、A' 和 B 位于圆上，圆心位于点 O；OR 和 OS 分别垂直于 $A'B$ 和 AB。因此，角 $A'BA$ 等于两个镜子的倾角 θ。但是，$A'OA=2A'BA=$

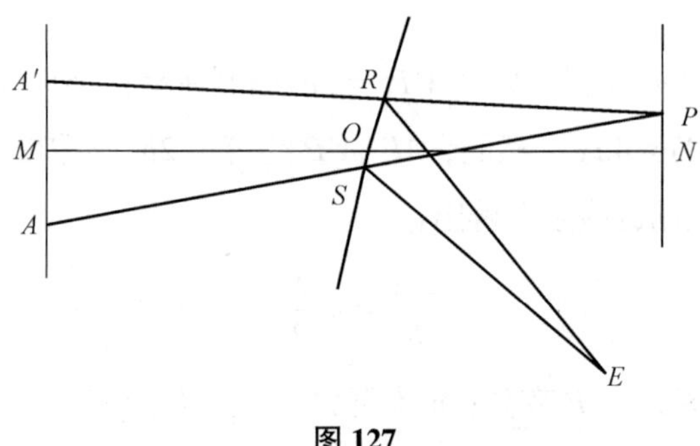

图 127

2θ，且 OM 的长度实际上等于 $OB(=r)$，所以上一节中的公式可写作：

$$\frac{2r\theta x}{r+r'}=n\frac{\lambda}{2}$$

为了使得根据该式得到的计算值更接近实际情况，必须严谨进行实验。

213. 劳埃德实验——劳埃德（Lloyd）用一面镜子重复进行了上述实验。光线从狭缝 A'处（图 128）发散，以切线入射照射到镜子 RS 上并发生部分反射，由此，我们得到两条光线，一条实际上是从 A'处发散的，另一条显然是从 A——即 A'关于镜子 RS 的倒像处发散的。这些光线同样会产生干涉效果。

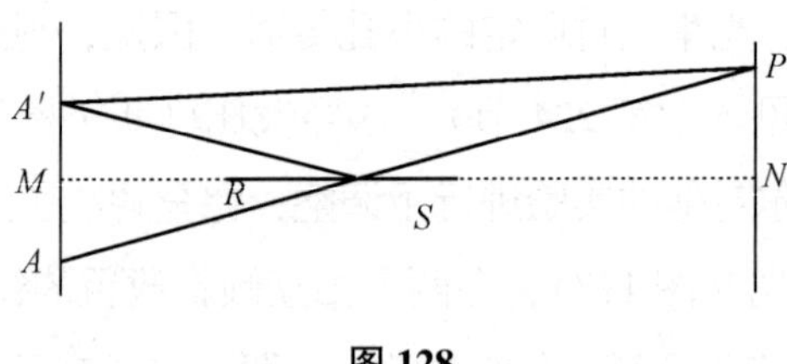

图 128

然而，我们可以发现一个明显的区别。在前面描述的两种实验形式中，由于 $AN-A'N=0$，点 N 处被照亮；而在劳埃德的实验中，N 为暗处，整个亮带和暗带系统会被一个带的宽度所改变。为了解释这一点，劳埃德建议通过反射，将光波的相位改变 180°。

在所有情况下，都应保证光通过的狭缝尽量窄。但在当前这种情况下，狭缝的宽度并没有那么重要。因为狭缝 A 是 A' 的倒像，所以 M 是 A 和 A' 所有对应部分的中心，A 最接近 M 的部分对应 A' 最接近 M 的部分所成的倒像，依此类推。因此，所有部分的效果都在 P 处严格叠加。但是，在前两种情况下，由于 A 相对于 A' 并未发生倒置，所以 A 最接近 M 的部分其实对应于 A' 距离 M 最远的部分（M 为连接狭缝中心部分的直线的中点），依此类推。因此，由于来自两个狭缝的不同对应部分的光形成的光带系统并未完全重叠，因此我们给出的定义也就没有那么准确。

214. 菲涅尔双棱镜实验——菲涅尔进行了第二种实验，不过这仍然无法完善杨氏实验的不足之处。如图 129 所示，RS 处是一个大钝角玻璃棱镜。它的平面朝向光源。棱镜的每一半都形成一个 M 的像，光线看起来好像从点 A 和点 A' 出发，过棱镜的其他面，以直线方式传播到点 P。实际上，光线最初来自点 M 处，且方向垂直于棱镜平面。如果 i_1、r_1 分别为光线关于棱镜平面的入射角和折射角，而 i_2、r_2 为棱镜另一边的入射角和折射角，则光线 MR 传播方向的总偏差，即角 $A'RM$ 等于 $i_1 - r_1 + i_2 - r_2$（参见第 16 章第 192 节）。当这些角度很小时，i_1 和 i_2 分别等于 μr_1 和 μr_2，μ 为构成棱镜物质的折射率。因此，总偏差为 $(\mu - 1)(r_1 + r_2) = (\mu - 1)\alpha$，其中，$\alpha$ 为棱镜的锐角。我们大致可以得出，$A'M(=AM) = b(\mu - 1)\alpha$，$b$ 为 M 到棱镜的距离。因此，我们可以根据下列公式得到 x 的值：

$$\frac{2b(\mu - 1)\alpha x}{b + b'} = n\frac{\lambda}{2}$$

其中，b' 为棱镜与屏幕之间的距离。

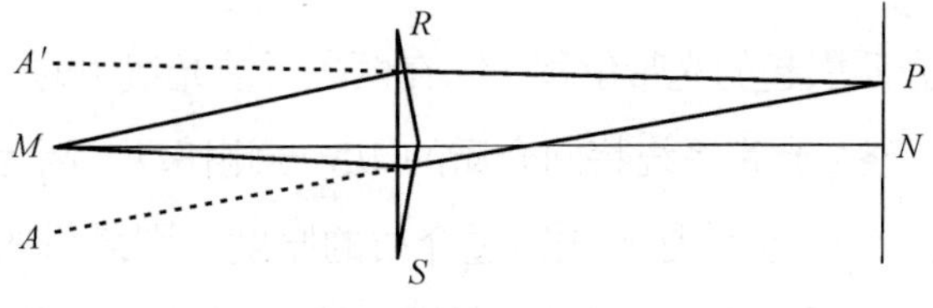

图 129

215. 彩色干涉光带。

在前面几节中，我们假设波长是恒定的。但两个相邻的亮带或暗带之间的宽度与 λ 成正比，因此位于 N 处的光带是唯一无色的，此外的其他光带都是彩色的。第一个红色光带距离 N 的距离大约是第一个紫色光带与 N 之间距离的两倍。当使用普通白光时，我们可以分辨出大约十几个清晰的光带，而随后的不同颜色的光带纷纷重叠，以至于所有的干涉迹象几乎都消失了，屏幕得以被均匀照亮。

如果第 214 节，公式中的量 α 是可变的，且该量的大小与 λ 成正比，则无论波长如何变化，x 值始终为常数，即光带是无色的。这种效果可以通过使用衍射光栅（参见本章第 233 节）来实现。

在双棱镜实验中，点 A 和点 A' 之间的距离取决于波长，波长越短，这一距离越大。其结果是，彩色光带之间的间隔会比一般情况下小。

使用彩色玻璃，可以减少干涉光束中不同种类光的数量，使可见光带的数量显著增加。据统计，一个火焰可以产生的光带多达 20 万个。钠燃烧时，形成光源，火焰呈深橙色。

当两条干涉光线所经过的路径长度之差为波长的极大倍数时，在光线从光源处出发同时到达点 P 的时间间隔内，振动的性质可能已经完全改变，因此最终在点 P 处不会发生干涉。但是，由于我们既无法获得绝对的单色光，也不能使用无限窄的狭缝，因此，如果我们观测到的光带不到 20 万个，也并不能证明在干涉处给定点上，不超过 20 万次的以太振动情况会相似到能够产生连续干涉。与之相反的观点认为，20 万次连续振动次数实际上是相似的。

216. 折射介质引起的光带位移——在两条干涉光线中的一条路径上放置一个光密介质，整个光带系统将向介质的 MN 一侧移动。因为，如果折射率为 μ 的介质厚度为 t，也就是光线穿过介质的厚度，则最后效果与光线穿过厚度为 μt 的空气一样。因此，该光线路径的有效长度增加了 $(\mu - 1)t$。

在图 130 中，L 表示放置于光线传播路径的介质。光线 $A'P$ 的有效长度会增加，因此 AP 的长度必定会增加。换句话说，PN 一定会增加。

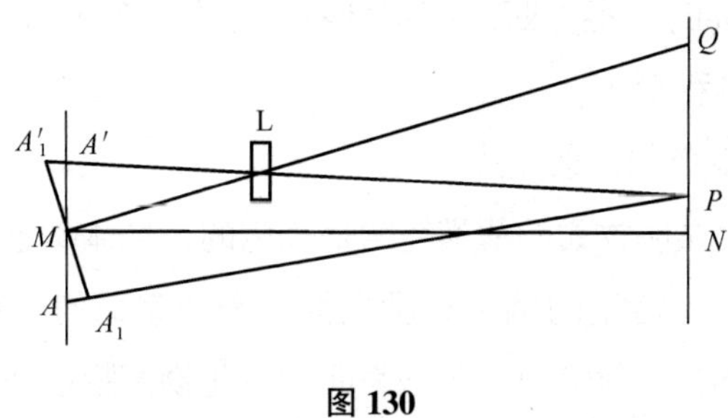

图 130

假设现在 L 被移除，我们将 A' 向屏幕后方移动（$\mu-1$）$t/2$ 的距离，到达位置 A'_1；令 A 向屏幕前方移动同样的距离，到达位置 A_1。这样，$A'N$ 的有效长度相对于 AN 的有效长度增加了 $(\mu-1)t$；并且，最初出现的 N 处的中心光带，现在会出现在 Q 处，使得 MQ 垂直于 $A_1A'_1$。但是，$QN/MN = AA_1/AM = (\mu-1)t/2\alpha$，因此中心光带的位移（如果我们研究的是单色光）为

$$QN=\frac{b(\mu-1)t}{2\alpha}$$

如果光不是单色光，那么只有当折射物质没有产生色散，也就是 μ 与 λ 无关时，我们才可以根据该式求出中心光带（亮度最大）的位移。只有 QN 随 λ 的变化率达到最小值时，光带的亮度才会最大。在此处，几种临近彩色光带的重叠程度接近最高。

利用这个公式，我们可以非常精确地求出位于光线传播路径上物质的折射率，这一方法尤其适用于测定气体的折射率。

217. 光谱中的干涉光带。

如果使一束白光从狭缝发射，经过另一个适当的透镜后，这束光的光线变得相互平行，然后经棱镜折射，我们就可以得到一般的连续光谱。但是，如果我们把一块由折射物质组成的平板放置在光束传播路径的一半中，光谱

上将出现相互交叉的暗带。这是因为，一半光线相对另一半被延迟，所以产生了干涉效应。部分光线相对延迟了半个波长，因此被抵消。

鲍威尔（Powell）、福克斯·塔尔博特、布鲁斯特和斯托克斯等人还给出了这项实验的各种形式。

218. 薄板的颜色与反射光线。

在人眼看来，透明物质的薄膜经常是浅色的，具体颜色随光线的入射角和薄膜厚度而变化。常见的例子有肥皂泡、普通家蝇的翅膀和硬质回火钢等。在硬质回火钢中，薄膜由高温钢表面的氧化物薄膜组成。旧玻璃由于表面薄膜经常受到摩擦，而呈现出这些颜色。

波动理论对这些现象给出了完整的解释。

如图 131 所示，设 AB 表示折射率为 μ 的物质薄板（厚度很小），光线 ab 照射在薄板表面上后，一部分沿 bc 方向反射，另一部分沿着 bd 方向折射。部分折射光线又在 db' 方向上进行反射，最后出现在物质中平行于 bc 的 $b'c'$ 方向上。

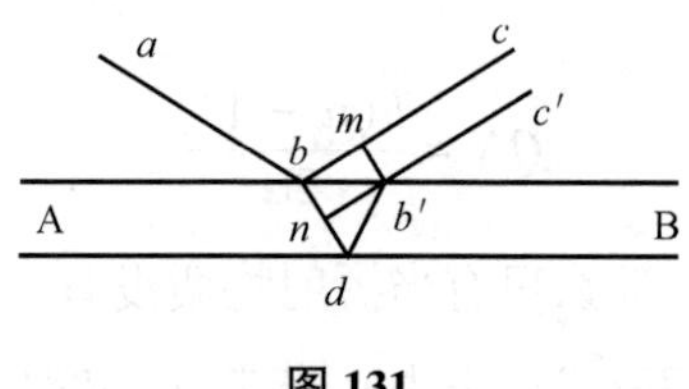

图 131

如果 $b'm$ 和 $b'n$ 为从 b' 出发到达 bc 和 bd 的垂线，则同一路径上被点 b 所截的部分 bm 和 bn 与之所用的时间相等。因此，这两条光线路径的差距极小，分别为 $nd + db'$，等于 $2t\cos r$，其中，r 为折射角。如果这部分物质的折射率为 μ，则空气中的等效路径是 $2\mu t\cos r$。

因此，当这个量为波长的整数倍时，可以预料到两种光线一定会相互影响，并且强度增大；当它为半波长的奇数倍时，它们的效果会相互抵消；当薄板的厚度远小于紫外光的半波长时，所有的光线强度都会增强，因此白光会发生反射。

而另一方面，我们观察到，当薄板的厚度很小时，光线不发生反射；当 $2\mu t\cos r$ 为半波长的奇数倍时，光线发生强烈反射。当薄板的上下表面之间的反射存在半个周期的相位差时，一定会发生以上结果。

两次反射发生的条件正好相反。在第一种情况下，光从光疏介质进入光密介质；在另一种情况下，光从光密介质进入光疏介质。因此，通过两个不同质量弹性球的撞击效应进行类比，托马斯·杨指出，光反射时会产生所需的相对相位加速度。[波沿着一条由两段不同密度部分组成的绳子传播，精确地说是振动情况相似。在这两部分的交点处，波动由密度较低的部分传播到密度较高的部分时，一部分波动会发生反射，与反射前形成一个相反的相位差（另一种情况是绳子固定在交点处，这时产生的效果相当于另一部分的绳子无限大）；波动由密度较高的部分传播到密度较低的部分时，部分光线反射，相位不发生改变。]

托马斯·杨指出，如果他的解释是正确的，那么当反射板的密度介于它外部两边的介质之间时，就会取得完全相反的效果。此外，托马斯·杨做了一个相关的实验，证实了这一预测。同时，劳埃德实验（参见本章第 213 节）也支持托马斯·杨的说法。

有效路径的差值 $2\mu t\cos r$ 随入射角的增大而减小，因而反射光的波长随入射角的增大而减小。如果薄板的折射率和厚度足够大，则一系列颜色的光线可以重复多次反射；但如果实验时使用的是普通白光，则所有系列颜色的部分光线在经过薄板的第二个面之间将发生重叠，因为光谱中极红光的波长大约是极紫光波长的两倍。

219. 上述对光线在薄板上反射现象的解释并不全面。反射光线 bc 的强度总是大于光线 $b'c'$ 的强度，因此完全抵消的光不在我们考虑范围内。但整个过程中，确实发生了完全抵消。加拿大物理学家普瓦松对这一问题给出了完整的处理方法。他指出，在 b' 处出现的各种光线都必须考虑在内（图

132)。光线从点 b 进入薄板，之后在薄板内部的 d 处发生反射，最终从 b' 处射出时，取得的效果最好；而光线在薄板内部发生两次折射（在 e 和 d 处）后射出时，效果会大打折扣。同样地，如果光线在薄板内部经过三次或四次反射，每次反射都会使最后的效果相应程度减弱。

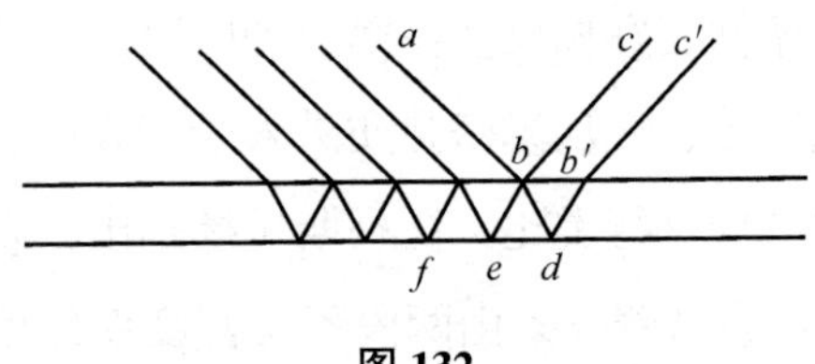

图 132

在薄板外部 b 点反射一次的光线，与在薄板内部反射 n 次的光线传播路径的有效差异为 $2n\mu t\cos r + \lambda/2$。为了研究光线在 b 处反射时产生的相位加速度，应在这个量的基础上增加半个波长。考虑到这一点，我们发现，当 $2\mu t\cos r$ 为 $\lambda/2$ 的偶数倍时，从薄板反射的光强度的确消失为零；当 $2\mu t\cos r$ 为 $\lambda/2$ 的奇数倍时，强度达到最大值。

220. 薄板的颜色与透射光。

经薄板透射的光与被薄板反射的光是互补的，也就是说，反射光束中消失的光正是透射光束中存在的光。

反射光强度不可能等于入射光强度，因此透射光强度永远不会完全消失为零。另外，由于反射光的最小强度为零，所以透射光的最大强度等于入射光强度。

221. 牛顿色环——牛顿观察到，光线从两块玻璃之间的空气薄膜两侧反射后干涉，会产生一定颜色。其中，一块玻璃为平面玻璃，另一块为凸面玻璃（图 133）。

距接触点距离为 d 处的空气薄膜厚度约为 $d^2/2R$，其中，R 为球面半径。因此，使波长为 λ 的光强度加强的条件为

$$\frac{\mu' d^2}{R}\cos r = n\lambda + \frac{\lambda}{2} = (2n+1)\frac{\lambda}{2}$$

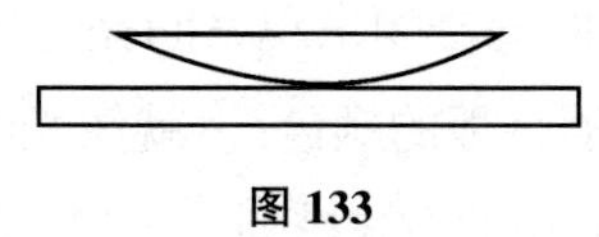

图 133

n 可以为任意整数，因此两个玻璃之间的接触点被一系列亮环包围。在这个公式中，r 为光线从玻璃进入空气时的折射角，μ' 为玻璃折射率的倒数。因此，连续亮环的半径可以由下列公式给出：

$$d = \sqrt{\frac{\mu R \sec r(2n + 1)}{2 \cdot \lambda}}$$

其中，μ 为空气中玻璃的折射率。

由上述公式可知，用密度更大的物质代替空气薄膜，将使所有色环向它们共同的中心轻微聚拢。这个结果已得到实验证明，因此我们可以确定另一个事实，即光在诸如水这样的介质中的传播速度比在空气中的传播速度慢。

连续色环的半径长度与暗环的偶数个数和亮环的奇数个数等自然数的平方根成正比，因此两个连续色环之间包围的面积相等。

半径也随着波长的增加而增加，因此第一个出现的红环比第一个出现的蓝环离中心更远。

最后，d 随入射角的增大而增大。

当这两块玻璃压得足够近时，中心处会出现一个黑点。与任意可见光的波长相比，中心的厚度都非常小，因此此处反射光消失。由于在玻璃内部反射后在某点射出的光线传播路径，与在薄膜外部该点反射的光线传播路径的有效长度相同，因此这两组光线的相位会相差半个周期。

透射光与反射光是互补的。因此，中心部分会为白色。

理论表明，如果薄膜的折射率介于薄膜周围两种透明介质的折射率之间，则光线反射后，我们所看到的光环应首先出现一个白色中心。托马斯·杨通过一层位于冕玻璃和燧石玻璃之间的油膜证实了这一预测。

222. 混合平板的颜色——如果通过两种折射率不同的介质（如玻璃板

之间油和空气的混合物）的混合物来观察明亮物体，可以观察到一定的颜色。托马斯·杨称之为“混合板的颜色”。就像光线通过均匀的薄板透射后的颜色一样，这些颜色以同样的方式排列在一起，但后者整个颜色系统的规模更大。这种现象是由于光线通过不同介质时发生干涉，从而产生相对相位变化引起的。

当入射光倾斜一定角度，且平板后放置一个暗物时，由于部分干涉被反射且产生相位加速度，整个系统通常会与反射时出现的系统类似。

223. 厚板的颜色——布鲁斯特观察到，在某些情况下，干涉可能是由于板的厚度等于或大于光的波长而产生的。

AB 和 BC（图 134）表示两块平行玻璃板，它们的厚度完全相等，相互之间倾斜的角度为 α。

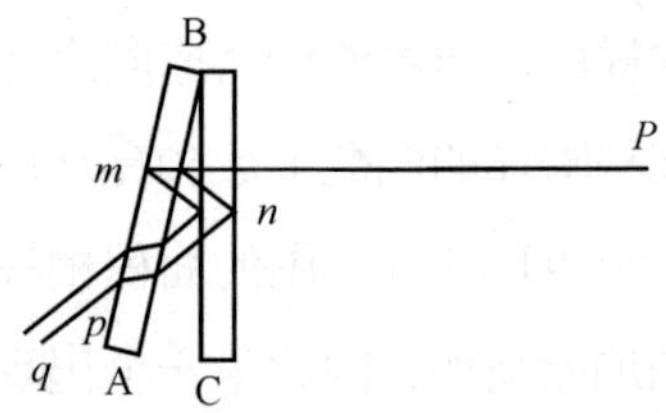

图 134

一束光，Pm，垂直照射在板 BC 上，并穿过板 BC，部分光线在板 AB 的第一个表面发生反射，部分光线在此处发生折射。折射后，部分光线在 m 处反射。如果 r 为板 AB 中的折射角，则两部分光线之间产生的有效路径差为 $2\mu t\cos r = 2\mu t\cos\sin^{-1}(1/\mu\cdot\sin\alpha)$，其中，$\mu$ 为折射率，t 为玻璃厚度。在板 BC 处，光线发生类似的过程，从板 AB 第一个表面反射的光线相对于其他光线的有效路径增加，变为 $2\mu t\cos r' = 2\mu t\cos\sin^{-1}(1/\mu\cdot\sin 2\alpha)$，$r'$ 为光线在板 BC 中的折射角。因此，从 P 点发出、过板 AB 的两条光线 pq 的有效路径差是 $2\mu t[\cos\sin^{-1}(\sin\alpha/\mu) - \cos\sin^{-1}(\sin 2\alpha/\mu)]$。

当这个量足够小时，光线之间就会发生干涉。

雅满（Jamin）应用这一原理，设计了一种非常灵敏的折射率测量仪器。

牛顿令光线落在一个背面覆有银膜的凹面玻璃镜表面，并在这一过程中观察到了干涉效应。镜子的厚度是均匀的，光线经过一张白纸上的小孔传播，且这个小孔位于镜子的曲率中心。与光线透过薄板的情况类似，纸面上出现有一些彩色的光环。所有这些环都与光在纸面上进过的小孔同心。

这些颜色的光源与布鲁斯特观察到的颜色完全不同。光环是由于光的干涉造成的，通常会在镀银的镜面表面上发生反射，然后与经银膜反射的光线一起，因第一个表面上的尘埃颗粒发生散射。但经银膜反射的光线因尘埃颗粒发生的散射（或者说衍射）率先发生。

当镜子稍微倾斜时，彩色色环的中心位于纸张小孔和在纸张上所成图像之间的中间位置。入射光性质均匀时，随着小孔与其图像之间距离的增加，中心点处交替变亮或变暗。当入射光为白色时，中心点处的颜色会快速变化。

224. 衍射。

在第 16 章第 186 节，惠更斯解释并给出了光的直线传播原理。斯托克斯关于这一问题的以下讨论值得我们注意。

“当光入射到屏幕的小孔上时，根据波动理论，可以用以下方式来确定屏幕前任意点的亮度。入射波被认为在到达小孔时是分裂的；小孔的每个单元都可以看作一个基本的干涉中心，干涉呈球形，在所有方向上均匀发散。在垂直波到主波附近，干涉强度不会在一个方向迅速变化；并且，任意一点上的干涉都是由所有二次波引起的干涉总和来求得的。相应地，每个二次波的振动相位都会随着其中心到形成干涉点的距离变化所延迟。振动系数的平方可以作为衡量亮度的度量。让我们考虑下这个过程所应做出的假设：首先，我们已知入射波在到达小孔时是分裂的。根据动力学原理，这是小幅度运动叠加的必然结果。如果这个原理不适用于光，光的波动说就会被推翻。一个波或部分波在数学上分解成基本干涉时，我们决不能将之与波的物理分解相混淆。对波进行物理分解时，我们必须像分解密度不均匀的杆一样，找到它的重心，将之分解成不同部分的碎片。我们假设，当每个二次波在远离屏幕的方向上传播时，仅通过计算所有二次波引起的振动总和，就可以求得小孔前面发生的干涉；换句话说，屏幕的作用仅仅是阻挡某一部分入射光。这个假设十分具有先验性。当我们只考虑从正波到主波不远处的点时，实验表明，无论穿透小孔的屏幕性质如何，都会出现同样的现象，例如，当屏幕为白纸或箔片时，无论是用一根头发或一根等粗的金属丝来开一个小孔，都不会对实验结果产生任何影响。其次，另一个假设是，即在离中心一定距离的情况下，与主波法线很近的不同方向上，二次波的强度几乎恒定不变。而在我们看来，构建出一个力学理论，避免以上结果发生是不可能的。显然，一个给定点的各种二次波的相位差必须由它们的半径之差来确定。可能的话，使所有相位加一个常数，则结果根本不会受到影响。最后，我们可以得到一个很好的理由，来解释为什么强度应该由振动系数的平方来衡量。”

225. 在严格条件下，惠更斯的实验表明，干涉时存在一个向波源处传播的波以及一个远离波源传播的波。通过类比，在某些类似情况下，我们必须忽略导致反向波产生的部分。例如，第 6 章第 73 节的研究表明，任何波都无法沿着振动中的被拉伸的绳子向后传播。而斯托克斯在一篇关于衍射动力学理论的论文中，从纯粹的动力学原理出发，证明了二次波中的振动幅度在垂直于波传播方向的法线上是最大的；当所考虑的方向越来越倾向于正常时，振幅不断减小，最终在与主波传播方向相反的方向上变成零。接着，他又证明，所有二次波效应叠加的结果是相同的，就好像波（假设实际上是平面波，即半径比波长大，实验中需要确保满足这一条件）无法被分解成一系列独立于振动中心的波一样，因而不会产生反向波。

226. 直线波效果。

我们已经提到，菲涅尔发现，为了对光的直线传播给出一个完整的解释，应该将惠更斯原理（即新的波前为二次波前次的包络线）与干涉原理结合起来。包络线为多个点的轨迹，每个点同时发生多个二次振动，且振动相位相同。因此，包络线为光线强度很大的点的轨迹。

从下文中对直线波对任意外部点上作用效果的研究来看，引入干涉原理是十分必要的。

如图 135 所示，设 AB 为在两个方向上无限延伸的直线波的一部分，波对点 P 处的作用效果为我们的研究对象，作 PM 垂直于 AB，并取 m、m'、m'' 等点，使 $Pm - PM = Pm' - Pm = Pm'' - Pm' = \cdots = \lambda/2$，其中，$\lambda$ 为 AB 各点发出的光的波长。

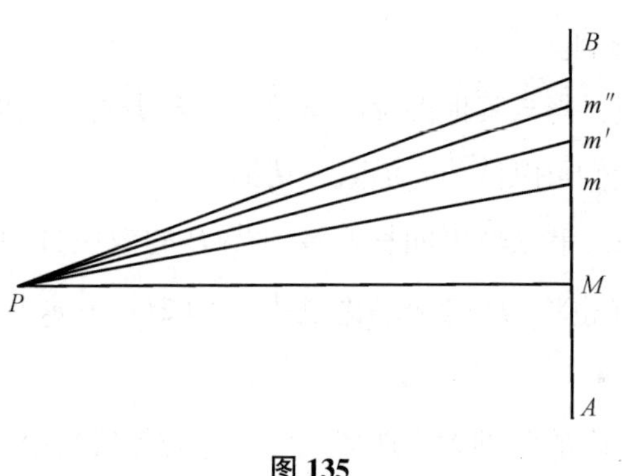

图 135

半周期长度 $Mm = \sqrt{(a + \lambda/2)^2 - a^2}$，其中，$a$ 为 PM 的长度。当 λ 与所涉及其他量的长度相比太小时，我们可以将其忽略不计，这时 $\sqrt{(a + \lambda/2)^2 - a^2}$ 变为 $\sqrt{a\lambda}$。同样，Mm'、Mm'' 等长度分别为 $\sqrt{2a\lambda}$、$\sqrt{3a\lambda}$ 等，因此，从 M 点处向外的连续半周期长度依次为 $\sqrt{a\lambda}$、$\sqrt{a\lambda}(\sqrt{2} - 1)$、$\sqrt{a\lambda}(\sqrt{3} - \sqrt{2})$ 等，最终趋近于极限 $\lambda/2$。

如果我们把每个半周期长度分成相同数量的无穷小部分，则第一半周期长度的第一部分发出的光在相位上与第二半周期长度的第一部分发出的光相差半个周期。类似地，由第一半周期长度的第二部分发射的光在相位上与由第二半周期长度的第二部分发射的光相差半个周期，依此类推。现在，第一半周期长度的各个部分在 P 处的效果并未完全被第二半周期长度相应部分的效果所抵消。因为第一半周期长度各部分的宽度比第二半周期长度各部分的宽度要大，各点与点 P 的连线与水平方向的倾角更小，且距点 P 和点 M 的距离更近。但是当 n 较大时，n^a 和（$n+1$）^{a} 半周期长度相应部分的作用效果差异会非常小。

现在，由于 λ 长度很小，因此，在 M 附近的 AB 上的一小段部分中，包含了大量的半周期长度。最终，只有 M 附近的一小部分波会在 P 处产生些许影响。因此，在 PM 上放置一个不透明的小物体，可以完全阻断波 AB 对点 P 产生的所有影响。

因此，实际上，当与其他涉及的量相比，λ 小到一定程度时，它的平方可以忽略不计，我们可以认为光沿直线传播。

设 MB 的第一、第二半周期长度等对点 P 的效应分别为 e_1、e_2 等，MB 对点 P 的总效应（也将 MA 部分考虑进去）为 $2(e_1 - e_2 + e_3 - e_4 + \cdots - e_{2a} + \cdots)$。

上式中，括号内的各项大小递减。因此，总效应会小于点 M 处上方半周期长度单独产生的效应。

任何两个连续项之间的差异与这两项自身的大小相比都很小。因此，上式可以写为 $e_1 + (e_1 - e_2) - (e_2 - e_3) + (e_3 - e_4) + \cdots$。

据此可以看出，点 P 处的总效应约等于 M 处半周期长度单独产生的效应。

227. 平面波和球面波效果——设纸的平面代表一个平面波，平面波对点 P 处的效应有待研究，并设点 M（图 136）为从 P 到平面的垂线的垂足。

以点 P 为圆心，画出一系列半径分别为 $MP + \lambda/2$、$MP + 2\lambda/2$ 等的球体。球体将平面波分成同心区域，称为半周期区域，有时也称为惠更斯区域。

将这些区域分成相同数量的无穷小环形部分，我们会观察到，一个区域

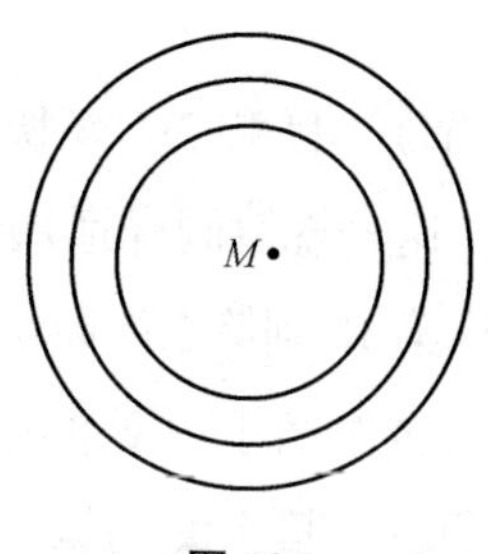

图 136

内每个部分的效果会被随后区域相应部分的效果所抵消。正如在上一节中的类似现象一样，在距点 *M* 较近的地方，环实际上是完全空的。因此，在 *P* 处产生的效应，是由过 *P* 点的法线附近的几个半周期区域引起的，其效应实际上等于第一个区域效应的一半。

设 *AMB*（图 137）为从点 *O* 处开始传播的球面波。为了研究球面波对点 *P* 的作用效果，我们必须和上一个过程一样，将 *AMB* 绕点 *M*（即 *OP* 与 *AB* 的交点）分为多个半周期区域。

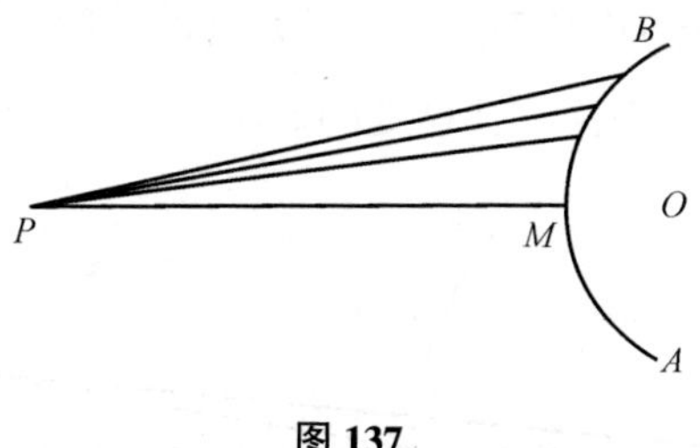

图 137

与上文中类似的推理过程表明，球面波在点 *P* 处产生的作用效果等于第一个区域作用效果的一半。

可以很容易看出，第一个区域引起的振动相位与由 *M* 处的次波引起的振动相位之间相差 1/4 个周期。如果 *OM* 与波长相比十分大，则所有实验都应满足一个条件：第一个区域为平面。此外，如果它被分解成 $2n$ 个面积相等的无穷小圆环，且这些圆环都以点 *M* 为圆心，则点 *P* 处振动的振幅几乎与每一个环形部分相等。

因此（参见第5章第52节），1^a 和 $2n^a$ 环状区域作用效果的合成相位介于其各部分效应的一半之间。这一规律同样适用于 2^a 和 $(2n-1)^a$ 等环形区域作用效果的合成相位。但从第 1^a 到第 $2n^a$ 环状区域，*P* 处对应产生的振动相位均匀变化。因此，整个区域作用于 *P* 处的振动相位落后于 *M* 处的振动相位，相位差为四分之一周期。当整个波与第一个区域的振动相位一致时，以上说法总是成立。

228. 直边衍射。

设光波从某一光源处发出，一部分光波被不透明障碍物截获，我们来研究另一部分光波的作用效果。我们必须假设波长与其他量相比为无穷小的量，并在此基础上展开实验。研究发现，在这种新的条件下，光不再以直线传播，而是像声音一样弯曲或衍射，并产生几何阴影。

设 *AMB*（图138）表示从点 *O* 发出的球面波，其部分波被 *MN* 处的不透明物体截获，我们需要确定：

（1）几何阴影边界 *OMC* 外任意一点 *P* 处的效应。

（2）几何阴影内部任意一点 *Q* 处的效应。

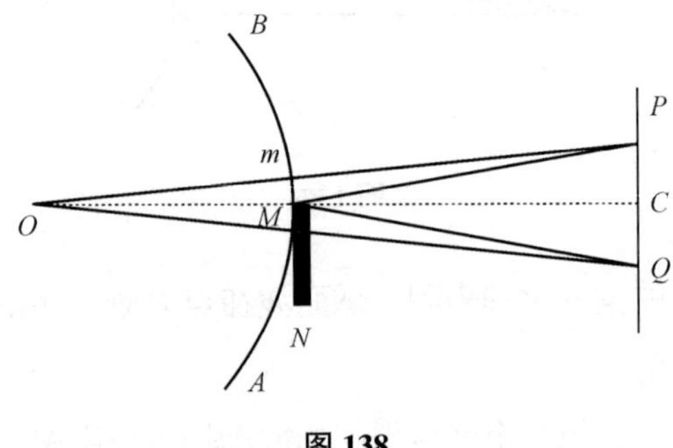

图 138

连接 *OP* 和 *MP*，令 *OP* 交 *AB* 于点 *m*。

当 *mM* 包含相当多个半周期长度时，波对点 *P* 处产生的效应实际上就是所有这些半周期长度作用的总和。设 *m* 附近的第一、第二半周期长度对点 *P*

处的效应分别为 e_1、e_2，令半波长 mB 对其产生的效应为 E。当 mM 中含有的半周期长度个数分别为 0、1、2 等时，点 P 处产生的效应可以分别表示为 E、$E+e_1$、$E+e_1-e_2$ 等。因此，点 P 处的效应是最大值还是最小值，取决于 mM 中含有的半周期长度个数为奇数还是偶数。也就是说，最大值或最小值取决于公式

$$MP - mP = n\frac{\lambda}{2}$$

其中，n 为奇数或偶数。当 n 和 λ 已知时，P 的轨迹是双曲线，其焦点分别为点 O 和点 M。现在，如果我们用 x 表示 PC，用 a 表示 OM，用 b 表示 MC，则得到 $OP^2=(a+b)^2+x^2$ 以及 $MP=b^2+x^2$。根据这些表达式，我们大致得出 $OP=a+b+x^2/2(a+b)$ 和 $MP=b+x^2/2b$。因此，上式可写为

$$x^2\frac{a}{2b(a+b)} = n\frac{\lambda}{2}$$

在 Q 点，在几何阴影内，波效应最强的部分被障碍物截获。当 MN 分别截获 1、2 等个效应最大的半周期长度时，各个长度对 Q 点的效应分别为 $e_2/2$、$e_3/2$……因此，随着到几何边界距离的增加，几何阴影内的亮度会越来越小。

类似于刚才描述的情况，一个狭窄障碍物（如细丝或头发）两侧的几何阴影外会出现衍射条纹。此外，如果障碍物足够窄的话，几何阴影中也会出现一系列宽度恒定的细带。这种现象是由于在障碍物两侧衍射的光再次干涉形成的。实际上，正如我们所看到的，障碍物对未被截获波段的影响与位于障碍物直边附近的光线的影响相同。

229. 狭缝衍射。

MN（图 139）表示不透明障碍物中的狭缝，并使波 AB 从点 O 开始传播。点 O 位于过 MN 中点且垂直于障碍物平面的直线上。

与上一节的推理过程相似，点 P 处亮度的最大值或最小值，取决于 MN 中包含的半周期长度的个数为奇数还是偶数。当 MN 中包含的半周期长度的

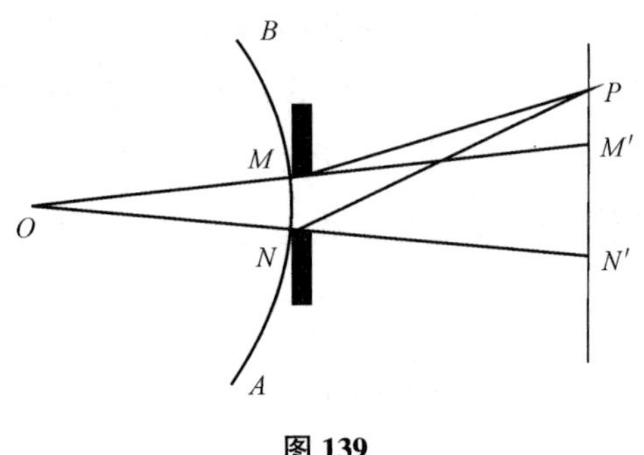

图 139

个数为奇数时，点 P 处亮度最大；当 MN 中包含的半周期长度的个数为偶数时，点 P 处亮度最小。

设 $M'N'$ 为 MN 的几何投影，如果屏幕 $PM'N'$ 离 MN 很远，以致 $NM' - MM'$（或 $MN'-NN'$）长度小于半个波长，则 MN 两侧将交替出现亮带和暗带条纹；但如果障碍物和屏幕之间的距离太小，以至于 $NM' - MM'$ 大于半波长，则 M' 和 N' 之间将出现光带。

230. 圆孔衍射与波带片——如图 140 所示，画一条线 OP，使其穿过圆孔的中心并垂直于圆孔平面。我们将研究从点 O 发散的光对点 P 的一般效应。

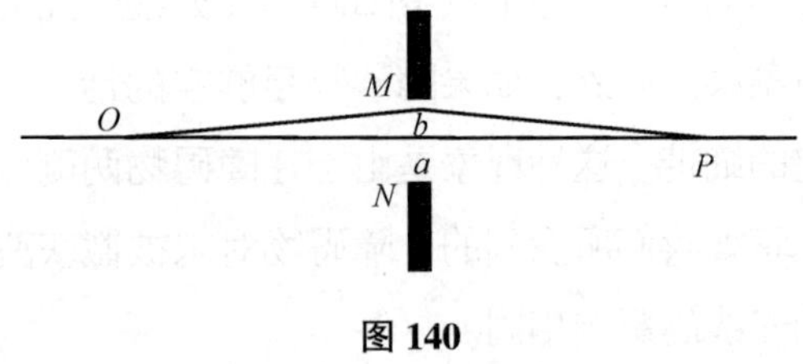

图 140

根据 MN 中的半周期区域个数为奇数或偶数，可以确定点 P 处的亮度为最大值或最小值。

设 a 为圆孔的中心，设 b 为第 n 个区域的外缘，Oa、aP、ab 的长度分别用 u、v 和 x 表示，我们大致得到：

$$Ob = u + \frac{x}{2u};\ bP = v + \frac{x^2}{2v}$$

因此得出：

$$Ob + bP = u + v + \frac{x^2}{2a} + \frac{x^2}{2b}$$

从而有

$$Ob + bP - OP = \frac{x^2}{2}\left(\frac{1}{u} + \frac{1}{v}\right)$$

但由于这一长度等于 $n\lambda/2$，所以得出：

$$x^2\left(\frac{1}{u} + \frac{1}{v}\right) = n\lambda$$

因此 x 的连续值与自然数的平方根成正比。

当点 P 接近 MN 时，圆孔中半周期区域的数目增加，因此点 P 处的亮度会在一系列极大值和极小值之间变化。最大值和最小值出现的各个点可以由下列表达式得出：

$$v = \frac{ur^2}{un\lambda - r^2}$$

其中，r 为圆孔的半径。

从 λ 与整个过程的关系来看，当波长增加时，点 P 处最大亮度出现的位置更接近圆孔。因此，人眼沿着 Pa 方向向圆孔处观察，会感觉到到达小孔的光线颜色发生快速周期性变化。

如果，和之前一样（参见本章第 228 节），我们用 e_1、e_2 等表示穿过连续半周期区域光的效应，则总效应为 $e_1 - e_2 + e_3 - e_4 + \cdots$。

因此，如果偶数区域不透明，则产生的效果将最大。这样一来，我们会观察到一个波带片。如果 n 为半径为 r 的波带片中的区域数（透光和不透光部分交替出现），则下列公式可以表明（参见第 16 章第 193 节）该板的作用效果相当于一个聚光透镜：

$$\frac{1}{u}+\frac{1}{v}=\frac{n\lambda}{r^2}$$

其主焦距为 $r^2/n\lambda$。但是在存在波带片的情况下，所有光线经过共轭焦距之间所用的时间并不相同，而且，红色光线的焦距比蓝色光线的焦距距离平板更近。在这些方面，它不同于聚光透镜。

231. 不透明圆盘上的衍射。

几何阴影中心的一个点亮度特别高，甚至使得人眼在此处无法看到原本的圆盘。如果这个圆盘中移除了 $n-1$ 个半周期区域，则剩余区域的效应实际上等于第 n 个区域的一半。但是，只要 n 值不算太大，圆盘第 n 个区域与第一个区域的效应相去无几。首先提出这一理论的是普瓦松，之后墨西哥物理学家阿拉贡对其进行了实验验证。

232. 日冕与杨氏测微径仪。

如果在发光物体和眼睛之间的空间中紧密分布着许多非常小且几乎一样的粒子，那么物体就会被一个光环包围。这是由于光在通过粒子边缘时衍射造成的。类似地，日冕或月华等现象是由光线经大气中存在的小水珠衍射时产生的。这种现象发生时，光环内部呈蓝色，外部呈红色，光环随球状直径减小而增大。(因此，日冕或月华的光环收缩时，大气中的水分往往正在凝结，随后往往会下雨；反之，如果光环膨胀，一般表明天气干燥。)

杨氏测微径仪的用途是测量小物体的直径。它由一块带有小孔的金属板组成，在小孔周围，还有一圈更小的小孔，这些小孔以较大的小孔为圆心排列成一周。将需要测定直径的同种粒子放置于玻璃板上，将玻璃板放置于金属板前，在金属板后点燃一团火焰，使光线通过小孔照射到金属板前的玻璃板上。在这个过程中，金属板中间较大的小孔会被色环包围。当任意一个特定的色环与多个较小小孔所成的圆重合时，金属板和玻璃板之间的距离与色环的半径成反比。正如我们刚才看到的那样，色环本身与粒子的直径成反比。通过一次实验，测得粒子直径大小以及两个板之间的距离，足以使我们计算出其他组粒子的直径。

233. 衍射光栅——用金刚石在一块玻璃板上画出许多极细的等距平行线，之后得到的玻璃板就可以充当衍射光栅。画线处的凹槽实际上是不透明的，因为入射到凹槽上的光线会反射到各个方向。而凹槽之间的玻璃是透明的，光可以通过此处，在各个方向上发生衍射。

设 AB（图 141）为光栅的（高度放大）一部分，黑线部分为凹槽，黑线中间的空白位置表示透明部分；设 aP 和 bP 分别为从点 P 传播到 a 和 b 处的光线路径。过 a 作 bP 的垂线，ab 与 P 点到光栅的距离相比长度非常小，bm 实际上等于 $bP - aP$。

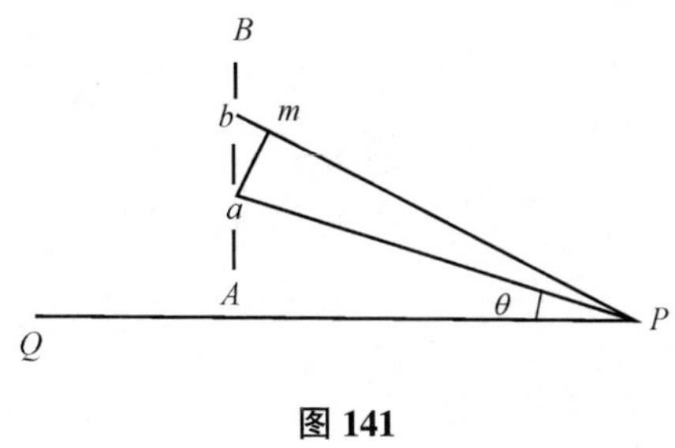

图 141

现在假设平行光线从平行于凹槽的狭缝出发，垂直落在光栅上，人眼位于点 P 处，沿 PQ 方向透过光栅可以看见狭缝。角 bam 等于角 aPQ（设这一角度为 θ），因此 $bm = ab\sin\theta$。因此，根据表达式：

$$ab\sin\theta = \frac{n\lambda}{2}$$

其中，n 为奇数或偶数时，可以判断点 P 处的效果是最大还是最小。在该式中，长度是已知量，等于光栅单位宽度上所画凹槽数目的倒数。

如果使用单色光，则在距线 PQ 的不同角度的距离处，可以看到狭缝上出现一系列彩色图像。使用白光时，我们将观察到一系列光谱，其中，紫光在其原始方向上弯曲的程度小于红光。n 值为 1、2 等时，光谱分别被称为第一级光谱、第二级光谱……在超过第二级光谱之后，部分光谱各部分彼此重叠。

利用光栅，可以非常精确地测定波长。除了尺度外，经光栅获得的所有光谱都是相同的，也就是说，整个过程不会发生反常色散（参见第 16 章第 197 节）。而且，如果 θ 接近 0，则任意两条光线之间的色散实际上都与它们的波长之差成正比。使光栅以适当的角度向入射光方向倾斜，我们可以满足以上条件，由此得到的光谱称为法向光谱。

使光线在直纹金属表面反射，我们同样可以获得衍射光谱。通过对圆柱体镜面金属的抛光表面进行处理，我们可以得到一个罗兰凹面光栅。

第 19 章　双折射和偏振

234. 双折射——到目前为止，我们在研究光的折射时，只考虑了光线发生单次折射的情况。1669 年，丹麦科学家巴塞林那斯描述了他在方解石中观察到的双折射现象。

通常，一束光照射在方解石表面时，会产生两束折射光线——其中一束光遵循普通折射定律，而另一束遵循完全不同的定律。前者称为常光，后者称为异常光。

除了立方晶体结构的矿物外，其他所有晶体矿物都具有双折射性质。

方解石晶体的基本结构形式是菱面体。每个面上的角度为大小相同的锐角或钝角。菱面体的两个立体角大小（图 142 中的 *A* 和 *B*）由三个钝角大小决定。其他所有角度，如 *C*，都以一个钝角和两个锐角为界。晶体的轴是一条直线，它与钝角相交的三条边所成的角度相等。如果令晶体的所有边长相等，则晶体轴将为连接两个钝角的对角线 *AB*。过晶体轴和菱形面较短对角

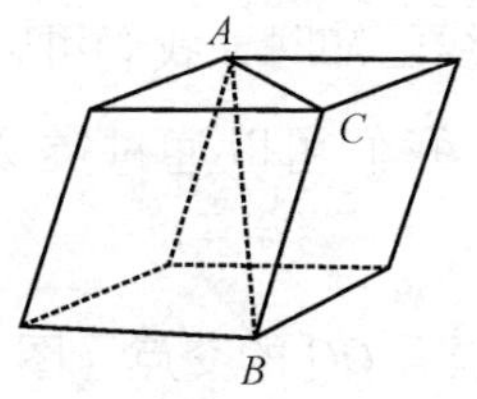

图 142

线的平面 *ACB* 为晶体的主截面。

方解石和其他许多晶体物质的光学性质都是沿晶体轴对称的，因此，在这些物质中，平行于晶体轴的任意直线都可以被称为光轴。类似的所有物质都称为单轴晶体。

用一个平面，在任意方向上切割方解石，然后令一束光线照射在切割后新形成的表面上，一般会产生一束常光和一束异常光。而且，在大多数情况下，异常光会出现在入射面以外。但是，如果切割所用的平面过光轴，且入射光线垂直于该平面，常光和异常光会重合。如果光轴位于折射表面上，且入射光线垂直于切割所用的平面，也会发生这种情况。此外，在这种情况下，只要入射平面垂直于光轴，异常光就遵循一般的折射规律。

惠更斯对这些现象进行了非常全面的研究，并构建了一套关于晶体内部的波前结构的作图法。他经实验证明，用这套作图法画出的结构与观测到的事实非常吻合。1802 年，英国物理学家沃拉斯顿对他提出的作图法进行了更严格的测试；后来，斯托克斯、马斯卡特和格拉泽布鲁克等人还利用现代科学方法充分验证了它的准确性。

235. 惠更斯作图法——上文中，在假设波面是球形的前提下，惠更斯解释了光在均匀的各向同性介质中的传播（参见第 16 章第 186 节、第 200 节）。为了解释单轴晶体中的双折射现象，他假设波面由一个旋转椭球（其对称轴与光轴重合）和一个在对称轴的末端与椭球相接的球体组成。光在球面部分所有方向上的传播速度均匀一致，光在椭球不同方向上的传播速度不相等。一般来讲，当入射光线已知时，我们可以通过第 16 章第 200 节的方法确定常光的方向。据此，我们可以通过类似的过程，来确定异常光的方向。

设 O 为入射光线 AO 与表面 OQ 的交点（图 143），并设 BPQ 为与 AO 平行的另一束光线，以便使得与 BPQ 和 AO 两者垂直的 OP 表示平面波前的一部分。在光从点 P 传播到点 Q 的时间内，常光经过一个距离 OR，使得 $PQ=$

μOR，其中，μ 为普通折射率。过点 Q 且垂直于入射平面的平面，将在点 R 与过点 O 并以 OR 为半径画出的球体相接触，且 OR 为常光的方向。平面 RQ 是通常为折射的波前。

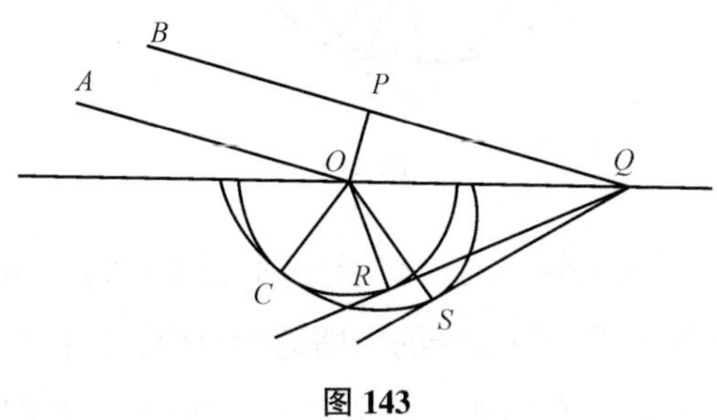

图 143

如果 OC 为光轴，则以 OC 为半旋转直径的椭球 CS 的半径将代表异常光在不同方向上的传播速度。过点 Q 并垂直于入射面的平面将在点 S 上与 CS 接触，因此 OS 即为异常光的方向；并且，PQ/OS 的比率等于 μ'，即晶体中在 OS 方向上的所有异常光的折射率。

在方解石中，OC 是椭球的最短半径；在石英中，OC 为最长半径。在这些方面，所有与方解石相似的晶体称为负晶体，所有与石英相似的晶体称为正晶体。在负晶体中，异常折射率小于普通折射率；在正晶体中，异常折射率大于普通折射率。

如果在图 143 中，C 点位于纸面之外，则 S 点通常也会位于纸面之外。也就是说，异常光线不在入射平面内。即使入射光线垂直于折射平面，情况也是如此。因为新的波前将会为一个平行于 OQ 的平面，并且该平面通常会在纸面之外的点上与 CS 相接触。

236. 表面特殊部分。

（1）使折射面垂直于光轴（图 144）。当入射光垂直于晶体表面入射时，两条折射光线不会发生分离；但是，随着入射角度增加，会产生异常光与常光两条折射光线，且异常光与法线的偏离程度比常光更大。如果入射平面围绕 OC 旋转，只要入射角保持不变，则两条折射光线之间的夹角大小不变。

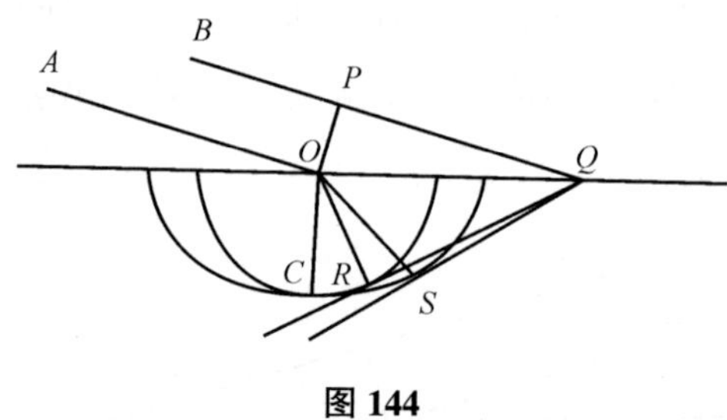

图 144

（2）令折射平面和入射平面相交于光轴（图 145）。当入射光垂直于晶体表面入射时，尽管异常光较常光的传播速度更快，但两条折射光线在方向上是一致的；随着入射角度增加，异常光偏离法线的程度与常光相去无几。这是因为，根据椭圆和圆拥有共同直径的性质来看，点 *R* 和点 *S* 位于一条与 *OQ* 垂直的线上。

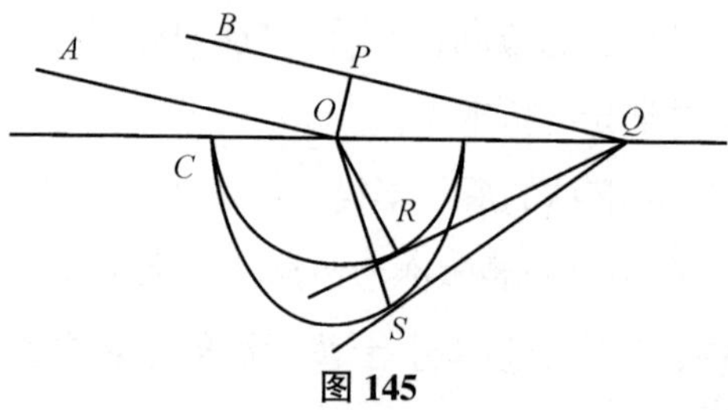

图 145

（3）令折射面过光轴，而入射面与折射面垂直（图 146）。这时，椭球的截面变为一个圆，尽管异常光的折射率小于常光，但它的传播遵循一般规律。当入射光垂直于晶体表面入射时，情况与上一个例子的类似。

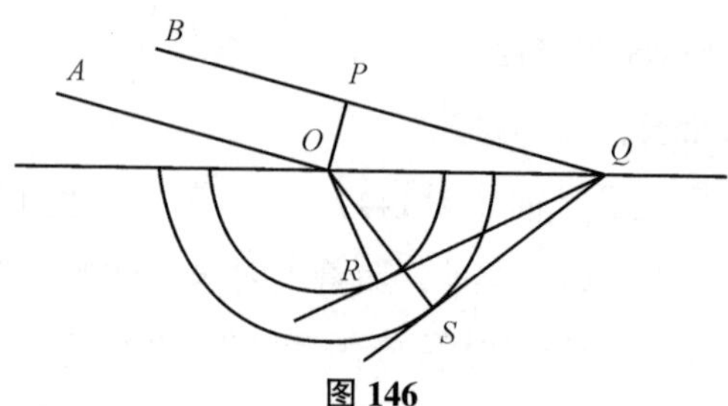

图 146

237. 偏振。

惠更斯观察到，经一块方解石折射产生的两束光强度相等。此外，他还进一步发现，经一块方解石折射后的光在第二块方解石中传播时，每束光一般会被再次细分为两个不同强度的光束。

当两块方解石的主截面平行时，产生的光束不会超过两束。第一块方解石中的常光进入到第二块方解石中，方向不会发生改变，异常光也是如此。并且，当两块方解石的主截面彼此成直角时，两块方解石内部只有两束光线：第一块方解石中的常光在第二块方解石中变为异常时，而第一块方解石中的异常光在第二块方解石中变为常光。当两个主截面的相对位置为其他情况时，第一块方解石折射产生的每束光束都会在第二块方解石中被细分为两束光。当第二块方解石从其主截面与第一块方解石平行的位置开始旋转时，折射光束强度随原始光束强度的减小而增加。当主截面相互倾斜 45°时，四条光束的强度相等。之后，折射光线强度继续随原始光线强度的减小而增加，直到主截面相互垂直时，原始光束消失；接下来，如果第二块方解石继续旋转，折射光线强度会随原始光线强度的减小而减小，直到主截面再次相互平行时，光束再次以同样的方式经过第二块方解石。

惠更斯认为，穿过第一块方解石的光线似乎具有某种形式或性质，从而导致了这些现象的产生。牛顿说这种晶体具有两面性。但直到一个多世纪后，通过一个偶然的发现，科学家才得到了完整的解释。

一次，马吕斯正用一个双折射棱镜观察卢森堡宫窗户反射的光线。他观察到，棱镜连续旋转时，每隔 90°每条光线会瞬间消失。根据光的微粒说，他得出结论，微粒会发生偏振，因此才导致了以上现象。所以，他称光发生了偏振（偏振光的反射表面被称为偏振光面）。在后续的研究过程中，马吕斯发现，经任意透明介质表面反射的光，角度（称为偏振光角）取决于介质的性质，与光束在双反射物质中的情况完全类似。

如果反射光的平面与方解石的光轴平行，则反射光的性质与方解石中常光的性质相同；如果反射光的平面与光轴垂直，则反射光的性质与异常光相同。

起初，波动理论的支持者认为振动只在波传播的方向上发生。但若事实果真如此，我们就无法解释光的偏振现象。特别是，根据产生偏振光波的条件（参见本章第 247 节），我们必须假定在垂直于波传播的方向上发生振动。

1672 年，胡克提出，光在垂直于其传播的方向上也发生振动。但在马吕斯发现光可以通过反射产生偏振后，直到托马斯·杨和菲涅尔分别证实了胡克的说法，对偏振的研究才得以进一步发展。

显然，当以太只在一个方向上振动时，光线通常具有一定的“形式”“位置”或“两面性”。想象一下，一根受拉伸的绳子两端固定在两个相互平行的光滑平面上，振动只能在垂直于绳子的方向上发生；在沿着绳子的方向上，绳子无法振动。此时，波在垂直和沿着绳子的方向上具有“两面性”。

238. 反射和折射时的偏振定律。

（1）布鲁斯特定律。为将偏振现象与物质的其他光学性质联系起来，英国物理学家布鲁斯特对各种物质的偏振角进行了一系列详细的研究。他发现，折射率等于偏振角的正切值。

根据布鲁斯特定律，我们推导出，当 i 和 r 分别为入射角和折射角时，$\cos i = \sin r$。因此，折射光线垂直于反射光线。

由于折射率随波长变化，所以不同颜色的光线会以不同的角度偏振。

雅满发现，除了某些折射率为 1.46 的物质之外，光在其他物质中都不会发生完全偏振。

（2）阿拉戈定律——折射到透明介质中的光会或多或少地发生偏振。阿拉戈（Arago）发现，折射光束中偏振光线的数量等于反射光束中偏振光线的数量，并且两个光束的偏振平面相互垂直。

布鲁斯特定律适用于光在光密介质内部反射的情况，因此，折射光线中部分未偏振的光在介质内部的另一个表面反射时，会进一步发生偏振。如果这样的表面足够多，比如我们将薄玻璃板层层叠放在一起，则在每一个表面，入射光都可产生反射光和折射光，每一个反射光和折射光在与之成直角的另一个偏振面上完全偏振，这种布置构成了“多板”结构。

（3）马吕斯定律——以偏振角入射在反射平面上的光，在同种物质平行板间第二次反射时强度完全不受影响。但是，如果第二块板上的入射面与第一块板上的反射面垂直，则反射光束将完全消失。马吕斯继续对这一现象进行了全面的研究，发现光第二次反射的强度大小等于两个反射平面之间夹角余弦值的平方。

239. 偏振光的振动方向。

由于在反射面偏振的反射光线强度始终保持不变，因此其相对于该平面具有对称性（根据定义）。由于它过法线的任何平面反射时都会消失，因此它关于反射面的法线也具有对称性。

据此，我们可以假设偏振光的振动方向垂直于反射面，或者位于反射面上。菲涅尔在他的理论研究中提出的假设为前者，即偏振光的振动方向垂直于反射面；而马古拉和诺依曼采用了后一种假设。

诸多因素表明，偏振光的振动方向垂直于反射面。

方解石中，当反射产生的偏振光振动方向垂直于偏振平面时，常光的振动方向将垂直于光轴，因此，我们很容易计算出常光在所有方向上的平均传播速度。但是，偏振光的振动方向平行于反射面时，常光的性质将极难解释。

通过某些晶体（如电气石）传播产生的常光和异常光为有色光。当两者几乎沿同一路径前进时，会呈现出相同的颜色；而当两者大约沿着光轴方向穿过物质时，常光和异常光产生不同的颜色，振动反向垂直于光轴；随着两种光线渐渐偏离光轴，常光颜色保持不变，而异常光的颜色变化会很大。海丁格指出，这种现象表明常光的振动方向垂直于光轴，其振动发生在偏振面的法线上。

如果偏振光的水平光束垂直落在竖直放置的衍射光栅上，偏振光的振动方向与竖直方向成α角，则衍射光的振动方向将与垂直方向成β角，而非α。设为入射光线振动的振幅为a，其在与光栅平行方向上的分量为$a\cos\alpha$，在垂直于光栅方向上的分量为$a\sin\alpha$。如果衍射光束与光栅的法线成ϕ角，则在垂直于衍射光的方向上，光传播方向上有效部分$a\sin\alpha$为$a\sin\alpha\cos\phi$。因此，衍射光的振动方向与光栅之间夹角的正切值$\tan\beta = a\sin\alpha\cos\phi / a\cos\alpha = \tan\alpha\cos\phi$。因此，$\beta$角小于$\alpha$角。如果偏振面垂直于振动方向，则衍射光的偏振面将比入射光束的偏振面与光栅法线之间的夹角更小；如果振动方向位于偏振平面上，则衍射光的偏振面将比入射光束的偏振面与光栅法线之间的夹角更大。

这个结果是斯托克斯根据理论推导出来的。随后，他还对其进行了实验测试，实验结果支持菲涅尔的假设。

此外，斯托克斯还进行了另一个测试，对光在微粒上反射时产生的偏振光性质进行了研究。

斯托克斯指出，如果粒子直径大于光的波长，就无法得出确切结论，因为这时光的反射和在大固体表面的反射别无二致。但是，当粒子直径小于光的波长时，显然入射光和反射光的振动方向彼此将不会成直角。

他用酒精加水，将一些姜黄酊剂高度稀释，得到实验用的粒子。一束阳光水平照射在粒子上，光线在粒子表面反射时会发生偏振。粒子直径越小，光在反射平面上越容易发生完全偏振。

由于反射光线的“侧面”相对于偏振面来说是对称的，因此反射光的振动必定平行于入射光线或垂直于反射面，即偏振面。因此，由于入射光和反射光振动方向彼此不成直角，我们只能假设反射光的振动垂直于反射面（参见第33章）。

240. 偏振光的反射和折射——托马斯·杨确定了当光线垂直落在两种透明介质的界面上时，入射光、反射光和折射光强度之间存在的关系。

菲涅尔从某些假设出发，对所有入射角的关系进行了全面研究。

首先，他假设能量守恒；其次，假设以太粒子在界面两侧的位移具有连续性；最后，假设给定介质中以太密度与该介质折射率平方成正比。

最后一个假设意味着，以太的刚度（类似于弹性固体的刚度）在任何两种介质中都是相同的。由于折射率与光在两种介质中的传播速度成反比，因此密度与速度的平方成反比。但是（参见第 14 章第 168 节），由于速度的平方与每种介质的刚度和密度之比成正比，由此得出以太在不同介质中的刚度一定相同。

假设光在与入射平面成 θ 角的平面上发生偏振，并经一个透明表面反射，设其振动的振幅为 a。振幅在与入射面平行和垂直方向上的分量分别是 $a\sin\theta$ 和 $a\cos\theta$。为了方便，我们用 p 和 q 来表示这两个量；反射光振幅的类似分量表示为 p' 和 q'，而折射光振幅的类似分量表示为 m 和 n。

根据第 14 章第 161 节，能量守恒可以用方程式表示为

$$v\rho\cos i(p^2 - p'^2) = v'\rho'\cos r \cdot m^2 \tag{1}$$

$$v\rho\cos i(q^2 - q'^2) = v'\rho'\cos r \cdot n^2 \tag{2}$$

其中，ρ 和 ρ' 分别为以太在介质中的两种密度。而根据菲涅尔的最后一个假设，我们得出：

$$\frac{\rho'}{\rho} = \frac{\sin^2 i}{\sin^2 r} = \frac{v^2}{v'^2}$$

则公式（1）和公式（2）分别变为

$$p^2 - p'^2 = m^2\tan i\cot r \tag{3}$$

$$q^2 - q'^2 = n^2\tan i\cot r \tag{4}$$

当振动平行于反射面时，以太位移具有连续性的前提条件是：

$$q + q' = n \tag{5}$$

而当振动发生在反射面上时，以太位移具有连续性的前提条件是：

$$(p + p')\cos i = m\cos r \tag{6}$$

结合公式（3）和公式（6）、公式（4）和公式（5），我们得到：

$$q' = -q\frac{\sin(i-r)}{\sin(i+r)} \tag{7}$$

$$n = \frac{2q\cos i\sin r}{\sin(i+r)} \tag{8}$$

$$p' = -p\frac{\tan(i-r)}{\tan(i+r)} \tag{9}$$

$$m = \frac{2p\cos i\sin r}{\sin(i+r)\cos(i-r)} \tag{10}$$

如果 $\theta=0°$，入射光在入射平面上发生偏振，以及入射光垂直于入射平面时，公式（7）表明反射光线与入射光线强度之比为

$$\frac{q'^2}{q^2} = \frac{\sin^2(i-r)}{\sin^2(i+r)} = \left(\frac{i-r}{i+r}\right)^2 = \left(\frac{\mu-1}{\mu+1}\right)^2$$

当 $i=90°$时，以上方程可以表明，所有的入射光线都发生了反射。

同样，根据公式（8），当 $\theta=0°$、$i=0°$时，我们发现，折射光与入射光的强度之比为

$$\frac{n^2}{q^2} = \left(\frac{2r}{i+r}\right)^2 = \left(\frac{2}{\mu+1}\right)^2$$

我们也可以根据公式（9）和公式（10）推导出类似的表达式。所有这些结果都得到了实验的验证。

令反射光的偏振平面与入射平面成 θ 角。根据公式（7）和公式（9），我们得到：

$$\tan\phi = \frac{p'}{q'} = \frac{p\cos(i+r)}{q\cos(i-r)} = \tan\theta\frac{\cos(i+r)}{\cos(i-r)}$$

因此，偏振平面绕着反射光线，向入射平面方向旋转。入射光垂直入射时，角 ϕ 等于角 θ，并随着 i 的增加而减小，直到 $i+r=90°$，即在偏振角度时，等于零。当 i 超过这个值继续减小时，ϕ 变为负值，并且，在切边入射时，$\phi=-\theta$。只要 ϕ 和 θ 前的正负号一致，反射光振动的两个分量之间相位差为零；在偏振角上，相位差变为 π。

如果折射光的偏振平面与入射平面的夹角为 ψ，则根据公式（8）和公式（10），有

$$\tan\psi = \frac{m}{n} = \frac{p}{q}\sec(i - r) = \tan\theta\sec(i - r)$$

光线在多板结构中继续发生折射，两个偏振面会继续旋转。由于 $\sec(i - r) = \sec(r - i)$，光线通过平行板折射时，$\tan\psi_2 = \tan\theta\sec^2(i - r)$。

上文的公式（5）和公式（6）表示了以太在相互平行的介质边界面产生连续性位移的条件，忽略了垂直于边界面的位移。如果将菲涅尔刚度相等的假设替换为以太在垂直于边界面的方向上不发生位移，则 $\rho = \rho'$。因此菲涅尔的最后一个假设无法解释以太分子在垂直于边界面方向上的连续性位移。

马古拉和诺依曼假设以太在所有介质中密度均匀，从而推导出反射光振动振幅分量的表达式，其中公式（7）和公式（9）等号右边的量进行了简单互换。因此，根据这个理论，我们必须假设振动在偏振平面上。折射光线中振动分量的表达式也发生了类似的互换，另外，它的振幅也发生了变化。光只有在经过第一种介质平行板折射后的振动振幅在两种理论上都相同时，这种变化才发生。此外，根据两种理论，偏振平面的旋转程度一致，意义相同。因此，以上所有现象表明，以太分子在所有介质中的密度和刚度都是相同的。

241. 平面偏振、圆偏振和椭圆偏振。

在上一节给出的特殊例子中，两个垂直分量的合成振动相位差是 π 或 0。但是，一般来说（参见第 5 章第 52 节），两个垂直简谐运动的合成结果通常为椭圆运动。事实上，这一规律不仅适用于两个垂直分量的合成，也适用于任意数量以任意角度相互倾斜的简单简谐运动的合成。

因此，当偏振光传播时，假设一个以太粒子的振动是一个单一的简谐运动（和之前考虑过的情况一样），那么我们得到的结论为：当这种粒子同时受到多种干扰时，振动形式通常会变为椭圆运动。由于无法观测到由于位移

的简单叠加而产生的光现象，我们可以证实，这一假设成立。

只要分量的振幅、相位和周期保持不变，椭圆运动的轨迹就是连续的。在这种情况下，光发生椭圆偏振。特殊情况下，当所有的分量都可以看作两个相互垂直、振幅和周期相等且相位差为 $\pi/2$ 的分量时，椭圆就会变成一个圆，也就是光发生圆偏振。

与上述偏振形式不同的是，当用以合成的简谐运动有两个分量，而这两个分量的相位差为 π 的任意整数倍时，通常会发生普通偏振，例如反射产生的普通偏振，这种现象通常被称为平面偏振。

242. 自然光的性质——自然光没有任何偏振的痕迹。但是，如果平面偏振光的偏振平面快速旋转，使得振动在不到 1/10 秒的时间内，在垂直于光线的所有方向上均匀分布，则同样不会产生偏振迹象。因此，我们可以得出结论：自然光由椭圆偏振光组成，而椭圆的大小、形状和位置始终处于高速变化的恒定状态。

然而，光的干涉现象表明，在高达几千次的振动过程中，椭圆几乎没有变化，因为当使用均匀的自然光进行实验时，我们可以观察到几千个干涉光带。另一方面，由于光的传播速度为 18.6 万英里/秒，而波的平均长度约为 1/40000 英寸，因此每秒必定会发生数百万次振动。但是，事实正如斯托克斯所指出的，每一个自然光源实际上都是由无限多个点组成的，并且一般来讲，从这些点中每一点发出的光，在振动方向和相位方面，完全独立于从其他任意点发出的光。因此，我们只能在“两面性”之外，对其平均效应进行推测。

所以，当普通光束通过双折射物质时，必定会分为两束强度相等的光束。

由于入射光会分成两束强度相等的偏振光，从本章第 240 节的公式（7）和公式（9）可以看出，照射在透明物质上单位强度光束的反射部分总强度为 $[\sin^2(i-r)/\sin^2(i+r)+\tan^2(i-r)/\tan^2(i+r)]/2$。

在这个表达式中，括号中的第二项一般会比第一项小，所以，在反射光束中，有更多的光在入射平面偏振。当 $i+r=90°$时，第二项消失，此时反射光以偏振角在入射平面上完全偏振。

类似地，我们可以证明折射光束还包含一束垂直于入射平面的偏振光，它以偏振角在垂直平面上完全偏振，强度等于反射光束的强度。无论入射角如何变化，两束光束中偏振光数量相等。

因此，由反射和折射引起的自然偏振光的已知规律可根据光的波动说来解释。

243. 金属反射。

马洛斯观察到，光在金属表面反射时，从不会发生完全偏振；而是在一定角度入射时，偏振程度达到最大。他还发现，当偏振光的偏振面与入射面成 45°时，偏振现象会完全消失。

布鲁斯特对以上结果进行了验证与扩展。他指出，在类似条件下，一束自然光的反射部分可能因足够数量的反射光发生完全偏振，此前比奥已经推断出这一结果。比奥发现，当入射光线在入射平面内或垂直于入射平面偏振时，反射光线在同一平面内偏振。此外，当入射光线在其他平面内偏振时，部分光线的偏振会消失；在最大偏振角度下，偏振消失的程度最大。此外，光在同一平面上以同一角度第二次反射时，仍会发生偏振；而新的偏振平面位于入射平面的另一侧，并与之成不同的角度。

上述“消偏振”现象并不意味着偏振光会恢复到自然光的状态。原始偏振光可以分解为两部分：一部分为在入射平面上的偏振光；另一部分为在偏振平面上的偏振光。两部分偏振光的振幅可能随反射变化而绕偏振面旋转（参见本章第 240 节）而变化。相位的改变将导致椭圆偏振现象产生。雅满的实验表明，布鲁斯特观察到的“消偏振”实际上是椭圆偏振，并揭示了振幅和相位变化的性质。

振幅的变化规律与本章第 240 节相同。从入射光线垂直于入射面到平行于入射面入射的过程中，相位差为 π，入射平面上偏振光的相位随入射光的增加而增大。相位的变化非常缓慢，只有在掠过最大偏振角的瞬间，总变化接近极限值。

根据菲涅尔理论（参见本章第 240 节），相位差应该在偏振角处突然增大到 π。

雅满接着对透明物体进行观察，发现光在透明物体中的偏振和在金属之间只存在轻微差异。

在所有情况下都会产生椭圆偏振，最大椭圆度出现在最大偏振角时，这一偏振角的大小与根据布鲁斯特定律推导的角度非常吻合。

雅满发现，光经一些透明物质与金属反射时，产生的相位差有所不同。物质的折射率小于 1.46 时，在入射平面上的偏振光部分的相位延迟；对于金属以及折射率超过 1.46 的物质，相位会提前；折射率等于 1.46 的物质服从菲涅尔定律。

雅满还发现，在金属中，最大偏振角随着光的波长增加而减小。从中我们可以看出，如果金属遵守布鲁斯特定律，则它们对长波的折射率必定大于对短波的折射率。通过凯森实验，研究光在薄金属棱镜中的折射现象，结果能够证实这一结论。

当入射平面上的偏振光在金属表面反射时，反射光束的强度在最大偏振角处时最小。马古拉指出，（根据他的理论）光以一定的入射角在折射率超过 $2+\sqrt{3}$ 的透明物质上反射时，具有最小反射率。

244. 双轴晶体中的双折射现象。布鲁斯特发现，大多数双折射晶体都有两个光轴。在单轴晶体中，轴与晶体的钝角处相交的三个边所成角度相等。在双轴晶体中，两个轴所包含的两个角平分线以及与这两个轴成直角的线与晶体形式有一定的关系。

菲涅尔用理论和实验证明了双轴晶体中的常光和异常光都不服从一般的折射定律。通过一定的假设，他研究了横向振动波在非各向同性弹性介质中的传播问题，晶体物质为非各向同性的；并且，他推测这种性质是由弥漫在其中的以太所决定的，而以太的自由振动受到物质粒子的阻碍。

根据他的理论，我们可以很容易地研究完整的双折射定律。在下文中，我们将继续阐述他的理论。

245. 菲涅尔双折射理论。

当双轴晶体中发生双折射现象时，惠更斯作图法在所有情况下都不再适用。菲涅尔继续进行了他的研究。

在非各向同性物质中，与质点位移反向的合力一般不在位移的方向上起作用。但菲涅尔指出，在三个方向上，存在着相互垂直的力，这些力的合力引发位移，使粒子直接回到平衡位置。他指出，从物质内部任意一点所画线的长度应与弹性力的平方根成正比，弹性力在线的方向上抵抗位移，这些线的末端位于一个椭球体（称为弹性椭球体）上。椭球体表面的三个主轴位于力将发生位移的粒子拉回平衡位置的方向上。

弹性介质中，波的传播速度与弹性力（或畸变刚度）的平方根成正比（参见第 14 章第 168 节）。因此，当振动沿着给定的半径发生时，椭球的半径与波的传播速度成正比。

假设一个平面波穿过介质。由于两束相互垂直的偏振光合成后得到的光束强度与其中任一分量无关，菲涅尔证明了振动一定发生在波前。因此，如果我们把弹性椭球体的中心部分放在波前，我们会发现振动只在两个方向上发生——平面波与弹性椭球体截面的两个主轴上。在截面上，位移会产生一个反向的力，作用于垂直于波并过位移方向的平面上。因为菲涅尔表明，这个力还作用于椭球的中心部分，因此该部分与位移方向共轭。一般来说，力有一个垂直于波前的分量。但根据马古拉的说法，这个分量对波的传播没有影响。

因此，任意给定的平面波前只有两个振动方向，使得由位移产生的回复力整体沿位移方向具有有效分量。而这个条件对于波的长期传播来说是必不可少的。因此，在这种介质上的平面波通常被分成两个波，它们在不同方向上以与椭球体半径成比例的速度进行传播。

下面摘自斯托克斯的《光的讲座》，将有助于我们对上文内容形成清晰的认知：

"寻找到一种能解释类似现象的机制，任重而道远，我们只是处于研究的初级阶段。想象一下，一根弹性杆一端固定，另一端无限延伸；令杆的截面为矩形，矩形的各边长度不等，以便杆在一个主截面上比在另一个主截面上更坚硬，对弯曲的抵抗能力更强。把这根杆连接到一根圆柱杆上，形成一个无限延伸的连续杆。设想较小的波可以复合杆横向传播，而杆轴会发生弯曲。假设振动是周期性的，且可以穿过圆柱杆的节点进行传播。即使轴的弯曲方向不在一个平面上，振动也将以同种方式继续传播。但要找出它在矩形杆中引发的振动，必须将圆柱杆中的振动分解为矩形杆主截面上的分量，并分别加以考虑。每一个振动都将在矩形杆中引发一个在其自身平面上的振动，但这两种振动将以不同的速度沿杆传播。这解释了一束自然光落在一块方解石上的现象，此时入射光在矩形平面上分成两束偏振光，以不同的速度在方解石中传播。同样，假设圆柱杆中的原始振动发生在一个平面上。如果这个平面是矩形杆的任意一个主平面，则会单独引发另外一种传播速度更慢或更快（具体快慢视情况而定）的振动；如果原始振动发生在其他平面上，为了找到矩形杆中引发的振动，我们必须将其分解为不同强度的分量。根据马吕斯定律，分量的平方随原始振动平面的方位角而变化。这说明，入射在方解石上的一束偏振光在矩形平面上会分成两个强度不等的偏振光，并在每转 1/4 圈处消失。我们看到，横向振动理论的基本事实与惠更斯发现的偏振现象完全吻合，但与惠更斯为解释双折射提出的猜想格格不入。"

通常，在物质内部的任意一个方向上，两个传播速度不同的平面波都可以传播，这些波的振动必须彼此成直角。但在两个方向上，波的传播速度与振动方向无关，即与弹性椭球体两组圆形截面的法线平行的方向上。因为，一个圆形截面的所有半径长度相等，沿任意半径的给定位移引起相同的回复力。

因此，根据菲涅尔理论，可以将入射光束分解为两个符合马吕斯定律的矩形偏振光束，两个偏振光的传播方向不变。

偏振平面过波的法线，并过波的弹性椭球体截面的长轴和短轴。但是，圆形截面与给定平面相切的线段与主轴长度相等。因此，偏振面平分过波的法线与光轴平面的两面角。

菲涅尔指出，根据以下方法作图，可得到从介质内部某点开始传播的波动形式：沿着任意椭球体（类似于弹性椭球体）中心平面截面的法线，从与截面主轴成比例的法线中点开始测量，波面为两个薄板上的点的轨迹。根据惠更斯作图法，在波面上找到折射光线的方向；绘制出一个轨迹的切线平面，得到一束光线的方向；绘制出另一个轨迹的切线平面，得到另外一束光线的方向。

波面相对于其所处椭球的三个主平面具有对称性。波在这些平面上的轨迹分别为圆或椭圆。令三个主轴为 *OA*、*OE*、*OF*（图 147），圆 *AB* 的半径为 *OA*，长度等于椭球体的平均主轴长度；圆 *CD* 和 *EF* 半径分别为 *OE* 和 *OF*，长度等于椭球体的最短主轴长度和最长主轴长度；*BC* 是一个椭圆，其主轴等于椭球体的两个最小轴，以此类推。

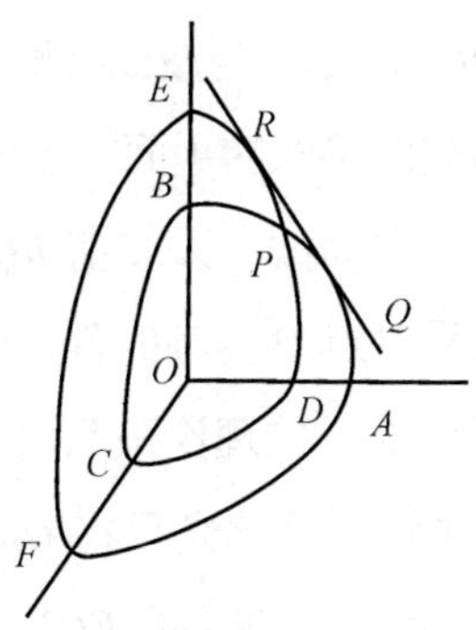

图 147

当弹性椭球体旋转时，其表面由两个单独的平面组成——有一个共同轴的一个球体和一个椭球体。因此，菲涅尔理论可以解释单轴晶体中的双折射。

值得注意的是，菲涅尔的结果虽然看起来与观察到的事实不完全一致，但并不是根据他的假设严格推导出来的。格林和纽曼证明，基于这些假设进行严格研究只会得到与菲涅尔定律近似的定律。之后，格林将这些理论推演为一个严格的定律。而这一理论的普适性往往会受到一个可能条件的制约，它要求我们必须假设振动方向位于偏振平面上。然后，格林指出，通过适当的假设，可以得到一个更具普适性的理论，并推导出同样的定律——振动发生在垂直于偏振平面的方向上。其他理论也给出了类似的结果，例如，马古拉理论的结果与格林的第一个理论相同。对此，斯托克斯指出，横向振动原理是这些理论的共同点，而菲涅尔定律最为简单，能够适用于这些现象。因此，它们之间的相互一致性，证实了这一原理的成立。然而，没有一个关于晶体内部发光介质性质的特殊假设，可以单独用结果的正确性来确定。

246. 锥形折射。哈密顿爵士指出，切线平面 *QR*（图 147）与波面的接触部分为一个圆，因此点 *P* 是一个“锥形点”。存在四个类似的点，分别位于平面 *EOA* 的四个象限中。当然，它们同时也是圆 *APB* 与椭圆 *DPE* 的四个交点。

直线 *OQ* 垂直于平面 *QR*。但是，与波面接触平面的垂线表示平面波的传播速度，速度方向垂直于与波面接触的平面，晶体中光线的方向为点 *O* 与接触点连线的方向。因此，一个平面波，以波前 *RQ* 方向入射到晶体上并折射后，产生一个光锥，该光锥沿着点 *O* 与圆的各接触点连线方向传播。哈密顿对这种现象（称为内部锥形折射）的理论预测由劳埃德的实验所验证。

两个表面都与平面 *RQ* 接触，因此光只在 *OR* 一个方向上传播。这个方向沿着一个光轴，另一个光轴为 *OQ* 在平面 *EOF* 内的像。

过 *P* 点，我们可以画出无穷多个与表面相切的面，因此在光轴表面上，

会出现沿着 OP 方向过晶体的光线。哈密顿从理论上预测并发现了外部锥形折射现象，劳埃德用实验对这一现象进行了验证。

由于波面的半径代表光的传播速度，且两个波面在点 P 处相交，我们发现 OP 为物质中单束光线的传播方向。单波速度的另一个轴是 OP 在平面 EOF 中所成的像。此外，单束光线传播速度的轴与单波速度的轴（例如光轴）相距很近。

247. 偏振光的干涉——菲涅尔和阿拉戈用实验研究了偏振光的干涉规律：

在相互垂直平面上的两束常光会发生干涉，而在相互垂直平面上的两束偏振光不会发生干涉。

两束偏振光的偏振面可以通过适当的方式重合，但只有当两束偏振光最初源自同一束偏振光时，两束偏振光才会发生干涉。

当两束常光相互干涉时，同一平面上的偏振光总会发生干涉。

当被双折射产生的偏振光发生干涉时，所表现出的现象使我们做出假设：一束偏振光的相位相对于另一束偏振光的相位提前了 π，原因显而易见。

令 OP（图 148）表示照射在方解石晶体上的光线的振动，方解石晶体的主截面为 AA'，OP 将在沿着和垂直于轴的两个方向被分解为两个分量 On 和 Om，每个分量在 aa' 和 bb' 方向被再次分解。沿着 aa' 方向的分量相位相同，沿 bb' 方向的分量相位与之相反。

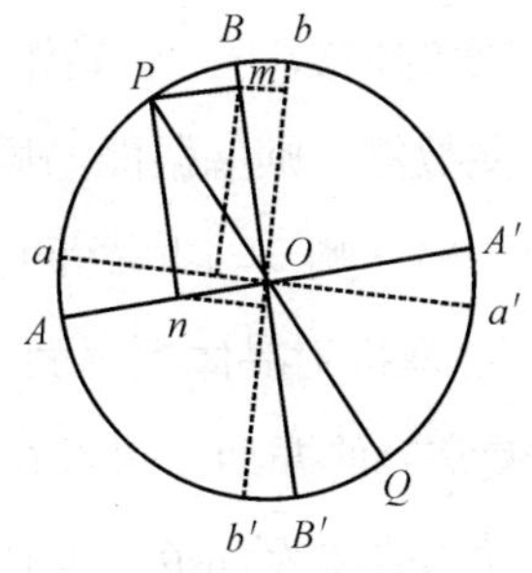

图 148

248. 晶体板的颜色。

我们假设反射后获得一束平面偏振白光，并将第二个反射器放置在使光束消失的位置。如果现在在两个反射器之间的光束路径中插入一个薄的晶体板，通常光在第二个表面反射时，会发出强烈的彩色光。

只要晶体板的主截面与第一反射面平行或垂直，光就会消失。如果晶体板在自身平面上，从当前位置开始旋转，则部分光线在第二个反射面上反射程度将更为明显；随着晶体板的旋转，反射光的强度将发生变化，但颜色不会变化（除颜色之外，反射光也会表现出相同的形式）。另一方面，如果将晶体板位置固定，第二个反射面发生变化，反射光颜色逐渐变为与前者互补的色调。当第二个入射面的任意两个连续位置变化相差 90°时，反射光色调互补。

具体的颜色取决于晶体板的厚度，并且随厚度的变化而变化，变化的方式与光在薄空气层表面反射时所看到的颜色相同。

这种现象的成因很容易解释。最初的平面偏振光在晶体板中被分成两束，两束相反的偏振光以不同的速度绕晶体板旋转。因此，一束光的相位相对另一束光的相位延迟。如果两束光的振动发生在同一方向上，则可能发生干涉。色调由于一些光线被切断，而另一些光线发生干涉而产生。

从晶体板上出射的光为椭圆偏振光，因为它是由两束互不垂直的偏振光合成的。特别是，当相位差是 1/4 周期的奇数倍时，从晶体板上出射的光为圆偏振光；当相位差是半周期的倍数时，从晶体板上出射的光为平面偏振光。如果相位差是半周期的偶数倍，则偏振面与原平面重合；当相位差是半周期的奇数倍时，偏振面位于另一侧，与主截面所成的角度相等。

设 POP'（图 149）为落在双折射晶体板平面上的入射光束的振动方向，设 $\mu\mu'$ 为晶体板的主截面，使常光的振动方向为 OM。如果沿 OP 方向振动的振幅为 1 个单位，则常光振动的振幅为 $\cos\theta$，其中，$\theta = POM$；异常光的振动振幅为 $\sin\theta$。令 vv' 表示双折射晶体板的主平面，原始光束通过该平面时，被分解成两个光束。

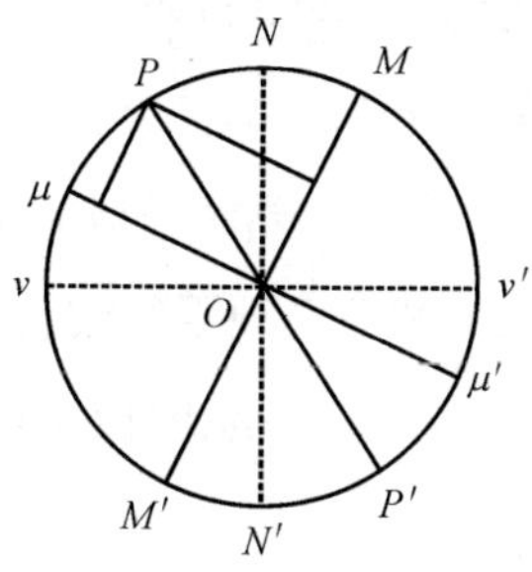

图 149

沿 OM 和 $O\mu$ 方向的振动会引发沿 ON 方向的两组振动，其振幅分别为 $\mathrm{con}\theta\cos(\theta-\phi)$ 和 $\sin\theta\sin(\theta-\phi)$，其中，$\phi=PON$。这两组振动是从第二块晶体板中出射的常光振动的分量。

同时，沿 OM 和 $O\mu$ 方向的振动还会引发沿 Ov 方向的两组振动，其振幅分别为 $\cos\theta\sin(\theta-\phi)$ 和 $\sin\theta\cos(\theta-\phi)$。这两组振动是从第二块晶体板中出射的异常光振动的分量。

因此，常光的强度为 $\cos^2\theta\cos^2(\theta-\phi)+\sin^2\theta\sin^2(\theta-\phi)+2\cos\theta\sin\theta\cos(\theta-\phi)\sin(\theta-\phi)\cos 2\pi l/\lambda$，其中，$l$ 为两束光在晶体板中的有效路径差，λ 是波长。同样，异常光的强度为 $\cos^2\theta\sin^2(\theta-\phi)+\sin^2\theta\cos^2(\theta-\phi)+2\cos\theta\sin\theta\cos(\theta-\phi)\sin(\theta-\phi)\cos 2\pi l/\lambda$。

这两个表达式很容易简化为 $\cos^2\phi-\sin 2\theta\sin 2(\theta-\phi)\sin^2\pi l/\lambda$ 和 $\sin^2\phi-\sin 2\theta\sin 2(\theta-\phi)\sin^2\pi l/\lambda$。

当使用不同波长的光时，必须考虑所有 $\sin^2\pi l/\lambda$ 的量的总和。

根据这些表达式，我们可以推断出所有观察到的效应。

两种光的强度之和等于 1，因此常光和异常光的颜色是互补的。

每个表达式中的第二项决定了光的颜色。当 $\theta=0$ 或 $\pi/2$，也就是晶体板主截面平行或垂直于最初的偏振面时，所有颜色消失。当 $\theta-\phi=0$ 或 $\pi/2$，即晶体板主截面和第二个双折射晶体板平行或相互垂直时，颜色同样会消失。很明显，这是因为在以上四种情况下，常光和异常光的一个分量会消失。两种光的颜色之所以会互补，是因为常光和异常光的相位差为 π。

当 $\sin 2\theta \sin 2(\theta-\phi)$ 为最大值时，色调颜色最大。由于最大值是1，此时 $\theta=\pi/4$，$\phi=0$ 或 $\pi/2$，也就是说，晶体板板的主截面必须与原偏振平面成45°，第二个双折射晶体板的主截面必须平行或者垂直于原偏振平面。

颜色随 l 产生规律性的循环变化。晶体板每增加与自身相同厚度，颜色不变。

249. 特例——迄今为止，我们只假定过入射光束是平行的。现在，我们假设一束发散的偏振光横穿过一个垂直于其自身光轴的单轴晶体板的两个平行平面。

垂直穿过晶体板的光线 *OP*（图 150）不会发生变化。当第二个晶体板的主截面与原始偏振面平行时，光线会穿过与光轴平行的第二个晶体板；当第二个晶体板的主截面与原始偏振面相互垂直时，光线无法通过第二个晶体板。其他任意情况下，光线都将随其与光轴的倾角以及穿过光轴的平面和光轴与偏振平面的夹角变化而变化。

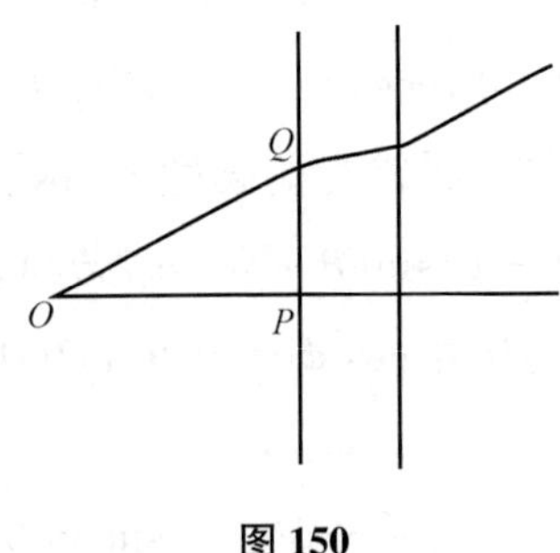

图 150

设 *AB'A'B*（图 151）为垂直光锥的轴，并设 *AA'* 和 *BB'* 分别代表原始偏振面和与其垂直的平面。当主平面与原始偏振面相互平行时，从晶体板中这些平面出射的所有光线将通过第二个晶体板；当主平面与原始偏振面相互垂直时，这些光线将被第二个晶体板阻挡。因此，能量场中将出现明暗交错的

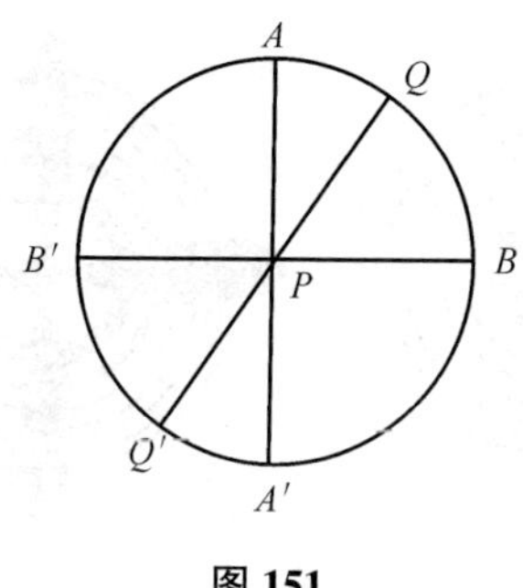

图 151

十字架。(用肉眼观察偏振光时，可以观察到海丁格光刷。这一现象由两个黄棕色的光斑组成。它们形成一个刷子，刷子的轴与偏振面平行。另外，在黄斑之间的角度上会出现两个蓝色或紫色的光斑。这种现象是由于一种偏振结构在瞳孔中急剧变化产生的。黄斑在瞳孔中发生双折射，人眼对异常光的吸收程度比常光更大。赫尔姆霍兹发现，只有用蓝光才能观察到海丁格光刷现象。每隔一段时间需要改变偏振面位置，否则光刷很快就会消失。)

在其他任意点，如点 Q，光的振动可以分解成两个分量——平行于 PQ 所在平面的偏振光和垂直于 PQ 所在平面的偏振光。因此，入射光线将被分成两部分，分别以不同的速度穿过晶体板，从而产生干涉。只要距离 PQ 是恒定的，则一个分量相对于另一个分量的相位延迟是恒定的，且随着 PQ 长度增加，相位延迟程度会变得越来越大。因此，在点 P 处出现的能量场中会有一系列交替的亮圈和暗圈。

如图 152 所示，如果使用白光，圆圈的颜色会非常鲜艳；并且，当第二个晶体板的主截面占据任意特定位置时，该平面每旋转过 90°，我们所看到的颜色将完全互补。

由于两束光在接近于光轴的方向上传播速度差异极小，因此这些效应发生在相对较厚的晶体板中。

连续圆半径的平方几乎与自然数成正比。因为我们已经证实，两个光波传播速度的平方与晶体内光线和光轴所成角度正弦值的平方成正比，与晶体

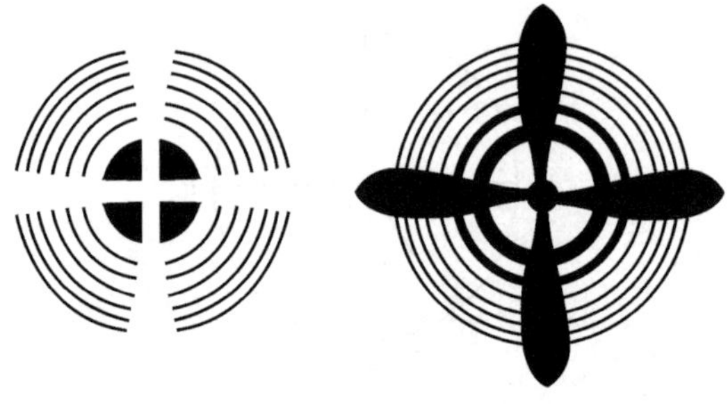

图 152

板的厚度成正比，与相位延迟的时间间隔成正比。因此，相位延迟程度随光线和轴之间角度正弦值的平方变化。这个角度约等于角 *QOP*（图 150），光线出射点到平行于光轴直线的距离约等于 *QP*。

现在，我们假设晶体板为从垂直于主轴平分线方向上切割下的双轴晶体板（图 153）。这种情况下，延迟时间间隔与波的法线和两个光轴所成角度正弦值的乘积成正比。两个角度的正弦值与光线出射点到平行于光轴的直线的距离近似成正比。光轴从晶体板中第一个入射点出发，延伸到另一个面。因此，点 *P* 的轨迹是一个卡西尼椭圆。

图 153

250. 人工双折射结构——菲涅尔表明，玻璃和其他单折射物质在受到应力时，会具有双折射性质；布鲁斯特发现，物质不均匀受热可以产生必要的应变。受到压缩时，物质结构产生变化，变化后的结构性质类似于方解石，能够产生折射率小于常光的异常光。物质膨胀则会产生相反的效果。

在这些情况下，物质发生不均匀应变，光轴在位置和方向上都是固定的。

如果对一个椭圆形的玻璃圆柱体的表面突然进行均匀加热，它就会形成一个双折射结构，与未退火的玻璃结构类似。

在自然发生双折射的物质中也可能产生类似的变化。

克莱克·麦克斯韦证实了黏性液体在剪切应力作用下具有双折射特性。

251. 旋转偏振。石英是一种双折射物质，其常光的折射率大于异常光的折射率。波面由一个球体和一个椭球体组成，椭球体完全位于球体内。由此可知，两种光沿光轴的传播速度是不一样的。但是，进一步讲，这两束光的振动并不发生在直线上。它们的振动形式通常为椭圆，椭圆位于与两束光传播方向相反的方向上。当光沿光轴传播时，振动形式变成圆形。

现在，在同一圆的相反方向上，两个同周期匀速运动的合成结果是直线运动，因为，如果 A、A'（图 154）表示相对运动的点在同一时刻的位置，则运动垂直于直线 PQ 的分量作用效果会相互抵消。直线 PQ 过圆心与圆弧 AA' 的中点，因此，所得结果是沿 PQ 方向的简谐运动。

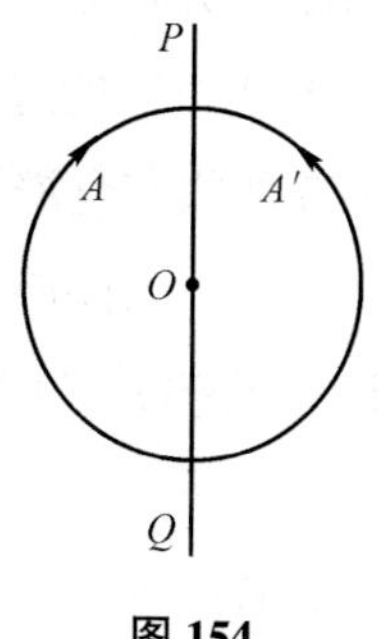

图 154

但如果 A'相对于 A 减速，则直线 PQ 的位置将发生变化，将 A 和 A'的新位置之间的原弧平分；并且，如果 A'持续减速，PQ 将在 AA'方向上持续旋转。另一方面，如果 A 相对于 A'减速，PQ 将沿着从 A'到 A 的方向旋转。

因此，石英中的两束圆偏振光在出射时产生平面偏振光，但是，由于一束光相对另一束光的相位有延迟，因此偏振面旋转的程度与石英厚度成正比。

在一些石英样品中，偏振面沿右手方向旋转，而在另一些样品中，偏振面沿左手方向旋转。紫水晶由以上两种石英层交替组成。

旋转量取决于波长。比奥（Biot）以及布罗克（Broch）证明，旋转程度与波长的平方近似成反比，则有

$$\rho = \frac{a}{\lambda^2} + \frac{b}{\lambda^4} + \frac{c}{\lambda^6}\cdots$$

根据该公式中等号右边的前三项，可以算出大致的旋转程度。在该公式中，ρ 为旋转程度，a、b、c 为常数。

经过石英板的平面偏振光所产生的光谱与普通太阳光所产生的光谱一模一样。但是，如果光线在通过折射棱镜之前发生剧烈改变，之后经过一个装置，使得偏振光线与原始偏振面成直角。此时，如果将石英板拿走，光线就无法进入这一装置。石英板的作用是恢复光线，并使光线的偏振面以平角的倍数旋转，因此，光谱上会出现交叉的暗带。通过旋转第二个偏振装置，可以使任意一个暗带处于光谱中的任意所需位置，我们从而可以极其精确地测量出任意特定类型光（以及该光的波长）的总旋转量。

暗带没有明显的标记，因为在那些完全消失的光线附近，部分光线必然消失；而且，由于一部分光被切断了，因此最后出现的光是有色的。当石英的长度达到一定程度，使得被切割的部分光线在整个光谱中均匀性分布时，颜色消失。

许多液体、溶液、蒸气，都具有这种旋转能力。在某些情况下，旋转在右手方向上发生，有时旋转在左手方向上发生。一般来说，给定浓度的液体

比相同厚度的石英引起的旋转程度要小得多。

液体中非活性物质的稀释或蒸发都不会改变液体的旋转能力，它们只能改变液体的浓度。另一方面，赫歇尔证实了石英在溶液中是非活性的；布鲁斯特发现，石英在熔融状态下也是非活性的。由此推断，偏振光在石英中的旋转取决于晶体结构，但在液体和蒸气中的旋转是一种分子现象。

所有旋转偏振镜，或折光仪，基本上都依赖于上述原理。一些试验使用两束强度相等的光来进行，另一些试验使用两束颜色相同的光来进行。如上文所述，光谱分析是迄今为止最精妙的实验之一。

如果穿过石英的光线被反射后，以相反的方向再次穿过石英，旋转就会消失。偏振面在磁场中旋转时，光反射后沿相同路径反方向的传播，并不意味着旋转的消失（参见第 32 章）。

252. 偏振棱镜。

产生偏振光的方法很多。上文中提到了反射引起的平面偏振现象。

当然，只要能将两束光分离，我们可以任意双折射晶体得到平面偏振光。

一些物质，如电气石，可以大量吸收入射光束分离后得到的两种光线之一。因此，当这种物质达到足够厚度时，我们可以利用其直接获得平面偏振光。

一块方解石可以将光线分离。光在方解石内部的传播路径越长，分离的程度就越大。然而，自然界中内部不存在瑕疵的完美方解石极为罕见。因此，在尼科尔棱镜中，两束光中的一束被全反射所消除。一个与主截面垂直的平面可以将一个长柱体的方解石分成两部分。然后，用加拿大香脂将这两部分黏合在一起，使其恢复到原来的状态。加拿大香脂膜的折射指数处于方解石中常光和异常光的折射指数之间。因此，当分割平面与光线传播路径之间的倾角足够大时，常光在香脂膜表面发生全反射，仅有异常光可以通过香脂膜。

福柯棱镜在本质上与尼科尔棱镜相似。但在福柯棱镜中，香脂膜被空气膜所代替。使用福柯棱镜实验时，我们只需一个长度较短的方解石块就足够了；但光在空气膜表面反射时，会有相当大的损失。

使用方解石棱镜或石英棱镜（玻璃棱镜可以消色差），可获得分离程度较大的光线。罗雄棱镜的一个边和一个面垂直于光轴。因此，光束在到达棱镜另一面之前不会发生分离。用同种物质构成第二个棱镜，对该棱镜进行消色差，令第二个棱镜的折射边缘与轴平行。常光通过第二个棱镜时，方向不发生改变，因此没有颜色。但是，根据波长来看，异常光的折射率相当大，因此会在棱镜边缘呈现出颜色。

使用沃拉斯顿棱镜可以获得角度分离程度更大的光线。在用沃拉斯顿棱镜进行实验的过程中，第一个棱镜的折射边缘垂直于光轴，与入射光垂直的棱镜平面平行于光轴。在其他方面，实验过程与用福柯棱镜进行实验时相同。由于常光和异常光都会在原始方向上偏离，因此它们在棱镜边缘上都会出现颜色。

本节已经指出了产生椭圆偏振光或圆偏振光的方法。产生的光为椭圆偏振光还是圆偏振光，取决于两个相互垂直的偏振光分量之间的相位差。这种相位差可能是由于光在双折射板中的传播产生的。只要两束光的强度相等，当板的厚度足以产生 1/4 周期的相位差时，就会产生圆偏振光。这种板被称为 1/4 波片。如同菲涅尔菱形镜中的现象一样，相位差也可以通过反射或折射产生。菲涅尔菱形镜为圣戈班玻璃组成的平行六面体，六面体各个面之间所成的角度相同。一条光线垂直进入菲涅尔菱形镜内部后，以 45°37′的入射角度发生两次反射，并在六面体的另一面垂直射出。每次反射都会产生 45°的相位差。因此，如果光最初在一个与内部反射平面成 45°角的平面上偏振，就会产生圆偏振光。

相反，菲涅尔菱形通过将圆偏振光转换为平面偏振光，来验证圆偏振光的存在。同样，这包括椭圆偏振光中，椭圆的任意一个轴与内部反射平面成

45°角时的情况。而这两种情况可以用尼科尔棱镜来区分——如果穿过尼科尔棱镜的光束为圆偏振光，则棱镜旋转时，光束的强度不会发生变化；但如果光束为椭圆偏振光，则强度会产生变化。尽管当部分入射光束发生平面偏振时，强度也会发生类似的变化，但利用 1/4 波片和菲涅尔菱形镜，我们能够清楚地对这两种情况进行区分。

第 20 章　热的本质

253. 热辐射及其与光的一致性——就像我们可以接收到源自太阳的光一样，我们通常可以接收到源自太阳的热。因此，学界提出了“热辐射”这一术语，指来自遥远物体且未受普通物质干涉的热。

像光一样，热辐射可以从一个物体传播到另一个物体，且传播过程中不发生干涉。这一点很容易得到证明。在星际或星际空间中，极少有普通物质发生与在地球上类似的热转移过程。在真空中，热体会像被空气包围时一样快速冷却。在某些情况下，如热体被一种物质介质包围时，热体的冷却速度会比在其他情况下慢。

发光体（仅荧光或磷光除外）既能发光，也能发热，而且它们越热就越亮。因此，我们可以自然而然地得出结论：光和热辐射之间的差异不是类型上的差异，而是程度上的差异。许多现象可以充分证明这一推论。

光和热辐射完全相似的一点在于，都可以在自由空间或均匀介质中沿直线传播。热辐射经过任意障碍物所投射的阴影，都与障碍物在同一光源的光线下产生的阴影完全相同。此外，由于光的路径是直线，也就证明了热辐射也是沿直线传播的。

和光一样，热不是瞬间传播的；而且，两者更相似的基本点表现在——它们在真空中的传播速度相同。发生日全食时，光和热同时消失并重新出现，即证明了这一点。

两者的反射定律是相同的。反射镜对热射线的聚焦与其对光线的聚焦效果一样。将热电堆放置在反射望远镜焦点处，可以得到恒星辐射的热。

两者的折射定律也是一样的，虽然一眼看上去有点不一样——热经过透镜后的焦点离透镜远，而光经过透镜后的焦点离透镜近。这一现象类似于红光和蓝光：只要透镜没有消色差，红色光线的焦点往往比蓝色光线的焦点离透镜远。

两者的干涉和偏振规律相同。干涉现象证明了光的传播具有周期性，并表明振动发生在与传播方向垂直的方向上。通常，我们可以基于光的干涉、衍射和折射规律，测得热辐射的波长。热辐射的波长一般会大于光线的波长。

因此，我们得出结论：光和热辐射是同一现象。两者的区别仅仅就像红光与蓝光的不同。而由于眼睛的结构无法对较慢的振动作出反应，因此人眼几乎无法察觉这种差别。我们已经知道，有些动物的眼睛可以感知光谱红端（也可以是蓝端）的光线，而其他动物的眼睛则完全看不见这一部分。

和光线类似，热可以具有"颜色"。岩盐对于热来说是透明的，就像玻璃对于光一样。但另一方面，普通玻璃对于热来说并不透明。也就是说，它会大量吸热。普通玻璃对热的作用，就像有色玻璃对光的作用一样；还有许多其他物质对热的作用也类似。不同厚度的介质对热的吸收定律与对光的吸收定律相同（参见第 17 章第 205 节）。

254. 物体的热量与分子涡旋假说。由于热体会产生辐射，并且辐射的传播导致惰性介质粒子的运动，我们可以推断：热体粒子必定处于快速运动状态，并且热从一个物体到另一个物体的传播取决于运动的相互传递。

从拉姆福德和戴维在实验基础上得出这个结果至今，还不到一个世纪。

在他们的研究之前，人们认为热是物质的一种存在形式。热被封闭于物质内部，但不会导致物体质量增加，因此无法计算，这种无法计算的物质被称为热量。

根据这一热假说，物体的冷热取决于吸收热量的多少。当一个物体的热容量减小时，它就会释放热（或者更确切地说是热量）。

1798 年，拉姆福德从事火炮的钻孔工作。他观察到（以前经常注意到的），在将固体金属加工成碎屑的过程中，金属固体的温度升高。但是，根据热量假说，如果没有多余的热量，温度的升高通常意味着物质热容量减小；相反，物体热容量增大也将伴随着温度的下降。因此，根据这一假设，在拉姆福德实验中，碎屑温度的升高意味着热容量减小。

随后，拉姆福德试图通过实验来确定这些碎屑的热容量是否比固体金属中的小。他将等量的固体金属和碎屑加热到同样的温度，然后将它们放入温度同样低的等量水中。他发现，在这两种情况下，两种物体的温度变化情况一致，因而得出结论：当物体分解成更小的部分时，热容量不发生变化。

不过，拉姆福德并没有注意到，固体金属和碎屑的物理状态不同，这可能导致他的实验结论有误。碎屑的扭曲程度更大，因此在从应力状态恢复的过程中，内部含有大量的潜热。然而，他的结论是正确的，实验过程也建立在精确的原理上。鉴于此，他的观察结果证明了热量假说不成立。

拉姆福德并没有就此止步。他观察到，在钻孔过程中产生的热量与金属被磨损的程度无关，一个钝的钻和一个锋利的钻虽然产生的金属碎屑量大不相同，但如果在钻孔时花费同样的工作量，则会产生等量的热量。而且，进一步讲，产生的热量多少几乎没有上限。因而，他认为热不可能是一种物质。他指出，除了观察到的能够产生和传递的运动之外，他几乎无法想象热为其他任何东西。

大约在同一时间（1799 年），戴维以完全相同的方式进行实验。他发现，只要将两块冰块相互摩擦，它们就会融化。根据热量假说，要想发生这一过程，水的热容量必须比冰的热容量小。但众所周知，事实恰恰相反——水的热容量大于冰的热容量。

周围的物体可能会提供冰融化所需的热量，因此，戴维用另外一层冰将这两块冰块包裹起来，放在一个真空容器里，与外界隔绝。在这种情况下，只有外层的一层冰先融化时，两块冰块才可能吸收热量。

根据戴维的实验结果，我们可以得出结论：热不是物质的一种形式。但在当时，他只提出："摩擦最终并不会降低物体的热容量。"

1812 年，当再次讨论到这一部分时，戴维称热是"趋向于将物体内部微粒分开的一种特殊运动形式，可能是一种振动"，并指明"运动会直接导致热现象，热的传递规律与运动的传递规律完全相同"。

从严格意义上，第二个说法是正确的。第一种说法——热是一种运动形式，只有通过恰当的解释才能成立。热既然不是物质，就一定是能量。因此，戴维这句话的真正含义是，物体粒子的运动能量中存在热量。但在当时，物理学还没有引入"能量"这一概念。

戴维用行星轨道运动进行类比，对这种热运动进行说明。他称这种热运动为"排斥运动"。任意行星的运动速度增加时，轨道就会变大，就像受到了斥力作用一样。

所以，戴维的说法完全基于气体动力学理论以及现代热动力理论（参见第 13 章）。

由于热是能量的一种形式，我们可以推断，热量可能以势的形式存在。使用潜热这一学科术语，我们可以证明这一推论。

在研究热的动力学理论时，兰金提出了一个"分子涡旋假说"。他认为，原子核周围大气中的涡旋运动导致物体产生热量，而辐射则是由于原子核在相互作用力下振动的传递才形成的。涡旋的能量是物体所含有的热量。所有物体的绝对温度为其所含能量和一个与物体自身相关确定常数的商。根据动力学定律，弹性压力一定与涡旋能量成正比，与涡旋所占体积成反比。只有在所有非理想气体当中存在相互作用的核力时，这一结果才有变。当物体所占据的空间的体积和形状改变时，潜热等于改变涡旋轨道尺寸所做的功的量，比热容等于改变涡旋能量所做的功。

第 21 章　热辐射和热吸收

255. 普雷沃斯特交换理论。事实上，热的传递规律也就是运动的传播规律。当温度相同时，同种透明物质制成的厚板比薄板产生的辐射更大。因此，我们得出结论：热体粒子的运动并不仅仅局限于热体表面。这一现象还表明，来自热体的辐射仅取决于该物体自身的状态，而不受周围其他物体的影响，除非其他物体会导致热体的热状态发生变化。

这就是日内瓦物理学家普雷沃斯特以“温度动态平衡理论”为题，提出的交换理论的精髓。

按照普雷沃斯特的说法，当两个不同温度的物体被放置在一个隔热的密闭容器中时，都会散发热量。更热的物体辐射的速率更快，较冷的物体吸收辐射，最终两个物体的温度相等。在这之后，两个物体将以完全相同的速度继续辐射。这样一来，一个物体因辐射而损失的热量等于另一个物体因吸收而获得的热量。这就是先前所说的温度动态平衡条件（或动态平衡条件）。

256. 斯图尔特和基尔霍夫对普雷沃斯特交换理论的延伸——如第 17 章所述，我们将一个物体在给定条件下对任意特定辐射的吸收率定义为它所吸收的辐射相对于全部辐射的百分比，将一个物体在给定温度下对任意给定辐射的辐射率定义为它产生的辐射量相对于同种条件下黑体产生的辐射量之比。

如第 17 章所述，斯图尔特的实验证明，在一定温度下，物体对任意辐射的辐射率和吸收率是相等的。

当满足一定条件时，无论物体在给定条件下产生的辐射的质量和数量如何，只要物体对辐射的吸收量和辐射量在质量和数量上完全平衡，我们就不必对其余的特殊情况进行讨论（参见第 17 章第 203 节）。在斯图尔特进行研究之前，莱斯利、德拉普罗沃斯塔耶和德桑斯已经通过实验发现，所有物体的辐射率和吸收率都成比例。也就是说，辐射率越高的物体吸收率也越高，辐射率越低的物体吸收率也越低。

257. 恒温下的热辐射定律。在早期，物理学家们认为在给定温度下，物体的辐射取决于物体表面的性质（这是热辐射和光的另一个相似之处）。

莱斯利制造了一个中空的金属立方体，将第一面进行抛光，第二面磨粗糙，第三面涂上油烟，第四面涂上白釉。尽管后两个面的表面差异很大，但莱斯利发现，当立方体内部充满热水时，两个面上的辐射相差无几。抛光金属表面的辐射远远小于其他所有表面的辐射，而粗糙金属表面的辐射比后两个表面的辐射要小得多。

在第 17 章第 205 节，我们已经证明，一定辐射率的物质厚度足够时，其所能产生的辐射量等于同一温度下黑体的辐射量。结果表明，当物质平板厚度为 n 个单位长度时，通过该物质平板的辐射量为 $R(1-\rho)^n$，其中，R 为照射在平板上的总辐射量，ρ 为吸收系数。因此，被板阻挡的辐射量为 $R[1-(1-\rho)^n]$。

因此，根据定义，吸收率也就是最终的辐射率为 $1-(1-\rho)^n$。

当一个物体的温度升高时，发出的辐射波长会越来越短，所含有的每种能量都会增加。

258. 热谱——如果令发光体产生的辐射以通常的方式通过一个狭缝和一个棱镜，我们就会得到一个热谱。借此，我们能够发现辐射的性质。我们也可以令辐射落在可以完全将其吸收的介质上，从而使介质温度在我们可测量的范围内上升，由此来测量热谱中任意给定部分的能量。但是，在所有这样的实验中，必须首先确保棱镜中的物质不会大量吸收辐射。

我们也可以通过测定物体对不同波长辐射的吸收来间接分析某一物体发出的辐射。但是，只有当所研究的物质化学成分和物理结构明确时，这种测量才有价值。一些气体（如乙烯）对热辐射有很强的吸收作用，另一些气体对热辐射的吸收作用则很弱。水蒸气之所以能够吸收热辐射，很大程度上是由于其中所含灰尘的原子核（参见第 23 章第 277 节）。

以上方法也适用于热谱的不可见部分，无论这些部分是由折射率高于可见部分的射线组成的，还是由折射率低于可见部分的射线组成的。

热谱的不可见部分与可见部分具有完全相似的特性。

我们不能用热电堆（参见第 28 章第 328 节）或测辐射热计（参见第 29 章第 343 节）来直接测定一个特定波长的辐射所含的能量，尽管这两种仪器是目前最合适的仪器。由于热电堆表面和测辐射热计的金属条必然具有一定的宽度，因此我们只能测量已知波长射线所包含的总辐射能量。

在热折射谱中，光线很难被棱镜物质吸收，我们也很难根据未知的定律将射线聚集到热谱折射率最低的一端。

如果使用衍射光谱，若光栅为玻璃材质，则光在光栅中可能被吸收；如果光栅为金属，则其对不可见光的作用将存在很大的不确定性。而且，尽管色散（参见第 18 章第 233 节）实际上与波长成正比，热谱的宽度相等意味着波长之间的差值相等，但我们必须记住，测量仪器应该确定的是热谱中与波长成常数比例的射线所包含的能量。此外，由于我们要测量各种波长的辐射，因此在衍射光谱的任何一个部分，由于存在着无穷多个不同的光谱，所以会出现大量叠加的辐射。

随着我们对大波长辐射知识了解程度的加深，兰利在很大程度上已经克服了这个问题。他用测辐射热计探测到太阳光谱中与部分相关波长的热量痕迹，这部分的波长大约是可见热谱中折射率最低部分的 24 倍。

他指出，热谱中能量最大的波长随着温度的升高而减小。这一结果是迈克尔逊根据理论推导出来的，他得出的数值推导结果与兰利的观测结果非常吻合。在热谱上，一个物体从波长最大的部分到波长最小的部分，它的能量会很快消失；而在相反方向上，能量消失的速率会慢很多。

与兰利对热射线的观察结果不同，柯西公式（参见第 17 章第 209 节）将给定辐射的物质折射率与该辐射的波长联系起来。布里奥特公式更符合实际情况，但它最终的结果顺序与柯西公式正好相反。

259. 不同温度下的热辐射定律——到目前为止，我们只考虑了所研究的辐射体在恒定温度下辐射率保持不变的情况。现在，我们需要考虑辐射率和温度之间的关系。

假设热体被放置在一个温度恒定为 t 的密闭容器内，热体的温度为 $t+\theta$，热量只能以辐射的形式从热体内部发出。

如果在温度 t 下热体的热损失率为 $f(t)$，则假定条件下的热损失率为 $f(t+\theta)-f(t)$。

由于我们对辐射产生的机制缺乏足够的了解，因此必须通过实验确定该表达式的写法。

根据牛顿的理论，热损失率与热体温度和周围的温度差成正比，用公式表示为

$$f(t+\theta)=f(t)+a\theta$$

但是，由于我们不得不认为辐射率与周围物体温度无关，上式可写为

$$f(t)=at+b$$

式中，a 和 b 为常数；t 为任意温度。

温差极小时，上述定律才可生效；温差越大，其适用性就越小。

杜隆和佩蒂特做了一系列详尽的实验，以期发现一个更正确的规律。他们发现，当温差保持不变时，随着物体周围环境的温度的增加，热损失率呈几何级数增长；过余温度超过一定临界值（200℃以内）后，热损失率几何级增长的比率与温度无关。

当过余温度为零，热量损失为零。因此，杜隆和佩蒂特给出了这一规律的表达式：

$$f(t+\theta)-f(t)=a\alpha^{t}(\alpha^{\theta}-1)$$

当温度 t 从 0℃变化到 80℃时，上述公式的计算结果与他们的观测结果十分一致，θ 不超过 200℃。由于这个公式可以写为

$$f(t+\theta)-f(t)=a\alpha^{t+\theta}-a\alpha^{t}$$

因而通过公式

$$f(t)=a\alpha^{t}+b$$

我们发现，绝对辐射率与周围环境温度无关。

常数 a 取决于辐射表面的性质，而常数 α 实际上是一个绝对常数，其值等于 1.0077。因此，根据杜隆和佩蒂特定律，当过余温度为常数时，热损失率与 $(1.0077)^{t}$ 成正比，其中，t 为受到热辐射物体的绝对温度。此外，该定律断定，当 t 为常数时，热损失率与 $(1.0077)^{\theta}-1$ 成正比。

可以得出方程式：

$$[f(t_1)-f(t_3)]=[f(t_1)-f(t_2)]+[f(t_2)-f(t_3)]$$

或

$$_1r_3={_1r_2}+{_2r_3}$$

其中，r 为热损失率，可能无法通过实验证明。正如鲍尔弗·斯图尔特（Balfour Stewart）所指出的，这一事实为普雷沃斯特交换理论提供了一个独立的依据，也是其必然的结果。

我们将表达式 $\alpha^{\theta}-1$ 写为 $(1+p)^{\theta}-1$，经过拓展，变为 $p^{\theta}[1+(\theta-1)p/2+\cdots]$。

但是，根据牛顿冷却定律，热损耗率应该与 θ 成正比，因此，令 $\theta=11$℃、$p=0.0077$，根据牛顿定律得到的值是 4%。当过余温度等于 11℃时，这一值极小。

德拉普罗沃斯塔耶和德桑斯的实验证实，在指定的限度内，根据杜隆和

佩蒂特定律得到的结果是准确的。

根据霍普金斯（Hopkins）的说法，位于 0℃ 密闭容器中的 100℃ 的玻璃，每平方英尺每分钟的辐射量为 0. 176 个热量单位。将一磅水的温度每提高 1℃，所需的热量为 1 个热量单位。在相同条件下，未抛光石灰石的辐射量为 0. 236 个热量单位，同样的抛光石灰石辐射量为 0. 168 个热量单位。

杜隆和佩蒂特定律似乎只适用于确定一个物体的总辐射，而不适用于确定构成整个物体的各部分的辐射。当黑体温度升高时，黑体产生的特定辐射速率会先迅速增加，之后增加的速率会慢慢变缓。

260. 太阳辐射——第一个对地球在给定时间内从太阳接收到的辐射量进行精确测量的是法国物理学家普耶。为此，他发明了日射强度计。

该仪器由一个扁平的圆柱形金属容器组成，其表面（除了一端涂上了灯黑之外）经过了高度抛光处理。日射强度计的球插入圆筒中，其杆与轴线在一条直线上。圆柱体内装满水或水银，灯黑的一面朝着太阳。为了准确进行测量，将直径与圆筒完全相等的金属盘固定在远离圆筒的仪器轴的末端。只有在圆柱体表面精确地朝向太阳时，圆盘和圆柱体的阴影才会重合。我们需要精确计算出灯黑面的面积和将圆柱体及其内部的温度升高到一定程度所需的热量。

如果仪器的温度与空气温度相同，且灯黑面由背阴面向天空旋转，仪器就会产生辐射，温度在 t 个单位时间内将下降 θ。

现在，让仪器向太阳转动 t 个单位时间，之后和往常一样在相等的时间段内朝天空旋转，则温度将下降 θ'。

得出的结论是，当仪器暴露在太阳下时，升高的温度不足 $(\theta+\theta')/2$。

因为，在这一曝光过程中，圆柱体除了吸收太阳的热量，除温度稳步上升之外，同时自身也在产生辐射，因而温度也在平稳下降。

如果没有来自圆柱体的辐射，仪器整体上升的温度将为 $\theta+(\theta+\theta')/2$，其中，$\theta$ 为实际观测到的上升的温度。由此，结合仪器的已知常数，可以计算出在给定时间内，地球表面单位面积所接收到的太阳的热量。

普耶给出了以上给定条件下，一天内不同时刻温度升高率的表达式为 ae^{l}。

l 为太阳光穿过的地球大气层厚度，常数 e 值随一天不同时刻变化，常数 a 为定值。普耶得出结论：即使没有大气，这个表达式也适用。在这种情况下，常数 a 代表温度上升的速率。他计算出，在不存在大气吸收辐射的情况下，一分钟内落在地球表面一平方厘米上的辐射量，可以使 1.76 克的水的温度升高 1℃。

根据常数 e 的平均值，普耶推断，大约一半的入射太阳辐射被地球大气层吸收。汤姆森爵士根据以上数据和赫歇尔给出的数据得出结论：太阳表面的辐射率大约为每平方英尺 7000 马力（1 米制马力=0.735 千瓦）。

另一种用来测定太阳辐射强度的仪器是光量计。光量计基本上由一个金属外壳组成（内部为黑色，并保持温度恒定），金属外壳内部中心有一个温度计灯泡。通过在金属外壳上开一个小口，太阳光可以在给定的时间内落在灯泡上，然后灯泡向外壳发出辐射。科学家用这种装置进行了各种各样的试验。维奥勒发现，太阳每分钟落在地球表面一平方厘米的辐射量，如果没有被吸收，可以使 2.54 克的水的温度升高 1℃。

兰利的测量也表明，普耶给出的估计值过低。他发现，落在地球表面一平方厘米上未被地球表面吸收的热量会使 1.81 克的水的温度升高 1℃。如果地球表面不吸收热量，则落在地球表面一平方厘米上的热量将使 2.8 克的水的温度升高 1℃。

根据兰利的数据，我们可以计算出，如果太阳对地球的年辐射量均匀地分布于苏尔河上，将使厚达 150 英尺（45.72 米）的均匀冰层完全融化。

261. 运动物体的辐射——以下关于运动物体辐射的观点，是由鲍尔弗·斯图尔特首先提出的。除了观点本身，它对能量守恒原理的体现也值得我们借鉴。

我们假设隔热密闭容器内部的温度相等（参见第 17 章第 203 节），且在这个密闭容器中，一个物体突然开始以光速运动。根据多普勒原理，我们可以直接证明，位于封闭空间中的任意物体，从其他运动物体吸收能量的速率将大于向其他物体传送能量的速率。

因此，辐射体的相对运动并不意味着它们的温度最终一定相等；但是，持续的温差将意味着一种永久的能量来源。所以，我们可以得出结论，辐射体的相对运动必定会逐渐停止。

第 22 章　吸热效应：膨胀及其实际应用

262. 温度。温度的升高伴随着物体的吸热。不同物质的物体有冷热之分，这就引出了热和温度最基本的区别。物体的冷和热是相对的，冷热不同的物体也可能处于同一温度下。因此，一块铁和一块木头，尽管温度相等，但触感却完全不同。如果手的温度高于这两个物体，前者摸起来会较冷，后者摸起来会较暖；而如果手的温度低于两个物体，情况就会完全相反。在物理性质上，铁吸热和散热的速率比木头更快。

就目前的研究目标而言，把温度看作热量从一个物体流向另一个物体的条件就足够了（参见第 20 章第 254 节、第 13 章第 150 节）。

如果两个不同温度的物体相互接触（或以任何形式发生热传递），热量就会从温度较高的物体传递到温度较低的物体。热传递结束后，两个物体之间的热量转移停止，整体上的温度相等。

实验证明，当两个物体的温度都等于第三个物体时，这两个物体的温度相等。

之后，我们将提到各种方法，以测定两个物体之间或处于给定物理状态的物体与处于另一种状态的物体之间存在的温度差。

就目前而言，我们可以假定，冷水和沸水的温度分别为 0℃和 100℃。一定的度数在摄氏温度计任意部分对应一定的温度间隔。我们用 C 来表示摄氏度，与其他温度计量方式进行区分。

263. 固体的膨胀——物质吸热后最明显的效果之一是膨胀。在均匀各向同性固体中，膨胀率在所有方向上都相等。另一方面，在非各向同性固体中，膨胀率在不同方向上是不同的。但是，在这种情况下，我们总是可以找到三个相互垂直的方向（称为主轴，参见第 19 章第 245 节），第一个方向的膨胀率最大，第二个方向的膨胀率最小，第三个方向的膨胀率介于前两个方向的膨胀率（最大值和最小值）之间。在温度上升的情况下，当确定这三个方向上的膨胀率时，我们就可以确定其他任意方向上的膨胀率。

首先，我们来研究固体的线性膨胀定律。（我们很容易通过直接微观测量方法来得到精确的测量数据，以确定已知不同温度下杆的精确长度。）

（1）在初始温度下，给定杆增加的长度与自身长度成正比。

（2）长度的变化与温度的增加量成正比。

这些定律可以用公式表示为

$$l_t = l_0(1 + kt)$$

其中，l_t 和 l_0 分别为杆在较高和较低温度下的长度，两个温度的差值为 t，k 为常数，称为线性膨胀系数。显然，这一常数等于单位长度的杆在温度每升高一度时增加的长度。

根据三个方程：

$$l_t = l_0(1 + k_1 t)$$

$$b_t = b_0(1 + k_2 t)$$

$$d_t = d_0(1 + k_3 t)$$

其中，l、b 和 d 分别为长方体物质的长、宽和厚度，k_1、k_2 和 k_3 分别为沿长、宽和厚度方向测得的膨胀系数，我们可以得到立方体的膨胀系数表达式。假设这些方程对应三个主轴，则得出方程：

$$l_t b_t d_t = l_0 b_0 t_0(1 + k_1 t)(1 + k_2 t)(1 + k_3 t)$$

或

$$V_t = V_0(1 + k_1 t)(1 + k_2 t)(1 + k_3 t)$$

其中，V_0 为体积。

在自然界的所有物质中，k_1、k_2 和 k_3 的值都很小，以至于它们的平方和乘积可以忽略不计。因此，在一定的近似程度上，可以得出方程：

$$V_t = V_0[1 + (k_1 + k_2 + k_3)t]$$
$$= V_0(1 + kt)$$

如果 K 代表立方体的膨胀系数，则：

$$K = k_1 + k_2 + k_3$$

所以，立方体的膨胀系数（即每升高单位温度时的单位体积增长百分比）等于三个重要膨胀系数之和。当物质是各向同性时，这个方程变为：

$$K = 3k$$

我们可以认为，均匀各向同性固体的立方体膨胀系数是线性膨胀系数的三倍。

如果立方体的边不在三个主轴的方向上，则吸热导致面的倾斜度改变，立方体的六个面将不再是矩形。当立方体原来的三条边相等，并且立方体一个面的对角线平行于两个主轴时，吸热使得这个面变为菱形，使得菱形钝角的一半的正切值等于 $1 + (k_1 - k_2)t$，其中，t 为增加的温度，原正方形面对角线的长度为 1 个单位。由于角度的变化可以通过光学方法精确测得，所以当一个主轴的膨胀系数已知时，我们可以利用这种方法，来确定另一个主轴的膨胀系数。

斐索引入了一种测量杆长变化的精确方法。牛顿色环（参见第 18 章第 221 节）是由两块玻璃板之间空气膜表面反射光的干涉产生的。两块玻璃中，至少有一块玻璃板略微弯曲。所有特定色环的颜色取决于空气膜的厚度。当色环的半径已知时，我们可以计算出空气膜的厚度。如果将两个玻璃板中的一个固定，而另一个连到膨胀杆上，杆长的微弱变化将导致空气膜厚度减小，厚度减小的程度可通过同一时间的光学变化很容易地计算出来。

斐索给出了以下经验公式，将系数 k 与摄氏温度 t 联系起来：

$$k = a + a'(t - 40)$$

其中的常数是通过在三个温度下进行观测确定的，即 10℃、45℃和 70℃。

固体的立方膨胀通常可以根据在已知膨胀率的液体中加热直接确定，该液体被浸入线性膨胀（以及立方膨胀）系数一定的容器中。设 V_0 为 0℃时容器的体积，设 K_1 为容器的膨胀系数，则温度为 t℃时，容器的体积为 $V_0(1 + K_1t)$。

同样，在 0℃时，容器内液体的体积为 $V_0(1 + K_2t)$。

现在，如果我们将液体替换为固体，且固体在 0℃下的体积为 v_0，则温度为 t℃时它的体积为 $v_0(1 + K_3t)$。

温度为 t℃时，从容器中溢出的液体体积为 $V_0(1 + K_2t) - V_0(1 + K_1t) + v_0(1 + K_3t)$，也就是 $V_0(K_2 - K_1)t + v_0(1 + K_3t)$。

据此，我们可以求出 K_3 的值。

我们不必列举全部固体升温膨胀或降温收缩的各种实际应用。众所周知，收缩的轮胎可以将向外凸起的墙体拉拢在一起，这一例子充分体现了轮胎的性质。

另一个值得注意的特殊应用是表的补偿摆或平衡轮的构造。

普通补偿摆的构造原理是：保持两个不同膨胀率杆的长度之差不变，但温度在允许的范围内变化，杆的长度须与组成杆物质的膨胀系数成反比。据此，我们可以测定摆锤和支撑点之间的恒定距离。

如果将两个具有不同膨胀率的等长杆整个焊接在一起，则温度的升高将导致复合杆弯曲，使膨胀率低的杆在凹侧弯曲——这是满足不均匀膨胀趋势的唯一方法。在补偿平衡轮结构中则不会发生这一情况。当无补偿轮的温度升高时，轮辐的膨胀使车轮的轮缘离中心更远，随之增加的转动惯量导致振动周期的增加。因此，这样轮子的手表或计时表的指针在夏天会变慢，在冬天会变快。但是，如果将轮缘分成若干独立的部分，每个部分由一个单独的轮辐承载，则在这种排列方式中，通过将轮辐各部分向内弯曲，可以抵消从中心向外的轮辐的膨胀。

值得注意的是，固体的一个或两个主膨胀率可能为负值，即当温度升高时，物质可能在至少一个方向上收缩。在这种情况下，我们可以在物质中找到一系列方向，温度的变化不会引起物质在这些方向上的长度变化。（我们可以通过这样的方法来找到这些方向：通过想象一个球体被绘制在所示物体中，并找到它与椭球面因受热而变形的交点；在物体中，所有球体中心到交点连线的平行线长度不变。）因此，在任意这样的方向上，从物体上切下的杆可以用作补偿摆的杆。布鲁斯特指出，一根大理石杆就可以用作补偿摆的杆。

另外一个有趣的例子是受拉伸的印度橡胶固体在温度升高时收缩的情况。通过将蒸气吹进固定在橡胶上端的空心管，并用连接在下端的重物拉伸橡胶，可以很容易地进行该实验。

表 9 包含斐索对几个著名物质线性膨胀系数公式中常数值的测定值（见上文）。常数 a 为 40℃时的系数。当给定多个值时，这些值指的是多个方向上的主膨胀率。

表 9

物质	a	a'
碳（蒸馏）	0. 00000540	0. 0000000144
铂	0. 00000905	0. 0000000106
钢	0. 00001095	0. 0000000124
铁（压缩）	0. 00001188	0. 0000000205
铜（原矿）	0. 00001678	0. 0000000205
银	0. 00001921	0. 0000000147
铅	0. 00002924	0. 0000000239

续表

物质	*a*	*a′*
石英	0. 00000781	0. 0000000205
	0. 00001419	0. 0000000348
方解石	0. 00002621	0. 0000000160
	0. 00000540	0. 0000000087
阿拉贡岩	0. 00003460	0. 0000000337
	0. 00001719	0. 0000000368
	0. 00001016	0. 0000000064

玻璃膨胀系数的平均值为 0. 0000085。

264. 液体的膨胀。在液体中，我们仅仅需要研究立方膨胀。如果我们知道了组成容器的物质的立方膨胀 K'，就很容易确定液体的立方膨胀。设 K 为未知系数，在温度 t 下，让一定量的液体（质量为 W）填充容器（必须带有窄颈），而填充液体的质量在 0℃时为 W_0。如果液体是不可膨胀的，那么它在容器中的质量为 $W_0(1+K't)$，但是，由于液体是可膨胀的，它的质量会按照 1：$(1+Kt)$ 的比例减小。我们得到：

$$W(1+Kt)=W_0(1+K't)$$

即可确定 K 值。

杜隆和佩蒂特设计了一种非常简单的方法，以确定在不知道容器组成物质情况下的液体膨胀系数。具体而言，该装置包含一个双 U 型管（图 155）。bc 部分充满空气，将 ab 和 cd 部分所含液体分离并保持两部分之间压强的连续性。a 点和 d 点处的气压相等，bc 中的空气必须始终处于均匀压力下。因此，当达到平衡状态时，每平方英寸 ab 和 cd 的压强差相等。假设 cd 端的温度升高到 t℃，ab 端温度保持在 0℃，则在整个温度范围内，平均膨胀率为 $(cd-ab)/abt$。

如果温度在小范围内上升 dt 时所增加的体积为 dv，而在 0℃时液体的总

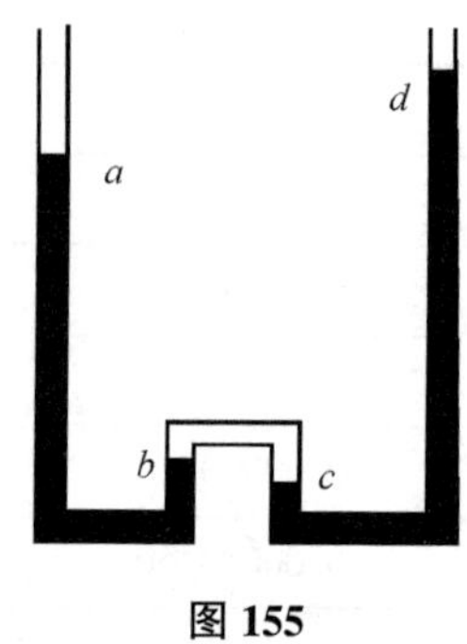

图 155

体积为 v_0，则 dv/v_0dt 通常被视为温度 t 时的膨胀系数。显然，温度升高 t 时，真正的膨胀系数应为 dv/vdt，其中，v 为当前温度下液体的体积。

里格纳特给出了汞在 0℃ 到 350℃ 之间的一般膨胀系数的值，用公式可以表示为

$$K=0.0001791+0.0000000504t$$

随着温度的升高，水的体积变化呈现出明显的特点。在冰点 0℃ 和 4℃ 之间，水的体积随着温度的升高而减小；超过 4℃ 时，随着温度的进一步升高，水的体积增大。因此，在大约 4℃ 时，水的密度最大。

霍普（Hope）的实验很容易证明最大密度温度的存在。他所用的必要设备包括一个圆柱形玻璃容器，其中心部分被一个金属外壳包围，其中可以放置冷冻混合物。将两个温度计水平插入玻璃容器中，一个靠近容器顶部，另一个靠近底部，以便使它们的头部位于圆柱体的轴线上。容器装满水后，将冷冻混合物放入金属壳中。很快，低处的温度计显示温度开始降低，表明冷水的密度比容器顶部附近温水的密度大。这个过程一直持续到低处的温度计显示温度为 4℃，并保持在 4℃ 一定时间。不久之后，容器顶部的水温开始下降，表明较冷的水正在上升，并因此膨胀。这个过程会一直持续到容器顶部的水在 0℃ 结冰时。

当施加的力为每平方英寸 1 吨时，最大密度温度降低到大约 3℃。

柯普通过下列公式：

$$K = \frac{t - 4}{72000}$$

较为精确地表示出水在 0～20℃之间的膨胀系数。

皮埃尔、哈根和马蒂森的实验表明，这个分数的分母是 5.5%，比实际偏大；罗塞蒂（Rossetti）的实验结果和柯普更一致。

科学家们进行了各种实验，测定了各种液体在压力足以使液体在高于普通沸点的温度下共其蒸气处于平衡状态时的膨胀系数。德里翁给出了亚硫酸膨胀系数在不同温度下的值，如表 10 所示。

表 10

温度/℃	膨胀系数	温度/℃	膨胀系数
0	0.00173	70	0.00318
10	0.00188	90	0.00415
30	0.00219	110	0.00592
50	0.00259	130	0.00957

从这些结果来看，亚硫酸在 120℃左右时的膨胀系数是空气的两倍。

希恩给出了不同温度下水的体积，如表 11 所示。

表 11

温度/℃	体积	温度/℃	体积
4	1.00000	140	1.07949
100	1.04315	160	1.10149
120	1.05992	180°	1.12678

最终，在 180℃时，水的膨胀系数几乎是空气的一半。

265. 气体的膨胀。当对气体在不同温度条件下的体积变化进行实验时，必须将气体保存在一个封闭的空间内。我们知道，只要温度保持不变，气体的体积和压力就成反比。因此，我们可以从两个方面来研究温度变化对气体体积的影响：在恒压下测量膨胀程度，或在定容下测量压力变化。

通过类似的测量，查尔斯（以及后来的盖·吕萨克）得出结论：在恒定的压力下，在升高一定的温度时，任意给定量的气体的体积都会增加一定的比例。这就是查尔斯定律，将其与波义耳定律结合，用等式可以表示为

$$pv = C(1 + \alpha t)$$

其中，C 和 α 是常数，其他量的意义与上文相同。

当压力保持恒定时，从 0℃开始，每增加 1℃，体积就会增加自身的 α，因此 α 是恒定压力下的膨胀系数。同样，如果体积保持恒定，从 0 摄氏度开始，每增加 1 摄氏度，压力就会增加自身的 α。如果上述方程是严格正确的，则恒压下的体积增长百分比和定压下的压力增长百分比就应数值相同。

里格纳特进行的一系列试验表明，虽然上述定律在大多数永久性气体的情况下大体上是正确的，但对于易于液化的气体，计算值与实际情况就会出现明显的差异。通过实验，他给出了以下气体在 0℃和 100℃之间的膨胀系数，如表 12 所示。

表 12

气体	膨胀系数(恒定体积)	膨胀系数(恒定压强)
氢气	0. 3667	0. 3661
空气	0. 3665	0. 3670
氮气	0. 3668	0. 3670
一氧化碳	0. 3667	0. 3669
碳酸	0. 3688	0. 3710
氰气	0. 3829	0. 3877
亚硫酸	0. 3845	0. 3903

第二列中的数字表示气体在恒定体积下测得的膨胀系数；第三列中的数字是在恒定（大气压）压强下测得的膨胀系数。只有氢气在恒定压强下测得的膨胀系数小于在恒定体积下测得的膨胀系数。

当气体在 0℃时的初始压力增大时，0℃至 100℃之间的膨胀系数会增大。里格纳特对空气的一些测量结果，如表 13 所示。

表 13

压力（0℃）	压力（100℃）	质量（0℃）
109. 72	149. 31	0. 3648
374. 67	510. 35	0. 3659
760. 00	1038. 54	0. 3665
1692. 53	2306. 23	0. 3680
3655. 66	4992. 09	0. 3709

前两列中的数字分别表示 0℃和 100℃时单位面积上的压力，单位为 1 毫米高的水银柱在 0℃时单位面积的质量。

里格纳特给出了碳酸在类似情况下的膨胀系数，如表 14 所示。

表 14

压力（0℃）	压力（100℃）	质量（0℃）
758. 5	1034. 5	0. 36856
901. 1	1230. 4	0. 36943
1742. 9	2387. 7	0. 37523
8589. 1	4759. 0	0. 38598

可以看出，同种条件下，碳酸体积的变化程度大于空气。

两种气体在恒定压强下的膨胀系数和 0℃时单位面积的质量如表 15 所示。

表 15

气体	膨胀系数（恒定压强）	质量（0℃）
空气	760	0. 36706
	2525	0. 36944
碳酸	760	0. 37099
	2520	0. 38455

里格纳特的仪器基本上由一个 D 形玻璃球（图 156）组成，内部含有气

体，并通过点 *E* 所在管与充满汞的容器 AB 连通。连通外部空气的点 *F* 所在管也与容器连通。当要在恒定体积下测定膨胀系数时，需要拧入塞子 C，直到水银位于管中的点 *E* 和点 *F* 处，其中，点 *E* 的位置固定。在这些条件下，D 被不断融化的冰水和水蒸气包围着，每种情况下的压力可根据两个管子中汞的液面差和已知的表压测得。当然，可以通过加热或加压对这一过程进行适当调整，使 D 里的气体膨胀。

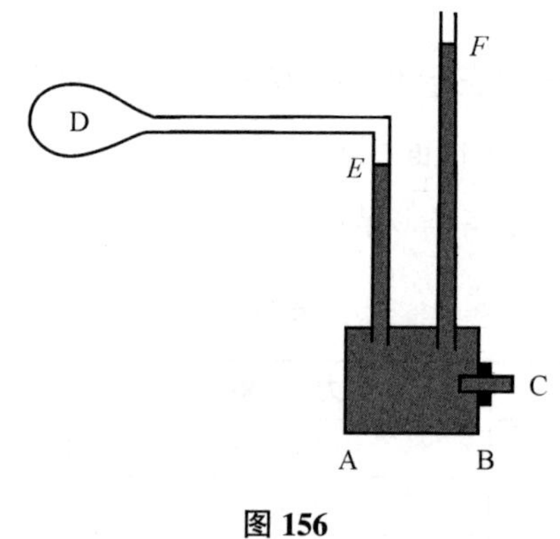

图 156

当在恒压下观察到膨胀时，塞子 C 会随着温度的升高向外旋出，直到最后汞在两个管子中的液面处于同一高度处，这时的压强等于大气压。

里格纳特和众多实验者还采用了其他体积或质量分析方法。

266. 绝对零度。我们可以写一个方程式，将波义耳定律和查尔斯定律表示为

$$pv = C\alpha\left(\frac{1}{\alpha} + t\right)$$

由于括号内的第二项表示温度，所以第一项也必须表示温度，因为物理方程所有项的维数（参见第 4 章第 27 节）必须相同。由于 $\alpha = 0.003665$，所以温度为 273℃。因此，我们假设摄氏温度计上的 0℃ 对应这种新温度计上的 273℃。由于这一温度大小与研究气体种类无关，我们可以称之为绝对温度标度。

从另一个角度来看，我们观察到，当 t 减小到 0℃，然后变成一个负量持续减小时，乘积 pv 不断减小，最后在 $t=-273$℃时变为 0。如果体积是恒定的，这意味着当温度达到这个值时，压力为 0。但是气体的压力是由于其粒子的运动引起的，所以当 $t=-273$℃时，粒子停止运动，此时气体完全没有热量。

上面的方程可以表示为

$$pv = Rt$$

式中，$R = C\alpha$；t 为绝对温度。

随后（参见第 26 章第 303 节），我们将从热力学角度出发，确定绝对零度在摄氏温度计刻度上的大致位置。

267. 温度的测定。最常用的温度测定方法是通过液体或气体的膨胀实现的。液体中常用于测定温度的是汞，气体中常用于测定温度的是空气。

首先选择一个尽可能均匀的窄玻璃管。如果玻璃管不够均匀，我们可以对其先进行校准——沿管子一端倒入少量汞，使其流到另一端，并在各个部分测量汞的高度。用任意部分汞的质量与这部分管长之比来表示该部分管子的平均截面面积；接着，在管子的一端放置一个空心球，空心球的尺寸取决于管子的孔径、所用液体的膨胀系数和刻度盘所能测量的长度。现在，将空心球稍微加热以排出一些空气，然后将其倒置在容器中，并将容器内部装满液体。当空心球冷却时，一些液体会进入其内部。然后，将空心球中的液体加热煮沸，利用液体产生的蒸气排除空心球内部多余的空气；重复将空心球倒置于液体中，最后空心球以及玻璃管将被液体完全填满。之后，空心球中的液体完全蒸发，以至于剩下的液体在再次煮沸时几乎无法填满玻璃管，外部空气无法进入玻璃管中，最后玻璃管被密封。

现在，必须确定玻璃管上两个固定点的位置。正如我们随后将看到的（参见第 23 章第 273 节、第 275 节），这可以通过使用融化的冰以及密闭容器中的沸水产生的蒸汽来实现。

但是，在确定这些点之前，我们应该空出相当长的时间，等待空心球收缩到最终体积。通常，收缩过程可能会持续数年，但通过精细退火处理，这一时间可以大幅缩短。

为了确定刻度下端的固定点，将空心球体和部分玻璃管放置于正在融化的冰中，将玻璃管内液柱末端的最终位置标记在玻璃管上。

上端固定点通过将空心球体以及尽可能多的玻璃管部分放置于大气压下由沸水蒸发产生的蒸气中来决定，然后在玻璃管上标记出内部液体的最终位置；之后，将两个标记点之间的距离分成若干等份。

在摄氏温度计刻度上，下端固定点标记为 0℃，上端固定点标记为 100℃；在华氏温度计刻度上，下端固定点标记为 32℉，上端固定点标记为 212℉。因此，在摄氏温度计刻度上，沸点和冰点之间有 100 个刻度，水的沸点因此得名；在华氏温度计刻度上，沸点和冰点之间有 180 个刻度。华氏温度 0℉是由雪和盐的冰冻混合物确定的，这就是最初第一个华氏温度计被发明时已知的最低温度。这两种温度计刻度之间的关系显然可以用方程表示为

$$\frac{F-32}{180}=\frac{C}{100}$$

其中，F 和 C 分别为华氏和摄氏温度计读数。

雷乌姆温度计上冰点和沸点之间的距离被分为 80 等份，其零度与摄氏温度计上的零度完全相等。

如前所述，用于温度计的最常用液体通常是汞。测量低于汞冰点的温度时，需要使用酒精。

空气温度计在测定高于汞测量范围的温度时非常有效，其读数与根据热力学确定的真实绝对温度标度的读数非常一致。以下数字取自里格纳特的结果，给出了空气温度计的摄氏度刻度与水银温度计的摄氏度刻度之间的差异，如表 16 所示。

自动温度计通常用于确定两个温度变化周期之间的最高或最低温度。在用于确定最高温度的温度计中，水银柱膨胀，铁达到一个指标。当水银柱收缩

时，由于水银不会将铁打湿，所以这个指标数值变小。用于确定最低温度的温度计会涉及酒精和玻璃指标。当液体膨胀时，会超过指标；当液体收缩时，会拉着指标一起后退，因为液体的表面总是倾向于取最小的可能性面积（参见第 10 章第 120 节）。当液体位于指标和管壁之间的空间时，表面积最小。

表 16

摄氏度刻度								
空气	0℃	20℃	40℃	60℃	80℃	100℃	200℃	300℃
水银	0℃	19. 98℃	39. 67℃	59. 62℃	79. 78℃	100℃	202. 78℃	308. 34℃

我们还会用到连续计数温度计。这些仪器的最佳类型的原理与波登压力计的原理相同。设 *abcd* 为一个空心金属接收器在无应力时的纵截面（图 157），并假设接收器内部充满液体。温度上升时，压力上升；并且，由于 *cd* 大于 *ab*，因此使接收器变直的力的力矩之和会超过相反作用的力矩之和。我们可以将一张有刻度的纸放在以均匀速度缓慢旋转的鼓上，用连接在这种接收器（一端固定）上的一个杠杆系统来对温度进行追踪和连续记录。

图 157

高温计用于粗略测定极高的温度。在丹尼尔高温计中，一根铂条穿过石墨条上的一个钻孔中。将一个用石墨或黏土烧制的塞子放置于铂条的顶部，并紧紧地塞进钻孔中，或以其他方式放置在适当的位置。当铂条（位于孔底）膨胀时，塞子被推出并在温度下降时保持在最大位移的位置。只要在合理温度范围内确定的膨胀定律适用于熔炉的高温，我们就可以根据铂条增加的长度，计算出熔炉附近任意处的高温温度。

此外，我们还有许多其他方法来测定高温（参见第 23 章第 269 节、第 29 章第 343 节）。

第 23 章　吸热效应：温度及物态变化

268. 热量单位、比热容、热容量。吸收热量最显著的效果之一是受热物体的温度升高。在某些情况下，受热物体的温度不会发生改变，而其所含物质的物理状态会发生变化。但是，在讨论这些效应之前，我们必须考虑产生给定变化所需热量的测定方法，这反过来又需要采用一个确定的热量单位。

为方便起见，我们可以将单位热量定义为使 1 磅冰水的温度升高 1℃所需的温度。

因此，一定的热量可以通过其能使温度升高 1℃的冰水磅数，或者用使 0℃的冰融化的磅数来衡量，因为在 0℃下融化一磅冰所需的热量是相当确定并且可测量的。一般来说，我们可以用产生任意确定物理状态变化所需的热量，来确定单位热量相对于使这些变化发生所需未知热量的百分比，这个百分比的倒数即为所需的未知热量。

在给定条件下，我们将一种物质的比热容定义为：使一磅物质的温度升高 1℃所需的热量。从这个定义和我们之前对单位热量的定义来看，处于 0℃的一磅冰水的比热容为 1 焦每千克开。

更严格地说，我们应该把比热容定义为每磅物质的热量随温度变化的速率。而实际上，这两个定义之间也确实没有差别。

在给定的温度范围内，物质的平均比热容可以通过将两个极端温度之间的差除以使一磅物质在给定范围内升高所需的热量得到。

物质的热容量是使单位体积物质温度升高 1℃所需的热量。因此，它等于比热容和物质密度的乘积。

269. 固体和液体的比热容。测定比热容的方法有许多。

一种方法是，在给定的温度下，物体释放热量的速率只取决于其表面的性质。所以，如果我们用两种不同的液体依次填充一个薄金属球体，并观察每种液体在相同温度下的冷却速率，我们就可以比较这两种液体的比热容。因为，如果 m、s、r 和 m'、s'、r'分别代表两种液体的质量、比热容和冷却速率，则有

$$msr = m's'r'$$

如果其中一种液体是水，那么 $s=1$，则我们得到：

$$s' = \frac{mr}{m'r'}$$

在实际实验中，液体会被加热到同样高的温度，并在冷却的过程中以相等的时间间隔对其温度进行记录。如果绘制一条曲线，其纵坐标表示温度，横坐标表示时间，则冷却速率可以通过曲线的切线求出。因此，为了找到温度 θ 下的冷却速率，过位于该温度的点 P 作曲线的切线 ab（图 158），并使其与时间轴相交于点 a、与温度轴相交于点 b，则冷却速率为 Ob/Oa。

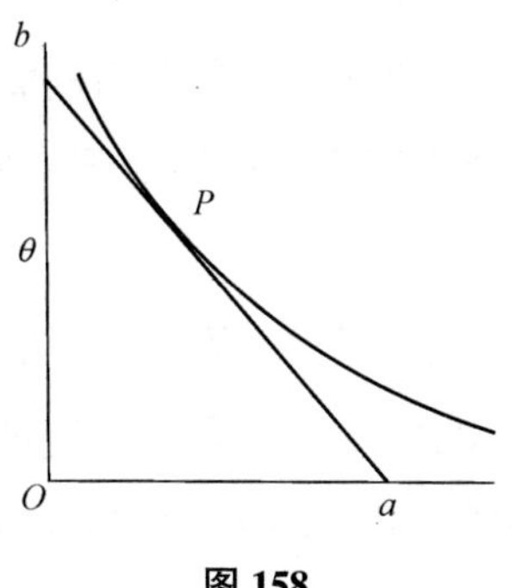

图 158

另一种测定比热容的方法是混合物法。令温度为 t、质量为 m 的一种物质与温度为 t'、质量为 m' 的另一种物质混合，且两种物质的比热容分别为 s 和 s'。如果混合物的温度为 θ，则较热物体（设其为质量为 m' 的第二种物质）所损失的热量为 $m's'(t'-\theta)$。同样，较冷物质所获得的热量为 $ms(\theta-t)$。另外，如果两种物质所在容器以及搅拌棒的质量为 μ，比热容为 σ，则其吸收的热量为 $\mu\sigma(\theta-t)$。在这里，我们假设较冷的物质最初位于容器里，较热的物质最初位于容器外。

我们可以将 $\mu\sigma$ 写为 w，并将其理解为一个单位乘数。$w=\mu\sigma$ 代表容器温度升高（$\theta-t$）的热量所能升高同样温度的水（比热容等于 1）的磅数。因此，该量称为容器的水当量。

当较冷的物质为水时，我们可以将这一关系写为

$$m's'(t'-\theta)=(m+w)(\theta-t)$$

如果 w 为未知量，我们可以用不同质量的水做第二次实验，得到一个类似的方程，并结合两个方程来得到 w 的值。当然，如果我们将不同温度且不同质量的水混合在一起时，w 的值是确定的。

为了使实验结果更为精确，我们应采取预防措施，使辐射造成的热量损失尽可能小。这可以通过在容器中放入水（或其他液体）降低容器的辐射率来实现，此外，我们也可以将该容器放置在另一个类似的容器中，在两个容器之间填充热导率较低的物体来防止两者之间直接接触。如有必要，我们还可以将两个容器放入第三个容器中，然后对因辐射而损失的少量热量进行校正。

第三种测定比热容的方法是通过冰的融化。正如我们在下文中讨论的一样（参见本章第 274 节），融化 1 磅冰需要一定的热量，设这个热量为 H。如果质量为 M 磅的一种物质在从 T℃冷却到 0℃的过程中融化了 m 的冰，那么该物质在整个温度范围内的平均比热容 S 可以由以下公式给出：

$$mH=MST$$

邦森（Bunsen）等人使用了另一种仪器。当物体在冷却过程中放出的热量使部分冰融化时，利用冰水混合物减少的体积来计算质量 m。

一般来说，物质的比热容随温度的升高而变大。但是，铂的比热容随温度变化而产生的变化很小，所以在冷却的温度范围内，铂的质量与释放的热量成正比。利用这一现象，我们可以测量高温温度。

里格纳特发现，把 1 磅水的温度从 0℃升高到 t℃所需的热量可以用方程式表示为

$$H = t + 0.00002t^2 + 0.0000003t^3$$

因此，在任意温度下的真实比热容可以表示为

$$\frac{\mathrm{d}H}{\mathrm{d}t} = 1 + 0.00004t + 0.0000009t^2$$

他所进行实验的不同温度范围为 0℃～230℃。

冰的比热容在所有温度下都接近 0.5 焦/千克・开，而里格纳特发现，这一值会随着温度的降低而降低。

表 17 给出了各种基本物质在常温下的比热容。

表 17

物质	比热容（固体）	比热容（液体）
水	0.500（0℃时）	1.000
玻璃	0.180	
铁	0.114	
铜	0.096	
锌	0.094	
银	0.057	
锡	0.056	0.064
水银	0.031	0.033
铅	0.081	0.040

值得注意的是，水的比热容远远超过其他物质的比热容。一般来说，同种物质处于液态时的比热容会大于处于固态时的比热容。

270. 杜隆和佩蒂特定律——杜隆和佩蒂特发现，任何一种基本固体的比热容与其原子质量的乘积实际上是恒定的。或者说，每种基本固体内的单个原子的水当量实际上是常数。在表 18 中，第一列数字表示比热容；第二列数字表示原子质量；第三列数字表示前两个量的乘积。

表 18

物质	比热容	原子质量	乘积
铁	0. 114	54. 5	6. 2
铜	0. 096	63. 5	6. 1
锌	0. 094	64. 5	6. 1
银	0. 057	108. 0	6. 2
锡	0. 056	118. 0	6. 6
水银（液态）	0. 033	202. 0	6. 6
铅	0. 031	207. 0	6. 4

不同系列的化合物也有类似的结果。常数的值在不同系列化合物之间略有变化。

271. 气体和蒸气的比热容——气体在给定温度下的比热容可以用两种不同的方法测量——保持压强不变，或者保持体积不变。用这两种方法得到的比热容数值是不同的，因此我们有恒压比热容和恒容比热容之分。

实验在恒容比热容测定中遇到的问题几乎是无法克服的。但是，在近似理想气体的情况下［气体严格遵守定律 $pv = Rt$（参见第 22 章第 266 节）时］，热力学原理表明（参见第 26 章第 301 节），两种比热容之差等于 R。因此，我们只需要测量物质的恒压比热容，就可以推测出这种物质的恒容比热容。所采用的方法为：在恒定压力下向两个螺旋管缓慢通入气流，令第一个螺旋管升高到已知温度，第二个螺旋管降低到已知温度。根据已知质量的水上升的温度，来测量在冷却过程中放出的热量；根据气体体积的变化，来测定放出热量的气体质量。

首先使用上述方法进行试验的是德拉罗凯和贝拉德。他们认为，气体的比热容随压力而变化。里格纳特使用改进过的仪器实验时，发现气体的比热容与压力无关。除空气外，碳酸和氢气等气体也都遵循波义耳定律。他还发现，碳酸的比热容随着温度的升高而显著增加，而空气的比热容不受温度影响。因此，根据波义耳定律和查尔斯定律，空气的比热容与质量无关。我们很可能得出这样的结论：所有严格遵循波义耳定律的气体，比热容始终都是恒定的。这类气体的比热容与气体自身密度成正比。在表 19、表 20 中，里格纳特给出了几种单质气体和化合物气体的比热容测量结果。

表 19

几种单质气体的比热容			
氢气	3. 4090	氧气	0. 2175
氮气	0. 2438	氯气	0. 1210
空气	0. 2374	溴气	0. 0555

表 20

几种化合物气体的比热容			
氨	0. 5084	碳酸	0. 2169
一氧化碳	0. 2450	盐酸	0. 1852
硫化氢	0. 2432	亚硫酸	0. 1544

一种气体两个比热容之间的比率可以根据该气体中的声速求出（参见第 14 章第 158 节）。在空气和其他一些气体中，恒压比热容几乎是恒容比热容的 1. 4 倍。雅满和里查德通过直接实验（将一定电流通过金属线，利用产生

的热量来加热待研究的气体）得到的结果与利用声学方法得到的结果高度一致。

在恒压下，水蒸气的比热容为0.48焦每千克开。

一些饱和蒸气的比热容为负值，例如水蒸气和二硫化碳蒸气。当这些蒸气中不存在液体时，继续对其施加压力，蒸气温度会超过饱和点。只有在从中抽出热量时，情况可能需要额外考虑；压力降低时，如果不向蒸气继续提供热量，蒸气就会冷凝。随着温度的升高，它们的比热容会减小。另一方面，饱和乙醚蒸气的比热容为正值，且随温度的升高而增大。几乎在所有情况下，比热容实际增加的量都为正值。而对于汽油，温度的增加将导致比热容数值的正负符号改变。

272. 分子状态变化与潜热——我们已经注意到，在某些情况下，对一个物体进行加热将不会导致其温度上升，而会导致其分子状态产生变化。

因此，对0℃以下的冰加热时，冰的温度会上升，体积也会膨胀；当冰的温度达到0℃时，随着热量的增加，冰会不断融化；当冰完全融化变成水后，在正常大气条件下，继续对其加热，水的温度会再次升高，直到在100℃下沸腾；当所有液体都完全沸腾后，再次升高温度，最后水开始分解为其组成元素。

如果在上述过程的任何阶段停止加热，并抽取热量，则各种变化将以相反的顺序发生。

物质从固态到液态的变化过程称为熔化，从液态到固态的变化过程称为凝固。

物质从液态到气态的变化过程称为汽化，从固态到气态的直接变化过程称为升华。

在所有情况下，这些变化都不会突然发生。温度升高到一定程度后，蒸发才会发生；许多固体在熔化之前会逐渐软化。即使在冰和类似物质突然融化的过程中，它们也会发生这种软化。

在温度恒定时，为使物质熔化或汽化所需的热量称为潜热。潜热无法利用任何普通温度计进行测定。

273. 凝固和固化。在以上例子中，水凝固或固化过程遵循的规律可表述如下：

（1）保持恒定时，每种固体都有一个固定的熔点。

（2）如果将固体和液体充分混合并缓慢加热，则在所有固体完全熔化之前，混合物的温度会始终处于熔点。

在第一条定律中，我们需要保证恒压条件。无论压强如何变化，当在物质处于固态和处于液态条件下的质量和体积都相等时，我们才无须添加这项限制条件。

如果给定的液体（如水）在凝固过程中膨胀，则对其施加压力将阻碍凝固过程，因为压力会使膨胀过程受阻。因此，我们必须从液体中抽取更多的热量，液体才能变为固体。但这意味着，液体在这一过程中的温度降低了。

同样，在凝固过程中收缩的物质，如石蜡，其熔点（或者更确切一点，根据目前我们已知的观点，称之为凝固点）会随施加的压力增大而升高，因为施加压力将导致这类物质加速收缩。所以，为了使这一过程得以继续进行，我们必须减少热量损失。换言之，在这一过程中，物质的温度升高了。

在下文中，我们将对上述问题进行理论探讨（参见第 26 章第 300 节）。

詹姆斯·汤姆森教授从理论上预言，每降低一个大气压，冰的熔点会降低 0.0075℃。汤姆森爵士充分证实了这一预测。表 21 中的第二列给出了石蜡的熔点，单位为摄氏度，与第一列中给出的大气压相对应。这些结果是邦森得出的。霍普金斯用硬脂酸和硫进行试验，发现表 21 中第四列和第六列的结果类似。

至少在很大程度上，冰川的运动是由于压力降低了冰的熔点引起的。当冰层上方覆盖层的质量对冰床上任意一点所产生的压力增加到足够大的程度时，冰层就会液化成水，水绕过导致压力增加的障碍物流出。但是，由于在融化过程中冰层发生了收缩，作用于给定点上的压力（压力会传递到冰床的另一部分）被释放，水会再次变为固态。因此，通过不断的融化和再凝固过程，冰川会沿着它所位于的山谷逐渐向下移动。

表 21

石腊		硬脂酸		硫	
大气压	熔点/℃	大气压	熔点/℃	大气压	熔点/℃
1	46.3	1	72.5	1	107
85	48.9	519	73.6	519	135
100	49.9	792	79.2	792	140

出于同样的原因，在合适的温度下，雪可以轻易被揉成一团紧凑的冰。将一根金属丝挂在一个冰条上，在金属丝的两个末端系上重物，金属丝将逐渐穿过冰条，而不是冰条把金属丝分成两部分，因为当金属丝下面的冰被压力融化时，会在金属丝周围流动并在其上方凝固。根据冰条中的气泡，我们可以追踪到金属丝在透明冰中的移动路径。

汤姆森爵士发现，地球作为一个整体，比同等大小的玻璃球硬度更高。这一现象就可以解释，地球平均物质的熔点会随压力升高。众所周知，一般岩浆的熔点就会随压力升高。

在特殊情况下，物质的熔点可能违反上述凝固的规律。

德国物理学家华兰海特发现，将一个封闭玻璃容器充满的水，在结冰前温度可以冷却到 0℃以下。盖伊·卢萨克指出，如果在一个开放的玻璃容器中，用一层油将水的表面与空气隔绝，则温度可能会降低到 -12℃。在其他液体中，也可能会发生同样的现象，如熔化的锡、磷和硫等。在所有这些情况下，我们需要避免液体振动，否则他们就可能在瞬间凝固。

不同物质的熔点不同（表 22）。一方面，氢气只能利用温度极低的冷冻混合物来凝固；另一方面，煤气焦炭只能在电弧温度下软化。

表 22

物质	熔点/℃	物质	熔点/℃
水银	-40	硫	115
冰	0	锌	415
磷	44	熟铁	1500

熔点取决于物质的纯度。因此，两种物质按不同比例构成的合金熔点差异会很大。

274. 凝固潜热——所有物质的熔化潜热都可以定义为在其一般熔点下 1 磅物质熔化所需的热量。

当再次凝固时，这种潜热又会释放出来。在给定的压力条件下，一定物质的凝固潜热是不变的。

测定潜热的方法与测定比热容的方法相似。

德拉普罗沃斯塔耶、德桑斯和里格纳特发现，冰的凝固潜热等于 79.25 个单位热量。最近，颇尔逊（Person）使用不同的方法进行实验，最终得到了相同的结果。他对一些温度在 0 摄氏度以下的冰进行加热，因此，他需要考虑冰的比热容。正如我们所知，冰的比热容约为 0.5 焦每千克开。首先，他得到了凝固潜热的数值 80 千卡每千克；但随后，他发现了结果与以前观察者实验结果之间的差异，发现似乎在冰达到 0 摄氏度之前，潜热被吸收了。如果这一现象的确发生，那就证明了第 78 节的假设成立，即液化过程是循序缓慢进行的。

根据颇尔逊的实验结果，一些物质的凝固潜热数值如表 23 所示。

表 23

物质	凝固潜热（千卡每千克）	物质	凝固潜热（千卡每千克）
冰	79. 25	锡	14. 25
磷酸钠	66. 80	铅	5. 37
锌	28. 13	水银	2. 83

275. 蒸发和冷凝——蒸发遵循的规律与凝固类似。

（1）压力保持恒定时，每种液体都有固定的沸点。

（2）如果对液体充分搅拌，则在所有液体蒸发之前，液体和蒸气的温度都将保持在沸点。

压力对沸点的影响总是单向的，因为所有物质在蒸发时都会膨胀。因此，压力会提高沸点，且对物质沸点的提高程度比熔点要高得多。但是，在进一步讨论这一点之前，我们必须对沸腾的过程进行更充分的研究。

在所有温度下，液体都会在不同程度上蒸发。随着温度上升，蒸发的速率，即平均蒸发率会迅速增加。如果液体位于密闭容器中，蒸发率会逐渐降低，最后变为零。（当然，我们假设蒸发的面积保持不变。在给定的条件下，总蒸发率与蒸发面积大小成正比。）这时，蒸发过程并未停止。实际上，液体的蒸发速率与气体的冷凝速率达到了动力学平衡状态。当这种平衡条件成立时，蒸气处于饱和状态。并且，我们发现，饱和蒸气的压力仅与温度有关。

密闭容器中，其他气体（如空气）的存在对最终的平衡状态没有影响。它只是增加了系统达到平衡状态所需的时间。

但是，蒸气可以在任何温度以及一般沸点下达到饱和状态。这就引出了沸点的定义：饱和蒸气的压力与液体自由表面所受压力相等时的温度。

以下的内容或许可以说明这一问题。如图 159 所示，令 ABCD 表示一个气缸，气缸中安放着一个光滑且无质量（质量为 0）的活塞 AD。我们假设活塞是气密性的，可以自由工作。首先，在封闭区域 P 中存在一种气体，在

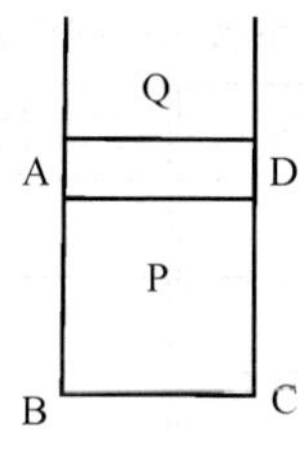

图 159

封闭区域之外的区域 Q 中存在另一种气体。显然，只有当活塞两侧的压力相同时，气缸才能达到平衡状态。现在，假设区域 P 中充满了温度低于自身沸点的液体。只要液体不形成蒸气，就一定能将区域 P 填满。当该液体形成蒸气时，直到蒸气的压力与区域 Q 处的气体压力相等时，也就是说，在蒸气压力等于与之相接触的液体自由表面的压力时，才会有新的蒸气产生。但在这一温度下，液体会形成蒸气，持续加热将迫使活塞上升。如果我们突然在区域 Q 中制造一个真空区域，则区域 P 中将迅速形成大量蒸气。此时，除了液体表面会产生蒸气外，液体内部还会形成气泡，这种自由蒸发的过程就称为沸腾。

人工喷泉现象也是由类似的原因工作的。充满水的水柱内部压力突然降低，导致该部分水的状态发生剧烈变化，从而猛烈向上方喷出。

在表 24 中，里格纳特给出了水的温度和大气压强之间的关系。

表 24

饱和水蒸气的压强			
温度/℃	大气压强/Pa	温度/℃	大气压强/Pa
0°	0. 006	120°	1. 962
10°	0. 012	130°	2. 671
20°	0. 023	140°	3. 576
30°	0. 042	150°	4. 712
40°	0. 072	160°	6. 120

续表

饱和水蒸气的压强			
温度/℃	大气压强/Pa	温度/℃	大气压强/Pa
50°	0.121	170°	7.844
60°	0.196	180°	9.929
70°	0.306	190°	12.425
80°	0.466	200°	15.380
90°	0.691	210°	18.848
100°	1.000	220°	22.882
110°	1.415	230°	27.535

大幅降低压力，不仅可以使水在其正常沸点的温度下在水的表面进行蒸发，还可以使水剧烈沸腾。众所周知，在一个封闭烧瓶上浇冷水，可以使封闭烧瓶内部的热水剧烈沸腾的实验就是一个很好的例子。温度突然降低，导致烧瓶中已形成的部分蒸气冷凝，从而导致烧瓶内部压力骤降。

当沸点已知时，我们可以根据上述表格中获得对应的大气压力值。用于测定海拔高度的高度计就是基于这一原理。随着海拔高度增加，大气压力减小。在海拔 960 英尺（292.6 米）的地方，水的沸点降低了 1℃。

蒸发和熔化规律都有例外。如果将水中溶解的气体全部释放出来，之后将其倒入干净的光滑玻璃容器中小心加热，水的沸点就会大大高于其平常的沸点。一个非常轻微的振动，都会导致它发生爆炸性沸腾。

在一般大气压下，各种液体的沸点差别很大，如表 25 所示。

表 25

物质	液体沸点/℃	物质	液体沸点/℃
锌	1040	二硫化碳	48
水银	350	亚硫酸	-10
水	100	一氧化氮	-87

276. 蒸发潜热——里格纳特发现“蒸气的总热量”，例如 1 磅水冷凝到 0℃所释放的热量的表达式为

$$H = 606.5 + 0.305t$$

其中，温度 t 的单位为摄氏度。据此，我们得到潜热的表达式为

$$L = H - \int^{t} \sigma \mathrm{d}t$$

其中，σ 为水的比热容。σ 的值为 $1+0.00004t+0.0000009t^2$（参见本章第 269 节）。如果我们将这一值代入积分中，则得出：

$$L = 606.5 - 0.695t - 0.00002t^2 - 0.0000003t^3$$

在从 0℃到 230℃的整个温度范围内，这个公式都是正确的。如果我们假设它在 706℃时仍然成立，则意味着物质的潜热在这一温度下几乎为 0（参见本章第 278 节）。

如表 26 所示，水的蒸发潜热大于大多数其他液体。

表 26

物质	蒸发潜热	物质	蒸发潜热
水	536	乙醚	90.4
石脑油	264	二硫化碳	86.7
酒精	202	溴	45.6

之前，我们发现，冰的液化潜热也比较大。实际上，冰的液化潜热和水的蒸发潜热都很大。这些现象对自然界的生态循环具有重要意义。否则，冰的快速液化或微弱温度变化而导致空气水分突然凝结等，都可能会导致洪灾频繁发生。

蒸发潜热可用于制造或维持低温环境。如果将水密封在多孔陶器的容器中，则在炎热的天气里，由于一部分水通过容器渗透，并吸收容器及其内部液体的潜热，之后在容器外表面蒸发，因此可以保持周围环境凉爽。如果射流（在相当大的压力下形成）从装有碳酸溶液的容器中流出，则会有固体碳

酸产生。在容器外，射流外部部分吸收内部部分的潜热而蒸发，内部部分的碳酸从而变成固体。法拉第（Faraday）把水银封装在胶囊中，并将其放在一个盛有固体碳酸和乙醚混合物的铂坩埚内部，从而将水银冰冻为固体。同样，在一些气候炎热的国家，由于水分蒸发快，水位较浅的池塘可能会在夜间结冰。

277. 露水的形成——当过热蒸气充分冷却时，就会发生饱和，进一步冷却将会导致其发生冷凝。在大气中，以这种方式沉积的水称为露水。所有温度低的物体都会降低与之直接接触的空气温度；当温度降低到足够低的程度后，较冷物体表面上会凝聚一层薄薄的水。水凝结过程中产生的潜热使较冷物体的温度逐渐升高，直到它与蒸气压力相等后，温度停止升高。在这一过程中，水刚开始结露时的温度，叫作露点。白霜就是在露点低于 0℃ 时形成的。

首先对露水形成过程进行正确解释的是威尔士（Wells）。他指出，在晴朗的夜晚，露水是通过自由沉积形成的。在这样的夜晚，太阳下山后，地球迅速失去热量，表面温度冷却到露点；而在多云的夜晚，云层吸收大量太阳辐射的热量并传递给地球，因此地球表面不会迅速冷却。形成露水的另一个必要条件是，空气应尽量保持静止，否则，在同一地点的空气就无法在足够长的时间内与地面保持接触，使其冷却至露点。当然，露水最终会自由沉积在那些与露水温差较大且比热容较小的物体上。

后来，艾特肯发现，灰尘颗粒的存在对大气中水汽凝结的发生是必要的。用棉毛过滤去除所有灰尘颗粒，可以得到过饱和蒸气。在凝结过程中，这些颗粒物充当凝结核。这一现象与蒸气的平衡压力和与之接触液膜的曲率等现象（参见第 10 章第 127 节）紧密相关。

艾特肯还利用了水以灰尘颗粒物为核进行凝结的现象，发明了一种仪器，用于确定任意特定体积的空气样本中所含灰尘颗粒物的数量。这台仪器对研究气象学具有相当重要的意义。

为了准确记录露点，丹尼尔发明了湿度计。它由两个中空的玻璃泡组成，两个玻璃泡由一个玻璃管连接。其中一个玻璃泡是由不透光的黑玻璃制成的，另一个是用透明玻璃制成的。在黑色玻璃泡中有一定量的硫酸醚和一个小温度计，将温度计伸入连接两个玻璃泡的玻璃管中。仪器内部的其他部分充满乙醚蒸气。将一块细麻布绑在另一个透明玻璃泡上，并在玻璃泡上浇一点乙醚。乙醚的蒸发使玻璃泡冷却，且使仪器中的一些蒸气凝结，这会破坏仪器内部乙醚液体和蒸气的平衡。此时，黑色玻璃球内的一些乙醚蒸发，以恢复平衡。乙醚蒸发过程中吸收潜热，使黑色玻璃泡冷却，最终露水会沉积在黑色玻璃泡外部。在黑色玻璃泡表面，我们可以观察到一层薄薄的露水，此时记下黑色玻璃泡的温度。但是，此时温度计上的读数一般会偏低。蒸发停止后，露水消失，我们再次得到一个温度。而第二次的温度读数会偏高，所以最终我们取两次读数的平均值。

里格纳特对仪器进行了一些改进，使得在露水出现和消失时，两次得到的读数相同。

露点也可以通过干湿球温度计来测量。将一个温度计的球用细麻布包裹，细麻布下端的一些线浸入装有水的容器中，通过毛细作用吸收水分来保持湿润；另一个温度计（普通）记录空气的确切温度。只要蒸发过程在继续，湿球温度计的读数就会低于干球温度计的读数；但是，如果大气中水蒸气已经饱和，细麻布上的水就不会蒸发，两个温度计记录的温度相同，则有公式：

$$p = p_0 - \frac{\delta}{48} \cdot \frac{b}{30}$$

式中，p 为大气中水蒸气的压力；p_0 代表里格纳特表中给出的与湿球温度相对应的压力；δ 为湿球温度计和干球温度计读数之间的差；b 为气压柱的高度，单位为英寸。阿普约翰发现，根据公式计算出的结果与实际的观察结果一致。

278. 液态和气态的连续性与临界温度——法国物理学家卡格尼亚尔 · 德拉图尔证明了物质在密度几乎等于其在液体状态的密度下，可能以非液体状态存在。英国物理学家安德鲁斯对这一问题进行了全面研究。他发现，每一种蒸气或气态物质都有一个临界温度。只有当温度低于临界值时，压力才会使其液化。

碳酸的临界温度为 30. 9℃，水的临界温度约为 412℃。

在临界温度下，潜热消失。我们已经知道，如果里格纳特的公式将其整个温度范围与潜热联系起来，则水的潜热应该在 706℃左右消失为零。而我们发现，在里格纳特公式适用的极限温度范围以外（230℃），根据公式得到的结果与事实有很大偏差。

图 160 为安德鲁斯对碳酸的实验结果。纵坐标轴代表测得的压力（在大气压下），横坐标轴代表体积。在 13. 1℃的温度下，随着压力升高，气体的体积逐渐减小，最后开始液化；在这之后，体积减小，压力保持不变，直到所有的气体都液化，变为液体；然后，需要巨大的压力才能使液体的体积减小。

在较高的温度，如 21. 5℃下，也会产生类似的效应。由于压力恒定时，体积随着温度而增加；体积恒定时，压力随温度升高而增大，因此在图中，代表在这个更高温度下压力和体积的同时变化值的线称为等温线，位于 13. 1℃的等温线的右上方。但是，在 21. 5℃时，从气态到液态的体积变化小于在 13. 1℃下的体积变化量。与较低的温度相比，21. 5℃下的气体在更小的体积下就可以开始液化，在更大的体积下结束液化。等温线中平行于体积轴的部分消失，例如在 30. 9℃时，液化停止。

在图 160 中，液体和蒸气平衡共存的区域与物质完全为液体或蒸气的区域被虚线分开。可能发生液化的区域与不可能发生液化的区域被 30. 9℃的等温线分开。

从理论角度出发，泰特教授基于气体动力学理论，将图 160 与第 3 章的图 11 进行了比较，以研究实际的碳酸的物态变化过程。

正如泰特所建议的那样，当温度高于临界温度时，我们可以把物质称为真实气体；当温度低于临界温度时，我们将物质称为真实蒸气。

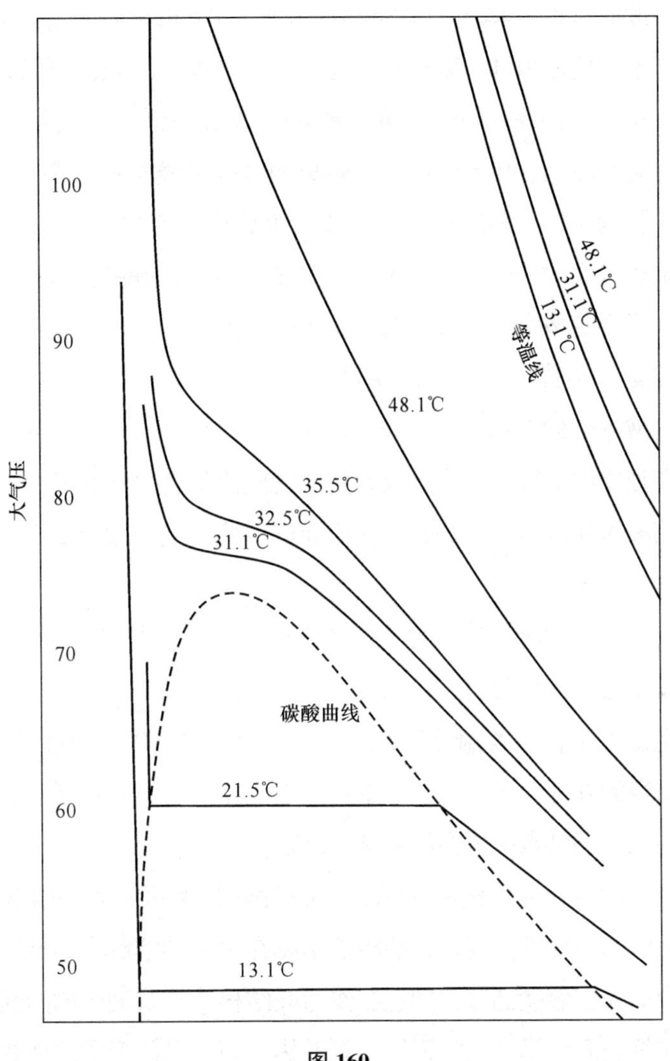

图 160

物质的压缩率为 dv/vdp，其中，v 为体积，dv、dp 分别代表体积和压力的同时的微小增量。图 160 显示，在液化开始时，随着温度的升高，等温线与体积轴之间的倾斜越来越大，即比值 dv/dp 随着温度的升高而减小。因此，由于我们假设在所有情况下都取单位体积，当蒸气处于冷凝点以上时，随着临界温度的接近，其压缩率可能会降低。同样，当物质刚刚完全液化时，液体状态下的比值 dv/dp 随着温度升高而变大。因此，我们看到两种状态下的压缩率趋于相等。同时，随着体积的增加，温度会上升到临界值。

在临界温度以上、相当长的一段距离内，等温线显示出两个拐点。但这些拐点最终将消失，等温线与理想气体的等温线将变得非常相似。（图 160 给出了等温线应用的一个绝佳例子。如第 3 章所述，等温线可被看作气体压力、体积和温度等多个值的表面在平面上的投影。）

279. 溶解与冷冻混合物。溶解过程与液化过程极为相似。在某种程度上，气体在液体中的溶解可看作液化。在溶解过程中，气体会释放潜热。同样，固体在液体中溶解时，会吸收潜热，就像固体直接液化一样。但在某些情况下，因液体和固体之间的分子作用而产生的热量会远远高于固体溶解所需吸收的潜热。

气体在液体中溶解时释放的热量通常非常高，尤其是易于溶解的气体，例如氨气以水为溶剂溶解时。

在一定压力下，随着温度升高，给定液体所能溶解的气体量减少。但是，经过适当的处理，气体在液体中可能会产生一种过饱和状态，因此，要防止液体在比普通沸点高得多的温度下沸腾。

固体在液体溶液中溶解时也可能发生过饱和，特别是醋酸盐等物质的结晶在水中溶解的情况下。通常，醋酸盐结晶在水中的溶解度很低。如果在过饱和溶液中加入醋酸盐晶体，则它会作为凝结核，使溶液中的醋酸盐迅速析出并在凝结核表面结晶，同时释放大量潜热。同一晶体形式的任意物质的晶体都会产生同样的效果。

在两种液体混合（相互溶解）的过程中，经常出现热量的释放或吸收。如果两者之间发生了某种程度的化学作用，除非有其他原因阻止这一进程，否则两种溶液将释放热量；如果两种液体的总体积在混合后增加，就像酒精和二硫化碳一样，热量将被吸收；同样，当混合物的水当量可能大于其组分的水当量之和时，也需要吸收热量。如果发生了与之相反的作用，热量将被释放。在液体相互扩散的过程中，能量也可能转化为热量。根据每种作用的影响，热量的释放或吸收可以分别发生。而且我们发现，温度升高可能导致不同的作用，当两种液体的初始温度变化足够大时，每种液体对混合过程的总影响有时是相反的。

甚至，在吸收潜热后，两种固体也可以相互溶解（盐和雪就是一个典型的例子）。这显然只有当生成液体的冰点低于固体的初始温度（普通）时才会发生。一部分潜热通过固体冷却获得，一部分潜热通过固体溶解后形成的液体冷却获得，还有一部分潜热可能通过周围的物体冷却获得。如果将这两种固体整体紧密混合，当温度达到生成液体的冰点时，两种物质之间的相互作用必定停止，这就是弗雷德里克·葛斯里教授对固体冷冻混合物作用的解释。

280. 离解和化合反应。当温度升高到一定程度时，化合物会分解为其组分。这种变化不是突然发生的，而是缓慢进行的。它在一定温度下限时开始，在一定温度上限时完全停止。在两者之间所有的中间温度下，化合物达到了一种动态平衡。在这种状态下，化合物化合和离解的速率一致。一般来说，两个温度极限的范围取决于压力。通常，一半化合物离解时的温度被称为离解温度。

相反，当两种及以上的成分混合时，只有在达到一定温度之后成分才会再次结合。但是，如果化合过程中释放了热量，则该过程一旦开始，将一直持续到未发生化合部分的混合物温度等于整个系统的温度时才会停止。另一方面，如果在这一过程中产生的热量做功，或者如果热量因传导等方式损失，则当温度降到下限时，这一过程将继续进行，直到成分完全化合。

所有的化合反应都遵循两个热力学定律。因此，我们需要结合这两个定律，对以上问题进行进一步研究（参见第 25 章第 298 节）。

281. 此外，热效应还存在多种形式。但我们最好将其放在特定章节，结合热效应对其他物质性质的影响，再对这些热效应问题本身进行研究。

第 24 章　热传导和对流

282. 热传导。

我们已经讨论了辐射过程中的热传递，即在没有普通物质干涉时的热传递。在辐射过程中，转移的能量可以毫无损失地通过某些物质。事实上，在这种能量传递过程中，辐射停止了。现在，我们将讨论热量以普通物质为介质时的传递情况。

这两种情况最显著的区别在于传播速度的不同。热辐射的传播速度非常快；而当普通物质作为传输介质时，热辐射的传播速度则非常慢。

通过两种方法，热量（包括分子运动的动能）可以从物质的一个地方传递到另一个地方。实际上，能量可以通过分子之间的（或虚拟）碰撞，从物质的一部分传递到另一部分；或者，通过热体的运动，从物质的一个局部传递到另一个局部，并再次传递。前者称为传导，后者称为对流。液体和气体中都可以发生传导和对流；固体中只能发生传导。

283. 导热性。

在同样的条件下，不同的物质导热的速率不同。因此，将一根铁棒的一端烧红后，另一端也会因太热而无法用手握住；而一根同样长度的木棒，一端在燃烧时，我们很容易握住其另一端，导致这种差异的性质称为导热性。

通常，大多数旨在说明各种物质导热性或导热能力之间差异的实验，通过在给定条件下，测定物质在离热源一定距离处的温度上升到一定值的速率之间的差异来进行。英根霍兹进行的著名试验就是这样的：他令一系列由不同物质制成的同样大小的杆，从一个金属槽的侧面伸出，并将热水突然倒入槽中。每根杆上都涂有一层蜂蜡薄膜，薄膜在一定温度下会熔化。由于热水的温度是一定的，每根杆导热的速度可以通过蜂蜡熔化部分和未熔化部分之间分界线的运动情况清楚地显示出来。但很明显，这个速率只有在各种物质的热容量几乎相同时，才会与热量的传导速率一致，因为在其他条件相同的情况下，温度上升速率与热容量成反比。

第一个对导热性给出精确定义的是傅里叶。他在 1822 年出版的专著《热的解析理论》中，对热传导的所有问题进行了深入全面的探讨。现在，这本书已成为关于这一领域的专业教材。

假设我们要研究一个厚度均匀且面积为无限大的平板的导热性。设它的厚度为 θ，平板一边保持均匀温度 t，另一边保持均匀温度 t'，之后热量从一边到另一边稳定流动。实验发现，在 τ 个单位时间内，通过面积为 a 的平板表面的热量 h 与 τ、a 和 $t'-t$ 成正比，而与 θ 成反比。因此我们可以写出：

$$h = ka\frac{t' - t}{\theta}\tau$$

$(t' - t)/\theta$ 为温度梯度，k 为热导率。

如果面积、温度梯度和时间都等于 1 个单位，则方程变为

$$h = k$$

因此我们得到热导率的定义：物质在任意温度下的热导率，指每单位时间内，通过无限平板表面单位面积即单位厚度的热量。平板两个侧面的温度分别比给定温度高半度和低半度。

在这一定义中，我们假定长度单位并非无限小，而可以是 1 厘米、1 英寸或 1 英尺，并且使用一个普通的温度单位，比如摄氏度，因此温度梯度不是很大。如果我们考虑到热导率可能随温度而有所变化，则做出这些限制很明显是非常必要的，因为当这种变化发生时，如果两边的温度差很大，那么

从平板的一边到另一边的温度梯度就不可能是均匀的。特殊情况下，比如，我们假设厚度为总厚度一半的一层板，热导率为剩余部分的一半，由于两部分的热量流动相同，因此前一部分两侧的温差必然为后一部分两侧温差的两倍。

当然，无论各点之间的热导率随温度或其他原因如何变化，根据上述公式确定的量始终代表整个板的平均热导率。

但是，除了这种热导率变化的问题之外，我们无法断言，当 n 值极大且其他条件不变时，单位温差下，通过单位厚度的平板的热量，等于通过一个厚度为其 n 分之一的平板的热量。

284. 热导率的测定——在测定热导率的实验中，整个物质都将保持稳定的温度状态。兰伯特（Lambert）的试验遵循了这一原则。随后，福布斯（Forbes）对他的试验进行了大幅改进，并同样遵循了这一原则。

在试验中，福布斯使用了一根横截面积均匀的长棒。棒的一端插入熔化的铅或焊锡中；另一端暴露在空气中，或在必要时通过水流冷却。在棒上，每隔一定的间隔钻一些小孔，并在小孔处注入少量水银；将这些孔用铁封上（如果棒本身不是由铁制成的），以防止发生混合反应。将温度计插入孔中（小孔不会明显受到棒上热量的影响），记录附近棒的温度。

如果 Ox 代表热源到棒之间的距离（图 161），在与点 p 类似点绘制坐标对应温度计的位置，且棒的长度与温度计在这些点的读数成正比，我们将过坐标末端，绘制出一条关于棒任何部分的自由温度梯度曲线。在纵坐标末端与曲线相交的线倾角的正切值等于棒相应部分每单位长度上温度随时间的变化率，即等于该部分的温度梯度。由于棒的截面积大小是已知的，因此，如果我们能够确定在给定时间内通过给定截面的热量，就可以根据上文中的方程来确定热导率。

现在，假设通过棒任意截面的热量因辐射或其他原因在棒的剩余部分完全损失。如果有需要，用于冷却棒远端的水的热量可以通过水升高的温度来

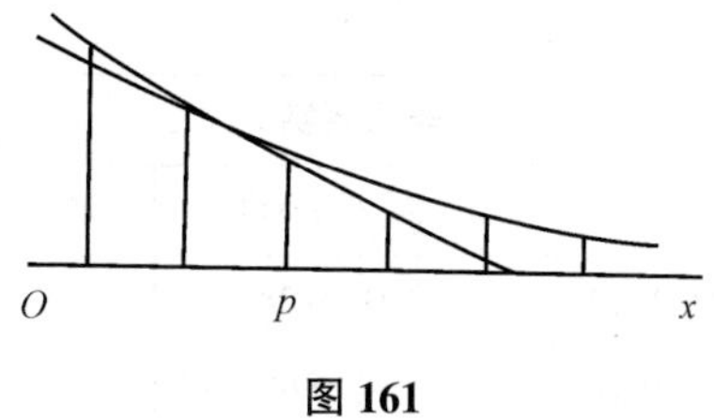

图 161

估算，而通过辐射和对流等其他方式所损失的热量需要根据一个特殊试验来求。

在上面的试验中，一个温度计插入长棒的一个小孔中，并记录下长棒附近空气的温度。在第二个试验中，为了确定热量损失率，我们需要将小孔均匀加热到高于前一个实验中记录的最高温度；之后，将棒冷却，根据插入其中的温度计来确定每单位时间内棒上每单位长度（参见第 23 章第 269 节）的热量损失率。每单位长度的质量和比热容为已知量。这两个量与温度下降率的乘积等于热量损失率。在第一个试验中，确定棒各个部分的温度后，除任意给定部分之外，我们还能很容易计算出长棒部分的总热量损失率。所以，我们可以确定其在特定温度下的热导率。

在第二个试验中，长棒会使周围的空气温度升高。所以，当空气和长棒的温度相同时，我们需要将两种实验获得的结果进行比较（如有必要）。但除此之外，由于长棒冷却的速度取决于空气的温度和压力，我们必须在尽可能相同的温度和压力条件下进行这两个试验。

显然，第二个试验中的单位热量等于将单位体积的物质温度提高 1℃所需的热量，因为热量是根据棒的温度变化来测量的。所以，我们所得到的结果并不等同于上文中定义的热导率。麦克斯韦将这个量称为“导温系数”；汤姆森则称之为“热扩散率”。所有物质的热导率，显然都等于该物质的导温系数与热容量之积。

泰特对福布斯的试验进行了重复和延伸，并给出了几种物质在不同温度下导温系数的值，如表 27 所示。

表 27

导温系数				
物质	温度 0℃	温度 100℃	温度 200℃	温度 300℃
铁	0. 0149	0. 0128	0. 0114	0. 0105
铜（导电性强）	0. 076	0. 079	0. 082	0. 085
铜（导电性弱）	0. 054	0. 057	0. 060	0. 063
白铜	0. 0088	0. 009	0. 0092	0. 0094

表 27 表明，除铁外，其他所有物质的导温系数都随着温度的升高而增大。

泰特还给出了铁和两种铜（在单位分别为英尺、分钟和摄氏度下测得）的热导率，如表 28 所示。

表 28

物质	热导率/%
铁	0. 788（1−0. 00002t）
铜（导电性强）	4. 03（1+0. 0013t）
铜（导电性弱）	2. 84（1+0. 0014t）

因此，一般来说，热导率会随着温度的升高而增大。此外，金属在热传导方面的排列顺序与其在电传导方面的排列顺序相同。福布斯用试验证实了这一点，并预言：金属在导电时，热导率会随着温度的升高而降低。正如我们所发现的，至少在总体上这符合一般现象。

之后，A. C. 米切尔（A. C. Mitchell）博士在泰特教授的指导下，用同样的棒重复了这些实验，但部分试验条件有所改变。一方面，所有的棒都是镀镍的，以避免高温下棒的表面发生氧化。总体而言，除了发现铁的温度系数和其他所有物质一样为正值之外，他的试验结果与上文中的实验一致。

安斯特罗姆（Angstrom）采用了另一种试验方法。实验时，热源的温度保持恒定，他将棒的一端在相同的时间间隔内交替加热并冷却，直到所有温度计中的温度显示出周期性变化。傅里叶的数学研究表明，如果温度的变化对热导率和比热容没有明显影响，只要表面热量损失速率与棒的温度和其周围温度的差值成正比，就可以根据单位长度的棒上温度范围减小的速率，以及观察到的“温度波”沿棒的传播速度来计算出热导率。

285. 通过地壳的热传导——安斯特罗姆的方法可直接应用于太阳能的年热量和日热量在地壳内部的传导问题。在这项研究中，我们可以假设被加热的地球表面实际上是一个无限大的平面，并且热的传播发生在垂直于这个平面的直线上。

设 ab（图 162）为该表面，设 cd、ef 为与该表面平行的平面，与该表面的距离分别为 x 和 $x+\delta x$，如果被热量穿过的物质热容量为 c，且物质本身的温度为 v，t 为时间，则在短暂的时间间隔 δt 内，进入该物质表面 a 区域大小，δx 厚度的热量为

$$ca\frac{\mathrm{d}v}{\mathrm{d}t}\delta t\delta x \tag{1}$$

其中，$ca\delta x$ 为使体积为 $a\delta x$ 的物质温度降低 1℃ 所必须抽取的热量，$\mathrm{d}v/\mathrm{d}t\cdot\delta t$ 为在时间 δt 内的温度变化量。

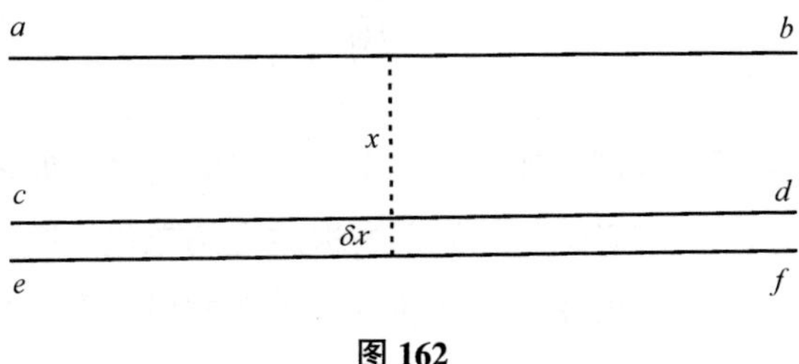

图 162

如果物质的热导率为 k，则在时间 δt 内，在正方向上穿过与表面 a 部分最接近的侧面区域的热量为

$$-a\delta tk\frac{\mathrm{d}v}{\mathrm{d}x}$$

同样，向下穿过与表面 a 部分且与前者相距 δx（由于 δx 为无穷小的量）区域的热量为

$$-a\delta t\left[k\frac{\mathrm{d}v}{\mathrm{d}x}+\frac{\mathrm{d}}{\mathrm{d}x}\left(k\frac{\mathrm{d}v}{\mathrm{d}x}\right)\delta x\right]$$

最终，总的来说，在时间 δt 内，进入体积 $a\delta x$ 内的热量为

$$a\delta x\delta t\frac{\mathrm{d}}{\mathrm{d}x}\left(k\frac{\mathrm{d}v}{\mathrm{d}x}\right) \tag{2}$$

由于公式（1）和公式（2）代表的热量相同，所以我们得到：

$$c\frac{\mathrm{d}v}{\mathrm{d}t}=\frac{\mathrm{d}}{\mathrm{d}x}\left(k\frac{\mathrm{d}v}{\mathrm{d}x}\right) \tag{3}$$

现在，让我们把这个方程看作一个量纲方程。公式（3）等号两边的温差 $\mathrm{d}v$ 呈线性变化，因此在量纲方程中不会出现温度范围。我们得到：

$$\frac{c}{t}=\frac{k}{l^2} \tag{4}$$

其中，t 为时间，l 为长度；$\mathrm{d}x$ 的维度与长度的维度相同，在公式（3）的右侧作为分母出现了两次；而 k 和 $\mathrm{d}t$ 分别在该等式的右侧和左侧出现一次。我们必须记住，符号的相等表示维度的相等。

根据公式（4），有

$$l=\sqrt{\frac{kt}{c}}$$

这意味着，为了在类似的变化条件下产生热的流动，如果时间以任何固定比例 p 变化，那么长度必定与 p 的平方根成比例变化。换言之，受到类似影响的距离（例如，表面以下温度不再随表面温度呈周期性变化处）与周期的平方根成正比。

现在，地壳冷暖变化的年周期是日周期的 365 倍。因此，夏季日热量对地壳的影响大约是平均日热量的 19 倍，所以得出：

$$\frac{l}{t}=\sqrt{\frac{k}{ct}}$$

这里，我们可以假设 l 为波长，而 t 为周期时间，所以右边的分数与热量向下传播的速率成正比。因此，这个速率与热导率的平方根成正比，与热容量的平方根和周期时间的平方根成反比。

因此，当周期不变时，在一定深度处温度达到最大值的日期会晚于与该深度处距离成正比的表面达到同一温度最大值的日期。

由于公式（4）中未出现温度，所以调节温度范围，使其随深度距离增加而减小的定律，无法像我们刚才那样根据两个刚刚阐明的定律由公式（3）推得，但我们可以将公式（3）写为

$$c\frac{\mathrm{d}v}{\mathrm{d}x}\frac{\mathrm{d}x}{\mathrm{d}t}=\frac{\mathrm{d}}{\mathrm{d}x}\left(k\frac{\mathrm{d}v}{\mathrm{d}x}\right)$$

并假设 $\mathrm{d}x/\mathrm{d}t$ 为热量向下传播的速度，在这种情况下，该公式变成方程：

$$\sqrt{\frac{ck}{T}}\cdot\frac{dv}{dx}=\frac{d}{dx}\left(k\frac{dv}{dx}\right)$$

式中，T 为周期时间；$\mathrm{d}v/\mathrm{d}x$ 为（可以看作）最大温度随波传播而变化的速率。

该方程认为，温度随深度变化而减小的速率与深度的变化率本身成正比。换言之，几何级数的变化率随着深度算术级数的增加而减小，且递减率为 $\sqrt{c}/\sqrt{kT}$。但是，由于范围变化率的递减率与变化率本身是有关系的，因此变化率与范围的比值相同。所以，随着深度几何级数的增加，范围的几何级数会减小，减小的速率与热导率和周期时间的平方根成反比，等于比热容的平方根。

根据对地球表面以下不同距离处温度的直接观测结果（1837 年由福布斯在爱丁堡进行），我们发现，年热量以每年 60 英尺以上的速度向地心传播，当其传播距离超过地壳到地心距离的 1/2 处后，温度范围缩小到它原来温度范围很小的一部分。因此，日热量在两英尺深的地方几乎无法测定。当然，以上所有结果都与土壤的性质有关。

离地表最近地方的温度计读数受到天气变化的影响，但这些干扰很快就

会消失。

当温度达到稳定状态时，dv/dt 等于 0，并且公式（3）变为

$$\frac{d}{dx}\left(k\frac{dv}{dx}\right)=0$$

据此，我们得到：

$$k\frac{dv}{dx}=a$$

其中，a 为常数。结果表明，温度梯度与热导率成反比。这符合地球冷却时的情况，并表明，在热导率不变的情况下，每单位深度上升的温度是均匀的。当然，地球冷却时，温度不可能处于稳定状态，但它的冷却速度很缓慢，因此温度随时间的变化率可以忽略不计。

过去，在对地球或太阳进行研究时，傅里叶方程表明，地球和太阳整体处于一种均匀的高温状态，内部不可能产生任何热传导过程。这表明，热量是由独立质量部分的引力产生的（参见第 8 章第 93 节）。

286. 晶体内的热传导——一般来说，晶体在不同方向上的导热能力各不相同，各部分热导率的大小沿三个相互垂直的导热主轴对称。

如果在晶体内部放置一个单点热源，恒温轨迹将为围绕该点的同心椭球体。斯托克斯已经证明，在平行于这些椭球体轴线的方向上，热导率与轴线的平方成正比。通过从不同方向切下的晶体薄片，我们可以获得该椭球体的截面。如果一根铜线穿过晶体内部椭球体共轭平面轴线方向薄板上的小孔，并用电流将这条铜线加热，则在该薄板传导的热量可使该薄板表面上的一层薄蜂蜡熔化。已熔化和未熔化蜂蜡之间的边界线为椭球的一部分。

287. 液体和气体中的热传导——液体（忽略液态金属）的热导率小于固体，而气体的热导率小于液体。

在进行这方面的实验研究时，必须非常小心地避免对流（见下文），否则实验结果将完全失效。

气体的热导率可根据动力学理论来计算。

288. 对流——在重力作用下，所有的液体和气体都倾向于将自身排列为层状结构，其密度随与地球表面距离的增加而减小。这种情况可能会因受到温度变化的干扰而完全改变。温度变化后，液体和气体的密度随之变化，原有的平衡状态被打破，流体中产生电流，从而恢复平衡，这类现象被称为“对流”。

水的最大密度点就是一个典型的例子。在上文中，我们已经对此进行了讨论。

自然界中，还有许多与对流相关的现象。信风是由于赤道地区的热气流上升，碰上来自极地的冷空气而产生的（东北信风或西南信风是由于地球自转引起的）。很大一部分的洋流也具有对流性质。同样，水蒸发时吸收热量，并在冷凝时释放热量——这是导致大风暴的最主要原因之一，因为如果水冷凝时产生足够的热量，随之而来温度就会升高，从而导致大量空气迅速上升，而在下方产生局部真空后，周围空气又剧烈涌入真空处。（在北半球，来自南半球的空气比来自北半球的空气向东运动的趋势更大，因此会产生逆时针的涡旋运动。这就是气旋的成因。）

生活中，比如烧水、通风等，都是利用了对流原理。

在气体或液体中冷却的热体，通过对流和辐射来散热。杜隆和佩蒂特对气体中的对流冷却规律进行了详细的研究。结果可用公式表示为

$$r = ap^{b}\theta^{1.223}$$

式中，r 为冷却速率；a 为与给定气体和给定物体相关的常数；p 为气体压力；b 为与任意气体相关的常数；θ 为冷却的热体与气体之间的温差。据此，我们发现，冷却的速率与物体表面的性质无关，但与物体的形状和尺寸有关。

第25章　热力学：热和功

289. 热的机械当量；热力学第一定律。作为一种能量形式，热可以转化为机械功和所有其他形式的能量，在本章，我们将对前者进行讨论。

继拉姆福德之后，紧接着对给定热量做功的量，即热的机械当量（或更恰当地说，动力）进行测定的是柯丁和焦耳。

在进行这种研究时，最直接的方法是根据已知摩擦力所做的功来计算产生的热量。焦耳采用了这种方法，他使一个下落的重物来驱动叶片在含有已知水量的热量计内部旋转，所产生的热量是通过水温的升高来确定的，并采取适当的预防措施来减少辐射造成的热量损失，以及仪器各部件之间的摩擦所产生的热量。焦耳、希恩、里格纳特等人还使用了其他各种方法。例如，焦耳通过试验证明，空气瞬间压缩产生的热量实际上相当于压缩时所做的功（参见本章第294节）。根据这个结果，再加上对空气比热容的精确测定值，他得到了机械当量的值。他还在给定条件下，根据电流通过导体时产生的热量来确定机械当量的值（参见第29章第342节）。希恩的一组试验是在工作的热发动机中进行的。在另一组试验中，他对敲击产生的热量进行研究。后者取得了较好的实验效果；而前一组试验未有结果。

焦耳最后给出的结果是：1磅水的温度升高1℉（1℉≈17.22℃）所需

的功为 772（该数值在曼彻斯特所在纬度处测得，单位为英尺磅[①]）。我们迄今为止所使用的单位热量（摄氏度）的当量，等于 1390 英尺磅。

这些实验证明了热和功之间的能量守恒定律。有关这两种形式的能量守恒定律被称为热力学第一定律。根据该定律，当纯热源中出现或消失等量的机械效应时，会消失或出现等量的热。

290. 完整的卡诺循环。尽管如前一节所述，我们可以通过实验确定给定热量和功之间的直接关系，但只有在观察到特定现象时，才能对消失的热量和任意给定物理过程中出现的功之间的关系做出结论。萨迪·卡诺指出了以下条件（在第 20 章第 254 节中已经提到）的必要性。

他所指出的条件是——工作物质必须经过一个完整的循环，比如物质在结束循环时会恢复到其原始物理状态。在循环中，热量被消耗，可能产生功。但是，只有在最终状态与初始状态相同时，我们才可认为功和热是相等的。例如，碳酸气体可以通过压缩来产生热量，但产生的热量并不等于在压缩过程中所做的功，因为在压缩过程中存在分子力做功。

为了能够正确地理解热与功之间的关系，萨迪·卡诺假定有一种自然界中并不存在的热发动机。但这一假设并没有给他的实验结果带来任何价值，因为我们只需知道任何给定发动机与萨迪·卡诺所假设的发动机之间工作方式的差异程度，就可以对萨迪·卡诺的结果进行修改，使其适用于特殊情况。

他假设发动机中安装有一个气缸，气缸的侧面和活塞隔热，底部为热的理想导体。此外，他还假设存在两个物体，一个温度较高，另一个温度较低，且它们的温度保持不变。前者作为热源，后者作为冷凝器。发动机的工作物质可以是具有任意性质的物质，位于活塞下面的气缸中。但是，为了使实验结果更为明确，我们假设它的作用就像普通发动机中的蒸汽一样。

---

① 英制的扭矩单位，扭矩在物理中就是力矩，而国际采用的力矩单位是牛·米（N·m）。1 磅 =4.45 牛顿，1 英尺 =0.3048 米，故 1 牛·米 =0.7382 英尺磅。——译者注

我们假设气缸位于一个隔热体上，气缸中内容物的温度低于冷凝器。当气缸位于隔热体上时，工作物质的四面都会被隔热体包围，内容物会保持在恒定的温度（设为 t_0）下。物质的体积和压力分别用 v_0 和 p_0 表示。(注：当给定已知质量物质的温度、体积和压力中的任何两个量时，物质的物理条件是完全确定的。)

在卡诺循环的第一阶段，气缸位于隔热体上，活塞向下运动，直到物质的温度上升到热体的温度（设为 t_1），物质的体积和压力分别变为 v_1 和 p_1。

在第二阶段，内容物的状态保持不变，将气缸放置于热体上，使工作物质缓慢膨胀，直到其体积变为 v_2，压力变为 $p_2(<p_1)$。膨胀过程必须十分缓慢，使得物质充分吸收热量，从而避免其温度与 t_1 出现差别。

在第三阶段，再次把气缸放置于隔热体上，保持其内容物状态不变，使工作物质膨胀，直至其温度下降到和冷凝器相同，此时压力和体积分别为 $p_3(<p_2)$ 和 v_3。

在第四阶段，将气缸放在冷凝器上，缓慢地向下压活塞，使内容物的温度保持在 t_0，直到体积再次变为 v_0，且压力再次变为 p_0。

这一系列操作显然满足卡诺提出的条件，即工作物质的最终状态条件应与其初始状态条件相同，形成一个完整的循环。

在第二阶段，系统从热体中吸收热量；在第四阶段，冷凝体吸收系统中的热量，设这两个量分别为 h_1 和 h_0。

此外，在第一阶段和第四阶段中，我们对内容物做功，使其体积减小；在第二阶段和第三阶段，内容物膨胀，抵抗外部压力作用，设这两个过程中的功分别为 w_0 和 w_1。在第一和第四阶段中，体积从 v_3 减小到 v_1，一个阶段的温度等于 t_0，另一个阶段的温度从 t_0 升高至 t_1；在第二和第三阶段中，体积从 v_1 增加到 v_3，一个阶段的温度等于 t_1，另一个阶段的温度从 t_1 降低至 t_0。可以看出，第一和第四阶段的温度总体上低于第二和第三阶段。因此，当物质膨胀时，如果我们对物质做功，它的压力会更高，所以 w_1-w_0 为正数。整个循环结束后，我们可以写出方程：

$$J(h_1 - h_0) = w_1 - w_0$$

其中，J（机械当量，有时称为焦耳当量，用 J 表示）为将单位热量转换为单位动力所需的乘数。这一方程为热力学第一定律的解析表达式。

291. 逆卡诺循环——除了完整卡诺循环外，萨迪·卡诺还引进了逆循环的重要概念。这是一个按完全相反的顺序进行的循环，卡诺循环也可以这样进行。

首先，从位于隔热体上的气缸开始，其内容物的温度、体积和压力分别为 t_1、v_1 和 p_1。物质膨胀到最后，这些量变为 t_0、v_0 和 p_0。

之后，将气缸放置于冷凝器上，令物质继续膨胀，直到压力和体积分别变为 p_3 和 v_3，温度保持 t_0 不变。

接下来，将气缸放置于隔热体上，向下推动活塞，直到温度上升到 t_1，压力和体积分别变为 p_2 和 v_2。

最后，将气缸放在热体上并压缩内容物，直到再次达到初始条件。

在逆循环的第一和第二阶段，物质做功，一个阶段的温度为较低的 t_0，另一个阶段的温度从 t_1 降至 t_0；在第三和第四阶段中，外界对物质做功，一个阶段温度保持在较高的 t_1，而另一个阶段的温度从 t_0 升高至 t_1。总的来说，当对物质做功时，温度和压力值高于物质做功时的温度和压力值。但在第二阶段，系统从冷凝器中吸收热量；在第四阶段中，系统又将热量传递给热体。因此，在逆循环过程中，热量从冷凝器被抽取到热体，这一过程耗费了大量的功。上一节的方程也表示了完整反应。

萨迪·卡诺认为，热是一种物质，因此从热体中吸收的热量在正循环中可以直接传递给冷凝器，而从冷凝器中吸收的热量在逆循环中可以直接传递给热体。他认为，在正循环中，热量从高温热源释放到低温气缸过程中做功的方式，就像水从高处下落到低处时一样。

根据能量守恒原理，我们很容易对他的结果进行解释：物质吸收其他物体释放的热量后，多余的热量部分会直接转化为功的当量；而在逆循环中，所消耗功的热量当量，加上从冷凝器中吸收的热量，等于热体吸收的热量。

292. 理想测试的可逆性；热力学第二定律——现在，我们将对根据卡诺原理推导出的重要结果之一讨论。

让发动机可逆，意味着令它所有的物理和机械反应都按完全相反的顺序进行。这种发动机是理想化的。比如，可逆式发动机和在相同条件下工作的任意发动机状态一样，在同样的温度范围内做功，在温度 t_1 时吸收大量的热量 h_1，并在温度为 t_0 时与冷凝器一起工作。

萨迪·卡诺证明了以上说法。他指出，如果以上说法不成立，就会产生永动机。让 M 表示可逆式发动机，N 表示理想发动机（假设的），使 N 在温度 t_1 和 t_0 之间发生正循环过程，吸收一定量的热量 h_1，放出一定量的热量 h_0，做功为 W，大于可逆式发动机在相同条件下所做的功 w；令 M 在相同维度范围内，在相同的热体和冷凝器之间进行逆循环，为了使其在温度 t_0 时吸收热量 h_0，并在高温下将它的热量传递给热体，需要耗费的功为 h_1。因此，在两个过程中，多余的功为 $W-w$。总体而言，两种方式都没有发生热量转化。但这意味着，功不可能凭空产生。因此，可逆式发动机是理想化的。

为了用现代能量理论来验证萨迪·卡诺的推理，我们只需要这样论证：在双循环中存在做功，总体上热源的能量并没有减少，因此 N 传递给冷凝器的热量一定少于 M 从冷凝器中吸收的热量。所以，两个发动机只能通过将不断冷却的冷凝器的热量传递给热体才能做功；但众所周知，这与已知的所有事实背道而驰，因此是不可能成立的。

后来，萨迪·卡诺的研究搁置很久，直到汤姆森爵士对其研究重新审视并进行调整，萨迪·卡诺的理论才再次引发学界关注。汤姆森利用萨迪·卡诺提出的原理，推导出重要的热力学结果。

一台可逆式发动机，即其所有的物理和机械作用都能以相反顺序进行的发动机，在给定的条件下，可以将提供给它的热量最大程度上转化为有用的功，这种说法被称为热力学第二定律。我们将在本章第 298 节中给出其解析表达式 $\Sigma(h/t)=0$。

293. 绝对温度——热发动机的效率等于它机械做功消耗的热量与提供给它的总热量之比。根据上一节的符号来表示，这个量为 $(h_1-h_0)/h_1$。

对于可逆式发动机，在所有给定条件下，该分数都始终等于最大值。所有可逆式发动机，无论其工作物质的性质和特性如何，在相同的温度范围内工作时都同样理想（即它们的效率相同）。正如汤姆森指出的那样，由于可逆式发动机的工作效率与内部的工作物质性质无关，我们可以利用其来获得绝对温度的绝对测量值。

为了使绝对温度的刻度更接近于空气温度计的刻度，汤姆森最终对绝对温度给出的定义为：

在完整的理想化可逆式热动力物质系统中，两个物体无法在其他任意温度下释放或吸收热量时，其温度与物体局部温度升高或降低一度时吸收或释放的热量成正比；或者说，当一个理想的热动力发动机分别在较高和较低温度下与热源和冷凝器一起做功时，两个温度的绝对值与发动机释放的热量成正比。

利用符号，以上关系可表示为

$$\frac{t_1}{t_0}=\frac{h_1}{h_0}$$

其中，t_1 和 t_0 分别为热源和冷凝器的绝对温度。

294. 示功图——为了实际应用，瓦特（Watt）提出了示功图。之后，我们会看到示功图在纯科学领域中的许多重要应用。

示功图反映了任意热发动机中工作物质的压力和体积之间的关系，因此，我们据此可以计算出发动机在工作的整个阶段所做的功。

令曲线 *APQBR*（图 163）表示沿垂直轴 *Op* 和 *Ov* 分别测量的各阶段冲程的压力和体积之间的关系。设 *P* 点的坐标为 $PM=p$、$OM=v$；设 *Q* 点的坐标为 $QN=p'$、$ON=v'$。当 *P* 和 *Q* 无限接近时，乘积 $(p+p')(v'-v)$ 表示面积

PMNQ 的两倍。但是，忽略少量的二阶数，我们可以将这个积的 1/2 记作 $p(v' - v)$。因此，这个乘积表示基本区域 *PMNQ*。

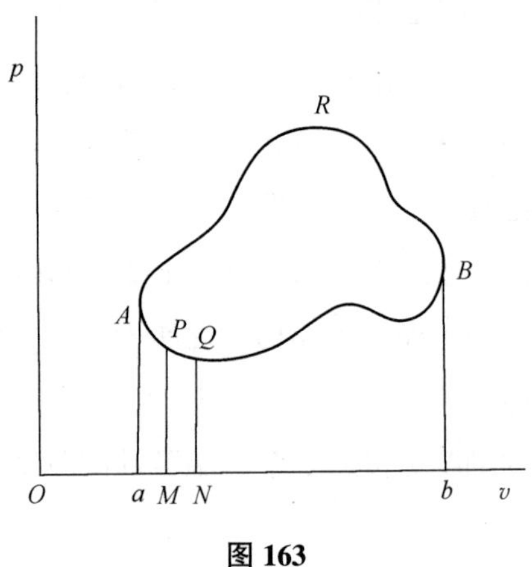

图 163

现在，力 f 在距离 s 上所做的功为 fs（参见第 6 章第 62 节）；作用于发动机气缸中活塞的力为 pa，其中，a 为活塞的面积，p 为活塞单位面积上的压力，因此，当活塞在压力 pa 作用下通过小段距离 s 时，所做的功可以表示为 pas；而由该压力使活塞内容物产生的微小体积变化为 as，因此 *PMNQ* 面积可表示所做的功。

设曲线在点 *A* 处时，体积达到最小值 v_0；曲线在点 *B* 处时，体积达到最大值 v_1。在体积从 v_0 膨胀到 v_1 的过程中，物质的状态由沿着路径 *APQB* 移动的点来表示，所做的功由区域 *AabBQPA* 来表示。类似地，当体积从 v_1 减小到 v_0 时，点 *B* 沿路径 *BRA* 移动到点 *A*，压缩所消耗的功由区域 *BRAabB* 来表示。这两个区域的差异，即曲线区域 *APQBRA*，代表发动机在整个过程中消耗的功。因此，当路径沿着正方向时，整个系统消耗功。这种情况对应于可逆式发动机的逆向做功。

当闭合路径沿着负方向时，在一定程度上，发动机对整个系统做功，做功的多少由闭合路径所包围的总面积表示。（实际路径可能由许多闭合的环组成。在这种情况下，我们应对单个环进行考虑，计算出每个环内部区域的总面积，并根据所描述的正负方向取对应的正负号。)

295. 示功图的应用——我们现在用示功图，来讨论卡诺发动机的工作状况。

为此，我们必须赋予闭合曲线一种特殊的形式。在卡诺正循环的第二和第四阶段（参见本章第 290 节）中，物质保持恒定的温度；在第一和第三阶段，物质无法向外界吸收或释放热量。因此，如果点 D、A、B、C（图 164）分别代表第一、第二、第三和第四阶段开始时物质的压力和体积值（p_0，v_0；p_1，v_1；p_2，v_2；p_3，v_3），则线 DA［代表物质从（p_0，v_0，t_0）到（p_1，v_1，t_1）之间的变化状态］上的所有点都对应工作物质在不吸收和释放热量时的状态；AB 线上的所有点表示为使温度保持在 t_1，物质吸收热量从状态 A 到状态 B 之间的状态；BC 线上的所有点表示物质和外界无热量交换时的状态；而 CD 线上的所有点表示物质通过释放热量，温度保持在 t_0 时的状态。

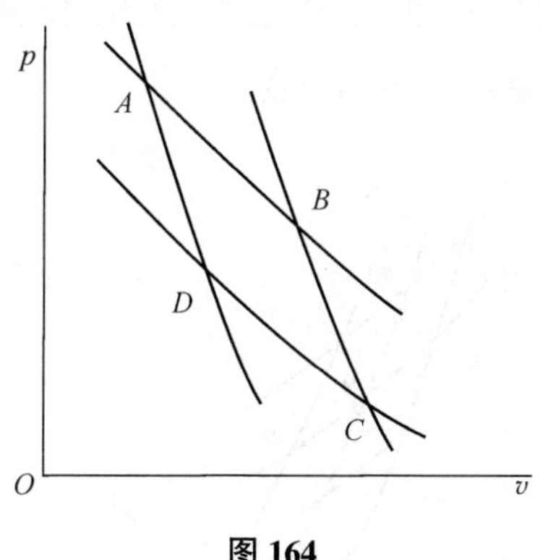

图 164

因此，AB 和 CD 被称为等温线，而 DA 和 BC 被兰金称为绝热线。后者意味着没有热量被吸收或释放。

但是，处于绝热状态的物质尽管既不会吸收热量、也不会释放热量，但还是会产生或耗费机械功，因此，在这一过程中，能量会发生转化，物质所含的热量实际上是变化的。

如果物质所含热量在状态 A 和 D 时相同，且在状态 B 和 C 时一致，那么在 AB 和 DC 所代表的过程中，物质释放的热量必然相等。而我们知道，这些量（根据我们的定义）的比值为

$$\frac{h_1}{h_0}=\frac{t_1}{t_0} \tag{1}$$

其中，t_0 和 t_1 为绝对温度。

现在，$ABCD$ 表示在正循环中做的功。根据能量守恒原理，它等于热量 h_1-h_0。如果我们令 $h_1-h_0=1$，则根据公式（1），除了 t_1-t_0 等于一个单位外，我们还能得到 $h_1=t_1$ 以及 $h_0=t_0$。

在图 165 中，我们用一系列等温线 $A_1A_2A_3$、$B_1B_2B_3$ 等和一系列绝热线 $A_1B_1C_1$、$A_2B_2C_2$ 等与曲线相交；令 $A_1A_2A_3$ 和 $B_1B_2B_3$ 在同一横坐标处的温度相差一度，并调整绝热线，使每个与类似区域 $A_1A_2B_2B_1$ 的面积等于一个单位。如果我们将这些线向下方继续延长，直到达到绝对零度，则任意等温线、绝对零度等温线以及任意两条连续的绝热线之间的每个区域的面积，在数值上都等于较高的等温线代表的温度。

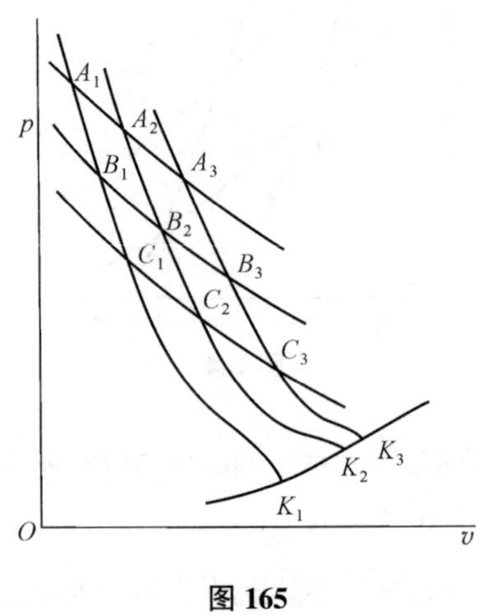

图 165

我们只需要少量实验数据，就可以正确绘制出这个图的所有部分。但对

我们来讲，绘制出该图的所有部分是没有必要的。下面的绘制方法是麦克斯韦提出的。

假设 $C_1C_2C_3$ 为温度最低的等温线，且我们已经知道了它的形式；然后，绘制任意一条线 $K_1K_2K_3$，代表绝对零度的等温线；绘制出相应的绝热线，使每个类似于 $C_1K_1K_2C_2$、$C_2K_2K_3C_3$ 等区域的面积数值等于 $C_1C_2C_3$ 线对应的温度。为了确定绝对零点的位置，我们只需要求任意两个区域，如 $A_1K_1K_2A_2$ 和 $C_1K_1K_2C_2$ 的面积之比。第 26 章第 303 节给出了汤姆森和焦耳解决这一问题所用的方法。

296. 示功图的应用与熵——在图 164 中，与曲线相交的一组线为等温线，等温线上温度恒定不变；另一组线为绝热线，意味着工作物质此时无法向周围环境吸收或释放热量。但我们已经证明，通过一定形式的转化，热量可以被工作物质吸收或释放。因此，在绝热膨胀或收缩过程中，有哪些量保持不变？这一点还有待我们深入探讨。

上一节的公式（1）有助于我们回答这一问题。根据该式，无论 t_1 和 t_0 取什么值，都有

$$\frac{h_1}{t_1}=\frac{h_0}{t_0}$$

也就是说，当物质从任意一个确定的绝热状态等温变为另一种确定的绝热状态时，被吸收或释放的热量与热量被吸收或释放时的温度成一定的比例。

因此，在恒定温度 t 下，物质在从任意一个确定的绝热状态变为另一种确定的绝热状态的过程中，h/t 为定值，可用 ϕ 来表示。这扩展了 h 的含义，使其可以表示物质中所含的总热量，因此我们可以用公式对 ϕ 进行定义：

$$\phi=\frac{H}{t}$$

其中，H 为总热量。

最初，ϕ 被兰金称为热力学函数，克劳修斯则称之为熵，如今这一说法已经被普遍采用。

如果温度为 t 的一种物质释放的热量为 h，温度为 t_0 的另一种物质吸收同样的热量，前者的熵减少量为 h/t_1，后者的熵增加量为 h/t_0，系统的熵共增加了 $h(1/t_0 - 1/t_1)$。

卡诺正循环的第二阶段中吸收的热量为 $t_1(\phi_1 - \phi_0)$，第四阶段中释放的热量为 $t_0(\phi_1 - \phi_0)$。两者的差值为 $(t_1 - t_0)(\phi_1 - \phi_0)$，代表整个循环中所做的功。

297. 示功图的应用与总能量、可用能量和耗散能量——我们无法通过实验确定给定系统中的总能量。但是，在所有实际情况下，我们只需确定在给定阶段中发生的能量变化。

使用示功图，我们可以表示总能量。尽管具体的数值可能不精确，但是我们可以用其表示给定物理条件变化引发的系统总能量的变化范围。

设点 A 和点 B（图 166）分别表示系统的初始状态和最终状态，并设 AB

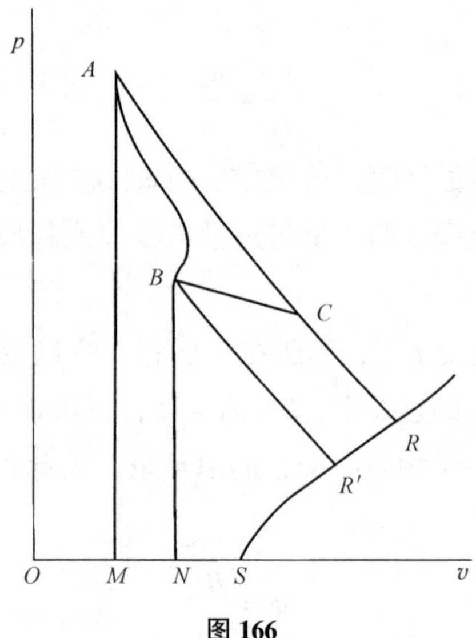

图 166

表示系统达到最终状态时的一系列变化。（图 166 是为了显示系统中既存在热量释放、又存在机械做功时的情况。）让 *RR′* 表示绝对零度的（任意）等温线，并使它继续延长，以便在 *S* 点与体积轴相交。

当图 166 上的追踪点从 *A* 移动到 *B* 时，外部做功由面积 *ABNMA* 表示，同时，在本章第 295 节，*ABR′RA* 区域的面积表示释放的热量。整个 *AMNBR′RA* 区域的面积代表工作物质的总能量损失。因此，正如麦克斯韦所建议的那样，我们可以将面积 *AMSRA* 和 *BNSR′B* 分别视为在 *A* 和 *B* 分别代表的状态下工作物质中所含的能量总量。

需要特别注意的是，在从 *A* 到 *B* 的过程中损失的能量完全与 *AB* 无关，并且仅取决于物质的初始状态和最终状态。

现在，让我们假设，在特殊情况下，*BC* 代表最低可用温度。之后，我们使物质沿着路径 *ACB* 从状态 *A* 变为状态 *B*。接下来，所做的功由面积 *ACBNMA* 表示，该面积的数值从而与在给定条件下可用于机械做功的总能量相等。类似地，*BCRR′B* 必定表示冷凝器获得的热量，也就是给定系统中做功所必然耗散的能量。面积 *ACB* 代表非必要耗散的能量。

298. 热力动力。

我们已经知道，当一个物体在一定的温度 t_1 下释放一定量的热量 h_1 时，它的熵减小了 h_1/t_1。因此，我们可以用符号 $\Sigma(h_1/t_1)$ 表示一个拥有多个热源的系统在不同温度下释放热量时熵的总损失量。

类似地，如果这些物体所释放的热量作用于同一个系统中的其他物体，我们可以用 $\Sigma(h_0/t_0)$ 来表示这些物体的熵增。

因此，熵的总减少量为 $\Sigma(h_1/t_1 - h_0/t_0)$。

删除后缀的数字，我们可以将其简单表示为 $\Sigma(h/t)$。

根据我们对绝对温度的定义，当使用一台理想发动机时，这个量消失为零。此外，当使用任何其他发动机时，热量总是通过传导或其他方式产生损失，冷凝器获得的热量（或以其他方式浪费的热量）总会大于 h_0。因此，在所有热转化为功的实际过程中，我们将 $\Sigma(h_1/t_1 - h_0/t_0)$ 写为 $\Sigma(h_1/t_1 - kh_0/t_0)$，作为熵减的合理表达式，其中 k 值大于 1。而这个量又等于 $\Sigma(h_1/t_1)(1 - k)$。

显然，由于 k 值大于 1，这个量必然为负值。据此，我们可以证明，宇宙中的熵总是朝着最大值增加，克劳修斯定理成立。

在本章第 293 节，理想的热发动机消耗的热量为 $h_1 - h_0$ 或 $h_1 - t_0h_1/t_1$。

如果许多这样的发动机在一个复杂系统的不同部分工作，则除冷凝器之外，其他部分增加的热量为 $\Sigma(h) - t_0\Sigma(h/t)$。

其中，$\Sigma(h)$ 既包括一些发动机从各个发动机中吸收的热量，也包括其自身提供给各个发动机的热量。

在一台理想发动机中，除冷凝器之外的其他部分吸收的热量用 $\Sigma(h)$ 表示，这部分热量将完全转化为功。这再次向我们表明，对于这样的一台发动机，$\Sigma(h/t)$ 必定消失为零。在其他所有情况下，$\Sigma(h)$ 表示机械功所耗费的热量部分，而第二项（必定始终为正值）表示不必要耗费的热量部分。因此，$t_0\Sigma(h/t)$ 表示这一过程中耗费的热量。

汤姆森将在给定条件下，一台理想发动机能够用于机械做功的总能量称为系统的热力动力。如果在给定的系统外部，我们有一种介质，可以充当冷凝器，则动力为理想发动机在将系统温度降低到与外部介质温度相同时所能获得全部的功。如果发动机做功，使得系统各部分的温度相等，那么动力为系统可以获得的所有功。

设最终温度为 t_0，在温度 t 时从物体中吸收的热量为 h。就这部分热量而言，动力等于 $h(t_1 - t_0)/t_1$，并且，为了获得总的动力，我们必须把所有这些量相加。

任何系统的总能量 e 等于动力和该系统耗散的能量之和。如果系统的熵为 ϕ，温度为 θ，热的机械当量为 J，则耗散的能量为 $J\theta\phi$。因此，如果系统由后缀 1 表示的状态变为后缀 2 表示的状态，我们将得到：

$$m_1 - m_2 = e_1 - e_2 - J(\theta_1\phi_1 - \theta_2\phi_2)$$

只有当动力减少时，也就是只有在 $m_1 - m_2$ 为正值时，系统本身才可能发生变化。当 $\theta_2\phi_2$ 相比于 $\theta_1\phi_1$ 足够大时，尽管 $e_1 - e_2$ 为负数，$m_1 - m_2$ 仍可能为正数。因此，我们发现，只要过程中耗散了大量的热量，吸收热量后，给定的化学作用就可以自发发生（参见第 23 章第 280 节）。

第 26 章　热力学关系

299. 在上一章讨论热与功之间关系的过程中，我们考虑了与物质的物理状态相关的五个量。这五个量分别为能量 e、熵 ϕ、压强 p、体积 v 和温度 t。

同时，我们也发现，当其中的两个量 p 和 v 被给出时，我们可以在示功图上画出代表恒定温度、恒定熵和恒定能量的线，物质的物理状态就完全确定了。尽管我们可能无法知道总的体积和温度，而这只是由于我们目前尚未对其进行推定而已，并非示功图的缺陷。

由此，我们可以立即看出，在这五个量中，任意一个量的变化都可以用其余任意两个量的同时变化来表示，所以，我们可以写出：

$$\mathrm{d}e = a\mathrm{d}\phi + b\mathrm{d}v \tag{1}$$

$$\mathrm{d}e = f\mathrm{d}t + g\mathrm{d}v \tag{2}$$

$$\mathrm{d}e = m\mathrm{d}t + n\mathrm{d}p \tag{3}$$

或其他类似的公式。

300. 我们首先考虑公式（1）。如果体积不变，我们得到 $\mathrm{d}e = a\mathrm{d}\phi$。但我们知道，在体积恒定时，能量会随着所提供热量（以动力单位表示）的增加而增加；同时，根据上一章的结果，这个量等于 $t\mathrm{d}\phi$，因此 $a = t$。类似地，如果不提供热量，则 ϕ 保持不变，公式（1）变为 $\mathrm{d}e = b\mathrm{d}v$。但在这些条件下，能量随着外部做功而减少，减少的能量等于 $p\mathrm{d}v$。所以，$b=-p$，公式（1）变为

$$de = td\phi - pdv \tag{4}$$

从而得出：

$$\left(\frac{de}{d\phi}\right)_v = t;\ \left(\frac{de}{dv}\right)_\phi = -p$$

后缀分别表示体积和熵是恒定的。因此，前一个公式表明，在体积恒定时，增加的能量等于所提供的热量；而后一个公式表明，在绝热膨胀时，减少的能量等于所做功的量。因此，这些公式表明了我们根据公式（1）推导公式（4）所需要的条件。

根据以上内容，我们得到：

$$\frac{d^2e}{dvd\phi} = \left(\frac{dt}{dv}\right)_\phi;\ \frac{d^2e}{d\phi dv} = -\left(\frac{dp}{d\phi}\right)_v$$

将后缀忽略不计，得出：

$$\left(\frac{dt}{dv}\right) = -\left(\frac{dp}{d\phi}\right) \tag{5}$$

如果这个公式的右边同时乘以并除以 t，则分母表示在恒定体积下，为产生压强变化，dp 所需供应的热量。如果 dp 和 $td\phi$ 为正，则 dt/dv 为负。因此，根据该方程，绝热膨胀过程中，在恒容条件下由于热的作用而温度升高（或降低）的物质，温度会降低（或升高）。此外，单位体积发生变化时，温度的变化等于绝对温度与单位热量导致的压力变化之积。

我们可以将以下公式和公式（1）结合：

$$d(pv) = pdv + vdp$$

得到：

$$d(e + pv) = td\phi + vdp \tag{6}$$

由此，和上述过程一样，我们推断出：

$$\left(\frac{dt}{dp}\right) = \left(\frac{dv}{d\phi}\right) \tag{7}$$

如果 dt 和 dp 均为正，则 dv 和 $d\phi$ 的符号必然相同。因此，将右手边乘

以并除以 t，我们会发现，在恒压下受热膨胀（或收缩）的物质，在绝热压缩过程中温度会上升（或下降）。并且，压力每上升一个单位，温度的变化等于恒压下增加单位热量时体积的增加量与绝对温度的乘积。

如果我们将公式（1）与下个公式结合：

$$d(t\phi) = td\phi + \phi dt$$

便得到：

$$d(e - t\phi) = -\phi dt - pdv \tag{8}$$

因此得出：

$$\left(\frac{d\phi}{dv}\right) = \left(\frac{dp}{dt}\right) \tag{9}$$

将公式（9）的等号两边都乘以 t，我们可以发现，吸热（或放热）的物质在体积不变时，压力会随温度升高而增大（或变小）。温度每上升一个单位，压力的变化等于吸收（或释放）的热量与绝对温度之商。

设 L 代表潜热，$v'-v$ 为物质状态改变时单位质量体积的变化。此时，公式（9）变为

$$\frac{L}{t(v' - v)} = \left(\frac{dp}{dt}\right)_v$$

据此，我们可以计算出给定的压力变化导致的熔点和沸点的变化。

根据公式（8）和下个公式：

$$d(pv) = pdv + vdp$$

我们得到：

$$d(e - t\phi + pv) = -\phi dt + vdp \tag{10}$$

从而推导出：

$$-\left(\frac{d\phi}{dp}\right) = \left(\frac{dv}{dt}\right) \tag{11}$$

这告诉我们，压力增加时，为了保持温度不变，恒压下温度上升时体积膨胀（或压缩）的物质会释放（或吸收）热量。压力每升高一个单位，产

生（或吸收）的热量等于温度、体积和膨胀率的乘积。膨胀率等于 $1/v\cdot \mathrm{d}v/\mathrm{d}t$。

301. 在上节公式（2）中，f 表示在恒定体积下，每增加单位温度时的能量增加速率。因此，它代表恒容比热容，用符号 c 表示。根据公式（1）以及条件 $\mathrm{d}v=0$，我们有

$$c\mathrm{d}t = t\mathrm{d}\phi$$

这些公式可以写成：

$$c\mathrm{d}t = t\left[\left(\frac{\mathrm{d}\phi}{\mathrm{d}t}\right)_p \mathrm{d}t + \left(\frac{\mathrm{d}\phi}{\mathrm{d}p}\right)_t \mathrm{d}p\right] \tag{12}$$

$$0 = \left(\frac{\mathrm{d}v}{\mathrm{d}t}\right)_p \mathrm{d}t + \left(\frac{\mathrm{d}v}{\mathrm{d}p}\right)_t \mathrm{d}p \tag{13}$$

但是，$t(\mathrm{d}\phi/\mathrm{d}t)_p$ 显然为恒压比热容，一般用符号 k 表示，因此公式（12）变为

$$0 = (k - c)\mathrm{d}t + t\left(\frac{\mathrm{d}\phi}{\mathrm{d}p}\right)_t \mathrm{d}p \tag{14}$$

条件 $\mathrm{d}v=0$ 暗示着 $\mathrm{d}p$ 和 $\mathrm{d}t$ 之间存在某种一定的联系，我们可以结合公式（13）和公式（14），消除这两个未知量。

因此，得出：

$$k - c = -\frac{\left(\frac{\mathrm{d}\phi}{\mathrm{d}p}\right)_t}{\left(\frac{\mathrm{d}v}{\mathrm{d}p}\right)_t}\left(\frac{\mathrm{d}v}{\mathrm{d}t}\right)_p$$

结合公式（11），上式变为

$$k - c = -t\frac{\left(\frac{\mathrm{d}v}{\mathrm{d}t}\right)_p^2}{\left(\frac{\mathrm{d}v}{\mathrm{d}p}\right)_t} \tag{15}$$

为了使这个结果适用于理想气体，我们必须根据 $pv=Rt$ 求出 $(\mathrm{d}v/\mathrm{d}t)_p$ 和

$(\mathrm{d}v/\mathrm{d}p)_t$ 两个量的值。

据此，我们推出：

$$\left(\frac{\mathrm{d}v}{\mathrm{d}t}\right)_p=\frac{R}{p};\ \left(\frac{\mathrm{d}v}{\mathrm{d}p}\right)_t=-\frac{Rt}{p^2}$$

从而有

$$k-c=R \tag{16}$$

因此，恒压比热容和恒容比热容之差为定值，并且，由于 k 和 R 的值都很容易通过试验确定，所以我们可以根据式（16）求出 c 的值（恒容比热容的值通常难以通过试验确定）（参见第 23 章第 271 节）。

302. 理想气体的压力、体积和温度之间的关系公式为 $pv=Rt$。该公式有助于确定这类气体的压力、体积和熵之间的关系。我们有：

$$\mathrm{d}\phi=\left(\frac{\mathrm{d}\phi}{\mathrm{d}t}\right)\mathrm{d}t+\left(\frac{\mathrm{d}\phi}{\mathrm{d}p}\right)\mathrm{d}p$$

其中，$\mathrm{d}t\mathrm{d}\phi/\mathrm{d}t$ 显然为恒压比热容，并且，根据公式（11），恒压下，$-\mathrm{d}\phi/\mathrm{d}p$ 等于 $\mathrm{d}v/\mathrm{d}t$，又等于 R/p，即 $(k-c)/p$。因此，得出：

$$\mathrm{d}\phi=k\frac{\mathrm{d}t}{t}-(k-c)\frac{\mathrm{d}p}{p}$$

其积分（参见第 4 章第 38 节）为：

$$\phi=-\log a+k\log t+(k-c)\log p$$

其中，a 以及 $\log a$ 为常数。我们可以将上式写为

$$t^kp^{-k+c}=a\varepsilon\phi$$

但 t 等于 pv/R，因此有

$$p^cv^k=A\varepsilon\phi$$

A 等于 aR'。因此，当发生绝热压缩或膨胀时，我们必须将 $pv=$ 常数改为

$$pv^{\frac{k}{c}}=\text{常数}$$

303. 当空气突然因受到压力而被压缩时，释放的热量几乎完全等同于压

缩所做的功。焦耳通过实验证明了这一点。他将空气密封在一个坚固的容器里，这个容器与另外一个内部为真空的容器相连接。两个容器都被放置在大量水中。水的温度是确定的。在连接两个容器的管道中，旋塞阀门打开时，空气从一个容器冲入另一个容器，从而使两个容器中的压力相等。由于空气膨胀过程中对外界做功，所以温度会降低，第一个容器的温度也会随之降低；又因为冲进第二个容器中的空气会剧烈撞击，从而释放热量，因此第二个容器的温度会上升。但是，由于周围的水温度没有明显变化，后者吸收的热量与前者释放的热量几乎会完全相等。

随后，焦耳和汤姆森在研究气体的热力学性质时采用了更精确的实验形式。在实验过程中，待研究的气体缓慢地通过一根管子，管子里放置一个棉塞，实验者需记录下棉塞两侧的压力和温度。

根据上述方法，我们可以得到一个简单的公式，来代表物质的温度和压力变化与体积、绝对温度和膨胀率之间的关系。如果温度变化的范围很小，使得实际上在整个变化范围内摄氏度和绝对温度相等，我们可以根据查尔斯定律，用摄氏度温度计刻度上的温度来表示膨胀率。这样，方程就可以对绝对温度标度和摄氏度标度进行直接比较。

波义耳和查尔斯定律给出了理想气体绝对温度和摄氏度温度变化范围之间的关系公式（参见第 266 节），为 $T = t + 1/\alpha$，其中，T 为绝对温度。实验最后推导出的结果为

$$T = t + \frac{1}{\alpha} - \psi$$

汤姆森和焦耳的实验表明，在真实气体中，ψ 的值非常小，通常为正数。

实验表明，除氢气外，所有的真实气体在通过棉塞时温度都会降低，且绝对零度为 273. 7℃。

304. 热力学第二定律（参见第 25 章第 292 节）成立的前提是——与仪器和机器的尺寸相当的物质，其任何部分所含粒子数量是巨大的。一个普通

的温度计，放在一团空气的任意位置，所显示的读数都大致上是一致的；而另一个尺寸足够小的温度计，则温度读数很有可能会快速变化，甚至可能表明热量正在从温度较低的部分传递到温度较高的部分。这是因为，处于快速运动状态的分子可能只占据整个体积的一小部分，甚至小到只包含几个分子，而处于缓慢运动状态的分子则占据了剩余的绝大部分。此外，在快速运动状态的分子中，运动速度最慢的分子运动速度可能会低于处于缓慢运动状态中运动速度最快的分子。

在大的尺度上，分子运动状态大致是均匀的；而在足够小的尺度上，分子运动状态有较大差异。正是由于这种均匀性，所以汤姆森提出的说法“热发动机无法从比冷凝器更冷的物体中持续吸收热量并将其转化为功”是正确的，这成为热力学第二定律的基础。

第 27 章　静电学

305. 摩擦起电——当用法兰绒或者涂有锌汞合金的皮革对一根玻璃棒进行摩擦后，玻璃棒可以吸引周围的物体。质量较轻的物体，如纸片，甚至可以克服地球的吸引力，被它轻松吸起。在这种状态下，玻璃棒带电，或者说玻璃棒上产生了电荷。

如果用皮毛或者其他类似的物体对玻璃棒进行摩擦，也会出现类似的效果，但根据所使用的物质不同，玻璃棒的起电程度也会略有差异。

玻璃棒可用封蜡、树脂、硬橡胶等替代，最后出现的现象也会或多或少有所差别。

在所有情况下，都必须保持物体温暖干燥。

306. 导体和非导体——现在，如果我们用金属棒代替玻璃棒或封蜡棒进行同样的操作，就无法产生相应的起电现象，许多其他物质（除非采用特殊方法，如本章第 324 节所述）也无法通过摩擦起电。

因此，根据是否可以通过常用的方法摩擦起电，我们可以将所有物质分为两类。可以通过常用的方法摩擦起电的称为绝缘体、电介质或非导体；无法通过正常摩擦起电的叫作导体。后者之所以成为导体，是因为人们发现，所有无法通过摩擦起电的物质，通常都可以允许电流沿其流动，而其他种类的物质则会阻止这种电流流动。

307. 带电体的基本现象——被带电体吸引的物质不一定是非导体。为了进一步研究这个问题，我们假设被吸引的物体为一个髓球（质量较轻的导体，因此很容易观察到效果），并假设它通过一根干燥的丝线悬挂在一根干燥的玻璃棒上，与玻璃棒之间相隔一定距离。

如果将一根带电玻璃棒放在该髓球附近，髓球会因受到力的作用而被拉向它。使用带电的封蜡时，也会出现同样现象。

现在，让玻璃棒靠近并接触髓球。接触后，髓球会立即向与玻璃棒相反的方向后退；但是，如果用手触摸髓球，则髓球会再次被吸引。使用带电的封蜡或其他任意带电物体时，也会产生同样的现象。尽管所有带电体都会产生这种效应，但只要我们对实验稍加修改，就会发现不同物质的带电性质有着巨大差异。

当髓球被玻璃击退时，用带电的封蜡代替手来触碰它，封蜡和髓球之间就会产生强烈的吸引力。同样，当髓球被封蜡击退时，玻璃和髓球之间也会产生吸引力。像玻璃和封蜡一样，所有因摩擦而带电的物质都可以按照所起作用的不同进行分类。

308. 正电荷和负电荷——为了解释这些现象，我们作出如下假设：①电荷有两种“类型”；②同种电荷相互排斥，不同电荷相互吸引；③吸引力和排斥力随着距离的增加而减弱；④一个不带电的物体带有等量的两种电荷。通过带电体的作用，两种电荷可以在不同程度上分离。

我们将玻璃和封蜡上产生的电荷分为两类——正电荷和负电荷。根据我们的假设，当带正电的玻璃棒靠近不带电的髓球时，球内的中性电荷被分离，负电荷到达靠近玻璃的一侧，正电荷被排斥到远端。不同电荷之间的吸引力强于同种电荷之间的排斥力，因为前者相距较近。因此，按照目前的电性分布而言，髓球会向玻璃棒的方向运动，直到髓球发生运动，髓球上两种电荷与玻璃棒之间的距离发生进一步改变，才会产生不同的现象。髓球和玻璃棒发生接触时，髓球中感应到的负电荷与玻璃棒中的一部分正电荷结合，使髓球内充满正电荷，并因此受到玻璃棒的排斥力作用，直到所带的电荷全部消失为止（如，当观测者用手触髓球时传导到大地上）。

同样的道理，当使用封蜡代替玻璃时，也会出现类似的现象，只不过髓球内正电荷和负电荷出现的位置会相反。

最后，接触到玻璃棒的髓球带正电，因此对封蜡产生吸引力；接触到封蜡的髓球带负电，所以对玻璃棒产生吸引力。所有这些现象都可以根据我们的假设来进行解释。

第四个假设指出，一个不带电的物体带有等量的两种电荷。根据这一假设，我们可以用下文中提到的方法证明，通过摩擦起电时，用于摩擦的物体与被摩擦的物体的带电程度完全相同，而所带电荷的种类完全相反。

过去一段时间内，人们习惯于把与玻璃起电类型相似的电荷称为“玻璃电荷”，而把与封蜡和其他树脂起电类型相似的电荷称为“树脂电荷”。但是，玻璃中也可以产生所谓的树脂电荷。这一事实足以证明，以上这种分类方法是不可取的。正如我们在上文中所使用的那样，正电荷和负电荷是更合理的说法。这两个词说明了电荷种类的区别。

“电荷种类”这个词很容易引起误解。电荷是什么？这一问题我们尚未明了。人们也许做梦也不会说出，产生压力的正力和负力本质上是不同的，或者说顺时针旋转本质上是不同于逆时针旋转的。然而，等大反向的正力和负力、或等速度反方向的顺时针旋转和逆时针旋转，彼此的作用效果可以相互抵消。引入“正电荷”和“负电荷”术语，只是为了使我们能够对迄今出现的某些现象统一进行简明扼要的描述。

“电流体”这一旧说法应尽量避免使用。

309. 金箔验电器——验电器是一种用来检验物体是否带电的仪器。此外，可以检测出带电量的验电器称为静电计。

金箔验电器是最精密的验电器之一。它由两片金箔 a、α 组成（图 167），两片金箔通过一根金属杆连接到一个金属头 h 上。金属杆以图所示的方式穿过玻璃容器的顶部。玻璃容器的底部是开放的，金箔被一个笼子包

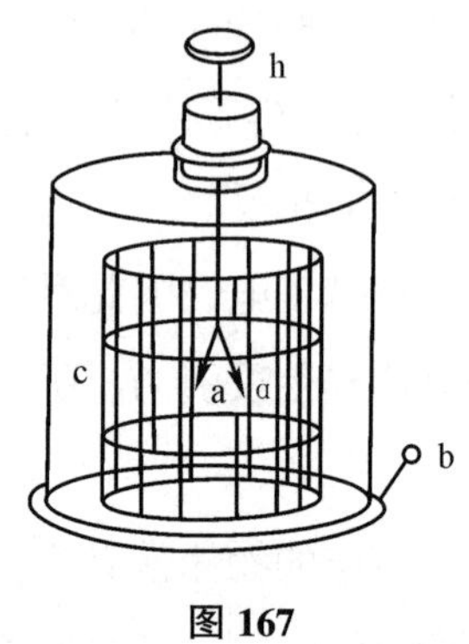

图 167

围。笼子通过金属连接件 b 与地面连接。之后会介绍到该笼子的用途（参见本章第 316 节），同时，我们需要考虑仪器的使用方法及其读数的性质。

如果一个带正电的物体被放置于金属头 h 附近，负电荷会被吸引到头部，正电荷被排斥到金箔中。此时，两片金箔中带有同种电荷，因此两片金箔会分开。物体离金属头越近，金箔的分岔程度就越大；当物体被收回时，金箔恢复到原始状态。

由于带电体的存在，如果在金箔分岔的过程中，突然用手触碰金属头 h，则金箔会瞬间塌陷（金箔上的正电通过手溢出到达地面），直到手收回后，塌陷状态才会改变。如果此时将带电物体远离金属头，金箔又会分开，因为原先被吸引到金属头部位的部分负电荷通过金属棒扩散到金箔中。因此，在后一种情况下，金箔由于负电荷的相互作用而分开。

根据以上现象，将带电物体放置于金属头 h 附近，仪器就可以检验其带电性质。如果物体带负电，则更多的负电荷会因受到排斥力作用而到达金箔中，金箔的分岔程度会更大。如果物体带正电（或不带电），则金箔中的负电荷被吸引，之后金箔回到原始状态；当带电体所带的正电荷达到一定程度，则金属杆中的部分中性电荷将发生分离，金箔因带正电而发散。

最初，当用带负电的物体靠近仪器的金属头时，上述过程中的正电荷和负电荷出现的位置恰好相反。

很明显，这些试验对本章第 307 节中出现的那些试验进行了大幅调整。

310. 接触起电和感应起电，电量。

在本章第 308 节中，我们提到了一个带电体会使周围的导体产生感应电荷，从而产生电流。只要两个物体之间不发生接触，感应电荷的总量就等于 0。在感应体上，一定量的电荷被吸引到带电体的一侧，而等量的相反种类电荷被排斥到另一侧。但是，当接触发生时，感应体上被吸引的电荷与带电体中的一些电荷结合起来，因此，导体与带电体上会带有同种电荷。这就是所谓的接触起电过程。由于等量的同种电荷之间的作用效果类似，因此接触起电最后的总效果，相当于带电体将自身的部分电荷分给了导体，事实也正是如此。

在接触带电的过程中，一个物体失去了一定量的电荷，而另一个物体获得了等量的电荷。这可以通过测量它们对相同带电体产生的吸引力或排斥力来证明。事实上，就像我们可以用引力测出物质质量是否相等一样，我们可以用电学方法来测量物质所带的电荷量是否相等。因此，我们说电荷的数量是可以测定的。通常，带电体所带电荷的总量被称为电量。

现在，假设我们有一个带正电的物体。我们可以利用该物体对其他物体进行充电，既可以充一定程度的正电，也可以充一定程度的负电，而自身所带的电荷量保持不变。

假设 A（图 168）为带正电的物体，B 和 C 代表另外两个物体，其中，B 带负电，而 C 带正电。三个带电物体均与其他导体绝缘良好，如图 168 所示，将 B 和 C 放置在与 A 相对的某一位置上，然后让 B 和 C 分开：此时 B 带负电荷，C 带正电荷。如有必要，将 B 和 C 各自放在相距更远的地方，并用一根细导线把它们相连，可以观察到更明显的作用效果。这是因为，在很大程度上，A 中电荷的作用被 B 和 C 中正负电荷之间的相互吸引力抵消，这种相互吸引力大小随着 B 和 C 之间距离的增加而减弱。实际上，我们可以将 C 看作大地，并通过金属线或其他导体将 B 与 C 连接起来。在这种情况下，

C 的远端受排斥的正电荷量会减少。我们可以利用 B，而非 A，使其他物质产生负电。这一过程被称为感应起电，导体自身不会失去电荷。

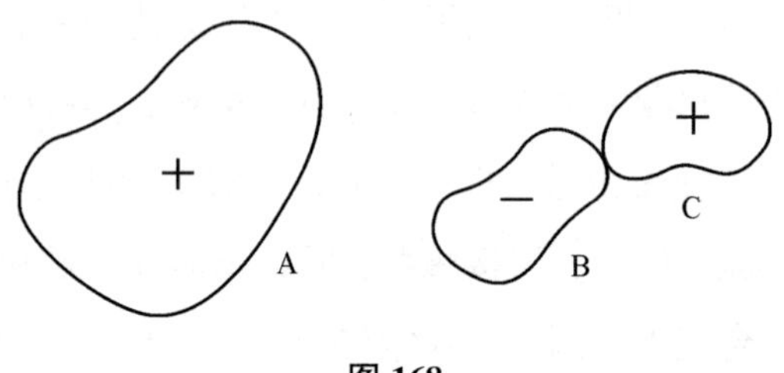

图 168

特殊情况（参见本章第 316 节）除外，感生电荷量总是少于施感电荷量。

311. 持续发电和起电盘。在上一节，我们看到了如何通过一个绝缘带电体和两个导体来获得任意数量的正电荷或负电荷。基于这一原则，我们发明了起电盘，用于同种用途。它由一个扁平的圆形树脂层组成，位于一个浅金属容器 ab 中（图 169）。树脂稍微加热后，与毛皮摩擦，可产生负电荷。金属盘 cd 用玻璃柄绝缘，代替上一节中的导体 B，大地代替导体 C。

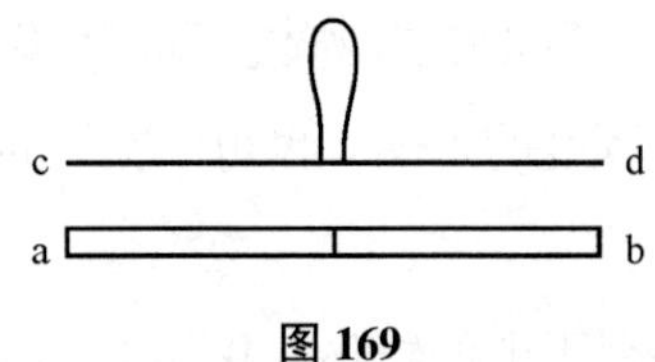

图 169

当金属圆盘靠近带电的树脂时，其近侧产生正电荷，远侧产生负电荷；圆盘越靠近树脂，正负电荷分离程度越大。

当把圆盘放置在树脂上时，圆盘与地面之间通过一个金属销进行接触，金属销穿过树脂层的中心，并与它所在的金属容器相连，与容器下方的地面相连。负电荷溢出到地上，圆盘上留下正电荷，电荷量实际上与树脂上的电荷量相等。

将圆盘移开，通过接触将正电荷转移到其他导体后，这个过程可以从头开始重复进行。

以上过程中，有两点解释起来有些困难。当圆盘放在树脂层表面时，圆盘中的正感应电荷会与树脂的负电荷结合，树脂的负电荷似乎应该消失，圆盘中剩余的负电荷会通过金属销传到地面。如果两个表面在其整个范围内相互接触，这种现象的确会发生，但是，由于电量不相等，它们只会在较小的区域内相对接触。同样，圆盘中的负电荷被树脂上的负电荷所排斥。那么，负电荷如何通过穿过树脂的金属销传播到地面呢？如果说圆盘和地球同为一个导体的两部分，因此负电荷受到排斥力，会沿着一条电路到达更远的地方——这一回答显然不能令人满意。这种说法好比说为了使石头在山的一边下滑时的距离更远，需要将石头在另一点的位置升高一样。事实上，电流会像不可压缩的流体（参见第 29 章第 335 节）一样流动，这使得问题易于被解释。仪器中有三个平行的电荷层，两个负电荷层和中间的一个正电荷层。下层的负电荷层倾向于从地面上吸取正电荷，与中层的正电荷层产生排斥力作用，而与上层负电荷层产生吸引力作用。由此，我们可以假设：圆盘上侧的负电荷层从地面吸取正电荷并与之结合。地面上留下等量的负电荷，其作用效果与圆盘负电荷实际通过地面时所产生的作用效果无从区分，我们也没有区分这两种情况的方法。因此，我们有理由说，电荷的确是从圆盘传到地面上的。

话说回来，我们还发现，随着圆盘运动得越来越快，起电盘中电荷的产生越来越具有连续性。所有用于产生静电的仪器，工作原理都与起电盘相同，但部分结构的仪器产生电荷的连续性更强。

312. 电荷的吸引力和排斥力定律。到目前为止，基于吸引力和排斥力强度随距离增加而减弱的假设，我们已经解释了许多现象。我们发现，这一假设使我们能够对许多现象进行统一解释。因此，在这一假设成立的前提下，我们必须对力的定律进行更详细的考虑。

库仑（Coulomb）利用扭秤对该定律进行了验证。在这种仪器中，一根垂直的电线连接在钮头 h（图 170）上，下端带有一个水平绝缘臂，绝缘臂末端固定在一个小金属盘 d 上。

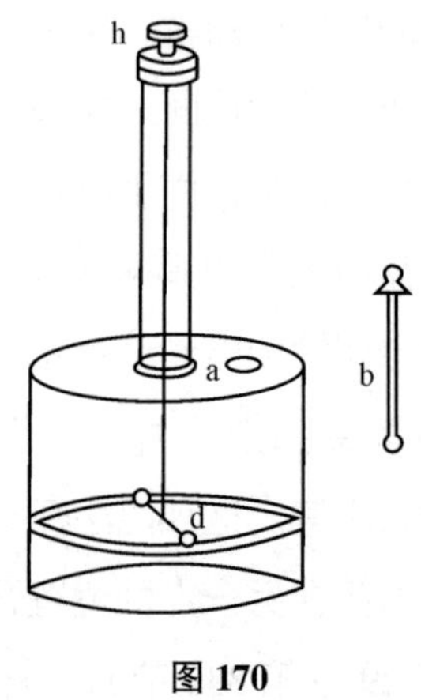

图 170

固定在仪器周围的玻璃罩上的刻度，使我们能够测定绝缘臂的角度位置；当金属丝不发生扭转时，钮头的位置也可以确定。现在，使圆盘 d 带上一个正电荷，绝缘臂末端的固定金属球上的一个正电荷，通过仪器玻璃罩上的孔 a 进入仪器内部，柄的长度恰好使金属球和圆盘处于一个水平面上。这两种电荷的相互排斥将使金属臂旋转一定角度。通过转动钮头，金属丝会产生额外的扭转，直到最后，圆盘恢复到原来的位置。

待钮头转回原来的位置后，以任何比例增加球内的电荷量，重复以上一系列操作。我们会发现，为了使圆盘回到第一次实验时出现的位置，作用于金属丝上的扭力以同样的比例增加。这证明了，力与球中的电荷量成正比，因此也与圆盘中的电荷量成正比。

接下来，进行一系列的试验，使两个物体的电荷量保持恒定，而它们之间的相互距离发生变化。不同距离所需的扭转量表明，力的大小与距离的平方成反比。

当一个物体上的电荷为负，另一个物体上的电荷为正时，也会出现同样的规律。当然，在这种情况下，金属臂和钮头的旋转角必然方向相反。

设两个物体的电荷量分别为 q、q'，它们之间的距离为 s，则它们之间力的规律为 $+qq'/s^2$，其中，正号对应于排斥力。当 q 和 q' 的符号相反时，力为吸引力（在距离减小的方向上）；当两者符号相同时，力为排斥力（向外为正方向）。

这就是众所周知的万有引力定律。只需将部分符号稍作调整，我们推导出的所有关于万有引力的结果（参见第 8 章），都适用于电荷力的情况。

313. 电势和电动势——就像在起电盘中一样，如果我们试图通过任意以上提到的方法，来增加绝缘导体中的电荷量，结果就会发现，随着电荷量的增加，增加绝缘导体中的电荷量会越来越困难，并且增加的电荷量无法超过一定的限度。为了弄清楚原因，我们必须从另一个角度来分析。

由于各部分之间的吸引力或排斥力可以做机械功，因此带电系统明显具有能量。

我们把两个系统的相互势能定义为：从发生排斥力作用到它们相距无限远时，可以得到的功的总量；给定带电系统中任意一点的势能定义为：系统和位于该点的单位数量正电荷之间的相互势能。像引力（参见第 8 章第 95 节）一样，这一定义使得电势的符号与产生该电势的带电系统的符号一致。并且，电势代表了电势能的存在，且未被消耗。

设 V 和 V' 代表相隔一定距离的两点的电势，使单位正电荷从电势为 V 的点转移到电势为 V' 的点所需的力平均大小为 $(V'-V)/s$。根据我们的定义——V 随着 s 的增加而减小，因此如果从任意点测得的小距离 $\mathrm{d}s$ 上的电势变化为 $\mathrm{d}V$，则位于该点的力实际为 $-\mathrm{d}V/\mathrm{d}s$。

这个量等于每单位长度上电势的变化率，称为该点的电动势。电动势可以使电荷的位置发生改变。

因此，我们看到，电势相同的两个导体之间电荷不会发生转移。

两个相距 s，电荷量分别为 q 和 q' 的物体，相互之间存在的排斥力大小为 qq'/s^2。

同种单位电荷量对 q 产生的力为

$$-\frac{\mathrm{d}V}{\mathrm{d}s}=\frac{q}{s^2}$$

据此，我们得到：

$$v=\int_s^{\infty}\frac{q}{s^2}\mathrm{d}s=\frac{q}{s}$$

现在，如果导体中的电荷处于静止状态，导体的电势必须是均匀分布的，否则电动势将导致导体中的电荷从一部分转移到另一部分。因此，这一关于导体中的电势分布的假设是有道理的。上面的表达式表明，导体的电势与它所含的电荷量成正比。当电荷为正时，电势为正；当电荷为负时，电势为负。所以，当导体中含有的电荷量达到一定程度后，为再次增加导体中的电荷量，所做的功就需越来越多。

特别是，如果携带新的电荷的物体（起电盘的圆盘）的电势不超过某一固定值，则在这一过程中，电荷在导体上产生的电势一定不会超过该固定极限值。因此，正如本节开头所言，该导体中的电荷不会超过某一极限值。

只有在无限远的地方，电势才等于0。而为了将电荷转移到无限远的地方，我们只需要将含有电荷的导体接触地面，因为实际上，地球是一个无限远的导体，任何与之相连的普通电荷都不会产生明显的电势变化（参见下一节）。

314. 电容和电容器。为了使导体的电势升高一个单位，导体所需增加的电荷量称为导体的电容。

从上一节的结果可以看出，两个球形导体的电容与其各自的线性尺寸成正比，原因是——静电力遵循与引力（参见本章第312节）相似的定律。根据引力定律（参见第8章第88节），我们知道每个量对球外一点的作用效果等同于这个量在球体中心凝聚成一点后对球外该点的作用效果。半径为 a 的球体所产生的电势为

$$V=\frac{q}{a}$$

因此，当 $V=1$ 时，$q=a$。这意味着，电容可以通过半径来测量。

将两个同心球形导体组成复合导体后，电容可以大幅度提高。

假设 A 和 A'（图 171）代表两个球面，半径分别为 a 和 $a+r$，令 A 带有的正电荷量为 q，A'带有等量的负电荷，两种电荷在各自的球面上均匀分布（参见本章第 316 节）。

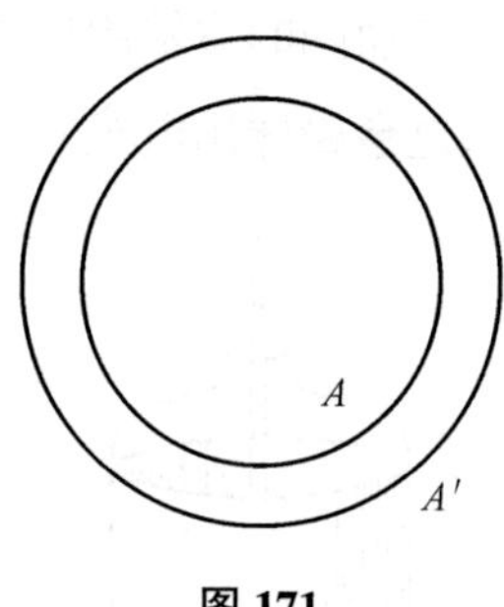

图 171

A'由于自身的电荷作用在任意一点产生的电势为 $-q/(a+r)$，该点由于 A 的电荷作用产生的电势为 $q/(a+r)$，因此总电势为零。只有将它通过一个导体接触地面后，才会产生电流。

这证明了，将 A'接触地面后，如果球体 A 带任意量的电荷，则 A'会出现等量的相反电荷。此时，如果我们在 A 中增加单位量的正电荷，则 A'必定会出现单位量的负电荷。然而，将 A 中的电荷量 q 增加一个单位所需做的功为 q/a，将 A'中的电荷量$-q$ 增加一个单位所需做的功为 $-q/(a+r)$。因此，所需做的功总计为

$$w=\frac{q}{a}-\frac{q}{a+r}=q\frac{r}{a(a+r)}$$

当 r 非常小时，得出 $q=a^2w/r$；当 w 等于一个单位时，q 代表装置中的电容，等于 a^2/r。

令 r 无限小，这个量可以变得无限大。

所有和以上类似的装置都可以叫作电容器。利用电容器，我们可以通过

耗费少量的功来储存大量电能。这种装置的唯一明显特征是——两个球面之间的距离和大小应尽可能接近，且球面之间必须相互绝缘。

莱顿瓶是一种常见的电容器。它由一层在内部和外部涂有锡箔的薄玻璃罐组成（图 172）。瓶子的颈部和上部并未涂上锡箔，使得两层导电片之间的绝缘层尽可能完整。瓶口通常用软木塞封闭，软木塞中间穿过一根金属棒，在外端接一个旋钮，从而与瓶内的锡箔涂层相连。外部涂层可以很容易地连接到地面，内部涂层则通过金属棒用电机充电。

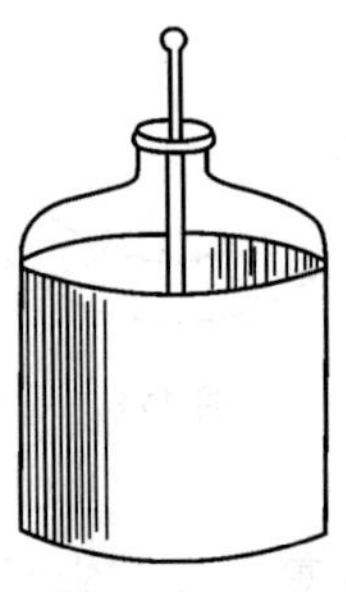

图 172

通过放电杆（图 173）可以对莱顿瓶进行放电。放电杆由两个连接在玻璃手柄上的金属杆组成。两个节点 *a* 和 *b* 分别与莱顿瓶的内外涂层连接。放电后，等量的相反电荷沿着金属电路 *acb* 运动，从而结合。在使用高电势的莱顿瓶进行操作时，请务必小心，稍有不当，便可能导致放电过程中电流通过人体，甚至对人体产生致命的后果。

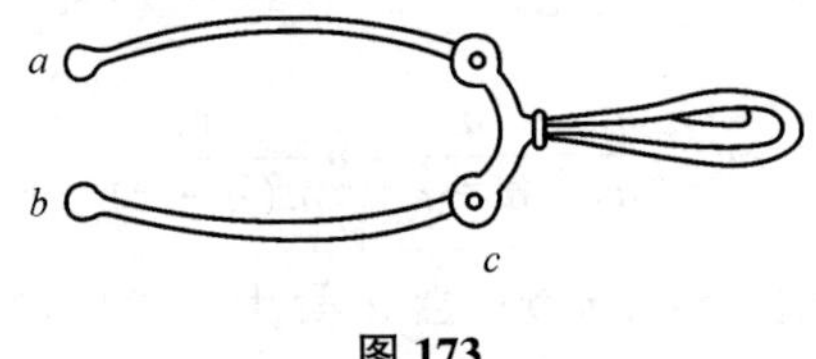

图 173

另一种常见形式的电容器由一堆锡箔纸组成。在这种装置中，锡箔纸被浸有石蜡的纸隔开，所有的奇数页都连接在一起，偶数页也是如此，但是奇数页和偶数页之间完全绝缘，这样就构成了一个大容量的电容器。

同样的原理，我们可以将多个莱顿瓶的内部涂层和外部涂层各自独立地相互连接起来，形成一个大容量的电容器。整个装置的电容量等于所有莱顿瓶的电容量之和。

如果莱顿瓶是串联在一起的，也就是说，每个莱顿瓶的外涂层按顺序连接到下一个莱顿瓶的内涂层上，则最后合成的电容量仅等于单个莱顿瓶的电容量（假设所有莱顿瓶的电容量相等）。此外，当各个涂层之间的电势差以及总电势差恒定时，整个装置的总电荷量等于单个莱顿瓶的电荷量。当电容量不相同时，我们可以令电容量为 C_1 的第一个莱顿瓶外部和内部涂层上的电势为 V_0 和 V_1，电容量为 C_2 的第二个莱顿瓶外部和内部涂层上的电势为 V_1 和 V_2，以此类推，最后一个莱顿瓶内部涂层上的电势为 V_n。如果 C 表示总电容量，则总电荷量为 $C(V_n - V_0)$，而这等于所有莱顿瓶上电荷量的总和。因此得出：

$$C(V_n - V_0) = C_1(V_1 - V_0) + C_2(V_2 - V_1) + \cdots + C_n(V_n - V_{n-1})$$

但是，由于莱顿瓶中构成绝缘导体的外部涂层和内部涂层上的电荷数量相等，且种类相反，因此所有莱顿瓶上的电荷量都必定相等；又因为任意一个莱顿瓶中两个涂层上的电荷量也必定相等，我们可以得到 $n-1$ 个方程：

$$C_1(V_1 - V_0) = C_2(V_2 - V_1) = \cdots = C_n(V_n - V_{n-1})$$

最终，我们得到关于 $2n+1$ 个量（分别为 C、$C_1 \cdots\cdots C_n$，$V_0 \cdots\cdots V_n$）的 n 个方程。如果 $V_0=0$，且 $C_1 \cdots\cdots C_n$ 等为已知量，我们可以将 V_n 消除并计算出总电容量。

315. 电容率。在上一节中，我们知道，由两个平均半径为 a 的同心导电球面和一个厚度为 r 的绝缘层相间组成的电容器的电容量表达式为 a^2/r。

通常，我们认为空气是标准的绝缘物质。

如果用其他绝缘物质（如玻璃、树脂等）来代替空气，则相同条件下的电容量为

$$C = K\frac{a^2}{r}$$

其中，K 为与该特定介质有关的常数，称为该介质的电容率、介电常数或介电质数。

因此，物质的电容率可以通过测定使已知绝缘物质组成的给定电容器的电势达到一定程度所需的电荷量来测定。这个量与以空气为绝缘物质的电容器电势提高到相同程度所需电荷量之比即为电容率的数值。

法拉第通过测量电势，确定了各种物质的电容率。他使用了两个一模一样的莱顿瓶来进行实验，在需要时，实验者可以更换两个莱顿瓶中的绝缘物质。一个莱顿瓶中，绝缘涂层所使用的绝缘物质为空气；另一个莱顿瓶中，绝缘涂层使用的物质为电容率为 K（大小未知）的介质。他将使用空气为绝缘物质的莱顿瓶电势升高到 V，然后将该莱顿瓶的内部和外部涂层分别于另一个莱顿瓶的内部和外部涂层相连，使得第一个莱顿瓶中的电荷在两个莱顿瓶中自由分配。令 V' 代表两个莱顿瓶合成后的共同电势，而 C 为使用空气为绝缘物质的莱顿瓶的静电容量，则两个莱顿瓶中的总电荷量等于以空气为绝缘物质的莱顿瓶中的电荷量时，得出方程：

$$V'C + V'KC = VC$$

因此，根据已知电势，我们得到：

$$K = \frac{V - V'}{V'}$$

当电荷量一定，相反电荷表面之间的部分空气层被另外一种绝缘材料取代时，我们也可以通过测定电容器的电势变化来求出该常数的值。如果新的绝缘层厚度为 t，则被替换掉的空气层的有效厚度为 t/K。

根据玻尔兹曼（Boltzmann）的测定结果，以真空为标准绝缘介质时，空气的电容率为 1.00059。法拉第使用自己设计的仪器进行试验时，并未发现不同气体之间的电容率存在差异。而玻尔兹曼已经证实，不同气体之间的电容率确实存在轻微的不同。

固体和液体的介电常数往往大于气体，且固体和液体的介电常数之间存在很大差别。

316. 导体上的电荷分布和电荷密度。

静电电荷一定处于导体的表面，否则，相同数量电荷之间的相互排斥将使导体内部产生连续的电流。

在导体表面，电荷往往处于静止状态。这表明，导体内部的电势一定是均匀的。

根据对称性原理可以看出，如果导体是球形的，则导体表面上的电荷分布一定是均匀的；但是，如果导体不对称，我们可以推断，导体表面单位面积上的电荷分布是不均匀的。能够体现导体表面分布状况的量为电荷密度。在导体表面，曲率越大的电荷密度越大，曲率越小的电荷密度越小。

为了确定任意物质表面各部分的电荷密度（无论物质是否导电），我们可以将一个小平面连接在绝缘手柄上，并与物质表面连接。如果物质表面的曲率不太大，并且圆盘足够小而薄，则圆盘将成为带电物质的一部分。带电物质上被圆盘表面覆盖部分的电荷将被转移到圆盘的外表面；之后，将圆盘移除，并单独测量其所带电荷量。如果圆盘上的电荷量为 q，而圆盘的面积为 a，则带电物质表面该部分的电荷密度为 q/a。我们按照需求，保持带电物体的总电荷量不变（比如通过保持带电物体的电势恒定等预防措施），多次重复以上实验过程。首次使用这种方法的是库仑，因此这种圆盘被称为库仑验电平面。

在许多情况下，电荷密度分布规律可以由已知的静电定律计算出来。在以下两个小节，我们将讨论一些与之相关的例子。

需要注意，我们已经通过实验证实，由于绝缘导体外部的所有外部空间电势均等于零，因此一个内部含有电荷的封闭绝缘导体接触地面时，其内部和表面的电荷无须在任意外部点上施力，绝缘导体便可自行充电。因此，随着导体表面分布电荷类型的改变，导体表面电荷对所有外部点的作用效果与这些电荷位于导体内部时对外部点的作用效果完全相同。类似地，导体会屏蔽内部的物体，使其免受外部电荷的影响。

317. 电像法。

我们已经知道，在球面上均匀分布的电荷对外部一点的作用效果与凝结在球体中心的等量电荷对该点的作用效果相同。这个并不存在的虚量就称为球面上均匀分布电荷的电像。[之所以称这个量为虚量，不仅是因为它实际上并不存在，也因为凝聚在某点的一定量电荷的体积密度必然不可能是无限的，这一条件不可能成立（参见本章第 321 节）。] 现在，我们继续对电像法进行讨论。这一方法是由汤姆森爵士提出的。在许多情况下，我们都可以利用该方法，给出复杂问题的简单解决方案。

画一个半径为 $CM = a$ 的球体（图 174），并在 CM 直线方向上分别作点 A、A'，使得 $CA \cdot CA' = a^2$；取球面圆周上任意一点 P，连接 PA、PA'和 PC；令 $PA = r$、$PA' = r'$ 且 $CA = d$。根据几何学知识，我们知道三角形 $CA'P$ 和 CPA 是相似的。因此得出：

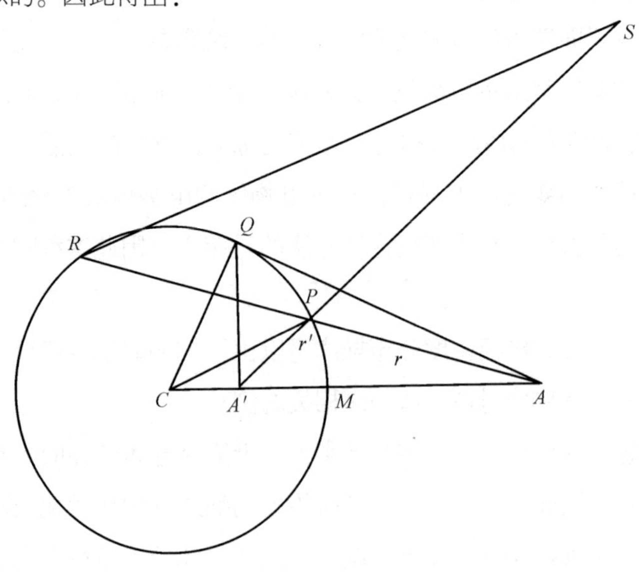

图 174

$$\frac{CA'}{r'}=\frac{a}{r}$$

现在，将 $e'/r'=-e/r$ 代入上式，我们得到：

$$e'=-e\frac{CA'}{a}$$

但是，如果我们作 $A'Q$ 垂直于 CA，则有 QA 垂直于 CQ，因此 $CA'/a=CA'/CQ=CQ/CA=a/d$。所以，得出：

$$e'=-e\frac{a}{d}$$

如果将数量为 e 的电荷放置于 A，而数量为 e' 的电荷放置于 A'，则根据条件 $e'/r'+e/r=0$，这些电荷在点 P 产生的电势为零。因此，球体表面为零电势面。

如果球体是一个无限薄的导体，并且与地面相连，那么在 A 处的电荷 e 的作用将使球体上产生电荷，该电荷对外部点的作用效果与在 A' 处的电荷 e' 的作用效果相同；在 A' 处的电荷 e' 又会使球面上产生电荷，该电荷对球体内部任意一点的作用效果与在 A 处的电荷 e 的作用效果相同。而且，由于两次出现的感生电荷数量相等，分布情况相似，但符号相反，因此，当球体不带电且绝缘时，电荷 e 和 e' 分别位于 A 和 A' 处，球体的电势为零，并且球体上没有产生电荷，电荷也无法从球体的任意一部分流向其他部分。

为了找到产生这种效果的密度分布规律，我们延长 AP 到 R，过点 R、A' 和 A 作圆，令 $A'P$ 与该圆相交于点 S。三角形 RPS 和 $A'PA$ 相似。PR 和 PS 也与 e 和 e' 在点 P 的作用力 f 和 f' 成正比。这两个力分别等于 e/r^2 和 e'/r'^2，并且 $e/r=-e'/r'$。因此，两个力与 r 和 r' 成反比，与 PR 和 PS 成正比。最终，点 P 处的合力 F 与 SR 成正比，因此 $SR/SP=F/f'=AA'/r$，从而得出：

$$F=\frac{AA'}{r}f'=\frac{AA'e^2}{e'}\frac{1}{r^3}=\frac{AA'e'^2}{e}\frac{1}{r'^3}$$

因此，密度与距离外部（或内部）一点距离的立方成反比的球体对内部

(或外部) 物质存在吸引力，吸引力的作用效果与球体凝结于该点时产生的作用效果一致。

点 A' 是 A 关于给定球体的电像，结合关系式 $CA \cdot CA' = a^2$，我们可以找到任意电荷分布的电像。

例如，令给定电荷沿直线 A_1A_2 分布（图 175）。点 A_1 关于一个半径为 a，中心位于点 C 的球面电像为 A_1'，正好使 $CA_1 \cdot CA_1' = a^2$。类似地，$CA_2' = A_2' = a^2$，等等，很容易证明直线 $A_1'A_2'$ 是圆的一部分。但是如果 A_1A_2 长度很短，则 $A_1'A_2'$ 为直线，其与 A_1C 所成的角和 C_1A 与 A_1A_2 所成的角角度相等。

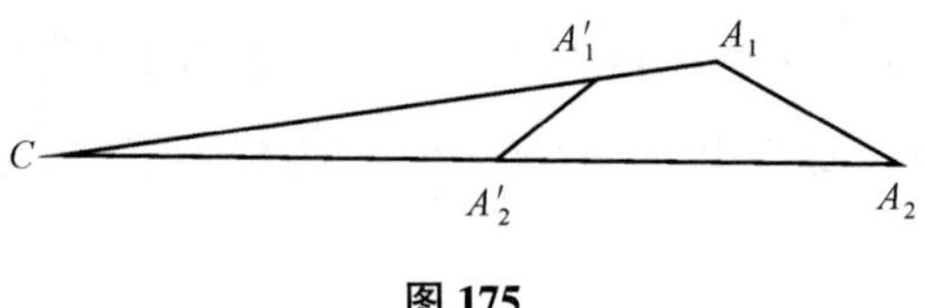

图 175

设 $CA_1 = r$、$CA_1' = r'$、$A_1A_2 = l$ 且 $A_1'A_2' = l'$，根据电像中的无限小长度与直接系统中的无限小长度的比值，我们得到：

$$\frac{l'}{l} = \frac{r'}{r} = \frac{a^2}{r^2} = \frac{r'^2}{a^2}$$

类似地，令 α' 和 α 代表面积，v' 和 v 代表体积，则得出：

$$\frac{\alpha'}{\alpha} = \frac{a^4}{r^4} = \frac{r'^4}{a^4};\quad \frac{v'}{v} = \frac{a^6}{r^6} = \frac{r'^6}{a^6}$$

接下来，令直接系统中的线密度、表面密度和体积密度分别为 λ、σ 和 ρ，电像中对应的密度分别为 λ'、σ' 和 ρ'，我们得到：

$$\frac{\lambda'}{\lambda} = \frac{\dfrac{e'}{l'}}{\dfrac{e}{l}} = \frac{e'l}{el'} = \frac{a}{r}\frac{r}{r'} = \frac{a}{r'} = \frac{r}{a}$$

类似地，可以得到：

$$\frac{\sigma'}{\sigma} = \frac{e'}{e}\frac{\alpha}{\alpha'} = \frac{a}{r}\frac{r^4}{a^4} = \frac{r^3}{a^3} = \frac{a^3}{r'^3};\quad \frac{\rho'}{\rho} = \frac{r^5}{a^5} = \frac{a^5}{r'^5}$$

如果 V 和 V' 分别代表直接系统和电像中的电势，则得出：

$$\frac{V'}{V}=\frac{\frac{e'}{r'}}{\frac{e}{r}}=\frac{e'}{e}\frac{r}{r'}=\frac{a}{r}\frac{r}{r'}=\frac{a}{r'}=\frac{r}{a}$$

正是基于这一关系，当我们知道直接系统中的电势分布时，就可以找出反向系统中的电势分布情况。电像法的物理应用本质上正是取决于这一点。

例如，让一个球体均匀带电，然后自身的位置反转。在这种情况下，电像与直接系统一致，电像外部的每个点对应于原始球体内部的某一点，但是有

$$V'=V\frac{a}{r'}$$

我们知道 V 是常数。因此，一个均匀带电球体外一点的电势与该点到其球心的距离成反比。

接下来，将均匀带电球体相对于外部点反转。反向系统也是一个球体，其电荷分布密度可由下个公式计算得出：

$$\sigma'=\sigma\frac{a^3}{r'^3}$$

其中，σ 为常数。因此，电像上的电荷分布密度与电像球心距反转点的距离成反比。此外，第一个球体内的点反转后，位于电像的内部。因此，有关电势的方程表明，球体内部一点的电势与该点距反转中心的距离成反比，内部的点会受到吸引力，吸引力作用效果与整个球体凝聚在反转中心时对该点产生的作用效果一样。

最后，将均匀带电的球体相对于自身内部一点反转。电像球体上某处的电荷密度与该处距反转中心距离的立方成反比，电势与该距离成反比，而原始球体内部的点会位于外部。因此，外部的点会被一个球体所吸引，球体上某处的电荷密度，和该处与球体凝聚于其内部的一点之间距离的立方成反比。

这三个命题均已得到了证明。将现有的验电方法与以往的方法进行比较，在一定程度上更能体现出电像法的便捷有效。

318. 电场线。

正如我们所知，我们在第 8 章中得到的所有有关引力和引力势能的结果，都适用于电场力和电势。我们可以用一个等势面，将给定的静电系统包围，并假设电场线垂直于等势面，使得从该电势面单位面积上的电场线数目代表在该等势面部分的电场力。

根据第 8 章的结果，我们可以证明，带电表面任意一点上的电荷密度等于从该点所在单位面积出发或在该处结束的电场线数目的 $1/4\pi$。电荷密度的正负取决于电场线在该点所在表面是出发还是结束，即电场线的方向在该处是朝内还是朝外。同样，空间任意一点上的正（或负）电荷体积密度等于在该点处每单位体积内产生（或结束）的电场线数目乘以 $1/4\pi$。

有电荷分布的地方才有电场线。实验证明，内部存在电力系统的封闭导体接触地面后，外部不会出现任何电效应。所以，我们知道，在电力系统各部分产生的所有电场线都必定在封闭导体表面结束（除非它们可以从系统的一部分延续到另一部分）；此外，导体上的感生电荷一定与导体内部的电荷数量相等，种类相反。在本章第 314 节，我们已经谈过与此有关的一个特例。

每条电场线都从高电势处到低电势处。因此，它必定从带正电荷的物体出发，在带负电荷的物体或传递到无穷远处时结束。

319. 电感应和感应管。

迄今为止，我们讨论了引力和电荷作用，这两者好像直接发生在远距离处一样。我们在谈到两个系统的相互作用势能时，并没有提到一个系统相对于另一个系统的位置而言是如何具备能量的。但是，如果我们相信能量可以通过物质（参见第 1 章第 7 节）进行传递，我们就必须把一些中间介质看作传递能量的载体。

这就是法拉第对这一问题的看法。在很大程度上，近代电学的进步建立在法拉第的研究以及麦克斯韦对法拉第观点的数学解释和完善上。上一节指出，带电导体的电状态取决于中间绝缘介质的性质，这一事实有力支持了以上观点。

在第 29 章，我们将看到，当电荷沿导体流动时，单位时间内过导体任意部分的电荷量是恒定的。换句话说，电荷的流动类似于不可压缩性流体的流动。同样，一定量的电荷出现时，等量相反的电荷必定会同时出现。当施感电荷位于闭合导体内部时，封闭导体上出现的感生电荷与其内部施感电荷的数量相等，符号相反。这表明，电介质上的电感应类似于不可压缩性流体的位移。(在此，我们可以重新使用被舍弃的“电流体”一词来形容电介质的性质。)

我们必须认为导体无法承受静电应力。当施加静电应力时，导体使得电荷沿着自身流动。此外，绝缘体能够承受静电应力，其中电荷的位移与施加的应力大小成正比。当应力消除时，电荷的位移等于零。从这个角度来看，表面电荷应该位于电介质的表面，而非导体的表面。

麦克斯韦根据弹性介质中的情况进行类比，将“位移”一词引入到了电学中。当施加应力时，部分弹性介质会发生位移；当应力消除时，弹性介质会由形变状态逐渐恢复。但是，麦克斯韦十分谨慎，并未对“电位移”一词附加任何确切的含义。他只是用这一词来进行类比，没有对具体情况进行分析。

法拉第用“电感应”这个术语来特指介质相对表面上出现等量相反电荷时的状态；麦克斯韦将通过给定表面的总电感应量称为通过该表面的“电位移矢量”。绝缘体中的正向电位移对应导体中的直流电，电位移减小时，电流方向改变。

不同物质的特定电感应能力之间的差异，可根据电动势相同时，每种物质产生的电位移量的差异来解释。

我们可以过导体上任意小的闭合曲线的所有点绘制电场线，从而得到一个力管；多绘制几个这样的力管，使之覆盖整个导体的表面；最后，当 σ 为电荷密度时，表面所有部分的单位面积上力管的数目等于 $4\pi\sigma$。因此，与任意单位面积等势面相交的力管数量，可以表示该等势面部分的电场力强度。

我们也可以采用另外一种方法绘制管，使导体上每个管内部的电荷量等于一个单位。法拉第称这种管为感应管。当感应管出现时，其内部含有单位数量的正电荷；当它们消失时，其内部含有单位数量的负电荷。在导体上产生的感应管总数表示导体上正电荷的总量，在导体上消失的感应管总数表示导体上负电荷的总量。通过感应管各部分的“感应”或“位移”是恒定的。

正确地说，感应管是由感应线形成的，而非力线。我们应该清楚地记住，感应管不一定是力管，因为位移并不一定总是沿着电动势的方向发生，尽管大多数情况下确实如此。(类似于非各向同性固体的弹性性质，参见第24章第245节。)

320. 电能——为了估计导体中的电荷在给定电势时的能量，我们只需求出使电荷产生所需做的功。设 Q 为电荷，设 V 为相应的电势，假设导体是由连续无穷小量的电荷 dq 分批充电的，并且导体在任意时刻的电荷量为 q，而导体的电容量为 C，则在对应时刻的电势是 q/C。然而，电势是将从无限远的地方产生的单位电荷到达导体所需做的功。因此，为使导体上的电荷量 q 增加 dq 所需做的功是 $q(dq/C)$， 使电荷量从 0 增加至 Q 所需做的功为

$$\int_0^Q \frac{q\mathrm{d}q}{C} = \frac{1}{2}\frac{Q^2}{C} = \frac{1}{2}CV^2 = \frac{1}{2}QV$$

由此，我们发现，此时电荷的能量等于电荷量与电势乘积的一半，等于电容量与势能平方的乘积的一半，也等于电荷量的平方与电容量之商的一半。

现在，让我们从感应的角度来看待这个问题。假设封闭导体内含有一个带正电的物体，从该物体到封闭导体内表面绘制单位感应管，并在带电物体产生的电势 V 和周围封闭导体产生的电势 V'之间画出多个等势面，使相邻等

势面之间的电势相差一个单位。这样一来，两个带电表面之间的空间就被感应管和等势面分成了多个小单元，其数目等于 $V-V'$ 和感应管数目的乘积，也就是 $V-V'$ 和物体所带电荷量的乘积，因此，整个空间被划分成的小单元数量等于系统中电能的两倍。

无论导体中包含多少个带电物体，我们对以上推理过程稍加扩展，就会发现结果同样是正确的（参见麦克斯韦的《电力基础理论》一文）。

这一结果表明，含有带电导体的系统的能量并不存在于自身导体中，而存在于其周围的绝缘介质里。法拉第和麦克斯韦提出的关于感应本质的观点，向我们解释了导致这一结果产生的原因。只要通过电动势的作用使电荷产生位移，电介质就处于应变状态。因此，产生应变所消耗的能量以等势的形式存在于电介质中。（通过静电应力，玻璃片可以产生可见的应变。）

为得到电介质中每单位体积所含能量的表达式，我们可以拿一个可变半径为 r 的绝缘球体来作为最简单的例子进行说明。假设绝缘球体带有量为 q（为常数）的正电荷，则该球体的电势等于 q/r，球体外部空间的能量为 $(q/2)\cdot(q/r)$。

现在，对 r 添加一个无穷小的增量，使之增加至 $r+\mathrm{d}r$，则能量变为 $(q/2)\cdot[q/(r+\mathrm{d}r)]$。

这两个数的差值 $(q^2/2)\cdot(dr/r^2)$ 等于两个球体之间体积为 $4\pi r^2\mathrm{d}r$ 的中空部分的能量，因此，在距离 r 处，每单位体积所包含的能量为

$$E=\frac{1}{8\pi}\frac{q^2}{r^4}=\frac{1}{8\pi}F^2$$

其中，F 为电荷 q 对距离 r 处产生的合力。

如果介质的电容量为 K，则在距离 r 处每单位体积的能量也可以写为

$$E=\frac{K}{8\pi}F^2$$

这一结果具有普遍适用性，F 为总电荷量对任意一点的合力。

麦克斯韦研究了电介质中的应力性质。根据这种性质，我们可以解释观察到的电学现象。他发现，应力由沿电场线的张力 $KF^2/4\pi$ 以及与电场线垂直的所有方向上相等的压力合成。

需要注意，导体带电表面的张力为 $4\pi K\sigma^2$，张力方向垂直于该表面，其中，σ 为导体表面的电荷密度。

作为与上文带电系统能量表达式相关的示例，我们可以先将电荷 Q 放置于电容量为 C 的电容瓶中，再将其分开并分别放入之前的电容瓶和另一个电容率为 C'的电容瓶中，从而估算出电荷 Q 的能量。在电容量为 C 的电容瓶中，电荷 Q 的原始能量为 $Q^2/2C$。

将电荷 Q 分开放置后，由于两个电容瓶的电势相等，我们得出：

$$\frac{Q_1}{C}=\frac{Q_2}{C'}$$

式中，Q_1 和 Q_2 分别为电容量为 C 和 C'的两个电容瓶中的电荷量。同样，因为 $Q_1+Q_2=Q$，所以得出：

$$Q_1=Q\frac{C}{C+C'};\quad Q_2=Q\frac{C'}{C+C'}$$

两个电容瓶中的能量分别为

$$\frac{1}{2}\frac{Q_1^2}{C}=\frac{1}{2}Q^2\frac{C}{(C+C')^2};\quad \frac{1}{2}\frac{Q_2^2}{C'}=\frac{1}{2}Q^2\frac{C'}{(C+C')^2}$$

因此，最终的总能量为 $Q^2/2(C+C')$，始终小于原始能量。通常，在分开的过程中，整个能量 $C'/(C+C')$ 会以声音、光和热的形式被耗散。我们可以将其与焦耳实验（参见第 26 章第 303 节）中，气体在无外部做功的情况下膨胀时消耗的能量，或在无外部做功时达到较低温度热量扩散时消耗的能量进行比较。在目前情况下，电荷不会丢失，但电势会降低。

321. 电吸附和击穿放电。

如果弹性介质的形变超过其理想弹性极限，则应力消除后，介质不会从应变状态恢复原状；而如果形变程度较小，则经过一定时间后，形变可能会完全消失。相反，长时间持续施力可能会导致介质产生严重的形变。

在静电应力作用下，电介质中会出现类似的现象。

因此，当我们对一个莱顿瓶进行充电时，莱顿瓶的电势达到一定程度后，电势反而会逐渐下降，尽管莱顿瓶绝缘良好。这样的结果就如同其电容量或电容率逐渐增大时一样，使得更小的电势差就可以产生同样的位移。如果对莱顿瓶放电，我们得到的电荷量会小于原来的电荷量，这种现象被称为电吸附，原因是莱顿瓶吸附了一部分电荷。

一段时间后，我们可以对莱顿瓶进行第二次以及第三次小型放电，直到我们获得的总电荷量等于原来的电荷量，这被称为剩余放电。在剩余放电过程中，之前被吸附的电荷会再次释放，就好像介质从短暂性形变中逐渐恢复过来一样。

事实上，剩余放电和介质从形变状态恢复的过程只是在一定程度上具有相似性。麦克斯韦已经证明，如果绝缘介质自身的各部分不均匀，则这些部分的电容率和绝缘性能会各不相同。普通电介质（如玻璃、热牙胶等）的绝缘能力并不完美。所以，如果复合电介质由不完全绝缘和完全绝缘的材料层交替组成，则电吸附必然发生。

我们知道，弹性固体只能承受有限的应变，如果施加的应力过大，它们就会破裂。同样，如果电介质所有部分受到的静电应力过大，它们将不再绝缘。莱顿瓶绝缘材料的应变状态随着莱顿瓶电势升高而变得越来越大。但是，如果这个过程持续太久，绝缘材料就会破裂，被分离的电荷会通过破裂的电介质重新结合，这种现象被称为击穿放电。

在后续过程中，发生过击穿放电后的莱顿瓶无法再用于电学实验，因为击穿放电会使莱顿瓶中的玻璃出现裂痕。另一方面，如果使用空气或任意其他液体作为电介质，只要不再施加过大的应力，莱顿瓶就会像以前一样完全绝缘。因为尽管放电时产生的能量会使液体介质各部分受到剧烈击穿，但周围的介质会涌入击穿出现的缝隙中，使液体恢复绝缘状态。

击穿放电通常伴随着声、光、热和机械效应的产生，其所产生的总能量与原始电能完全相等。

此外，击穿放电存在各种形式。最普通的击穿放电形式是火花放电。当两个带有相反电荷的带电表面足够接近，使得介质中的静电应力增加到一定程度时，带电表面之间的电介质破裂，正负电荷相互结合。在火花放电发生的地方，我们可以观察到一条小的光条纹，其形状取决于击穿放电所通过的电介质厚度。当电介质厚度很大时，光条纹（火花）的形状变得极不规则，轮廓参差不齐。

费德森发现，火花放电的性质取决于放电电路的电阻（参见第 29 章第 335 节）。当电阻足够大时，火花放电由同一方向的连续快速放电过程组成；当电阻减小到一定程度后，火花放电由连续放电过程组成；当电阻进一步减小时，火花放电由一系列相反方向的快速放电过程交替组成。

有时，击穿放电以刷形放电形式出现。这主要在两个导体的放电部位有很大的曲率时发生。在放电发生的地方，一条较短的光线会突然分离成一种刷子状。惠斯通（Wheatstone）用旋转镜表明，刷形放电是由一系列迅速发生的单一放电过程组成的。刷形放电是间歇性的，时常伴随着有节奏的噼啪声，甚至乐声。

辉光放电时，电荷从电线的圆形末端射入空气中，电线末端被磷光覆盖。这种放电形式不是间歇性的，就像法拉第总结的那样，辉光放电看起来更像是一种对流放电，放电过程中，电荷被空气颗粒带走（比较髓球的反应，参见第 27 章第 307 节）。

从带电物体尖端吹来的“电风”是由于空气颗粒在该点接触起电，从而与带电物体形成排斥作用而产生的。

绝缘介质能承受的极限张力（参见本章第 320 节）称为介质的介电强度。空气的介电强度取决于带相反电荷表面之间的距离。当距离较小时，介电强度较大；当距离较大时，介电强度较小。在所有气体中，介电强度随着压力的增加而增大，随着压力的减小而减少，直到达到一定的极限值，超过该值时，介电强度会随着压力的进一步减小而增加。

火花放电法被广泛用于气体光谱的测定。测定时，气体被放置于真空管中，为了减小气体压力。

322. 大气的带电性质——大气几乎总是处于带正电或带负电的带申状态。天气持续晴朗时，大气通常带正电；天气变坏时，大气通常带负电。

我们可以使用汤姆森的水滴蓄能器来测量大气的带电性质。这种仪器由一个装有水的绝缘金属容器构成，上面装有一个长而细的喷嘴，当喷嘴上的旋塞阀被打开时，水从喷嘴处滴出。喷嘴通过玻璃上的一个开口置于外部大气，容器与静电计相连。然后，打开旋塞阀，水就会从喷嘴处滴出来。

如果大气带正电，则喷嘴以及水滴中会出现负电荷，而正电荷因排斥力作用位于静电计中。每一滴带负电荷的液体滴出后，容器和静电计中的正电荷会变多。因此，根据静电计中同种电荷的出现情况，我们可以对大气中的电荷进行大致判断。

在这一点上，有一个有趣的问题：静电计中电荷的能量来源是什么？电荷的能量可以转化为热量，水滴下落时的能量也可以转化为热量。此外，在仪器中再无其他热源。但是，水滴可以在不含有任何电荷的情况下下落。所以，根据能量守恒原理，我们可以断言，水滴带电时下落的速度将慢于不带电时下落的速度，相同时间内所做的功更少。实验验证了这一正确结论。

如果我们用一个热坩埚代替上述金属容器，则在坩埚中滴入水时，水就会蒸发。由于坩埚和静电计带正电荷，所以水蒸发产生的蒸气带负电荷。如果蒸气凝结，则与所形成的所有水滴的总体积保持一致，所有水滴的总表面积随着每一水滴的尺寸增大而减小，较小的表面上的电荷量相同。最后的结果是——水滴的电势能会大幅提升。据此，我们可以解释为何雷云会有高电势。

当电势上升到一定程度后，空气无法承受静电应力，就会发生击穿放电

(闪电)。

避雷针最大的用途就是防止电势上升到可以引发击穿放电的程度。它通过从周围空气中抽出一股连续电流来实现这一目的。带电的空气使得避雷针中出现相反的电荷，电荷密度在避雷针的尖角处达到最大，使得电流通过放电从避雷针流到空气中，从而消除部分或完全消除空气中的电荷。这一过程相当于相反电流从空气中出发、通过避雷针到达地面。如果避雷针附近的云突然被远处雷云的击穿放电激发到高电势，则避雷针可能无法以足够快的速度将自身的电荷释放到空气中，以防止附近的云向避雷针所在的建筑物放电。此时，这根避雷针很有可能无法将相反的电流带至地面。

323. 热电性——电气石等一些矿物的晶体被加热时，会出现一些电现象，尽管晶体在加热前不带电。被加热后，晶体在晶体轴的一端出现正电荷，在晶体轴的另一端出现负电荷。

将晶体通过火焰，晶体内出现的电荷会消失。如果继续加热，则晶体会进一步带电，产生的电荷分布情况与之前类似；但如果晶体冷却，则正电荷和负电荷在晶体轴上出现的位置会恰好与之前相反。

汤姆森爵士假设这些晶体内部具有电荷，且电荷在晶体轴的方向上被电极化。当晶体通过火焰时，晶体表面导电，从而在所有外部点消除内部电荷的影响。他进一步假设，晶体内部带电量取决于温度，所以对晶体加热或冷却会打乱其对外部的平衡效应。

324. 接触带电——玻璃或封蜡等的摩擦起电可以通过假设两种物质的接触表面存在一个电动势来解释，该电动势使得在垂直于接触界面的方向上产生电位移，而摩擦使得两种物体接触更为充分。

电荷无法穿过非导体的表面。当接触电动势的作用效果与非导体上相反的电动势作用效果平衡时，电位移停止。只要两个物体还处于接触状态，两者就会形成一个容量极大的电容器，轻微的电势差就会导致较大的电位移。但事实上，无论两个物体的表面相互接触与否，由于电容量的下降，电势会大幅上升。

据此，我们理解了摩擦装置或起电盘等的高电势是如何获得的。物体表面停止接触后，电荷量保持不变，电势增大，因此电能增加。严格意义上，增加的电能等于将两个表面分离所做的功。

现在，虽然我们无法像非导体一样，通过摩擦使导体带电，但只要采取适当的预防措施，我们就可以通过接触或摩擦来使导体带电。

如果使表面绝缘的薄锌片和薄铜片相互接触，则铜片会带上负电荷，而锌片会带上正电荷。我们可以将两片金属片（保持原有的绝缘状态）分开后，用起电盘或静电计来验证其各自产生的电荷种类。对以上结果，我们可以这样解释：在两种金属分离时，接触电动势作用于金属分离的表面上，作用方向沿铜到锌。

意大利物理学家伏打（Volta）发现，任意一对金属之间接触时的电动势应等于这对金属所在系列之间的每对金属产生的电动势之和。由此可知，在所有完整的非均匀金属电路中，接触电动势之和为零。众所周知，只要整个电路中的温度均匀，以上结果必定成立。因为在这样的电路中没有能量来源，所以这一过程符合能量守恒原理。

许多物理学家认为，通过假设金属之间存在足够大的接触电动势以解释观察到的效应是不可取的。热电现象表明，接触电动势确实存在，但这种力比伏打提到的接触电动势要小得多。因此，一些物理学家认为电动势并不在金属与空气接触时产生，而在金属与空气分离时，存在于金属与空气分离的表面上。整个问题仍有许多不确定性。

金属与液体之间以及与不同液体之间都存在着接触电动势。在不同液体之间，伏打定律不再适用。

325. 静电计——类似于金箔验电器的仪器，可用于测定电动势的粗略测量值。当对静电效应进行精确测量时，我们需要用到静电计。静电计有不同的形式，可直接用于测定电势差，也可间接测定比较导体的电容量，从而确定导体中的电荷量。

像金箔验电器这样的仪器被称为同电仪。这类仪器的各部分只有在受到待检测物体的影响时，才会起电。它们的读数（较小时）与要观察的电势差的平方成正比。因此，当电势本身很小时，利用这种仪器无法严格测定电势的微弱变化；无论电势正负，仪器的读数都是相同的。而在一些异电仪中，仪器的一个部分会保持恒定的种类及数量的电荷，无论电势大小，电势的微弱变化都会产生相同的效果；并且，当电势的正负变化时，读数的方向会变化。

大多数形式的静电计依赖于它们对带同种或相反电荷物体的静电力作用工作。

库仑扭转天平就是一种形式的静电计（尽管非常不完善）。

在吸盘静电计中，两个带电体以平行水平圆盘的形式放置在相距较其横向尺寸更小的位置。我们假设两个圆盘所带电荷相反，电荷密度分别为$+\sigma$和$-\sigma$。在圆盘边缘附近的区域外，力线垂直于圆盘。在从带正电荷圆盘到带负电荷圆盘的方向上，两条力线之间任意点的力为 $2\pi\sigma - 2\pi(-\sigma) = 4\pi\sigma$（参见第 8 章第 99 节）。由于负电荷作用于另一个圆盘上单位量负电荷的力为 $2\pi\sigma$，因此它对另外一个圆盘的总吸引力为 $2\pi\sigma \cdot \sigma a = 2\pi\sigma^2 a$，其中，$a$ 为圆盘面积。而在上述过程中，我们得到圆盘之间任意点的力为 $4\pi\sigma$，等于 $(V - V')/t$，其中，V 和 V'分别为带正电荷的圆盘和带负电荷的圆盘的电势，t 为两个圆盘之间的距离。所以，$\sigma = (V - V')/4\pi t$，两个圆盘之间的总吸引力为

$$F = \frac{1}{8\pi}\frac{(V - V')^2}{t^2}a$$

推导可得：

$$V - V' = t\sqrt{\frac{8\pi F}{a}}$$

我们可以根据单位体积电介质所含能量的表达式（参见本章第 320 节）：

$$\frac{1}{8\pi}F^2 = \frac{1}{8\pi}\frac{(V - V')^2}{t^2}$$

推导出以上结果。因此，两个圆盘之间的体积 at 内所含的总能量为 $(V - V')^2 a/8\pi t$。

根据其每单位厚度的变化率，我们得到：

$$F = \frac{1}{8\pi} \cdot \frac{(V - V')^2}{t^2} \cdot a$$

在采用以上原理设计的汤姆森绝对静电计中，上部圆盘的部分同心圆区域可以移动，因此避免了圆盘边缘受力不均匀的问题。可移动部分在尽可能不接触仪器侧面的情况下填充孔径，并通过精密（弹簧）天平悬挂起来。该天平具有一个基准标记，通过该标记，可移动圆盘部分的下表面始终可以和上部圆盘周围部分的下表面（即保护环）放置在一个平面内。通过调节螺钉，下部圆盘可以在与自身所在平面垂直的方向上精确移动已知的一定距离。天平和圆盘被一个金属壳包围，以防止外部电荷对其形成干扰。当两个圆盘连接到不同电势的物体上时，天平下降，螺钉转动，直到回到标准位置。这样，我们就确定了距离 t。此外，通过之前的试验，我们知道为了使圆盘回到标准位置，必须在圆盘上增加物体的质量，从而确定 F 的值（恒定）。

在使用仪器时，最好利用带电的电容器使下部圆盘保持恒定的电势，电势的恒定可由另外一个静电计测定。首先，当上部接地，以及上部圆盘与待确定电势的物体连接时，分别记录下两个 t 值。如果两个距离之差为 θ，根据上文中的公式，我们可以求出势能的值为

$$V = \theta\sqrt{\frac{8\pi F}{a}}$$

其中，a 为被吸引圆盘的面积。

在汤姆森的无阻静电计中，一根铝针在空心金属圆筒内摆动。空心金属圆筒被分成四个象限，相对的两对象限（图 176）通过金属丝连接。在正常

位置时，铝针被悬挂起来，针身方向沿着 1/4 象限之间的一条分界线，并被充电到高、正电势。一对象限，比如被金属丝 a 连接的一对象限接地，被金属丝 b 连接的另一对象限连接到一个物体上，该物体的电势 V 为正。这样一来，被金属丝 b 连接的一对象限带正电荷，被金属丝 a 连接的另一对象限带负电荷。如果铝针的电势足够高，铝针就会向带负电荷的象限偏转，偏转力矩与电势 V 成正比。

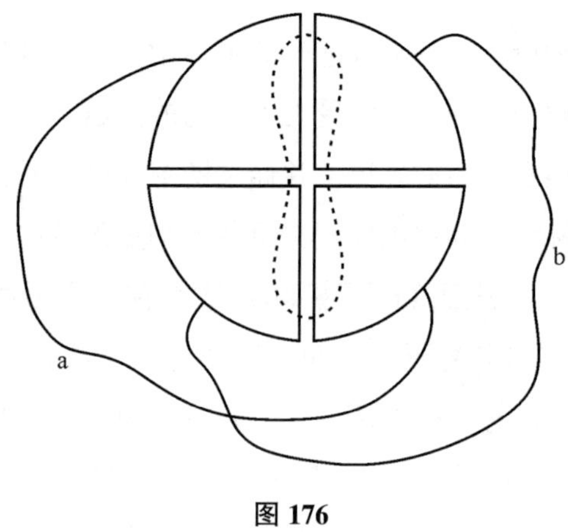

图 176

无阻静电计改进后，可用于测量极小和极大的电势差。

326. 电机——上文中提到的起电盘是形式最简单的电机。

我们可以以过去用于连续发电的圆筒机为例进行讨论。这台机器含有一个玻璃圆筒 C（图 177），玻璃圆筒沿 AmB 方向旋转。一种涂有锌汞合金的

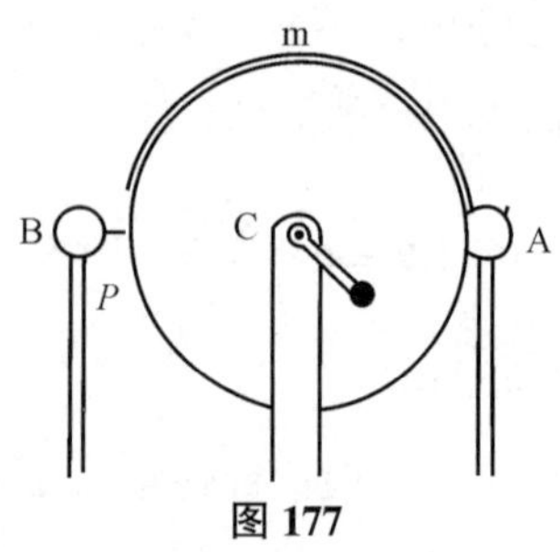

图 177

绝缘皮革橡胶 A 压在旋转的圆筒上，使玻璃上产生正电荷，而其自身产生负电荷。正电荷沿着玻璃表面移动，直到到达从绝缘金属导体 B 伸出的尖锐金属点 P 为止，并使得 P 处产生负电荷。在该处产生的负电荷沿玻璃移动，破坏玻璃的带电性，使绝缘金属导体 B 带上正电荷。与橡胶连接并与圆筒上部接触的丝绸片 m 可阻止电荷返回到玻璃表面。当正电荷从 A 到达 B 时，正电荷的电势会迅速上升，由此产生的电动势可能会导致电荷向反方向移动，因此 B 处的电势不会大幅升高。丝绸片上会产生负电荷。通过损失自身的负电荷来产生反向电流，丝绸片可以预防或防止正电荷向反方向移动，从而使电势趋于稳定。

在平板机上，玻璃圆筒被两边带有橡胶的圆形玻璃板取代。

霍尔茨电机是最现代化的电机之一。在固定玻璃圆盘 D（图 178）中，两个电枢（a，a′）固定在直径两端附近。在每个电枢附近都有一个开口（如虚线所示），通过这个开口，附着在电枢上的一个支点伸出并与旋转的玻

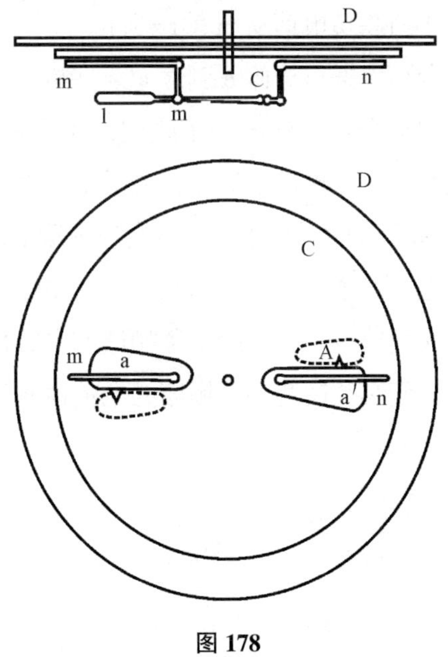

图 178

璃盘 C 几乎接触。玻璃盘 C 安装在过 D 圆心的轴上。一个金属导体 m 固定于一排尖角上，面向电枢 a 另一侧的旋转盘。与之类似的导体 n 面向电枢 a′。通过向旋钮 m 滑动的杆 l，n 可以和 m 连接。

机器运转时，旋钮 n 和 m 被连接起来。当圆盘沿方向 aCa′旋转时，通过起电盘或其他方式给电枢 a 充电（比如正电荷）。一段时间后，我们听到沙沙声，机器开始停止运转。此时，机器上产生电荷，需要额外做的功等于机器产生的电能。

我们可以用以下方式解释充电过程：充电后，电枢 a 中的正电荷使导体 m 的尖角上产生负电荷。电荷在玻璃表面放电，玻璃将正电荷带到机器的另一侧，使 m 带上负电荷。这使得电枢 a′的尖角处产生正电荷，并在玻璃圆盘内部放电，之后 a′带负电荷。此时，电枢 a′把正电荷吸引到导体 n 的尖角上。这些正电荷在圆盘外表面放电，使导体 n 带上负电荷。因此，我们可以认为，玻璃圆盘在其一半的旋转过程中，不断将正电荷从 n 输送到 m；在其一半的旋转过程中，不断将负电荷从 m 输送到 n。

很有可能，负电荷可以通过导体 n 到达 a′。在机器第一次运转时，出现的流向 n 的正电荷，可能会对电枢 a′产生感应，使导体 n 自身吸引负电荷，并将正电荷排斥到尖角处，在玻璃上放电，最后使 a′带上负电荷。

当导体 n 和 m 稍微分离时，周围的空气会出现刷形放电现象。将两个莱顿瓶的外涂层连在一起，两个莱顿瓶的内涂层分别和导体 n 和 m 连接，刷形放电可转变为剧烈的火花放电。由于两个莱顿瓶的电容量很大，每次放电会出现大量电荷，因此我们必须使两个莱顿瓶的电势达到可以使电荷在空气中放电的程度。

第 28 章　热电学

327. 热电现象——能量守恒原理表明（参见第 27 第 324 节），在一个闭合的金属电路中，只要电路的各部分之间没有温差，电动势之和就必须为零，但如果温度不均匀，我们则无法断言它们的电动势之和为零。因为，在温度变均匀的过程中，热能有可能转变成电能。如果形成电路的金属之间接触电动势与温度有关，这种变化就会发生。

1822 年，德国物理学家塞贝克（Seebeck）发现，一般来说，如果两个不同的金属之间存在温差，电荷就会绕着由这两种不同金属形成的电路流动。这表明，温度的差异会导致接触电动势失衡。

在没有实验证据的情况下，我们不能断定，当金属各点的温度各不相同时，由单一金属组成的闭合电路中无法合成电动势。但马格努斯（Magnus）的实验表明，这种电动势的确不存在。

不过，为了使马格努斯的结果成立，电路各部分的物理性质和化学性质都必须相似。例如，同一金属的两部分处于不同应变状态时，这两部分的物理性质就会有所差异，热电性也会不同。同一物质在不同温度下的两部分处于不同的物理状态，因此两者之间可能会出现热电现象。勒鲁克斯等人使同一种金属温差较大的两部分接触，随即观察到了这种现象。

328. 热电电路定律——实验发现，将一块两端温度相同的金属接入热电电路并不会导致该电路中出现电动势。因此，我们可以用焊料把电路的各部分连接起来。

令直线 A（图 179）代表两块同样的金属，其中两个金属端点的温度同为 t_1，另外两个端点温度同为 t_0；用金属 C 连接温度为 t_1 的金属两端，金属 B 连接温度为 t_0 的金属两端。由于整个系统相对于 A 对称，所以很明显，电路中合成电动势。如果 C 和 A 之间的一个连接点的温度从 t_1 变为 t_2，则金属 B 在其对称位置仍然不会产生电动势，尽管现在电路中可能会出现一个合成电动势。

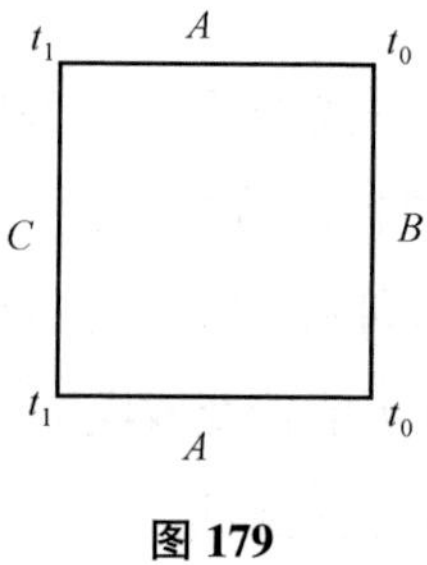

图 179

接下来，我们让两种金属交替排列，其末端温度如图 180 所示。金属 B 处于温度 t_1 和 t_2 时，对总效应没有影响，因此系统实际上由两种金属（A 和 B）组成。它们的连接点分别为 t_3 和 t_0。现在，我们可以将温度为 t_1 的金属块 t_1Bt_1 和温度为 t_2 的金属块 t_2Bt_2 以同样的连接方式分别连接到 t_3Bt_0 的点

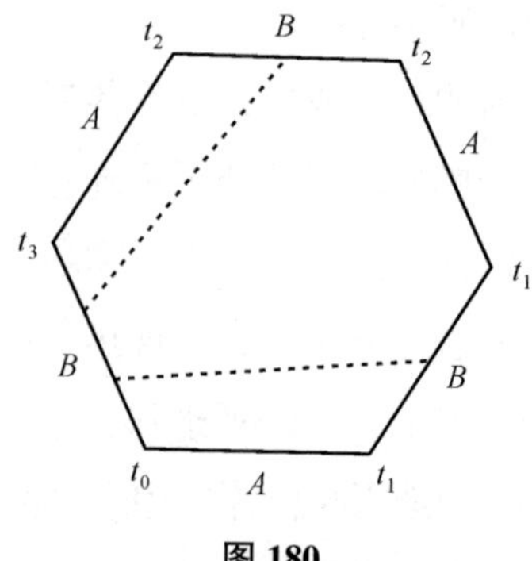

图 180

上。和之前相比，新电路产生的电动势没有任何变化。但是，当连接点的温度为 t_1 和 t_0 时，金属 A 和金属 B 在 BBt_0At_1B 区域产生电动势。类似地，当连接点的温度为 t_1 和 t_2 时，金属 A 和金属 B 在 BBt_1At_2B 区域产生电动势；当连接点的温度为 t_2 和 t_3 时，金属 A 和金属 B 在 BBt_2At_2 区域产生电动势。因此，温度为 t_3 和 t_0 时产生的电动势，等于分别由温度 t_3 和 t_0、t_2 和 t_1、t_3 和 t_2 产生的电动势的代数和。

重复多次实验，我们得到的结果基本相同。因此，由两种金属若干部分连接而成、且各部分两端温度分别为 t_0 和 t_1、t_1 和 t_2……t_{n-1} 和 t_n 的复合电路中电动势的代数和，等于两端温度分别为 t_0 和 t_n 的同种金属形成电路中的电动势。

所以，我们可以通过较小的温差，获得一个相对较大的电动势。这就是热电堆（一种与电流计一起用于测量微弱温差的仪器）的基本原理。

最后，按图 181 所示方式放置四根金属丝：A、B、C 和 B，使一根导线 B 的温度升高到 t_1，而另一根导线的温度保持在 t_0。在电路中，两条金属丝 B 的功能仅仅是连接另外两条金属丝，所以电动势是由 A 和 C 组成的电路在金属丝 B 的温度分别为 t_1 和 t_0 时产生的。然而，在不改变电动势分布的情况下，我们可以用另一根同种金属丝将两条金属丝 B 连接起来。在电路 Bt_1At_0BB 中，电动势是由 A 和 B 在两条金属丝 B 的温度分别为 t_1 和 t_0 时产生的；而在电路 Bt_0Ct_1BB 中，电动势是由 BC 和 C 在两条金属丝 B 的温度相同时产生的。

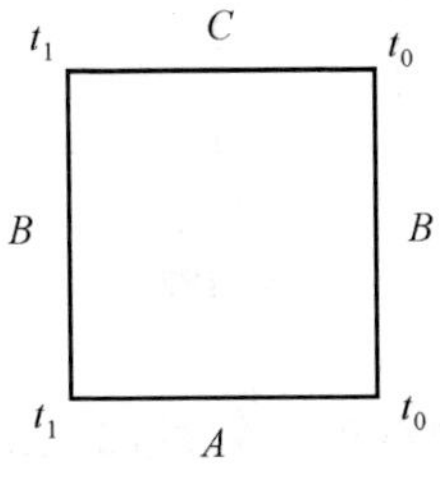

图 181

如果我们把两种金属形成电路中的热电功率，定义为该电路中的电动势随连接点间每单位温差的变化率，则根据我们刚刚得到的结果可以得出：在任意温度下，A 和 C 之间的热电功率等于 A 和 B、B 和 C 之间的热电功率的代数和。

329. 电动势随温度的变化——在塞贝克之后不久，卡明（Cumming）随即观察到，在某些电路（如铁和铜的电路）中，当一个连接点的温度在常温下保持不变，另一个连接点的温度逐渐升高时，电动势会逐渐升高到最大值，然后减小、消失为零，之后再次升高。

戈甘等人全面研究了电动势的变化规律。他们发现，大多数由两种金属形成的电路产生的电动势可以绘制成如图 182 所示的一个类似曲线。在图 182 中，横坐标代表温度变化，纵坐标代表电动势，得到的曲线大致上是一条抛物线。因此，如果我们用 e 表示电动势，t 表示温度，E 和 T 分别表示抛物线顶点的电动势和温度，则得到：

$$E - e = b(T - t)^2 \tag{1}$$

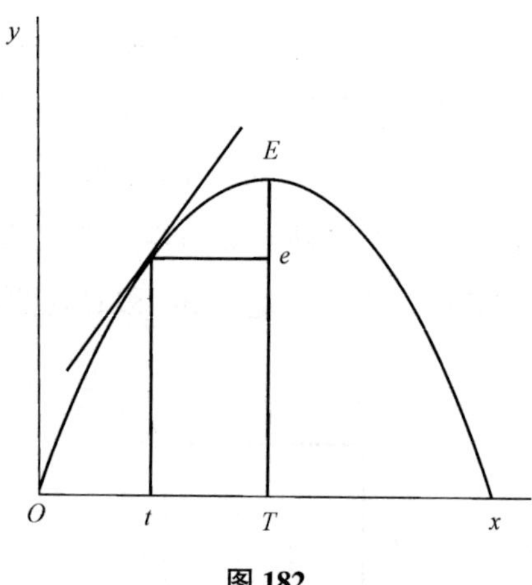

图 182

由于这个公式体现出抛物线的一般性质，即抛物线上任意点距横坐标轴距离的平方与该点距顶点切线的距离成正比，所以其中 b 为常数。

在特定情况下，曲线是一条直线；在其他情况下，曲线由具有平行（或垂直）轴的抛物线部分组成，其顶点在相反方向上交替变化。

330. 热电图——抛物线的另一个一般性质是，横坐标每增加一个单位，纵坐标的增长率与坐标轴上测得的横坐标值成正比。证明这一点很简单，根据公式（1）可直接得出有关这一性质的公式：

$$\frac{\mathrm{d}e}{\mathrm{d}t} = 2b(T - t) \tag{2}$$

如果我们绘制出 $\mathrm{d}e/\mathrm{d}t$（即热电功率）随温差变化的值，则会得到一条直线，而非抛物线。我们也可以通过观察由各种金属与标准金属（标准金属的直线与温度轴重合）组成的电路，画出关于任意数量金属的自洽图（当然，在真实图表中，这些线可能是直线经过剪切而获得的曲线）。根据公式（2），这些不同的线将在与原始图表中最大温度点对应的温度轴相交（图 183）。此外，图 183 中任意一对线的交点，都可以表示电动势在相应两种金属形成的电路中最大时对应的温度。这种图被称为热电图。

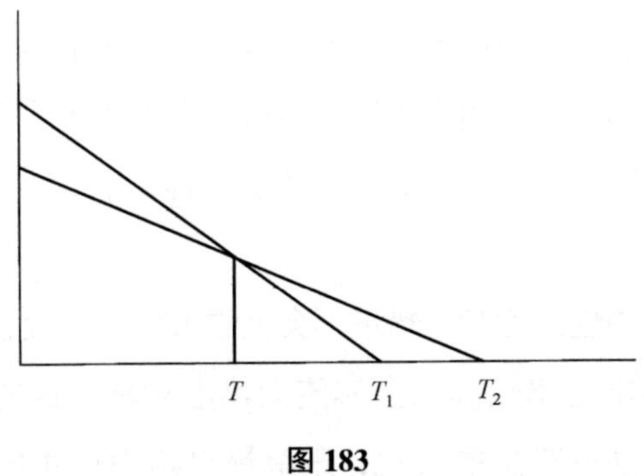

图 183

第一个提出热电图的是汤姆森爵士。后来，泰特根据理论因素做出的假设——表示金属热电功率的曲线通常是直线，并成功绘制出第一张热电图。

根据抛物线图，我们可以推导出直线图（参见第 4 章第 34 节）。同样的方法，当金属电路连接点处于恒定的两个温度时，两条温度线之间的面积与代表任意一对金属热电位置的线代表了这些金属电路中的电动势。

331. 珀尔帖效应——热电电路形成一个稳定平衡的系统。若非如此，则当其中一个连接点的温度升高时，整个电路会受到影响，从而使得整个电路温度进一步提高。但是，我们知道，对一个连接点加热会使电路产生一定方向的电流。因此，根据稳定平衡原理（参见第 2 章第 15 节），我们可以断定，电流沿着一定方向传输将使连接点的温度下降。

在温度较高的连接点，电流通常从热电功率较低的金属流向热电功率较高的金属。相反的是，当电流从热电功率较低的金属流向热电功率较高的金属时，对应连接点释放热量；当电流方向相反时，对应连接点吸收热量。珀尔帖（Peltier）并未参考任何理论依据，通过直接实验发现了这一点。因此，在有电流通过的连接点处热量吸收或释放的现象被称为该连接点的珀尔帖效应。在所有电路中，当两个连接点处于同一温度时，总珀尔帖效应是相同的，因为其中一个连接点吸收的热量等于另一个连接点释放的热量。

332. 汤姆森效应——在铁、铜等金属电路中，当温度较高的连接点温度升高到足够程度时，电动势的方向会发生变化。为了解释这一现象，汤姆森假设在电动势达到最大值的温度下，即在热电图中达到与金属线相交的温度时，珀尔帖效应消失。此时，这些金属是中性的，对应的温度成为中性温度。

当连接点处于中性温度时，热量不会吸收或释放；而在温度较低的连接点，由于电流从热电功率较高的金属流向热电功率较低的金属，热量会释放。我们似乎无法通过热量的转化，来解释电路中产生的电能。而除此之外，电能再无其他可能的能量来源。因此，汤姆森不得不预测：无论是在电流从温度较低的部分流向温度较高部分的金属中，还是在电流从温度较高部分流向温度较低部分的金属中，抑或是在两种金属中，除连接点以外的电路部分都会吸收热量；随后，他用直接实验验证了这一猜想。

在铜中，热量被吸收时，电流从温度较低的部分流向温度较高的部分；

在铁中，热量被吸收时，电流从温度较高的部分流向温度较低的部分。（在这里，假设我们已经知道电流的流向。关于如何确定电流流向，下一章将进行详细说明。）在装有液体的管道中，当液体由温度较低的部分流向温度较高的部分时，热量被吸收。因此，在铜和类似的金属中，电荷的作用就像普通流体一样。汤姆森提到了电的比热容一说。在铜和类似金属中，比热容为正；在铁和类似金属中，（至少在常温下）比热容为负。

333. 关于热电图的扩展讨论——珀尔帖效应和汤姆森效应可以很容易在热电图上展现出来。

令一些金属和标准金属所形成电路的电动势为 e_1，中性温度为 T，则当温度较低的连接点处于恒定温度 t_0 时，在温度 t 和 t' 下，分别有

$$E_1 - e_1 = b_1(T_1 - t)^2$$

$$E_1 - e_1' = b_1(T_1 - t')^2$$

所以得出：

$$e_1' - e_1 = 2b_1(t' - t)\left(T_1 - \frac{t' + t}{2}\right) \tag{3}$$

同样，在相同条件下，如果我们用可以产生电动势 e_2 的任意其他金属和标准金属组成电路，则：

$$e_2' - e_2 = 2b_2(t' - t)\left(T_2 - \frac{t' + t}{2}\right) \tag{4}$$

因此，在相同的温度条件下，由两种给定金属形成的电路中的电动势为

$$\begin{aligned}\bar{e} &= (e_1' - e_1) - (e_2' - e_2)\\ &= 2(t' - t)\left[b_1T_1 - b_2T_2 - (b_1 - b_2)\frac{t' + t}{2}\right]\end{aligned}$$

公式（2）表明，$2b_1$ 和 $2b_2$ 为我们所采用的金属与标准金属在热电图中的线段所成夹角的正切值。所以，如果我们用 t_0 代表绝对零度，其他所有温度在标准单位下测定，我们推导出：

$$qt_0 = 2b_1T_1;\ pt_0 = 2b_2T_2$$

于是 $qp = 2(b_1T_1 - b_2T_2)$（图 184）。但因为 $qp = 2T(b_1 - b_2)$，从而有

$$b_1T_1 - b_2T_2 = T(b_1 - b_2)$$

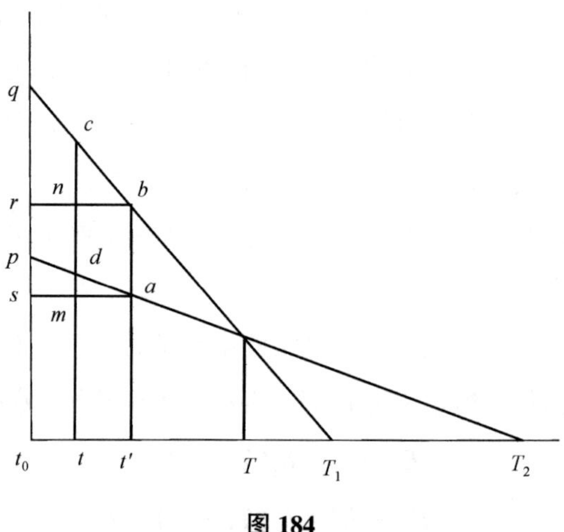

图 184

因此在连接点达到中性温度，所选金属与标准金属在热电图中的线段相交时，电路中电动势的一般表达式为

$$\bar{e} = 2(b_1 - b_2)(t' - t)\left(T - \frac{t' + t}{2}\right) \tag{5}$$

公式（5）也可以写为：

$$\bar{e} = 2(b_1 - b_2)(T - t')(t' - t) + (b_1 - b_2)(t' - t)^2 \tag{6}$$

当 $t'=t$ 以及连接点的温度处于中性温度时，公式（6）右边的第一项消失。它代表了电动势中与珀尔帖效应相对应的电动势部分。因此，如果除了珀尔帖效应和汤姆森效应之外，电路不会产生其他效应，则公式（6）的第二项必定表示与汤姆森效应相对应的电动势部分。

如果我们假设单位电荷量在电动势 $\bar{e}$ 的作用下沿电路传递，$\bar{e}$ 代表这一过程消耗的电能，则公式（6）右边的量既表示产生该电能时吸收的热量，也代表单位电荷量在电动势 $\bar{e}$ 作用下通过电路时所产生的热量。所以，公式（6）的第一项可用于衡量珀尔帖效应，而第二项可用于衡量汤姆森

效应。

如果电流沿 *abcda* 方向流经电路，则 *abcda* 区域的面积表示单位电荷量通过电路时吸收的全部热量。

但是，$2(b_1 - b_2)(T - t') = ab$，因此 *abnma* 区域的面积代表在连接点处吸收的全部热量。整个 *abrsa* 区域的面积表示温度较高的连接点处吸收的热量。因为在温度较高的连接点处，电流从热电功率较低的金属传递到热电功率较高的金属；而 *msrnm* 区域的面积表示温度较低的连接点处产生的热量。在此处，电流从热电功率较高的金属传递到热电功率较低的金属。

同样，$cn = 2b_1(t' - t)$，因此三角形区域的面积 $cnb = 2b_1(t' - t)^2/2$ 表示热电功率较高的金属部分中吸收的热量。类似地，区域 *amd* 部分的面积表示在热电功率较低的金属中产生的热量。前者在公式（6）中为正，后者在公式（6）中为负。

很明显，我们可以笼统地讲，当电流从热电功率较低的部分传递到热电功率较高的部分时，电路的所有部分吸收热量；当电流从热电功率较高的部分传递到热电功率较低的部分时，电路的所有部分释放热量。

我们可以将 $(b_1 - b_2)(t' - t)^2$ 视为在温度范围内，电路各部分电荷的平均比热容之和的乘积。将乘法算式转化为加法算式，根据热量的吸收或释放，我们可以得出每一项的正负。因此，b_1t'、b_1t、b_2t'和 b_2t 等表明，所有金属中电荷的比热容都与绝对温度成正比，它们的平均数即其算术平均值。所以，如果 σ 为温度 t 时的实际比热容，则整个温度范围 t 内的比热容平均值为 $\sigma/2$。当电流从 b 流向 c 时（图 184），我们可以假设它沿着 bq 流动，然后沿着 qc 返回。在这个过程的前半部分，热量被吸收；在后半部分，热量被释放。在前半部分中，平均比热容为 $k_1t'/2$，其中，k_1 为常数。同样，在后半部分中，平均比热容为 $k_1t/2$，我们必须将之视作一个负量，因为热量随着电流从温度较低的部分传递到温度较高的部分而产生。所以，这两种金属中电荷的平均比热容之和为 $(k_1 - k_2)(t' - t)/2 = \sigma_1 - \sigma_2$，整个乘积

$(b_1 - b_2)(t' - t)^2$ 等于 $(\sigma_1 - \sigma 2)(t' - t)$，且 k_1 和 k_2 分别为 b_1 和 b_2 的两倍。

由上可知，在图 184 中，温度为 t'时，线段 qT_1 所代表的金属电荷的比热容可以用线段 qr 表示，以此类推。当线段向下倾斜时，比热容（图 185 所示的铁）为负；当线段向下倾斜时，比热容（图 185 所示的铜）为正。

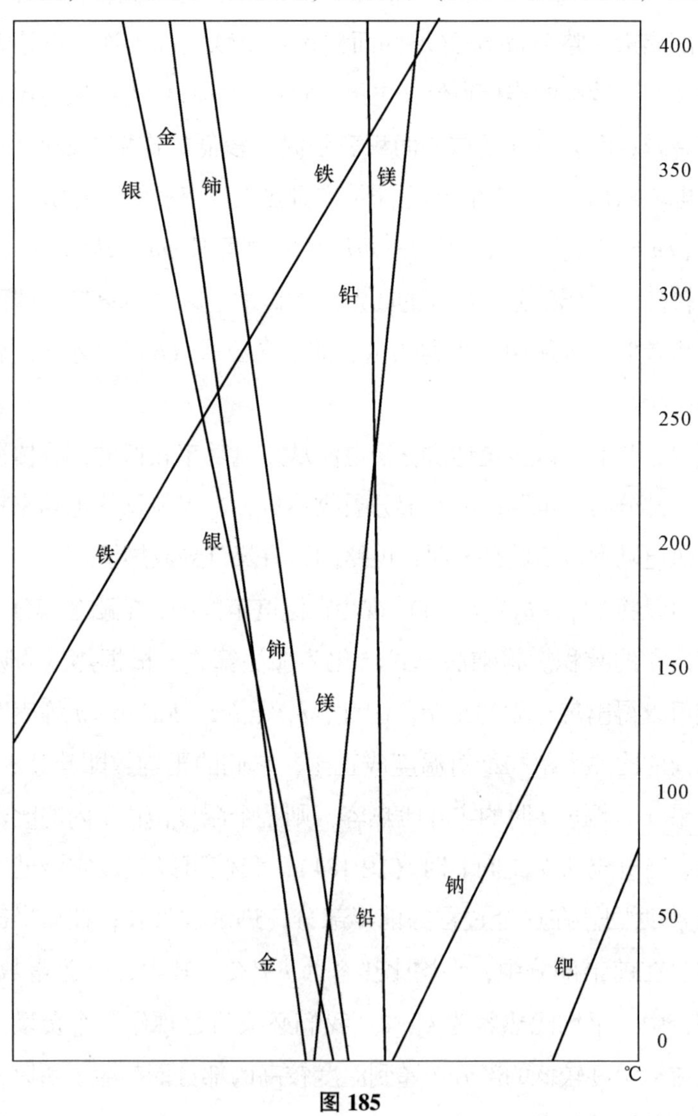

图 185

勒鲁克斯发现，铅中电荷的比热容为（或非常接近于）零，所以在绘制热电图时，经常被选做标准金属。

泰特发现了一个非常奇怪的结果——随着温度的升高，铁和镍等顺磁性金属中电荷的比热容的正负号会至少改变两次（参见第 30 章第 356 节）。

第 29 章　电流

334. 带电导体之间的对流——在两个带相反电荷的绝缘导体之间，可以自由移动的髓球将使得两个导体中的电荷逐渐减少。当髓球与带正电荷的物体接触时，髓球中会出现正电荷，并在电场力的作用下向带负电荷的物体移动。它把自身的正电荷传给这个物体时，会从这个物体中接受一个负电荷，之后向带正导体的方向移动，以此类推。

如果两个导体的电荷本来是相等的，以上过程将使两个导体中的电荷完全被破坏。如果最初只有一个导体带电，则该过程的电荷将按照两个导体电容量之比进行分配。

通过对流，正电荷向一个方向移动，负电荷向另一个方向移动。导体之间的电场力越大，髓球的运动就越快，这个过程就越接近于电流的连续流动。

335. 金属导体中的电流——如果我们用金属丝使两个带相反电荷的带电导体相互接触，它们之间就会产生电流，直到两个导体的电势相等时为止。如果其中一个物体带上了正电，而另一个导体不带电，则电荷会按电容量之比在两个物体之间分配。通常，正电荷会从第一个物体流向第二个物体，尽管相反方向上负感应电荷的流动可能会产生相同的结果。

导体两部分之间的电势差会构成一个电动势。在这个电动势下，正电荷将从高电势部分转移到低电势部分。只要电势保持不变，在固定时间内从一个部分流向另一个部分的电荷量就保持不变。单位时间内，沿导体一部分流向另一部分的电流流量称为电流。

导体两部分之间的电势差将在这两部分之间产生电流。电流持续产生的同时，能量也在消耗。也就是说，电流的流动受到导体中电阻的阻碍。这类似于液体沿管道的流动。管内液体的流动是在最小力的作用下产生的。但为了保持流动，必须暂停做功，因为液体的运动会受到管内摩擦力引发的阻力作用。

当不可压缩性流体由于管道末端的恒定压力差作用而流经管道时，管道的各个部分会同时流过等量流体。因此，在电荷沿导体流动时，由于导体两端的电势差恒定，在同一时间内，导体的各部分通过的电荷量相等。

当我们使导体各部分产生电势差时，我们可以在导体中画出一系列等电势面。所有的电流线都与这些等势面垂直。

图186（a）表示薄圆形导电板中流线和等电势线的分布，导电板中心保持恒定负电势，而其圆周上的一点保持相等大小正电势。等势线部分为开放曲线，其末端位于圆形薄板的圆周上，部分为围绕中心的闭合曲线。如果整张图围绕对称轴旋转，当给定点保持恒定（不同）电势时，不同的线将在导体球中追踪出流动表面和恒定电势。

图186（b）的上半部分给出了上述情况中流线的绘制方法。圆的周长被分成许多等份，从 A 和 C 到这些部分的末端画线。这些线从 A 开始编号，沿着圆周到直径 AC 的另一端。

图186（b）的下半部分给出了当 A 和 C 位于无限延伸的导电片中时，绘制电势线的方法。它们与图186（a）中的等势线之间的差异十分明显。

336. 欧姆定律和基尔霍夫定律——欧姆通过实验，确定了导电电路中电动势、电流和电阻之间的关系，因此，这种关系被称为欧姆定律。

他发现，在电阻一定的导体中，电流与电动势成正比；而在电阻可变的导体中，如果电动势保持不变，电流与电阻的大小成正比。将单位电流定义

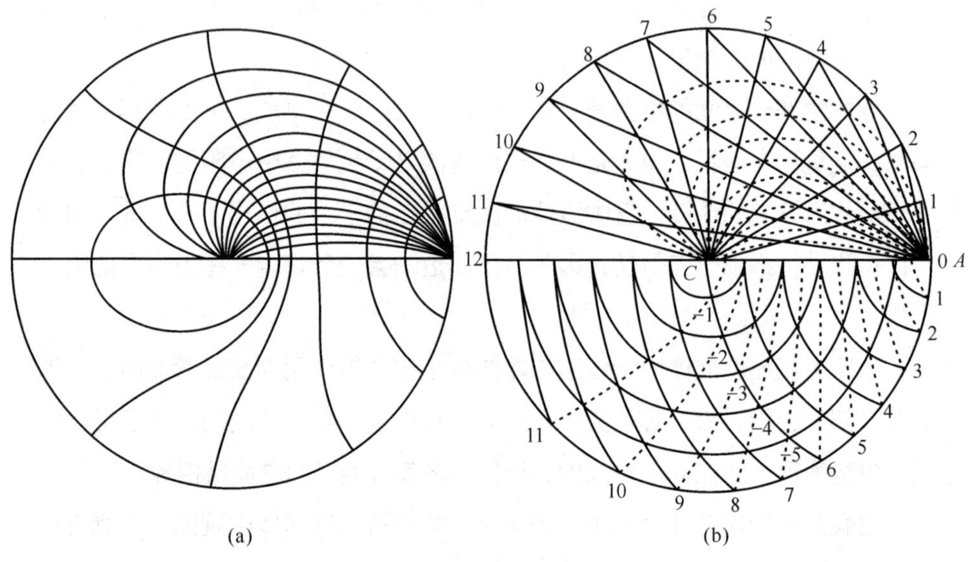

图 186

为单位电阻导体中单位电动势产生的电流，则如果 E、C、R 分别代表电动势、电流和电阻，以上结果可用公式表示为

$$E = CR$$

根据这一定律，我们能够计算出若干导体串联组成的复合导体的电阻，也就是说，这些导体的排列方式可以使电流从一个导体到另一个导体连续流动。令 E 表示电路中的总电势差，R 为总电阻。另外，令 e_1、e_2 和 r_1、r_2 等表示电路中相应数量的多个导体。同样强度的电流 C 流过所有导体，则根据欧姆定律得出：

$$E = e_1 + e_2 + \cdots$$

推导可得：

$$R = r_1 + r_2 + \cdots$$

所以，许多串联导体形成的电路中，总电阻等于各导体电阻之和。

如图 187 所示，如果导体呈多弧状排列，则根据以下公式：

$$C = C_1 + C_2 + \cdots$$

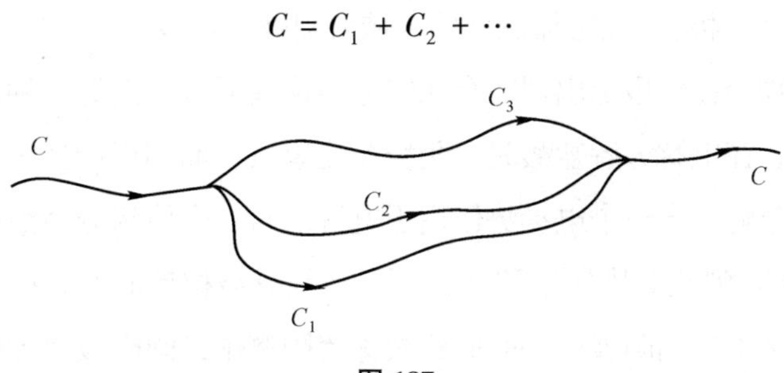

图 187

以及欧姆定律可得：

$$\frac{E}{R} = \frac{E}{r_1} + \frac{E}{r_2} + \cdots$$

从而有

$$\frac{1}{R} = \frac{1}{r_1} + \frac{1}{r_2} + \cdots$$

导体电阻的倒数称为导体的导电率，所以这个公式表达了这样一个事实：如果一个复合导体是由多个单独连接在多个电弧中的导体组成的，则导体的电阻为这些导体的导电率之和。

根据上面提到的定律，即导体中的电流流动类似于不可压缩性流体的流动，并结合欧姆定律，我们能够表达出所有导体网络中各部分的电动势、电流强度和电阻之间的关系，无论这些部分多么复杂。基尔霍夫定律的内容如下：

（1）流向和流出导体网络中任意点的电流之和相等。

（2）在导体网络中，作用于任意一个闭环中的电动势之和等于电流与导体网络中电阻的乘积之和。

337. 电解质传导与法拉第定律——当电荷通过某些导体（主要是液体）时，导体会分解；而且，这种分解必定伴随着电流的产生。这种物质称为电解质，分解过程称为电解。

电流通常通过金属导体进出电解液。金属导体被称为电极。电流流入的区域为阳极（正极)，而电流流出的区域为阴极（负极)。

分解产物会在电极上出现。金属成分出现在阴极，而另一种成分出现在阳极。因此，在电解分解盐酸时，阴极产生氢气，而阳极产生氯气。电解液内部不发生分解。当一个电动势作用于电解液时，金属组分会沿电流的方向(即从高电势处到低电势处）移动，而另一组分沿相反的方向移动。这两种成分被称为离子。向阴极移动的成分被称为阳离子，向阳极移动的成分被称为阴离子。

法拉第全面研究了电解液的导电规律。他发现，一定量电荷所分解的电解质的量与电荷量自身严格成比例。单位电荷量所能分解的电解质量称为物质的电化学当量。

法拉第还发现，所有以阴离子或阳离子形式各自出现的物质量完全独立于两种离子结合后的物质量。这表明，物质的电化学当量为绝对常数。

电解法在电冶金技术中得到了广泛的实际应用。

338. 极化和电解质中的欧姆定律——通电会导致液体发生化学分解，电能部分转化为化学分离的势能。

现在，如果导体的两部分保持恒定的（不同的）电势，则将单位电荷量从高电势部分转移到低电势部分所做的功等于两部分之间的电势差，即电动势（例如 E)。设 H 为单位量的离子从自由状态结合形成复合电解质的过程中产生的热量。这一部分热量等于所做功的量 JH，其中，J 为热量的动力当量。所以，在动力单位中，JqH 是单位电荷量通过电解液时所消耗的功，其中，q 为电解液的电化学当量，因此有

$$E = JqH$$

这个公式中的量 J、q 和 H 都是一定的，所以 E 也是一定的。因此，为使电解液分解电动势需是一致的。

如果我们使电极的电势差保持在较低水平，分解就不会发生；但是，如果电路中存在电势差，就必定会产生电流。根据法拉第定律，分解与电路中

通过的电量成严格比例，因此我们在此产生了一个问题，但这一问题很容易解释。这一现象恰恰与莱顿瓶中的充电过程类似。当莱顿瓶在给定电势条件下充电时，正电荷流入一个涂层，负电流流入另一个涂层，直到莱顿瓶中的电势等于用来给莱顿瓶充电的机器的电势，而电能储存在绝缘涂层的电介质中。当两涂层相互之间进行金属接触时，涂层上会产生相等的反向电流，我们称这种反向电流是因莱顿瓶的反向电动势产生的。类似地，当一个无法引起分解的电动势作用于电解液上时，电路的导电部分，即金属和电解导体中会产生电流。而在电极和电解液之间，则无法发生电荷转移，因为根据法拉第定律，分解会相继发生，而且电动势不足以产生分解。电解液分子和电极分子之间的一层（厚度与分子直径相当）起到绝缘体的作用。与莱顿瓶的两个表面一样，这一层的两个表面所带电荷种类相反，最终产生的反向电动势等于直流电动势。如果将直流电动势去掉，把电极连接起来形成一个闭合回路，反向电动势就会产生反向电流。

这种现象称为极化，反向电动势称为极化电动势，反向电流称为极化电流。

设 E_0 为产生分解所需的电动势。如果直流电动势为 E，则可以单独有效产生永久电流的电动势部分为 $E - E_0$。

在一定条件之外，E_0 不是恒定的，而且，实际上发生分解的条件范围很大。电极或电解液可能对分解产物具有某种化学或分子吸引力，而分解所需的电动势将随着这种吸引力的增大而成比例减小。在极端情况下，无穷小的电动势会导致电解液分解，电解液成分之间的吸引力小于电解液成分与电极物质之间的吸引力。同样，如果电解产物是气态的，并且被电解液溶解时，相比于不溶解气体产物，分解过程会更加迅速。在这一过程的初始阶段，气体可能很容易溶解，但随着过程的持续，溶解会越来越困难，直到达到饱和时，溶解程度达到最大值。此外，如果气体会从电解液中蒸发，则电解液将永远无法达到饱和状态，而其所能达到的最大饱和状态将取决于与电解液所接触大气中的气体局部压力。

赫尔姆霍兹给出了一个完整的极化热力学理论，并对影响电动势的各种原因进行了充分讨论，其结果与实验事实十分吻合。

如果 n 为一种物质电化学当量中的原子数，则 q/n 可以看作原子电荷，其中，q、n 均为常数。原子电荷的这种恒定性质表明，电和物质之间有着密切的关系。无论它是通过与单个原子还是二元或三元元素结合而电解的，物质的电化学当量始终恒定。这一事实表明，二元元素的原子电荷是单原子元素的两倍，三元元素的原子电荷是一元元素的三倍，以此类推。

这使得赫尔姆霍兹认为，化学亲和力是一些原子对正或负电荷的吸引力不均匀导致的，例如，氧原子比氢原子对负电荷的吸引力更大，而氢原子比氧原子对正电荷的吸引力更大。而赫尔姆霍兹认为，带正电荷的氢原子和负电荷的氧原子之间的电吸引力是由氧原子和氢原子的相互亲和力形成的。

由于 n 值极大，因此原子电荷太小，但是，由于原子之间的距离非常小，吸引力则可能非常大。

通过以上因素，赫尔姆霍兹能够解释一种有悖于法拉第定律的现象。使用最精密的仪器，我们才能探测到一种极微弱的恒流。恒流在电动势的作用下于电解电路中流动，这种电动势太弱，无法导致分解产生。赫尔姆霍兹指出，这是由于溶解气体的存在。因此，溶液中的溶解氧会逐渐移向负极，并接收负电荷，之后受到电动势的作用，并向正极移动，在正极释放出负电荷。这样一来，恒定的“对流”电流就可以保持，法拉第定律也不例外。

赫尔姆霍兹观察到了这种对流电流的存在，同时通过完美的过程小心地将电解液从溶解气体中释放出来。这里，法拉第定律同样适用，因为赫尔姆霍兹的热力学理论表明，液体电解质处于稳定平衡状态时，内部必定存在一些溶解气体。因此，即使所有溶解气体都被提取出来，液体的分解也会一直进行到所需最少溶解气体产物出现时为止。

在电解质中，欧姆定律可以表示为 $E - E_0 = CR$，E_0 为极化电动势。在所有情况下，适用性均在实验误差范围内得到了验证。E_0 的可变性使得证明这一规律极为困难。

339. 电流的产生——电解电路构成一个稳定平衡系统，因为需要有限电动势才能发生分解，而电动势消除导致分解停止。因此，我们得出结论（参见第 2 章第 15 节），在这个直流电流产生化学分离的稳定系统中，当这种反向电流能够流动时，化学分离的能量将转化为反向电流的能量。

在含有电解液的闭合导电电路中，如果电解液拥有化学分离能量，则电动势之和可能不为零，电流会在电解液成分进行化学结合时产生。只有在合成电动势导致电流产生时，电动势之和不等于零，正如在热电电路中，热能可以转化为电能。

所以，我们可以利用这种装置来产生电流。在外部电动势作用下，电流通过电路后，电解液不一定会发生化学分离。化学分离只是电解液中发生化学反应的初始条件。

后一类装置构成原电池；前一类装置构成蓄电池。

本章第 338 节中的公式指出了测定以上类似电路中电动势的方法。根据这一公式，我们断言："精确测量时，电化学仪器的电动势等于物质发生化学作用时一个电化学方程式的机械当量。"汤姆森爵士首先提出了这一观点。反之，给定化学反应中产生的能量也可以通过测量反应所在电化学装置中的电动势来估计。

340. 原电池。

根据所含的液体种类，原电池可以分为两种类型。

以往的旧式电池含有一种液体，其通电电路一般由锌板、铜板和硫酸组成。硫酸与锌发生反应生成硫酸锌，铜电极附近释放氢气。在反应液中，正电荷从锌板向铜板移动（图 188）。

这种电池有很多缺点。锌板各部分之间的纯度（或物理构造）差异，会使锌板各部分之间产生局部电流，从而导致锌的溶解。如此，主电路中就不

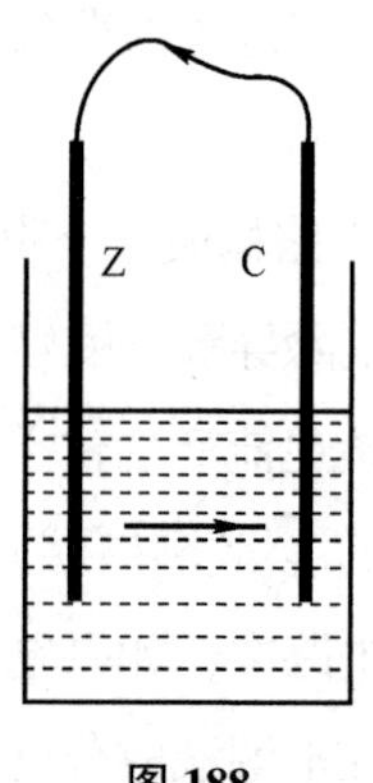

图 188

会产生有效电流。通过对锌板进行表面处理，使锌板表面变得更加均匀，可以有效预防这种局部作用。同样，铜电极端上出现的氢气，导致电路中产生相反的极化电动势。最终，当硫酸转化为硫酸锌时，铜板上会沉积金属锌。实际上，这一过程结束后，两个电极都是由锌组成的。而且，根据整个装置的对称性，电路中的电动势之和必须为零，电流停止。

丹尼尔（Danicll）引入了两种液体，对这种电池做了改进。两种液体由一个多孔隔膜隔开，隔膜允许电流通过。锌棒 Z（图 189）放置在多孔电池内，多孔电池放置在外部的铜容器 C 内。电池内部含有硫酸锌溶液，铜容器中含有硫酸铜饱和溶液。为使硫酸铜溶液维持饱和状态，我们可以将硫酸铜晶体放置在铜容器内的多孔托盘 T 上。当溶液浓度降低时，这些晶体就会溶解。

当电池工作时，液体中的电流从锌流向铜。硫酸锌电解成锌和硫酸根（SO_4^{2-}）。硫酸根和锌结合，形成硫酸锌。所以，硫酸锌总是趋于饱和状态。同时，硫酸铜电解成铜和硫酸根，铜（为金属离子，会随电流一起移动，移动方向与正电荷移动方向一致）在铜容器上沉积。而硫酸锌电解产生的锌并未沉积，而会与铜硫酸盐电解产生的硫离子相结合，重新形成硫酸锌并留在多孔电池中。此时，铜电极附近无氢气生成，极化作用被降低到最低限度。

如果电流太强，或者硫酸铜不饱和，就会产生部分氢气。

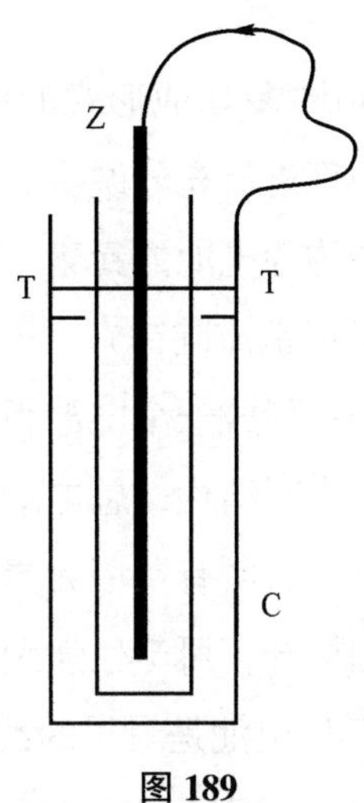

图 189

在适当的反应条件下，丹尼尔电池可以产生极其稳定的电动势。

本生电池中也含有两种反应液体。将一根碳棒置于含有浓硝酸的多孔电池中，将锌板置于含有硫酸水溶液的釉陶外的电池中，则碳棒附近会产生氢气，同时氢气会被硝酸氧化。浓硝酸会散发剧毒烟雾。因此，大量使用这种电池时，应尽可能将其保存在独立空间中。

格罗夫电池与本生电池的主要特征相似。格罗夫电池中，碳棒被一层镀银所代替。铂化过程会产生大面积的小波纹表面，这有利于减少极化。

后两种电池的电动势几乎相等。它们的电动势比丹尼尔电池大得多，但不是恒定的。

重铬酸盐电池（比如将重铬酸钾溶解在硫酸水溶液中，同时浸入锌板和碳板）只含有一种反应液，可产生很高的电动势，可在短时间内产生强电流。

勒兰社电池由一个充满二氧化锰的多孔电池组成，其中含有一根碳棒。锌棒置于多孔电池外的氯化铵溶液中。当电池产生电流时，电动势迅速减小；而当电流停止后，电动势很快就会恢复到原来的水平。它最大的亮点之一是可连续稳定工作数月。

实际应用中，我们会见到许多其他形式的电池，包括上述电池的改良版，本示例将对它们的一般原理进行充分说明。

锌和碳，或锌和铜等，被称为电池的元素。碳和铜为正元素，而锌为负元素（电流通过外部导体从碳或铜流向锌）。

不同电池可以连接在一起，形成一个电池组。当一个电池的正极与另一个电池的负极连接时，电池为串联结构，总电动势等于多个电池的电动势之和。当所有正极元素连接在一起，所有负极元素连接在一起时，电池为并联结构，整个电池的电容量大幅提升，可产生强大的电流。

341. 蓄电池——格罗夫气体电池是最早的蓄电池。它大致由两个玻璃管A、B（图190）组成，这些玻璃管安装在一个普通的渥尔夫氏瓶的两个颈口中。玻璃管的下端敞开，上端闭合。铂丝经封闭端插入玻璃中，并焊接到玻璃管中的铂箔带上。铂箔带几乎贯通整个玻璃管内部。玻璃管和瓶内装满硫酸。

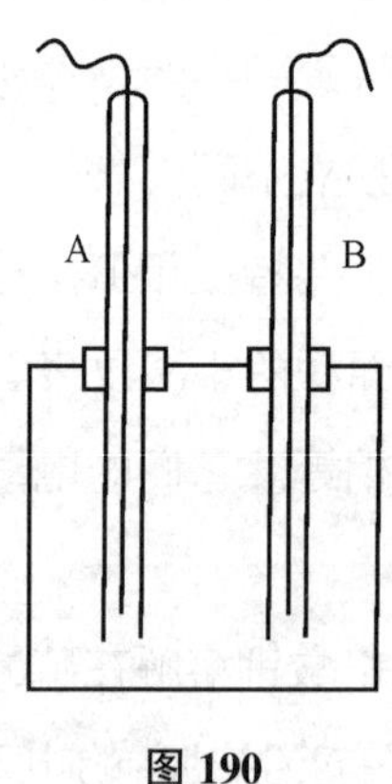

图 190

如果电流在液体中沿电路从A到B传播，A中会产生氧气，B中将产生氢气，电路中会产生反向电动势。如果直流电停止，且到A和B的导线相互连接，则反向电动势将使装置中产生从B到A的反向电流。反应液随之分解，B端生成氧气，A端生成氢气。但是，这些气体并不会真正释放，而会与玻璃管中的气体结合形成水。这一过程将持续到两个玻璃管中再次充满液体溶液。

有趣的是，这种构造也可能是原电池。相比于用直流电来产生气体，我们可以将气体单独引入玻璃管中，反应液中的电流会像之前一样从B流向A。

当A中充满液体时，即便在B中引入氢气，电流也会产生。B端的氢气会与电流电解作用产生的氧气结合，A中会生成氢气。由于两个玻璃管中都存在氢气，电路中的电动势会很快变为零，电流停止。

如果充A满普通氧气，而B中充满液体，则我们几乎观察不到任何现象。这表明，电解氧的性质与普通氧气有很大不同。如果A中含有臭氧，则反应会继续进行。

普兰特蓄电池由两个被卷成螺旋状的大面积铅层组成，两个铅层被一片古塔胶隔开。这些层状结构被放置于一个含有稀硫酸的容器中。在电池中，电流通过一个铅层到达另一个铅层。铅层表面发生氧化，形成一层过氧化铅薄膜，之后直流电停止，铅层的终端相互连接，电池内产生反向电流。反应过程中，一部分产生的氢气会和过氧化铅发生反应，而氧气则会与另一个电极的铅结合，形成过氧化铅。当两个电极的物质变得十分相似时，电流停止。此时，外部电流以与反向电流相同的方向通过电池。当电极上产生气泡时，该电流停止，使得极化电流交替流动。这一过程，即所谓的电池形成过程，将逐渐使电池中的铅变成海绵状，从而大幅增加电池所能容纳的电荷量。而当电池形成过程结束后，电池只能单方向充电。

弗雷蓄电池与普兰特蓄电池基本相似。在弗雷蓄电池中，铅板被一层氧化铅薄膜覆盖。当直流电通过时，一个铅板上的氧化物变为过氧化物，而另一个铅板上的氧化物则还原为金属状态。与普兰特蓄电池相比，弗雷蓄电池的电池形成过程极为简便，不存在方向相反的交流电流。

现代蓄电池的构造原理与弗雷蓄电池基本相同，但也存在些许差异，其电动势通常大于本生电池的电动势，而电阻偏小，因此能够产生超强的电流。

342. 导电电路中的电能转换——如果导体的电势 V 保持不变，而电荷的变化量为 Q，则电能的变化量为 VQ。因此，如果在导体中，电荷 Q 从电势为 V 的部分流向电势为 V' 的另一部分，则产生该电流所消耗的能量为 $(V-V')Q$，即等于 EQ，其中，E 为两部分之间的有效电动势。所以，如果要在这两部分之间维持强度为 C 的电流，则这一过程中能量消耗的速率为 EC。

如果没有其他转化发生，电流产生的能量将转化为电路中的热量。如果电路中存在反向电动势 E_0 的作用，则功消耗的速率为 E_0C，使电流朝与反向电动势相反的方向流动。在反向电动势作用的地方，这种能量转化为热量（热点电路连接处的珀尔帖效应就是一个例子）。

如果直流电动势的所有部分都不与反向电动势发生作用，电路的电阻为 R，则欧姆定律可以表示为 $E=CR$。从中我们可以看出，电路中热量产生的速率（可用电气单位表示）为 RC^2，也就是说，电路中热量产生的速率与电路的电阻和电流强度的平方成正比。这就是焦耳定律。

在产生电流的过程中，电池中也会产生部分热量。如果我们将电池外部电阻无限增大，电池内部电阻无限减小，这部分热量与总热量相比将只占极小的比例。

这一原理在电气照明中得到了应用。白炽灯内碳丝的电阻相对较大，当白炽灯处于“白热”阶段时，几乎所有的电能都会转化成了热量。在弧光灯中，碳极之间空气的电阻很大，产生的热量将空气加热到极高的温度，使其发出强光。（常温下的空气是绝缘的，而加热后的空气可以允许电流通过。使碳棒互相接触，空气的加热过程会受到影响。电流经过时，两个碳棒之间的连接点会变红。当这一现象出现时，两个碳棒之间可能会稍微分离，电流将继续通过碳棒。）

利用电机，我们可以将电流的能量直接转化为机械功（参见第 366 节）。

343. 电动势、电流和电阻的测定——通过使用静电计（参见第 325 节）来测量导体两部分之间的电势差，我们可以确定导体这两部分之间的电动势。

电路中的电流可以通过在电路中放置一个电解池（或伏安计）来直接确定。根据法拉第定律，单位时间内通过电池的电荷量与电池中化学物质的分解量成正比（在第 341 节中，被称为格罗夫气体电池的装置可用于充当伏安计，两个倒置玻璃管中单位时间内生成的氧气或氢气的量也可以直接测定。如果生成氧气和氢气的量为 Q，而物质的电化学当量为 q，则电流为 Q/q）。

实际上，电流计常用于测量电流。如图 191 所示，它基本上由一个金属线圈构成，线圈中自由悬挂着一个磁铁。一般情况下，磁铁位于线圈平面内，而当电流流过线圈时，磁铁自身会与线圈平面成直角。这一趋势会受到恒定外部磁力作用的阻碍，磁铁偏转角度的正切值与电流成正比（参见第 31 章第 369 节）。

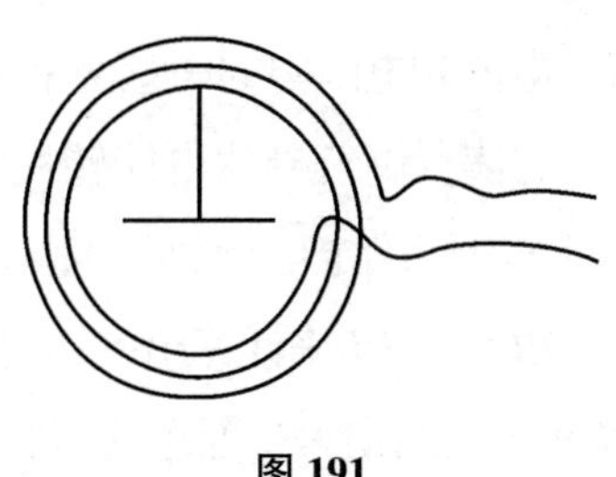

图 191

在不同精确度（单位）下，金属丝的电阻可以通过惠斯通电桥来测定。将电阻分别为 r_1、r_2、r_3、r_4 的四个导体如图 192 所示方式排列，并将电池 b 放置在点 A 和点 B 之间，使电流按箭头所示方向流动。由于电流从点 A 出发，过点 C 到达点 B，所以点 C 的电势应介于点 A 和点 B 之间。根据欧姆定律，由于相同的电流沿 AC 和 CB 流动，点 C 处的电势必定会将 AB 之间的电

势差按照 r_1/r_2 的比例进行分割。同样地，点 D 处的电势也会将 AB 之间的电势差按照 r_3/r_4 的比例进行分割。因此，如果点 C 和点 D 的电势相同可通过位于点 C 和点 D 之间的电流计（该处无实际电流通过）来测定，四个导体电阻之间的关系为

$$\frac{r_1}{r_2} = \frac{r_3}{r_4}$$

因此，如果我们知道 r_3/r_4 的比值，以及 r_2 的绝对值，就可以计算 r_1 的值。

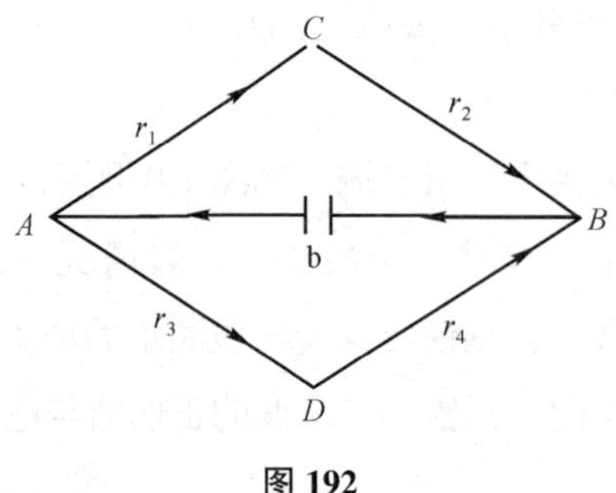

图 192

如果我们知道电动势、电流和电阻中的任意两个量，就可以利用欧姆定律（$E = CR$）计算出第三个量的值。倘若导体电能转换过程中产生的热量为 H，而热量的机械当量为 J，则当我们确定电动势、电流和电阻的任意一个量时，也可以利用焦耳定律 $EC = RC^2 = JH$ 来计算出另外两个量的值。

金属导体的电阻随温度升高而增大，而电解导体的电阻随温度升高而减小。根据已知的规律，我们可以通过测量电阻来确定温度。当导体温度较高时，这一方法十分有效。

在第 31 章，我们还将讨论到各种量所用的单位。

电阻随温度的变化规律，是精确测定辐射能的基础。用于测定辐射能的测辐射热计大致上由一个高度灵敏且平衡良好的惠斯通电桥组成。当辐射热作用于导体电阻时，惠斯通电桥失去平衡，电流产生，并通过电流计。

第 30 章　磁

344. 基本现象——一般来讲，处于悬浮状态的物体可以向任意方向旋转，且物体内部明显倾向于平行空间中某一方向的线。这类物体具有磁性，被称为磁铁。

一种铁的氧化物（磁石）的以上磁化特性十分明显，其磁性可在很大程度上被钢铁或金属铁所诱发。金属钴和镍也具有强磁性。除此之外，其他物质的磁性都相对较弱。

将使磁铁磁化的物体移除之后，根据磁铁磁化状态保留的程度，可将磁铁分为永久性磁铁和暂时性磁铁。硬钢属于永久性磁铁，软铁属于暂时性磁铁。

在被磁化的物体附近（通常在磁场中，参见第 31 章第 362 节），所有磁性物体都会被磁化；并且，只要该磁性物体一直处于被磁化的物体附近，就会始终处于磁化状态。当离开被磁化的物体之后，磁性物体是否会处于磁化状态，取决于其自身的物体结构以及其随后所处的环境。通常，发生磁化的物体会与被磁化的物体之间存在吸引力作用。

为明确起见，我们可以考虑一下普通磁铁棒（比如矩形或圆柱形钢棒制成的永久性磁铁）发生的作用。如果该棒的所有部分的磁化程度一致（这种情况在实际情况下是不可能出现的），或者其各部分的磁化程度关于其对称轴一致，则当它处于自由悬挂状态时，对称轴在空间中的方位一定是确定的。总体而言，磁铁的一端必定指向北方，另一端必定指向南方。（当将磁铁旋转时，磁铁会在极短的时间内旋转回相反的位置。但从本质上讲，此时磁铁处于不稳定平衡状态。反之，如果磁铁处于静止状态时受到干扰，则会旋转到其正常位置。)

当磁铁处于悬浮状态时，在附近放置另一块磁铁，会使悬浮磁铁偏离其正常静止时的位置。在自然状态下，两块磁铁同为指向北方的两端互相排斥，同为指向南方的两端也互相排斥，而指向不同方向的两端则会相互吸引。

345. 南北磁性——以上现象和静电现象有明显的相似之处。在一个均匀静电应力场中，由带有相反电荷、相互绝缘、紧密相连的带电球体组成的两个静电系统将表现出类似的相互作用。当两个静电系统之间的相互作用消失时，它们在静电应力场中会各自占据一个位置。在该位置上，绝缘球体中心的连线与周围介质中的电场线方向一致。因此，通过类比，我们可以假设磁性有两种类型：同种磁性相互排斥，不同种磁性相互吸引。吸引力或排斥力的大小随物体之间距离的增加而减小。

通常，在磁铁中，指向北方的磁极被称为北磁极，指向南方的磁极被称为南磁极。然而，由于我们通常将磁铁指向北方的一端涂成红色，指向南方的一端涂成蓝色来作为区分，因此，有时我们也将北磁极和南磁极分别称为红极和蓝极，尽管这一说法并不严谨。

此外，正如带电体可以将相邻导体中的中性电荷发生分离一样，位于磁铁附近的磁性物质会被磁化。类似地，导体与带电体会相互吸引，磁铁和磁性物质之间也存在吸引力作用。以上所有结果都会发生，但两类系统发生的现象并非严格相似。因此，在带电体的作用范围之外，导体不再带电。而当我们将被磁化的物体与磁铁分开时，被磁化的物体通常可能仍会保持在磁化状态。需谨记，我们采用“两种磁性”这一说法，仅仅是为方便起见（参见第 27 章第 308 节）。

346. 顺磁性物体和反磁性物体——电与磁作用的另一点不同在于一些物

体与磁铁之间的排斥力。我们假设磁铁为无限长，使得磁性物体仅受到较近一端磁极的作用。此时，一些物体被磁铁吸引，而另外一些物体则被磁铁排斥。前者称为顺磁性物体，后者称为反磁性物体。

电系统中则不存在类似的现象。

347. 磁性：一种分子现象——电现象和磁现象的巨大区别在于是否会出现磁传导性质的类似现象。当将一块软铁与磁铁分开时，感应磁化作用的消失似乎是由于两种相反的磁性一起流动所造成的。但当用硬钢代替软铁时，磁化作用则会在一定程度上持续。

如果我们将磁性物质与磁铁的一端接触，然后分开，则不会发生磁性的交换；而当这些物体为带电导体时，则会发生电荷交换。此外，在带电体作用下，导体可以分成两个相对带电的部分；而一块磁铁则无法分成两个相对磁化的部分。也就是说，单一磁性不可能发生分离。

破碎后的每一部分磁铁无论体积大小，都可显示出与一块完整磁铁完全相似的性质。因此，我们总结得出：如果磁铁被还原成它的基本组成分子，这种性质仍然存在。物体被磁化后，其自身的每个分子都是一块小磁铁。

根据以上假设，我们很容易解释为什么磁化作用只在磁铁的末端附近才明显。如图 193 所示，如果图中的小圆圈代表被磁化的分子，我们可以发现：任意分子北磁极外一点的作用与相邻分子南磁极在该点的作用相互抵消。只有在分子链的末端，外部的磁作用才明显，而分子链两端的磁性正好相反。

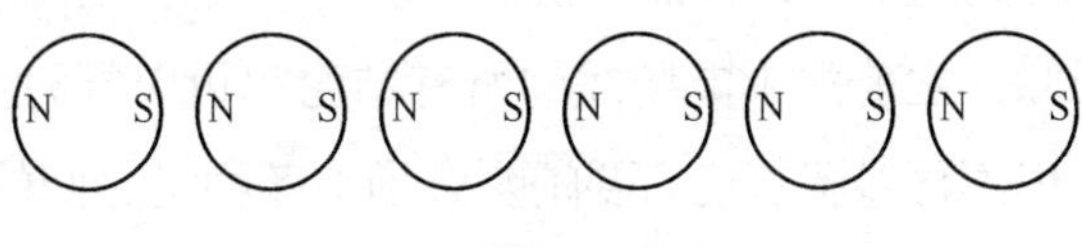

图 193

348. 磁铁的吸引力和排斥力定律——我们可以根据随后提到的方法（参见本章第 358 节），来研究不同磁铁两端磁性量的吸引力和排斥力定律。测量结果表明，两块磁铁之间的吸引力或排斥力大小与单个磁铁的质量成正

比，与两块磁铁之间距离的平方成正比。如果我们令吸引力方向为负，排斥力方向为正，则这一定律可用方程式表示为

$$F = \frac{qq'}{s^2}$$

其中，q、q'为磁性量，s 为两块磁铁之间的距离。当 q、q'的正负符号一致时，F 为正；当 q、q'正负符号不同时，F 为负。

这一定律在形式上与电现象中的吸引力和排斥力定律完全相同。因此，我们在上文中推导出的所有关于静电现象的结论，都可以直接应用于磁现象。

349. 磁极、磁轴和磁矩——磁铁两端作用效果与两端整体作用效果相同的两点被称为磁铁的磁极。两个磁极可以产生与磁铁一致的外部磁场分布，连接两个磁极的线被称为磁轴。

在均匀的磁铁棒中，磁极位于磁铁两端的几何中心，磁轴与磁铁沿长度方向的对称轴重合。实际情况中，所有磁铁的磁极都并不严格位于磁铁的两端。

磁铁北磁极或南磁极上的磁量（等量）称为磁极强度。磁极强度与两个磁极之间距离的乘积称为磁铁的磁矩。显然，这一情况与力偶力矩类似（参见第 6 章第 70 节）。

350. 磁力线与磁势——有磁力存在的区域被称为磁力场或磁场。磁场中充满了由北磁极指向南磁极方向的磁力线。如果我们从任意磁极出发，画出许多相当于该磁极 4π 倍强度的磁力线，则单位面积平面内过某点的磁力线数目等于该点的磁场强度，即该点在垂直于给定平面方向上力的大小。事实上，正如我们所知，之前关于电场线的所有结论都可以同时应用于磁力线。所以，我们在这里不再过多赘述。要阐明磁场中各种量之间的联系，我们只需将“带电体”一词替换为“被磁化物体”，将“正电”一词替换为“北磁极”，将“负电荷”替换为“南磁极”，依此类推。

一条磁力线可以轻松通过一块非常小的磁铁检测出来。在自由悬浮状态下，磁铁总会沿磁力线方向移动。在磁场中的所有点上，磁力线的方向都与该点和磁场中心的连线相切。将任意一组磁铁放置在一张纸的下方，在这张纸上

撒上铁屑，该组磁铁所产生的磁力线可以很容易地显示出来。在这一过程中，铁屑被磁化并旋转，使其自身长度与磁力线的方向一致。轻轻敲击纸张，可以使铁屑按照磁力线的方向排列。纸的振动使铁屑瞬间抛向空中。当它们再次下落时，就可以免受附近铁屑的影响，自由调整其位置（图 194、图 195）。

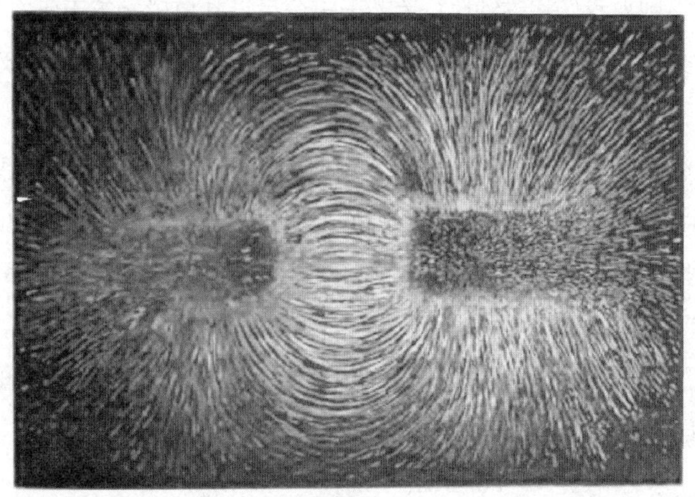

图 194

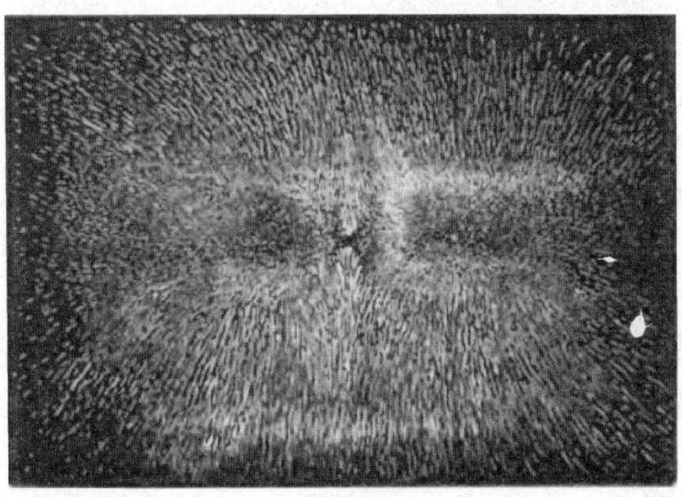

图 195

与静电现象类似，我们可以将磁场中任意一点的磁势，定义为单位磁极强度上从无限远处到该点所做的功。在上文中，我们已经推导出的关于静电势的结果适用于我们现在正讨论的问题。

351. 磁场强度和磁感应——很明显，如果矩形磁铁棒在其长度方向上被均匀磁化，则当我们将磁铁棒分为若干部分后，其总磁矩等于所有部分的磁矩之和。如果矩形磁铁棒的总长度 $L = l_1 + l_2 + \cdots + l_n$，磁极强度为 Q，则：

$$LQ = (l_1 + l_2 + \cdots + l_n)Q = l_1Q + l_2Q + \cdots + l_nQ$$

上个公式表明了将磁铁棒横向分割后的情况。由于磁化程度是均匀的，如果我们将磁铁棒沿纵向分割开，则每一部分的磁极强度与末端的面积成正比。分开它，每一部分就变成一块磁铁，其磁极强度与其末端面积成正比。如果磁铁末端的总面积 $A = a_1 + a_2 + \cdots + a_n$，单位面积的磁极强度为 $\boldsymbol{F}$，则 $\boldsymbol{F}\boldsymbol{A} = Q = \boldsymbol{F}(a_1 + a_2 + \cdots + a_n) = q_1 + q_2 + \cdots + q_n$（其中，$q_1$ 等为各部分的磁极强度），我们得出：

$$LQ = Lq_1 + Lq_2 + \cdots + Lq_n$$

上个公式表明了将磁铁棒纵向分割后的情况。

显然，无论磁铁如何分割，以上结论始终成立，因为磁铁的每一部分都可以看作无限多个无限小的矩形磁铁组成的。据此，我们也可以看出，无论原始磁铁的形状如何，这一命题始终正确。

$\boldsymbol{F}$ 为单位面积的磁极强度，称为给定磁铁的磁化强度。当然，我们可以把它看作单位体积的磁矩。

想象一下：在均匀磁化的物体内部切开一个圆柱状的裂缝。裂缝位于一系列垂直于磁化方向的平面上，当裂缝在各个方向上无穷小时，一系列平面之间的垂直距离在水平方向上无限小。裂缝平面上的表面磁极强度为 $\boldsymbol{F}$，北磁极位于距离磁铁南磁极附近的平面上，而南磁极位于距离磁铁北磁极附近的平面上，这两个平面间力的大小为 $4\pi\boldsymbol{F}$（参见第 8 章第 99 节）。我们可以假设磁作用（即在磁铁南磁极到北磁极的作用范围内）方向上每单位面积的

磁力线数目为 $4\pi F$。磁力线也惯称为磁感线。

磁感线并非全部位于磁铁内部。由于外部磁场的作用，磁铁外部也可能存在磁感线。在对内部磁场的磁感线分布情况加以研究时，我们必须采用与分析磁铁外部磁感线分布情况时相同的方法。

假设圆柱形空腔的长度与横截面积相比无限长，空腔末端的磁化程度对中心无任何影响，则过空腔中心的磁感线必定是由外部磁场产生的。这个量可以用符号 $\mathfrak{Q}$ 表示，称为该点的磁力。磁铁内给定一点的总磁力 $\boldsymbol{B}$ 称为磁铁在该点的磁感应，等于 $4\pi \boldsymbol{F} + \mathfrak{Q}$。

通常，磁铁内部所有磁力线都可以称为磁感线。这些磁感线部分由磁感线组成，部分由磁铁切割前的磁力线组成。它们与磁铁外部的磁力线是连续的。

必须记住，$\mathfrak{Q}$、$\boldsymbol{B}$ 和 $\boldsymbol{F}$ 三个量为矢量，遵循矢量相加运算法则（参见第 5 章第 40 节）。然而，在大多数实际情况下，$\boldsymbol{B}$ 和 $\mathfrak{Q}$ 往往呈正相关或负相关关系。

存在于磁体表面的磁力穿过磁体本身，作用在从北磁极到南磁极的方向上，与磁密度 $\boldsymbol{F}$ 成反比，可以用符号 $\mathfrak{Q}$ 来表示。因此，这种磁力可以起到消磁的作用，并在接近磁铁末端的地方达到最大值 $2\pi \boldsymbol{F}$（参见第 8 章第 99 节）。[为了消除磁化作用，我们将不再继续使用磁铁棒按照如图 196 所示的方式，使两组磁铁相互平行放置，不同磁铁的相反磁极互相接触，并用磁性金属（最好是软铁）作为“保持器”紧放置于磁铁末端。这样一来，由于磁极处的磁效应与保持器中感应磁场的磁效应相互抵消，这些磁铁就形成了

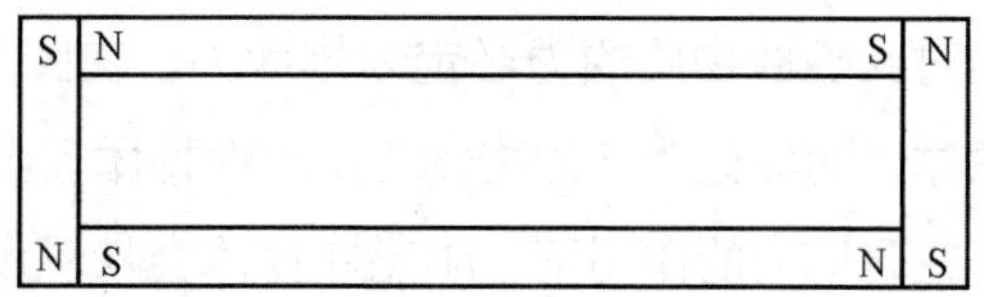

图 196

一个封闭的磁回路。]

所以，磁铁的形状一定对其内部的磁场分布有所影响。将一个长棒沿磁感线方向放置于一个均匀磁场中，除靠近长棒末端的部分外，长棒其余部分的磁化程度一定是均匀的。而如果我们将其换成一根短棒，其各部分的磁化程度必定存在巨大差异。

在均匀磁场中放入一个顺磁性物体，将会打破磁场的均匀状态。原本平行且等距的磁力线，将向顺磁性物体靠拢，并与顺磁性物体内部的磁感线相连。

352. 磁导率和磁化率——当受到外部磁场干扰时，一种物质的磁感线可能会排列得更加稀疏或紧凑。这种性质代表了物质的磁导率。我们得出：

$$\frac{\boldsymbol{B}}{\boldsymbol{H}} = \pi \frac{\boldsymbol{B}}{\boldsymbol{H}} + 1$$

上式也可以表示为

$$\mu = 4\pi k + 1$$

在这个公式中，μ 为磁导率，k 为磁化率。因此，磁导率为对磁体内部磁感应和磁力之比，而磁化率为磁体的磁化程度与磁力之比，可用于衡量物体可能磁化的程度。

正如我们所看到的，在顺磁性物体中，磁感线比磁力线排列得更为紧密。这意味着，顺磁性物体的磁导率大于 1，因此其磁化率为正。另一方面，反磁性物体中，磁感线较磁力线排列得更为稀疏，所以其磁导率小于 1，磁化率为负。在顺磁性物体中，北磁极位于外部磁力线所指向的一端；在反磁性物体中，北磁极则位于相反的一端。如果磁铁的一个磁极对顺磁性物质的力为吸引力，则其对反磁性物质的力必定为排斥力。在图 197 中，标记为 p 的物体为顺磁性物体，而标记为 d 的物体为反磁性物体。

通常情况下，在磁场力的作用下，顺磁性物体会从磁场力更弱的部分向磁场力更强的部分移动，而反磁性物体则会从磁场力更强的部分向磁场力更弱的部分移动。

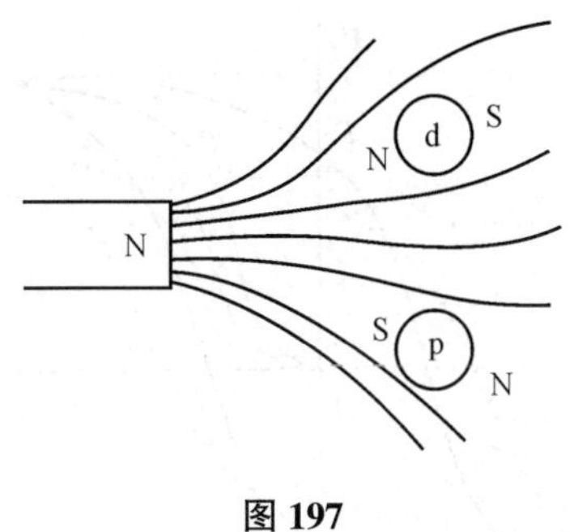

图 197

353. 剩磁、顽磁性和矫顽磁力——当将导致磁感应作用产生的物质移除后，一些物质，如钢，仍能维持很大程度的磁化状态。物体的这种属性称为顽磁性。

由于顽磁性而维持的磁场称为剩磁。硬钢便具有较强的顽磁性，因此常用于生产所谓的永磁体。长钢棒的自退磁力（参见本章第 351 节）小于短钢棒的自退磁力，所以长钢棒的剩磁维持时间比短钢棒更为持久。

不同物质的顽磁性大有千秋。优质软铁样品的顽磁性极弱。将该物质加热到发红，或者利用反向磁力，可以消除物质中的剩磁。因此，我们通常认为物质中存在一种矫顽磁力，使物质的剩磁状态得以保持。

354. 磁化程度与磁力之间的关系——在任意特定情况下，如果 $\boldsymbol{B}$、$\boldsymbol{F}$ 和 $\boldsymbol{H}$ 三个量中的任意两个量得以确定，则我们可以根据关系 $\boldsymbol{B}=4\pi E+\boldsymbol{H}$，确定另外一个量的值。随后，我们将给出这三个量的具体测定方法。

图 198 表示磁化程度随磁力变化的大致过程。$\boldsymbol{OH}$ 横坐标轴表示磁力，$\boldsymbol{OF}$ 纵坐标轴表示磁化程度。

在最初阶段，磁化作用增加得非常缓慢，且增加的速率是恒定的；之后，随着磁力增加，变化规律变为 $\boldsymbol{F}=a\boldsymbol{H}+b\boldsymbol{H}^2$，其中，$a$ 和 b 为常数；此后，磁力每增加一点，都会导致磁化程度发生极大的变化；当磁力更大时，磁化程度变化率会减小，最终阶段的磁化作用会变得非常稳定。以上不同阶段的磁化过程可以用曲线的 OA、AB 和 BC 部分表示。如果磁力逐渐消失，

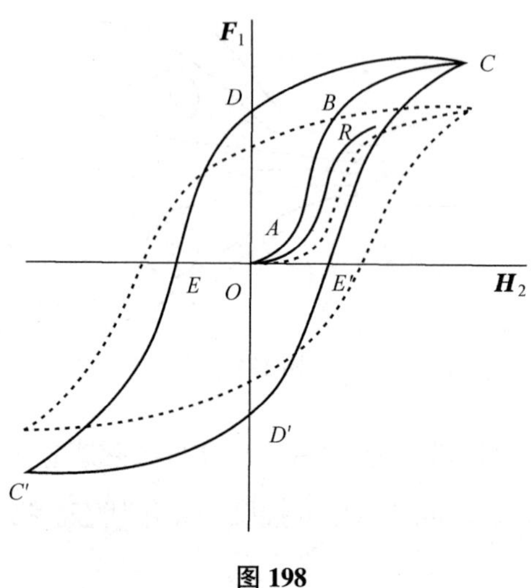

图 198

磁化作用将以相对缓慢的速率减弱；当所有磁力完全消失时，仍会存在一定量的剩磁作用。这一阶段由 *OD* 部分表示。

如果现在施加反向力，磁化强度将迅速下降，并在反向力达到 *OE* 阶段时完全消失。正如霍普金森（Hopkinson）所说，这可能代表着出现了矫顽磁力。

如果反向力增加到正向力的最大值，然后减小到零，最后再施加正向力，直到正向力达到原始最大值，则这一过程的磁化程度可以用 *EC′D′E′C* 部分来表示。

曲线 *OR* 表示施加并消除各种磁力后保留的剩磁。

虚线表示当同种物质（如软铁丝）被拉伸到超过其弹性极限而硬化时，在磁化过程中发生的变化。与被拉伸前相比，它的最大磁化作用将减弱，剩磁减少，而矫顽磁力增加。

当力足够大时，磁化程度可以达到最大值，物质达到饱和状态。此后，无论作用力如何增加，磁化程度都将保持恒定。

根据从 *O* 到曲线 *OBC* 的切线来看，磁化率会从最小值增加到最大值。

之后，随着作用力无限增大，磁化率减小为零。公式$\mu = 4\pi k + 1$表明磁导率也将从一个最小值增加到一个最大值（这个值比最大磁化率对应的 $\mathscr{H}$ 值稍大）。之后，随着力的无限增加，磁导率逐渐减小到一个单位。

人们发现，当软铁被磁化——特别是当作用力很弱，而铁样品很大时，施加作用力后，磁化程度需要一段时间才能达到最大值。类似地，我们可以认为这个效应是由磁黏性引起的。

355. 磁滞——从图 198 中，我们可以看出，磁化程度的变化总是慢于导致磁化程度变化的力的变化。因此，达到 C 阶段后，为了使给定的磁化程度减小，所需的力要远比之前使磁化程度同等增大所需的力大得多。在 C' 点，我们也可以观察到类似的效果，尤因（Ewing）称这种现象为磁滞。

由于磁滞的作用，不同的磁化程度可能对应一个给定的磁力值。所以，我们必须在物质未被磁化时对磁导率和磁化率进行测定，且被磁化物质所受的力必须从零开始持续增大。

如果被磁化物体的磁能为 E，则能量增加的同时，被磁化物体的磁化程度也在增加，且增加量 $d\boldsymbol{F}$ 等于（$dE/d\boldsymbol{F}$）$d\boldsymbol{F}$。根据第 5 章第 62 节，$dE/d\boldsymbol{F}$ 为产生的磁力，也就是力 H。因此，$d\boldsymbol{F}$ 对应每单位体积的能量增量为 $Hd\boldsymbol{F}$；$CDC'D'C$ 区域（图 198）的面积表示在给定的循环过程中，单位体积内的能量转化量。这些能量是以热量的形式存在，最终被耗散。显然，磁化状态的快速逆转会导致被磁化物质的温度显著升高，而去掉变压器或发电机电枢铁心中使用的层压结构，可以防止感应电流生热，从而避免出现这种现象。

如果磁力的周期性变化很微弱，并且发生得很快或很慢，则能量不会发生耗散。当磁力呈周期性快速变化，且变化程度较为微弱时，无论是在循环的正方向还是反方向，磁力变化后产生的磁效应滞后的时间都不会减少；当磁力的方向相反时，磁效应发生的变化则正好相反。

而当磁力呈周期性慢速变化时，整个周期变化时间可以防止明显的磁滞现象出现。也就是说，当磁力缓慢变化时，整个磁化过程都会发生适当的变化。同样地，磁化过程的方向变化时，磁化程度和其在正方向上发生的变化一致。在其他所有情况下，能量都会发生耗散。

综上来看，磁黏性可能导致磁滞现象产生。然而，尽管如此，不同观点认为，磁滞现象的存在并不一定意味着磁黏性的存在。

356. 振动和温度的影响——振动对磁体的磁化率有很大的影响。当磁力很小时，这种效应非常明显；而磁力较大时，这种效应就不太明显了。磁力会增加物质的磁化率，而减少剩磁、矫顽磁力和磁滞。这些结果如图 199 所示，其中，实线表示在无振动的条件下周期性循环变化；而虚线表示在类似的磁力条件下对相同物质进行实验的结果。磁力每变化一个单位，物质被敲击一次。

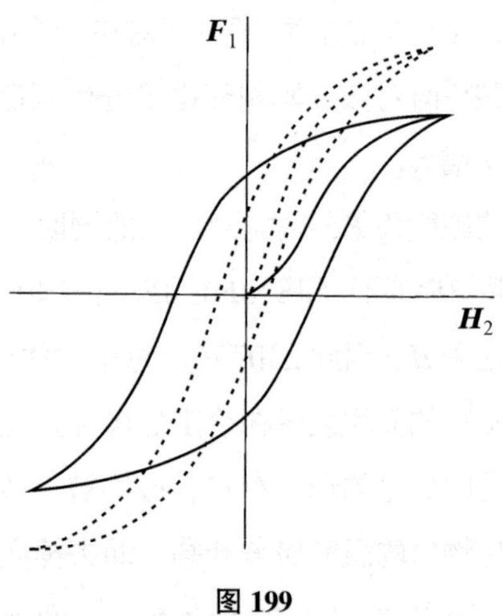

图 199

磁体的温度对磁化率也有极大影响。在铁、钴和镍等金属中，随着磁力的不断增加，温度的升高（从正常值开始）首先导致磁化率增加，然后使磁化率降低；当温度达到某一特定值时，磁性突然完全消失。不同物质的特定值是不同的。在同种物质的不同样本之间，该值也会有不同程度的差异。

磁化率突然消失的温度称为临界温度。在临界温度，一些金属的物理结构会发生根本性的变化。这类金属的电阻和热电功率（参见第 28 章第 328

节）在临界温度会发生突变。就像硬钢从高于临界温度的温度开始冷却一样，当金属从磁性状态变化到非磁性状态时，会骤然释放热量，发出亮光，之后冷却到暗红色。

在铁中，当接近临界温度时，磁化作用是否会突然消失在很大程度上取决于磁力的值。当磁力很小时，磁化率先以极快的速度增加到最大，之后快接近临界温度时以更快的速度减小；此后，随着磁力的增加，磁化率变化得十分缓慢。

因温度变化而产生的磁效应几乎没有磁滞现象，除非临界温度处于周期范围内。但当温度范围中包含临界温度时，磁滞现象立即变得明显。因为当温度降低时，磁效应重新出现的温度低于温度升高时磁效应消失的临界温度。

这类因温度变化而产生的磁滞现象在某些镍和铁合金中异常明显。霍普金森发现，含有25%镍的合金在580℃的温度下会失去磁性，并在其温度略低于0℃之前，一直保持非磁性状态。这一事实表明，如果温度足够低，非磁性锰钢可能会变得具有磁性。在这一点上，甚至可能所有非磁性金属的作用都相似。

357. 压力的影响——磁性金属应力状态的改变，会使金属的磁性产生相当大的变化。

马泰西观察到，一根铁棒伸展后，磁化程度会增加；维拉里发现，当磁场足够强时，铁棒伸展后的磁化程度反而减少，这种效应被称为“维拉里倒逆”。

维德曼、汤姆森等人已经对纵向应力和扭转应力的各种影响进行了充分的研究。

压缩铁棒产生的效果与拉伸产生的效果相反。镍棒和钴棒压缩和拉伸后也分别产生相反的效果，但在这两种金属棒中不存在维拉里倒逆现象。不论磁力大小，拉伸后磁化程度减小，压缩后磁化程度增大。在拉伸应力作用下，镍的剩余磁化强度减小程度比感应磁化强度更大。当所受磁力呈周期性变化时，铁的磁滞现象比镍更明显。

从上述关于在弱磁场中延伸铁棒对铁棒磁化程度产生影响的结果，我们可以通过稳定平衡原理（参见第 2 章第 15 节）的双重应用推导出，在弱磁场中，磁化程度增加导致铁棒长度增加的值；相反，我们也可以根据铁棒长度的增加，推导出磁化程度的增加量。磁能可以通过外部介质进入磁棒，并在一定程度上转化为磁棒内部分子结构的势能；而这种势能又可以随着磁棒长度的变化，转化为外部的功。首先，我们假设杆的长度不变。磁化强度的增加，会使杆的约束表面上产生压力，从而防止长度的变化。相反，根据稳定平衡原理，在一定外力作用下，铁棒约束表面压力减少会导致磁化作用增加。然而，如果移除约束面，压力的增加将导致杆的长度增加，长度的增加将导致压力的减小。我们可以用下个表达式来表示这些结果：

$$\begin{array}{l} +M \rightarrow +P \rightarrow +L \\ \hphantom{+M \rightarrow +P \rightarrow +}\| \\ +M \leftarrow -P \leftarrow +L \end{array}$$

其中，M、P 和 L 分别为弱磁场的磁化程度、压力和长度。不考虑中间步骤，这些符号表明，在弱磁场中，铁棒磁化强度的增加会导致其长度的增加，而铁棒长度的增加又会导致磁化强度的增加。在强磁场中，表达式将变为

$$\begin{array}{l} +M \rightarrow -P \rightarrow -L \\ \hphantom{+M \rightarrow -P \rightarrow -}\| \\ +M \leftarrow +P \leftarrow -L \end{array}$$

其中，$-P$ 可以表示“张力增加”。

必须注意的是，当我们只考虑磁化程度和压力（或张力）的变化时，我们研究的是从外部系统进入铁的能量；当我们只考虑压力（或张力）和长度的变化时，我们研究的是从铁棒流向另一个外部系统的能量；而当我们只考虑磁化程度和长度的变化时，我们研究的是从一个外部系统流向另一个系统、从一种形式转变为另一种形式的能量。

焦耳证明，当一根铁棒被磁化时，其体积不会发生明显变化。所以，铁棒在弱磁场中的纵向磁化必然导致铁棒横截面积减小。据此，他得出结论，如果一根铁棒被周期性磁化，即如果磁化的导线围绕着铁棒的轴线旋转，铁棒就会纵向收缩。他用实验验证了这一点。

铁、镍和钴的磁性变化通常伴随着扭转应变。汤姆森爵士发现，这些效应可根据已知磁量的纵向应力推导而得。因此，铁在弱磁场中的磁化率在牵引线上增长，在压缩线上减小。但是，当一根圆形铁棒以图200中箭头所示的方式扭曲时，所有与 aa' 类似的线都将受到牵引力作用，而所有与 bb' 类似的线都将受到压缩。磁化率将沿 aa' 方向增加，沿 bb' 方向减小。这样一来，当扭转量足够大时，铁棒会产生两个磁化部分，一个是纵向的，另一个是横向的。所以，铁棒在弱磁场中扭转时，纵向磁化率会降低。

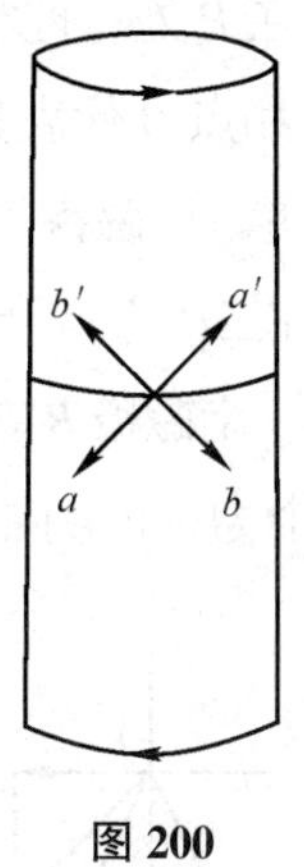

图 200

相反，一个圆形横向磁化的铁棒扭曲时，会发生纵向磁化。我们很容易推断出镍和钴也有类似的效应。（在铁棒中，无论圆形横向磁化强度如何，纵向磁化方向都不会发生倒逆。尤因对此的解释是，沿牵引线或压缩线方向的磁化强度未达到维拉里倒逆发生的条件。）

由于扭转应力既可以在纵向磁化棒中产生圆形磁化，又可以在圆形磁化棒中也产生纵向磁化，我们预测：纵向磁化和圆形磁化叠加后将导致扭转应变产生。这种效应是维德曼用铁做实验时发现的。在弱磁场中，扭曲发生的方向完全可以通过铁棒在合成磁化方向上增加的长度来解释。诺特已经证明，镍的扭曲发生在相反的方向上。由于镍在磁化的方向上发生收缩，他预测镍中一定会出现这样的现象。

我们可以观察到，磁棒的扭曲，或棒在扭曲状态下磁化，会可以使磁体在瞬间产生电流。我们将在下一章中对这种效应进行考虑。

358. 磁力的测定——磁力计由一根长而细的纤维悬吊的小磁铁组成。大多数情况下，磁铁的扭矩系数可以忽略不计，磁铁可以以纤维为轴自由转动。磁铁上通常附有一个小镜子，通过反射光束，磁铁的微小角运动变得明显。整个装置被放置于一个已知强度的均匀磁场中，例如地球磁场（参见本章第 359 节）。磁铁的长度方向与给定磁场的磁力线方向一致。

如图 201 所示，将磁铁放置在 P 处，控制力的方向为 PQ。设 AB 为磁化强度有待确定的条形磁铁，点 A 和点 B 代表其磁极的位置。按照图 201 中的方式，将磁铁相对于 PQ 对称放置。设磁铁的磁化强度为 I（未知），横截面积为 a，则其磁极强度为 Ia。在 AP 方向上，北磁极 A 在点 P 的作用为 Ia/AP^2。类似地，在 PB 方向上，南磁极 B 在点 P 的力为 $-Ia/PB^2$。如果我们分别用 AP 和 PB 来表示这两个力，很明显，这两种力的合力可以用同一

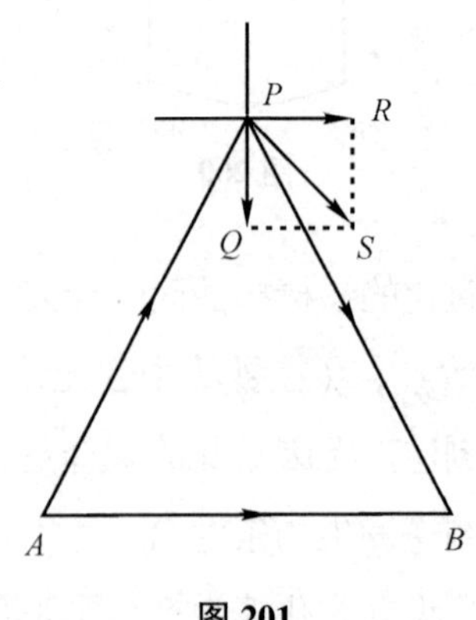

图 201

大小的 AB 来表示。所以，合力的大小是 $IaAB/AP^2$，可以使 P 处的小磁铁平行于 AB，其磁极与 AB 的磁极方向相反。

现在，用 PR 表示这个同等大小的力，使 PQ 表示外部磁场的力。PS 为这些力的合力，小磁铁自身位于 PS 方向上，与 PQ 成 θ 角，使得 $\theta = PR/PQ$。如果 F 是外部磁场强度，则

$$\frac{IaAB}{AP_3} = F\tan\theta \tag{1}$$

从中我们可以计算出 I 值。

如果力 F 为未知量，则为了求出 F 的值，我们可以使磁铁 AB 单独在力 F 的作用下振动。根据下个公式：

$$\frac{4\pi^2}{T^2} = \frac{FIaAB}{K}$$

我们可以求出振动周期 T。在方程中，K 为磁铁绕其悬浮轴的转动惯量，AB 为磁铁长度。如图 202 中的箭头表示力 F 的方向，ns 表示与力的方向成 θ 角的磁铁，垂直于磁铁长度方向的作用力为 θ 方向上的 FS，且该力倾向于使磁铁绕其悬浮轴旋转，并作用于磁铁的两端，使磁铁在正方向上旋转，因此转动力矩为 $F\sin\theta IaAB$。当旋转角度很小时，转动力矩为 $F\theta IaAB$。角加速度为 $\ddot{\theta}$（参见第 5 章第 42 节、第 5 章第 45 节），单位时间

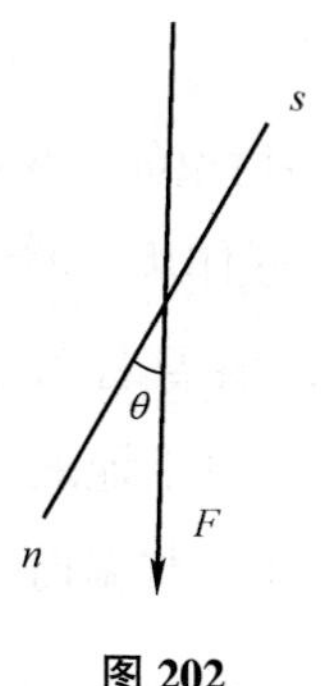

图 202

内产生的动量为 $m\ddot{\theta}R$，其中，m 为磁铁的质量，R 为磁铁的回转半径（参见第 6 章第 70 节）。单位时间产生的动量矩为 $m\ddot{\theta}R^2 = k\ddot{\theta}$，其中，$K$ 为惯性矩（参见第 6 章第 70 节）。因此，我们得到：

$$K\ddot{\theta} = -F\theta IaAB$$

由于角加速度为负，所以我们在等式右边使用负号。在这个公式中，除 θ 外，每一个量都是常数，所以，这个公式表明角加速度为负，且与位移成正比。因此，磁铁的振动遵循简谐定律，磁铁的角位置可以根据下个公式求出：

$$\theta = P\cos\left(\sqrt{\frac{FIaAB}{K}} \cdot t + Q\right)$$

其中，P 和 Q 为常数，t 为时间，T 为振动周期，我们有（参见第 5 章第 51 节）

$$\frac{4\pi^2}{T^2} = \frac{FIaAB}{K} \tag{2}$$

消除公式（1）和公式（2）中的未知量，我们可以求出 F 和 $IaAB$（即磁铁的磁矩）的值。此外，由于 a 和 AB 已知，我们可以求出 I 的值，因此，如果我们知道磁力的强度，就可以计算出物质的磁导率和磁化率。

公式（2）表明，当磁铁的磁矩已知时，磁铁振荡周期的平方和磁场强度成反比。

在第 31 章第 369 节，我们将讨论如何用冲击法测定与磁相关的量。

359. 地磁——地球可以产生磁作用。罗盘的指针总是指向北方。罗盘指向所在的线与地理子午线之间的角距离称为磁偏角。在英国，如果磁针被小心地放置于一条过其惯性中心并垂直于地磁子午线的轴上，它的磁轴所在的线就会与地平线方向成一定的夹角，北端指向南，且存在较大的倾角，这个角度叫作磁倾角。

地球表面的磁偏角和磁倾角变化很大。有些地区的磁偏角偏向东，有些地区的磁偏角偏向西。地球表面上磁偏角为零的线被称为地磁赤道。地磁赤道与地理赤道不重叠，也并不是一个大圆。在地球上，磁铁北极完全指向南的位置称为地磁北极，磁铁南极完全指向北的位置称为地磁南极。这些磁极与地球地理上所称的南北极不重叠，也并不位于地球同一条直径的两端。（请注意，地球的地理北极所在位置为地磁南极，地理南极所在位置为地磁北极。）

地球的磁力处于一种不断变化的状态，在一天的各个小时和一年的各个季节中各不相同。它还取决于月球的位置。但是，这些变化似乎并不是因太阳或月球的直接作用引起的。

除了常规变化外，地球的磁力有时还会发生突变，其最大振动周期为 11 年，与最剧烈的太阳黑子活动周期一致。

磁极位置长期处于缓慢变化中。

360. 磁性理论——一段时间内，人们假设有两种巨大的流体存在——一种构成南磁极，一种构成北磁极，以此来解释磁现象。泊松（Poisson）对这一理论是这样解释的：磁体由磁导率无限大的球体组成，并均匀分布在不可渗透的流体中。这使得磁感应问题与非导电介质中的电感应问题具有相同的性质。导电的绝缘球体均匀分布在整个非导电介质中。对这一理论的一个重要反对意见是麦克斯韦提出的。麦克斯韦认为，由于铁的磁导率过大，即使球体排列得十分紧密，我们也无从计算铁的磁导率值。

在现代理论中，一个分子通常被认为是一块小磁铁。从整体来看，在一个未被磁化的物体中，磁性分子的轴均匀分布在各个方向上；当其分子的轴在整体上位于同一个方向上时，物质就会被磁化。当所有分子的轴与磁力方向一致时，物质就会发生饱和。

事实上，最小的力不会产生饱和。这表明，分子发生位移时必定受到某种阻力作用。韦伯（Weber）假设每个分子在其轴方向上受到一个恒力作用。这个力倾向于阻止分子从其所在的原始方向发生偏移。由此推断，磁化曲线

（图 198）最初应该为一条直线，之后会凹向力轴，并最终大致平行于该轴的渐近线。而这显然与实验结果不符。

麦克斯韦通过另外一个假设，对以上假设做出了改进，即如果一个分子以小于一定大小的角度转动，就可以回到原来的位置；而如果分子以大于该大小的角度移动，则把力移除后，分子将在总位移的基础上产生一定的位移。和未修正前的韦伯理论一样，根据这一理论，我们可以得到一个磁化曲线，该曲线表明，剩余磁化曲线从力轴上与原点有一定距离的一个点出发，总是凹向力轴，并接近一条平行渐近线。然而，这些结果并不正确。

在麦克斯韦对相关条件作出限制后，尤因认为，在整个系统中，每个分子只受周围分子的相互作用。他用许多平行排列的旋转磁铁建立了类似的系统模型。没有外力作用时，磁铁会在相互作用力的作用下排列在稳定平衡位置，有的磁铁指向一个方向，有的磁铁指向另一个方向。这也是非磁性钢铁中的情况。如果只有微弱的均匀磁力作用，则每个磁铁都会在其原始位置上稍微转动；当磁力被移除时，磁铁会重新回到其原始位置。这是磁化过程的第一阶段。磁力较强时，原本处于非稳定平衡状态的磁铁会变得更加不稳定，这些磁铁会旋转到一个新的稳定平衡位置。随着外力的进一步增大，许多小磁铁会发生分离，直到所有磁铁在各自的相互作用力和内部力的作用下达到新的平衡状态。这是磁化过程的第二阶段。在该阶段中，磁化程度与磁力的比值迅速增加。而到了第三阶段，这一比值实际上是恒定的。我们可以用一个事实来证明这一点：只有一个无穷大的力，才能使磁铁指向的方向与外部力的方向一致。如果现在除去外力，则相当一部分的磁铁会保持其最终平衡位置，换句话说，此时磁铁表现出顽磁性。

尤因提出的模型还可以反映应变对材料磁学性能的影响。为此，我们将磁铁放置在一片印度橡胶上。如果印度橡胶被拉伸，所有磁铁会在一个方向上彼此分离，并在与拉伸方向垂直的方向上彼此靠近。如果磁铁的相对位置发生了变化，当磁铁的稳定性降低时，磁铁的磁化率升高；当磁铁的稳定性升高时，磁铁的磁化率降低。同样，由于距离增加导致相互磁影响减小，铁的磁化率会随温度的升高而增加。尤因认为，在高温下磁作用完全消失是由于磁性分子连续运转造成的。他还指出，当磁滞现象出现时，磁性分子的角运动会产生感应电流（参见第 29 章第 342 节），从而使能量发生耗散。

第 31 章　电磁学

361. 奥斯特的发现。奥斯特发现，磁针的指向总是与过其中心的线性电路所在平面垂直。北磁极的方向取决于电流方向。此外，北磁极总是倾向于沿电流方向绕线性电路移动，就像右手螺旋的旋转与其线性运动之间的联系一样。

在这一事实被发现后，人们推测，也可能存在相反的现象，即如果磁铁的位置固定，而有电流存在的线性电路可以自由运动，则线性电路中将产生电流。安培实验已经验证了这一点。

此外，由于磁铁可以对电流流过的两个相邻电路产生作用，因此假设磁铁被移除，则这些电路之间也可能存在实际效应。安培也证明了这种效应的存在。

362. 闭合电路的磁效应。奥斯特以上的发现表明，线性电流被圆形磁力线所包围。根据安培和韦伯的研究结果，我们能够找出所有导电电路附近的电场分布。

实验表明，一个小平面内的闭合电路产生的磁效应与一个放置在电路内部某点的小磁铁相同，该磁铁长度方向与闭合电路所在的平面垂直，其轴线方向（从南磁极到北磁极）与电流方向相关，符合右手螺旋定则，而其磁矩等于电路面积与电流的乘积。（磁效应的作用点与电路平面相比距离无限远。)

等效磁铁在电路中放置的位置无关紧要。我们可以假设等效磁铁为一个极薄的磁性外壳，它所产生的磁场充斥着整个电路，其磁场强度在数值上等于电流与外壳厚度的商。如果 I、a 和 t 分别为磁场强度、电路面积和磁铁外壳厚度，外壳磁矩为 Iat，则 $ia = Iat$，即 $i = It$，其中，i 为电流，It 为外壳强度。

现在，用任意形状的无限小导电网格充满任意有限电路 $PQRS$（图 203），令电流 i 的方向为正方向。我们可以假设，对于每个类似于 $pqrs$ 的两个相邻的网格，公共边上的电流相等，可以相互抵消。如上所述，每个网格的磁效应与一个强度为 i 的磁性外壳产生的磁效应相当。因此，我们很容易发现，电路 $PQRS$ 在外部点的磁作用相当于任意一个充斥在整个电路中且电流为 i 的磁性外壳产生的磁效应。

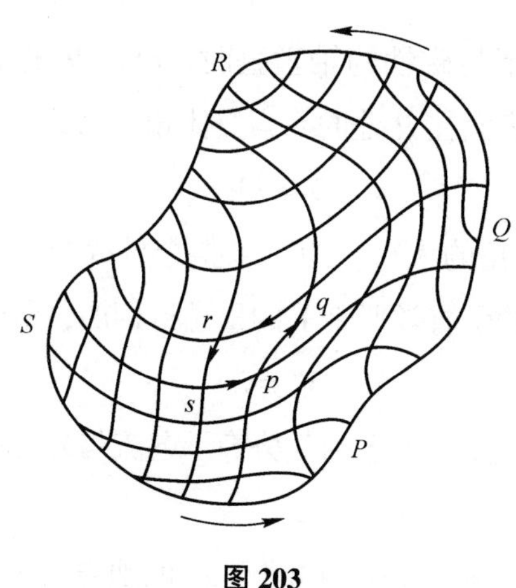

图 203

我们很容易求出外壳磁势的简单表达式。如果 dS 代表外壳表面的一个元素，我们可以用一个磁极强度为 idS/t 的小磁铁来代替与之相对应的外壳部分。单位长度的北磁极 n（图 204）作用于 P 点的力为 idS/tr^2，其中，r 为点 P 到 n 的距离。n 在点 P 产生的磁势为 idS/tr。类似地，s 在点 P 的磁

势为 $-idS/tr'$，其中，r'为点 P 到 s 的距离。因此，当 r'等于 r 时，总磁势为

$$V=\frac{idS}{t}\left(\frac{1}{r}-\frac{1}{r'}\right)=\frac{idS(r'-r)}{tr^2}$$

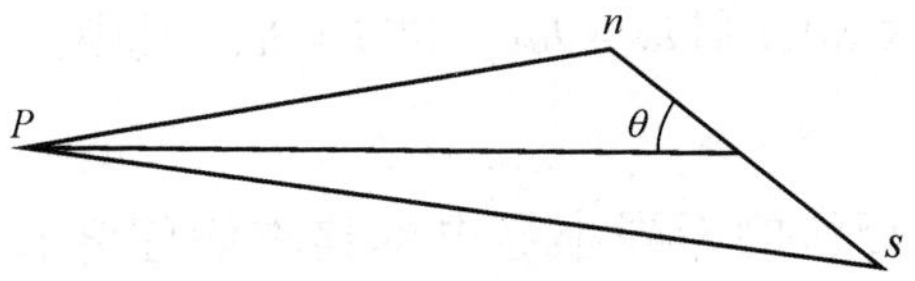

图 204

而由于 $r'-r=t\cos\theta$，其中，θ 为磁铁的轴和点 P 到磁铁中心连线之间的角度，t 为磁铁长度（等于外壳厚度），因此得出：

$$V=\frac{idS\cos\theta}{r^2}$$

当外壳表面的元素与磁铁的轴垂直时，$dS\cos\theta$ 表示元素垂直于 r 的分量，$dS\cos\theta/r^2$ 为外壳表面在 P 处的元素立体角，因此，有

$$V=idw$$

其中，dw 为这个角的大小。为了求整个外壳层在 P 处产生的总势能，我们只需对整个表面的所有类似于 V 的量进行相加，所以得出：

$$V'=iw$$

即磁性外壳外部任意一点上的磁势等于电流与外壳在该点产生相应立体角的乘积。

如果磁极从 w 值为 w_1 的地方移动到 w_2 的地方，则由电流产生的磁力对单位长度北磁极上所做的功为 $i(w_1-w_2)$。而当磁极沿着闭合路径移动，并未穿过有电流流过的电路内部时，由电流产生的磁力对磁极做的功为零。如果磁极从无限靠近外壳的一点 P 出发，沿外壳外的一条路径到达外壳另一面距离点 P 无限近的点 P'，则 w 的变化量将无限接近于 4π，磁力所做的功为 $4\pi i$。但是，所有力矩相当且以电路为界的磁性外壳在无限远处产生的磁效

应，等同于该电流在同一位置产生的磁效应。因此，我们可以用力矩相同、处处与点 P 和点 P' 存在一定距离且同样以电路为界的外壳来产生相同的磁效应。在这种情况下，当磁极由点 P' 运动到点 P 时，外壳产生的力对单位长度北磁极做的功极少。所以，单位长度北磁极沿有电流通过的封闭电路运动一圈所做的功为 $4\pi i$，整个北磁极所做的功为 $4\pi in$。

363. 电路中的电动力效应——令外壳的磁化强度与电流为 I 的电路产生相同的磁效应，并将外壳放置于一个强度为 F 的力场中，外壳表面的每个元素都与力场中附近力的方向垂直。以外壳北部的一小部分 $\mathrm{d}S$ 为研究对象，作用在这一部分的合力为 $+FI\mathrm{d}S$，加号表示该力方向为正，作用于垂直外壳向外的方向。同理，外壳南部类似的力则为 $-FI\mathrm{d}S$。这一部分外壳在给定场中的势能为 $-FI\mathrm{d}St$，其中，t 为外壳厚度。外壳强度 It 等于 i，即电流，因此势能为 $-Fi\mathrm{d}S$。因此，外壳的总势能为 $-iN$，其中，N 为作用在外壳上的所有的力，即穿过与外壳磁效应相当的电路的磁力线数目。

在力 F 的作用下，电路产生位移 $\mathrm{d}f$ 的过程中，消耗的功为 $F\mathrm{d}f$，电路中势能的相应变化为 $i\mathrm{d}N$，因此得出：

$$F = i\frac{\mathrm{d}N}{\mathrm{d}f'}$$

我们可以发现，当过电路正方向的磁力线数目增加或减少时，力 F 会相应增加或阻碍 $\mathrm{d}f$ 的变化。

特殊情况下，如果电路的某一部分可移动时，作用在电路上的电磁力将使这一可移动部分产生位移，从而使通过电路的磁力线数量增加。

364. 线性电路——我们已经了解到，当存在电流的电路被圆形磁力线包围时，电流方向可用右手螺旋定则来判断。

设 AB（图 205）表示方向为由 A 到 B 固定线性电路电流的一部分，并设 ab 为电流方向为从 a 到 b 的可移动平行电流的一部分，并假设电流 ab 沿完整的电路 P 进行流动。在正方向上，由 AB 产生并过 abp 的磁力线，以及 ab 朝 AB 方向的位移，都会导致 abp 区域的面积增加，从而导致正方向上的磁力线数目增加。因此，两个电路之间的电动力作用将使两者互相靠近。(假设 ab 沿完整的电路 q 流动，我们会得到相同的结果。这是因为，此时由 AB 产生的磁力线在负方向通过电路 abp，所以 ab 的移动将使得 abp 区域的面积减小，也就是说，通过 abp 区域的负磁力线数量会减少。）同样，如果两个电路中的电流方向相反，两者就会相互排斥。

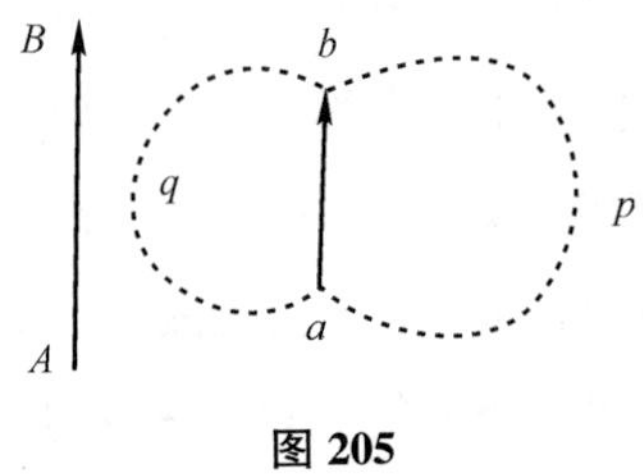

图 205

接下来，令电路 AB 和 ab 相互倾斜，令 OO'（图 206）表示两个电路间的最短距离，假设 AB 位置固定，ab 可以绕 OO' 为轴自由转动，ab 沿完整电路 p 流动。当 AB 和 ab 相互垂直时，AB 产生的磁力线不会通过 abp 区域。另一方面，当 AB 和 ab 中的电流方向相同且平行时，在正方向上过 abp 区域的磁力线数量达到最大值。ab 上发生的电动力作用会使其自身与 AB 平行。任一电路的电流方向改变，则可移动电路部分将发生转动，使 ba 与 AB 同向。

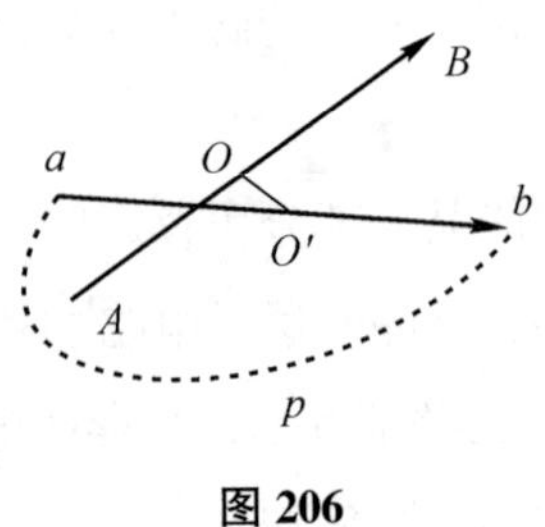

图 206

365. 环形电路、电磁阀和安培关于磁的假说——一个电流为 i、半径为 r 的环形电路产生的磁效应与一个强度为 $\pm i/t$ 的磁性外壳产生的磁效应相等(参见本章第 362 节)。同样，另外一个电流为 i' 的环形电路与一个强度为

$\pm i'/t'$ 的磁性外壳产生的磁效应相等。这些磁性外壳将会转动，使两者相反方向的磁力平行，之后相互吸引。所以，电路将有运动趋势，使每个电路中的电流方向平行，然后相互吸引。但是，当两个电路平行时，其中一个电流方向会发生反转，两个电路之间会有排斥力作用。

我们很容易计算出这样一个电流对其中心产生的力的大小。如图 207 所示，令 O 处为环形电路的中心，电路所在平面与纸面相互垂直，设 a、c 为电路与纸面的交点——切割纸张平面的电路平面应垂直于该平面。设想一下，电路将被等效的半球形磁性外壳（参见本章第 362 节）abc 所取代。使单位长度磁极产生位移 $Od=r$ 所做的功为 $i(\omega-\omega')$，其中，ω 和 ω' 分别为外壳 abc 在 O 和 d 处的夹角。如果 r 为半径，ω 的值等于 2π，ω' 的实际值等于 $(2\pi r^2-2\pi r\tau)/r^2$，则以上过程所做的功为 $2\pi i\tau/r$。所以，当 τ 足够小时，力实际上是均匀的，等于 $2\pi i/r$。当 r 等于一个单位长度时，单位长度的电流在中心处产生的力大小等于 i。

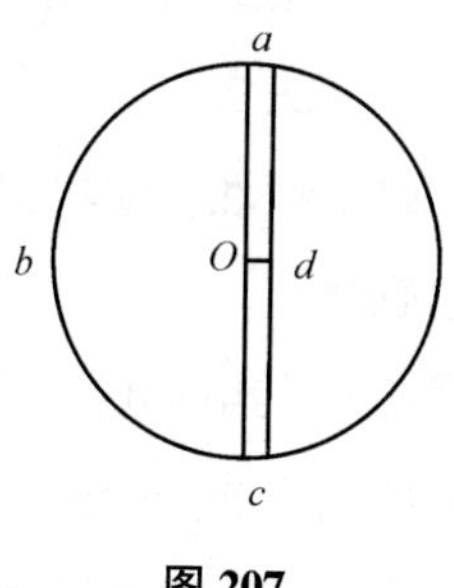

图 207

这些现象可以通过两个小悬浮电池来模拟。每个悬浮电池都含有一个装有稀硫酸的试管，试管内部的稀硫酸与试管外部的锌板和铜板通过一根圆铜线连接。试管嵌在漂浮于水面的软木塞上。

按照图 208 所示的方式弯曲成圆柱形螺旋的导线称为螺线管。如果它自由悬挂在支点上，且有电流穿过，它将在地磁或其他磁铁以及螺线管的作用下起到磁铁的作用。如果螺线管上每单位长度的线圈数量 n 很大，则每个接近闭合的电路产生的磁效应相当于一个磁感应强度为±ni 的磁性外壳。除两端外，在螺线管的整个长度范围内，外壳的磁效应相互叠加。在螺线管的两端，磁性量为±nia，a 为外壳面积。在比螺线管的半径更远的距离上，产生的磁效应相当于一个力矩为 $nial$ 的磁铁，其中，l 为螺线管的长度。

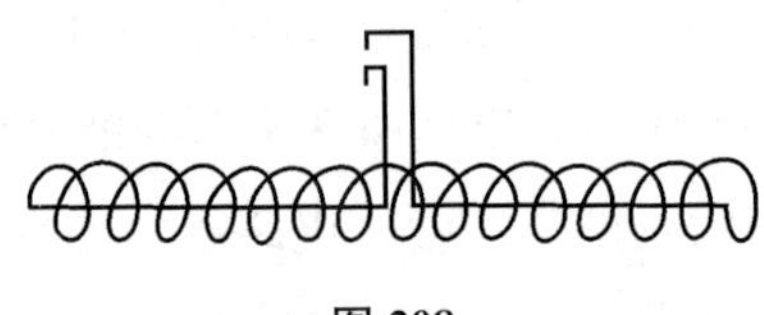

图 208

在一个很长的螺线管的内部，每单位长度螺线管的线圈数量为 n，通过螺线管的电流大小为 i，总力等于 $4\pi nia$，其中，a 为螺线管的横截面积。由于每一圈螺线管与磁性外壳的厚度相等，等于 $1/n$，因此磁性外壳两面上分布的磁密度分别为$+ni$、$-ni$。在任意磁性外壳内且位于整个螺线管内部任意一点的力大小都等于 $4\pi ni$。因此，螺线管可用于产生强磁场。这便是生产暂时性或永久性磁性物质的最简便方法之一。

根据环形电路和螺线管的以上特性，安培提出：磁性物质的分子可能因其内部存在闭合电流而表现出磁性。

366. 电磁力作用下的连续旋转与电动机。我们已经证明，在力场中，当磁极的运动路径不通过电路内部而形成一个闭合路径时，电路对磁极做的功总体上等于 0。然而，运动路径为闭合路径且完全通过电路内部的磁性物体整体上所做的功也等于 0，因为这个磁性物体实际上是由极小的磁性分子组成的。在整个过程中，由于每个分子南北两个磁极的强度相等，因此每个分子所做的功等于 0。

但是，如果在外部磁场的作用下，部分电路产生持续的电流，则整个磁铁都将做功。我们以一个水平环状导体 AB（图 209）为例。电流在 A 处产生，并在两个方向上分成两股，最后于 B 处重新结合，并通过导体 BC 流到 C 点。点 C 与蓄电池负极相连，点 A 与蓄电池正极相连。由于地球的磁力作用，磁力线向下穿过电路。在 *ABC* 区域，磁力线方向与电流方向有关，可根据左手螺旋定则判定。在 *BC* 的另一侧区域，我们可以结合电路方向，根据右手螺旋定则来判断电动力效应。因此，以点 *C* 为支点，以点 *B* 为滑动触点时，电动力作用将使其自身顺时针旋转。

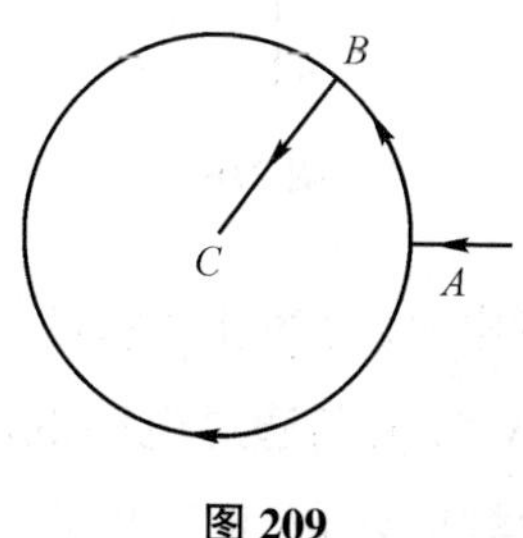

图 209

如果 *AB* 为一个以 *C* 为支点的圆形导电圆盘，圆盘的圆周上有一个滑动接触点，使电流沿半径方向向圆盘内部流动，且磁力线（无论是由于地球还是外部磁铁的作用）按如上所述方式通过圆盘，则圆盘将沿顺时针方向持续旋转。这种装置被称为巴洛轮。

相反，如果电路是固定的，而磁铁可以自由移动，并且当磁铁从电路的一侧移动到另一侧时，电流方向变化，则磁铁会发生连续运动。事实上，我们可以很容易制作一个装置，使得电流方向无变化的情况下，磁铁连续发生旋转。例如，设 *ns* 和 *n′s′*（图 210）为两个磁铁，由横片 *CD* 连接，并以点 *B* 为支点，可绕 *AB* 轴自由旋转，并使电流沿 *AB* 持续流动。根据右手螺旋定则，围绕 *AB* 的环状磁力线的方向与电流方向有关。*n* 和 *n′* 两个磁极会在这一方向上绕 *AB* 旋转。由此可知，一个放置得当的磁铁，以及沿着磁铁流动的电流，同样会发生旋转。我们可以将这样的磁铁看作由围绕其轴的多个磁铁部分。

这些电磁力作用原理可实际应用于电磁机器或电机构造中，用于将电能转换为机械功。我们可以将电路固定，使磁铁旋转，但更好的做法是使磁铁固定，使电路旋转。

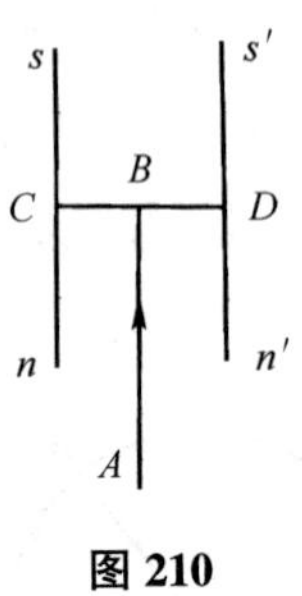

图 210

367. 电磁感应和直流发电机。我们已经看到，当电流为 i 时，电路中增加的势能为 $-i\mathrm{d}N$，其中，$\mathrm{d}N$ 为正向通过电路的磁力线增加的数目。相反，当通过电路的磁力线增加的数目为 $\mathrm{d}N$ 时，电磁力在这一过程中对电路所做的功为 $t\mathrm{d}N$。如果在电路中，这种功可以转化为电能，则电路中必定会产生一个反向电动势，阻碍电流 i 的流动。此时，电路中单位时间内产生的电能为 iE，E 为反向电动势（参见第 342 节）。因此，由于单位时间内 N 的增加量为 $\mathrm{d}N/\mathrm{d}t$，我们得到：

$$\frac{\mathrm{d}N}{\mathrm{d}t} = E \tag{1}$$

这意味着——在任意时刻，电路中的反向电动势都等于过电路的磁力线数目增加率。（必须指出，根据左手旋螺旋定则，反向电动势可以使电路沿与磁力线相同的方向上产生电流。）

法拉第的实验证实了这一现象的存在。他发现，无论什么原因，只要通过电路的磁力线数目增加，电流周围就会产生一个反向电动势，反向电动势又导致反向电流产生；如果磁力线的数目减少，电流周围就会有一个正向电动势作用，因此会产生一个正向电流。这样的电流称为感应电流。只要磁力线数目在持续变化，感应电流就会持续产生。需要特别注意的是，其他固定电路中的电流变化、含稳定电流电路的运动以及运动磁铁的磁效应等引起的电磁力作用都可以产生感应电流。

例如，如果电流在线性导体的一个方向开始流动，与之平行的导体中将产生一个反向的瞬时电流；如果前者导体中的电流消失，后者导体中的瞬时电流将会流动。这样的现象称为互感现象。

但必须注意的是，通过闭合电路的磁力线数目取决于过该电路的电流以及外部电流。这些磁力线正向穿过电流，因而电流强度增加会导致磁力线数目增加。无论磁力线数目增加多少，都会导致电路中产生反向电动势，从而防止正向电流在新产生的电动势作用下突然达到最大强度值，并防止力被移除时正向电流在瞬间降为零。这种现象称为自感。法拉第对自感现象进行了实验研究。只有在电路总面积为零的情况下，自感现象才不会发生。例如，如果一个平面电路以“8”字形相互交叉，形成两个面积相等的回路，则电路中不会出现自感现象，因为此时通过每个回路的磁力线数目相等，但方向相反。

由其他电路中的电流 j 产生的电磁力作用而穿过一个电路的磁力线的数目为

$$N = jM \tag{2}$$

其中，M 取决于两个电路（参见本章第 362 节）的形状和相对位置，称为两个电路的互感系数。

令一个恒定电动势 J 作用于电流为 j 的电路，令另一个电动势 I 作用于另外一个电流为 i 的电路，两个电路之间的互感系数为 M；同时，令第一个电路的电阻为 S，自感系数为 Q，而另外一个电路的电阻为 R，自感系数为 P，我们得出：

$$I = \frac{\mathrm{d}(jM)}{\mathrm{d}t} + \frac{\mathrm{d}(iP)}{\mathrm{d}t} + iR \tag{3}$$

$$J = \frac{\mathrm{d}(iM)}{\mathrm{d}t} + \frac{\mathrm{d}(jQ)}{\mathrm{d}t} + jS \tag{4}$$

如果两个电路固定，则以上公式可分别写为

$$I = M\frac{\mathrm{d}j}{\mathrm{d}t} + P\frac{\mathrm{d}i}{\mathrm{d}t} + Ri \tag{5}$$

$$J = M\frac{\mathrm{d}i}{\mathrm{d}t} + Q\frac{\mathrm{d}j}{\mathrm{d}t} + Sj \tag{6}$$

公式（3）、公式（4）、公式（5）、公式（6）右侧的第一项为互感产生的反向电动势，第二项为自感产生的反向电动势，第三项为（参见第 336 节）保持电流抵抗电路电阻影响的电动势部分。

如果电动势 J 产生的电流完全消失，则另一个电路中电动势的公式变为

$$I = P\frac{\mathrm{d}i}{\mathrm{d}t} + Ri$$

假设在电动势 I 的持续作用下，电流达到稳定值 i_0，之后电动势 I 消失，则有

$$P\frac{\mathrm{d}i}{\mathrm{d}t} + Ri = 0$$

从而推导出（参见第 4 章第 38 节）：

$$i = i_0 e^{-\frac{R}{p}t}$$

这表明，当时间呈算数级增加时，电流会呈指数级减小，且永远不会等于零（理论上）。实际上，在大多数情况下，在短短的几分之一秒内，电流会达到 0。类似地，可以得出：

$$i = i_0\left(1 - e^{-\frac{R}{p}t}\right)$$

该公式表示在电动势 I 开始作用之后的时刻 t，电流 i 和稳定电流 i_0 之间的关系。

由于铁的磁导率较高，因此在电路中加入铁芯，可大大提高电路的自感效应和互感效应。这便是鲁姆阔夫感应线圈的构造原理。鲁姆阔夫感应线圈由一个结实的绝缘线圈组成，线圈外部周围环绕着另一个极细的绝缘铜线圈。内部的线圈称为一级线圈，电阻较小；外部的线圈称为二级线圈，电阻较大。磁芯由许多铁丝组成，以防止线圈内部产生感应电流，从而避免阻碍正向感应电流流动。通过这种方法，一级线圈中的微弱电动势也能使二级线

圈中产生极高的电动势。

在现代直流发电机中，带有铁芯的线圈可以在一个强大的电磁铁两极之间迅速移动。由此，线圈中便可产生感应电流，可用于电气照明等目的。为了保证较高的工作效率，应用于不同目的的直流发电机在构造上会略有差异。对于这门学科，学界现在已有完整的文献。

阿拉戈发现，如果磁铁以水平铜盘为节点，则当铜盘旋转时，磁铁也会随之旋转。法拉第认为，这种现象是由于铜盘上感应电流产生的电磁力作用引起的。如果圆盘上的径向狭缝被切断，则感应电流将只会在小范围内产生，圆盘将会立即停止旋转。

当磁铁的磁化状态发生变化时，磁铁本身就会产生电流。由于沿导体棒流动的电流被闭合磁力线包围，因此，导体棒的在环形磁场中的任何变化，都将使导致导体棒上产生瞬时电流。将扭曲状态下的铁棒两端连接到电流计（参见第 369 节）端部，并在瞬间将铁棒纵向磁化，我们可以很容易地证明这一点。由于磁棒处于扭曲状态，因此只有发生横向环状磁化时，纵向磁化才会发生（参见第 357 节），因而会出现瞬时纵向电流，电流计出现读数。如果纵向磁化的磁棒突然扭曲，也会产生同样的效果。

368. 动电能——再考虑一下上一节讨论的两个电路。令两个电路缓慢移动，使 M 的增加量为 $\mathrm{d}M$，且电流 i 和 j 处于恒定状态。两个电路单位时间产生热量的速率为

$$H = Ri^2 + Sj^2$$

在保持电动势 I 和 J 恒定的情况下，两个电路每单位时间的能量供应速率为

$$E = Ii + Jj$$

$$E - H = i(I - Ri) + j(J - Sj)$$

$$E - H = 2ij + \frac{\mathrm{d}M}{\mathrm{d}t}$$

由于在上一节的公式（4）中，如果 i、j、P 和 Q 为常数，我们得到：

$$I - Ri = j\frac{\mathrm{d}M}{\mathrm{d}t};\ J - Si = i\frac{\mathrm{d}m}{\mathrm{d}t}$$

然而，根据上一节的公式（1）和公式（2），我们可以发现 $ij\ \mathrm{d}M/\mathrm{d}t$ 代表了在电路中电动力作用做功的速率。因此，公式表明，在给定条件下，一定时间内从电源处吸收的能量多于电路中产生的能量，多余的能量会以热量的形式表现出来。这部分热量等于电动力作用产生的机械功的两倍，称为系统的动电能。根据麦克斯韦的理论，该部分热量将作用于电路周围的介质中。在这种条件下，电路断开时，开关处会产生一种比平时更强烈的电火花。

当电路固定而电流 i 和 j 变化时，我们从上一节的公式（5）和公式（6）可以得出类似的结果。

369. 电流计和冲击法。电流计通过电流产生的磁效应来测量电流。它通常由一个线圈组成，线圈内部带有一个处于自由悬浮状态的小磁铁。在外力作用下，磁铁处于正常位置，其长度方向垂直于线圈轴线。当电流通过线圈时，电流与磁铁和其正常位置偏离的角度正切值成正比，因为电流在线圈内部产生一个大致均匀的磁场，其强度与电流成正比，其方向与轴线（参见本章第 365 节）方向，符合第 358 节中的公式（1）。

在其他形式的电流计中，线圈在恒定磁场中自由悬浮。电力测功机中的电流可以在两个线圈（一个线圈位置固定，另一个处于自由悬浮或摇晃状态）上同时流动，从而产生多个磁场。电力测功机的读数与电流的平方成正比。

在冲击电流计中，悬浮线圈部分具有很大的惯性矩，因此振动周期较长（参见第 11 章第 131 节）。当一个持续时间远小于振动周期的瞬时电流通过该仪器时，通过仪器的总电荷量与偏转角一半的正弦值成正比。因此，该仪器可用于磁性能研究。例如，如果一个与电流计相连的线圈缠绕在一根磁化强度随时间变化的铁棒上，每次磁化强度变化后产生的瞬变电流会导致铁棒位置发生偏转，我们可以根据铁棒偏转的程度来计算通过电路的总电荷量。如果通过线圈感应的变化为 dN，根据本章第 367 节的公式（1），我们得出：

$$\mathrm{d}N = E\mathrm{d}t$$

其中，E 为电动势，如果 i 为电流，R 为电路电阻，则 $E = Ri$。结合上式中感应的总变化，假设 R 为常数，我们得出 $R\int i\mathrm{d}t$。

而这个量等于 Rq，其中，q 为通过电路的总电荷量。因此，其值可以通过电流计的读数进行实验测定（需谨记，如果紧绕感应棒的线圈有 n 圈，那么棒内的实际感应应均匀一致，为 Rq/n）。我们从而可以确定组成感应棒的物质的磁导率和磁化率（参见第 30 章第 351 节、第 352 节）。

370. 电和磁的单位——和其他所有量一样，电和磁的大小取决于测量时的特定单位。所有类似的量都可以用质量、长度和时间单位来表示，而用这些单位来表示的量的单位取决于我们所采用的某些与电或磁有关的量的特定定义。

我们所测量的系统有两种——静电系统和电磁系统。在静电系统中，我们将相距一个单位的两个同种电荷之间（在空气中）的排斥力定义为一个单位（参见第 27 章第 312 节）。

根据第 6 章第 64 节，力的单位为（MLT^{-2}），所以电荷量的单位为

$$(q) = (M^{\frac{1}{2}}L^{\frac{3}{2}}T^{-1})$$

表面电荷密度即单位面积上的电荷量。在静电系统中，它的单位为

$$(\sigma) = (M^{\frac{1}{2}}L^{-\frac{1}{2}}T^{-1})$$

电势和电荷力的单位分别为（参见第 27 章第 313 节）

$$(v) = (qL^{-1}) = (M^{\frac{1}{2}}L^{\frac{1}{2}}T^{-1});\ (qL^{-2}) = (M^{\frac{1}{2}}L^{\frac{1}{2}}T^{-1})$$

静电容量的单位为（参见第 27 章第 314 节）

$$(qv^{-1})=(L)$$

电流的单位为（参见第29章第335节）

$$(qT^{-1})=(M^{\frac{1}{2}}L^{\frac{3}{2}}T^{-2})$$

电阻单位与电势单位成正比，与电流单位成反比，为（参见第29章第336节）

$$(R)=(L^{-1}T)$$

在电磁系统中，单位磁性量的定义类似于静电系统中单位电荷量的定义。因此，在电磁系统上，磁性量、表面磁密度、磁势和磁力的单位与静电系统中相关量的单位一致。

此外，在电磁系统中，磁矩和磁化强度的单位分别为（参见第30章第349节、第351节）

$$(m)=(qL)=(M^{\frac{1}{2}}L^{\frac{5}{2}}T^{-1})\text{；}(E)=(qL^{-2})=(M^{\frac{1}{2}}L^{-\frac{1}{2}}T^{-1})$$

显然，后者与表面密度单位的表达式相同。

电磁系统中，单位电流指沿半径为一个单位长度的环形电路流动，且每单位长度上对放置于电路中心的单位磁极的作用力为一个单位的电流。因此，电流的单位为

$$(C)=(MLT^{-2}q^{-1}L)=(M^{\frac{1}{2}}L^{\frac{1}{2}}T^{-1})$$

通过导体的电荷量与电流以及电流持续时间成正比，其单位为

$$(Q)=(CT)(M^{\frac{1}{2}}L^{\frac{1}{2}})$$

电势单位乘以电荷量，即能量的单位（参见第320节）：

$$(V)=(ML^{2}T^{-2}Q^{-1})=(M^{\frac{1}{2}}L^{\frac{3}{2}}T^{-2})$$

综上，我们可以推测出静电系统和电磁系统中相关量的单位。部分结果如表29、表30所示，第二列为与静电系统相关的量的单位，第三列为与电磁系统相关的量的单位。

表 29

与电相关的量		
电荷量	$(M^{\frac{1}{2}}L^{\frac{3}{2}}T^{-1})$	$(M^{\frac{1}{2}}L^{\frac{1}{2}})$
表面电荷密度	$(M^{\frac{1}{2}}L^{-\frac{1}{2}}T^{-1})$	$(M^{\frac{1}{2}}L^{-\frac{3}{2}})$
电势	$(M^{\frac{1}{2}}L^{\frac{1}{2}}T^{-1})$	$(M^{\frac{1}{2}}L^{\frac{3}{2}}T^{-2})$
静电力	$(M^{\frac{1}{2}}L^{-\frac{1}{2}}T^{-1})$	$(M^{\frac{1}{2}}L^{\frac{1}{2}}T^{-2})$
静电容量	(L)	$(L^{-1}T^{2})$
电流	$(M^{\frac{1}{2}}L^{\frac{3}{2}}T^{-2})$	$(M^{\frac{1}{2}}L^{\frac{1}{2}}T^{-1})$
电阻	$(L^{-1}T)$	(LT^{-1})
电容率	$(M^{0}L^{0}T^{0})$	$(L^{-2}T^{2})$

表 30

与磁相关的量		
磁性量	$(M^{\frac{1}{2}}L^{\frac{1}{2}})$	$(M^{\frac{1}{2}}L^{\frac{3}{2}}T^{-1})$
表面磁密度	$(M^{\frac{1}{2}}L^{-\frac{3}{2}})$	$(M^{\frac{1}{2}}L^{-\frac{1}{2}}T^{-1})$
磁势	$(M^{\frac{3}{2}}L^{\frac{3}{2}}T^{-2})$	$(M^{\frac{1}{2}}L^{\frac{1}{2}}T^{-1})$
磁力	$(M^{\frac{1}{2}}L^{\frac{1}{2}}T^{-2})$	$(M^{\frac{1}{2}}L^{-\frac{1}{2}}T^{-1})$
磁矩	$(M^{\frac{1}{2}}L^{\frac{3}{2}})$	$(M^{\frac{1}{2}}L^{\frac{5}{2}}T^{-1})$
磁化强度	$(M^{\frac{1}{2}}L^{-\frac{3}{2}})$	$(M^{\frac{1}{2}}L^{-\frac{1}{2}}T^{-1})$
磁导率	$(L^{-2}T^{2})$	$(M^{0}L^{0}T^{0})$
磁化率	$(L^{-2}T^{2})$	$(M^{0}L^{0}T^{0})$

特别值得注意的是，许多量在两个系统中的单位存在的差异通常为速度单位的一次方或二次方。

在除空气以外的介质中，距离为 r 的两个电荷量 q 和 q' 之间的力为 $qq'Kr^2$，其中，K 为电容率。如果电容率的单位不等于 0，且有待测定，则电荷量的静电单位可写为

$$(M^{\frac{1}{2}}L^{\frac{3}{2}}T^{-1}K^{\frac{1}{2}})$$

同样，当磁导率的单位（μ）未知时，我们可将电荷量的电磁单位写成：

$$(M^{\frac{1}{2}}L^{\frac{1}{2}}\mu^{-\frac{1}{2}})$$

并可以根据相应的变化来求出其他量的单位。正如菲茨杰拉德（Fitzgerald）所言，这种方法（经艾克提出）的一个优点是，通过假定 K 和 μ 的单位为（TL^{-1}），使任意一个量在两个系统中的单位变得一致。

在科学测量中，更简便的方法是采用厘米·克·秒（c. g. s.）单位制。但在实际应用场景中，采用这一单位值的量数值往往过大或过小，不便于计数。表 31 中，第二列为各种量在实际应用中的单位名称；第三列为将以厘米·克·秒单位制系统表示的数值转化为以实际应用的单位表示的数值所需除以的系数。

表 31

测量类别	单位名称	系数
电荷量	库仑	10^{-1}
电动势	伏特	10^{8}
静电容量	法拉	10^{-9}
	微法拉	10^{-15}
电流	安培	10^{-1}
电阻	欧姆	10^{9}

一伏特电动势可以使强度为一安培的电流通过电阻为一欧姆的电路。

第 32 章　光的电磁理论

371. 光偏振平面的磁致旋转——法拉第进行了多次实验，尝试探测偏振光穿过受到应力作用的电介质时产生的某些效应。此外，他还试图寻找证据，以证明偏振光通过带有电流的电解液时会出现类似的效应，但并未观察到相关现象。另一方面，他发现，当偏振光通过放置在磁场中的抗磁性介质时，会产生显著的效应。

当光的传播方向与磁力线的正方向一致时，偏振平面会旋转，且旋转角度与磁场强度成正比，与光线在介质中的路径长度成正比。如果光的传播方向与磁场方向不一致，则偏振平面的旋转角度与磁场强度在光传播方向上的分量大小成正比。在单位强度的磁场中，单位长度上的旋转量取决于介质的性质。如果磁场的方向不变，则光的传播方向相反时，绝对旋转方向不会改变。

在反磁性介质中，旋转方向与磁场方向通常可以通过右手螺旋定则判断；在顺磁性介质中，出现的情况往往相反。

磁场方向是不可逆的。这一事实表明了通过磁致旋转和通过石英或白糖溶液得到的旋转之间的本质区别（参见第 19 章第 251 节）。在后一种情况下，光传播方向的反转并不伴随着磁场的旋转。因此，在穿过介质的双通道中，总旋转量为零，总磁致旋转量为原来的两倍。

相同条件下，与固体和液体相比，在蒸气和气体中产生的旋转量非常小。即使在旋转程度极大的液体蒸气中，这种效应也微乎其微。

费尔德已经证明，旋转量大致与波长的平方成反比。随着波长的增加，偏差会越来越小。物质的色散率越高，偏差越大。

372. 分子涡旋假说——两个振幅相等、周期相同的匀速圆周运动形成一束平面偏振光。如果其中一个分量运动相对于另一个分量运动加速，则偏振平面将发生旋转（参见第 19 章第 251 节）。据此，我们可以解释相关的磁效应。

在这一点上，汤姆森爵士曾提出："法拉第所发现的光对磁场的影响，取决于运动物体的运动方向。"例如，在一个有光通过的介质中，线性物体将与磁力线平行，位于以这条线为轴的螺旋上。物体投射在垂直于自身的方向上后，会形成一个圆。根据运动方向的不同，我们可以把这些圆周运动分为两类（一类与磁线圈中的动电电流方向相同）。无论物体的速度和运动方向如何，不同介质的位移相同时，弹性反应一定相同。也就是说，被圆周运动所平衡的离心力是相等的，而发光运动平衡的离心力则不相等。绝对圆周运动通常是相同的，或会将相等的离心力部分传送到最初研究的物体上。

我们会发现，发光运动仅是整个运动的一部分，并且，在一个方向上的弱发光运动和没有光线通过的介质中的运动，以及一个反方向上的强发光运动和一个相同的不发光运动，各自合成后的运动是等量的。我认为，只有从动力学角度，才能根据光线和北磁极的相对位置和方向，解释在与磁力线平行的方向上向左或向右通过磁化玻璃的等量圆偏振光通常会以不同的速率传播这一事实。除此之外，其他一切说法都是不合理的，我们可以证实这一点。因此，法拉第的光学发现表明安培对磁的最本质解释是成立的，并从热动力学理论的角度对磁化做出定义。结合动量矩原理（保留面积这一量）对兰金的分子涡旋假说进行机械说明（参见第 20 章第 254 节），似乎表示磁性物体的磁轴为一条垂直于热运动的合成旋转动量平面（不变平面）的线，且这些运动的合成力矩可用于确定磁矩的大小。与电磁引力、电磁斥力以及电磁感应相关的现象，只需从运动产热物质的惯性和压力简单出发，便可以解释。根据现代科学，我们很难确定这种物质是否导电，是否为贯穿分子核之间空间的连续流体，是否为分子群，更无法确定所有物质连续与否，物质相邻部分涡旋等相对运动是否会导致分子出现不均匀性。这种推测是徒劳无功的。

麦克斯韦将这些说法中的思想完善为一个完整的分子涡旋理论。他指出，由于波长 λ 和周期时间 τ 同时增加和减少，与 n 为负数时相比，n 为正数时，角速度 n（$=2\pi/\tau$）和传播速度 λ/τ 的值会更大；如果波长 λ 一定，则 n 为正数时的绝对值比 n 为负数时的绝对值更大。这是因为，波长 λ 和周期时间 τ 同时增加和减少意味着，当 n 为正数时，波长 λ 更大；而当 λ 减小时，τ 会减小，因此 n 增大。由于光线通过介质时强度没有减小，振幅 r 必定保持不变（参见第 15 章第 179 节）。根据能量守恒原理，达到平衡状态时，我们得出：

$$-\frac{\mathrm{d}T}{\mathrm{d}r}+\frac{\mathrm{d}V}{\mathrm{d}r}=0$$

其中，T 和 V 分别为动能和势能。但是，T 的表达式包含一个与 n^2 有关的项，部分项可能涉及 n 与其他速度的乘积。而另一方面，势能 V 则与 n 无关。因此，上述公式可表示为

$$An^2+Bn+C=0$$

其中，A、B 和 C 为坐标的函数。实验表明，n 有两个实际值，一个为正，另一个为负且绝对值较小。数值 C 的大小有限。如果 A 为正数，则 B 和 C 一定为负数，因为 $-B/A$ 和 C/A 分别为公式根的和以及积。当积是负数时，和为正数。B 不为零，因为公式的根有多个。因为 Bn 是标量，所以与 n 有关的项一定包含一个除 n 以外的速度，同时该速度必须为关于同轴旋转的角速度。

麦克斯韦因此得出结论：

“在介质中，在磁场力的作用下发生的旋转，旋转轴方向与磁场力的方

向一致；当介质的振动旋转和磁致旋转方向一致或相反时，圆偏振光的传播速率是不同的。

圆偏振光的传播介质和磁力线的传播介质之间仅存的相似之处在于——两者中都存在绕轴的旋转运动。但此时，这种相似之处将不再出现，因为在光学现象中的旋转代表干扰的矢量。它常常垂直于光的传播方向，并在每秒之内以光的传播方向为轴旋转一定的圈数。在磁现象中，旋转物体没有侧边倾斜的属性，因此我们无法确定它在一秒钟内旋转多少次。

所以，磁现象中不存在与光现象中相对应的波长和波动传播。当光线通过时，受到恒定磁力作用的介质并不会在这个力的作用下于介质内部某个方向上产生波动。光现象和磁现象的唯一相似处是：在介质各点，都存在着一种以磁力线方向为轴的角速度。

这一角速度不同于整个介质的可见旋转所产生的角速度。我们必须将其认定为极小一部分介质以自身为轴旋转的角速度。这就是分子涡旋假说。

不过，根据波动理论，虽然这些涡旋运动可能影响光传播方向上的振动，但它们并不会对整个介质的可见运动产生明显的影响。在光的传播过程中，介质的位移会对涡旋造成干扰，受到干扰的涡旋也会对介质产生反应，进而影响光线的传播模式。”

根据这一假说，麦克斯韦得到了给定条件下旋转量的表达式，根据表达式计算的结果与观测结果十分吻合。

373. 霍尔效应——霍尔通过实验发现，一个导电薄金属导体，在与之垂直的外部磁场作用下，会在垂直于电流和磁场的方向上产生一个电动势。罗兰证明，当绝缘介质中的电位移在磁场中变化时，如果出现类似的电动势，则介质中电位移方向上的旋转将产生波动；格雷兹布鲁克已经证明，电动势是麦克斯韦提到的分子旋转形成的结果。

374. 克尔效应——克尔发现了在受电应力的介质中偏振光受到的作用，弥补了法拉第实验的空白。他将两块平行的铜板放置在一个装有二硫化碳的玻璃电池里，两个铜板相隔很短的距离，并连接在电机的电极上。一束和电动势方向成 45°的光线穿过两个铜板之间时，将发生椭圆偏振。轴分别平行和垂直于磁力线；两个分量的相位差与电场强度的平方成正比。

另一种相关实验形式则是使偏振光穿过位于绝缘介质中的两个相接的小球之间。两个小球与电机的两极相连。在这一实验中，介质中会发生光的双折射现象。

克尔博士还发现，光的偏振面会在电磁铁（高度抛光的）磁极反射的作用下旋转。当磁极的磁化方向相反时，旋转方向相反。

375. 光的电磁理论——前面几节描述的现象表明电、磁和光之间有着密切联系。

我们已经知道，对光的现象最好的解释是假定光在介质中波动传播。另一方面，电和磁的作用最初表示为一定距离上的直接作用（尽管法拉第的所有推理过程都是基于对介质的作用做出假设）；直到麦克斯韦将法拉第的思想用数学语言来描述，人们才认识到电和磁现象可以通过介质中的传播作用来解释。

在确定他所提出的电磁扰动在介质中的传播条件时，麦克斯韦得出结论，即电磁扰动的传播符合弹性固体中的运动规律，而电磁扰动的传播速度为

$$V=\frac{1}{\sqrt{K\mu}}$$

其中，K 和 μ 分别为介质的电容率和磁导率。在平面波的传播过程中，与磁感应垂直的方向上会发生电位移，两者发生在平面波上。

结合第 31 章第 370 节，很明显，无论在静电系统还是在电磁系统中，K 都等于速度平方的倒数。根据麦克斯韦的说法，如果光是一种电磁现象，则 V 必定等于光速。实际上，在一定的精确度内，光速 v 可以通过测量得到，而 V 可以通过直接对比两个系统中与电和磁有关的量来确定（参见第 31 章第 370 节）；对 V 和 v 进行独立测定的各种结果有力地证实了它们在空气中

的数值是相等的。

在空气以外的介质中，光速与折射率成反比。因此，K 实际上应该等于折射率的平方，因为在所有透明介质中，μ 的值几乎都等于一个单位。由于 K 的测定所占用的时间比发光振动的周期实际上大得多，因此在测定 K 值时，我们必须取无限波长光线的折射率（这可以根据柯西折射率公式中的常数 a 得到，参见第 209 节）。霍普金森发现，这种关系只适用于碳氢化合物，在玻璃和动植物油中并不存在。在动植物油中，折射率小于 $\sqrt{K}$。

发光介质中存在两种形式的能量——动能和势能。类似地，在电磁介质中，能量也以动能（动电能，参见第 31 章第 368 节）和势能（静电势能，参见第 27 章第 320 节）的形式存在。

该理论还解释了双折射现象，并提到了菲涅尔提出的波面结构。结果表明，压缩稀疏波的传播速度无穷大，因此该波不存在——结果与光学观测结果相一致。此外，如果介质并非完美导体，则部分电能会转化为电流的能量，并最终转化为热量。这解释了光的吸收。

376. 电磁波——上述说法有力支持了麦克斯韦的电磁理论。而最近，赫兹等人的研究已经毫无疑问地证明，电磁作用以有限的速度在介质中传播，传播速度等于光速。

如果初始扰动是周期性的，则一系列电磁波会从波源处向外传播。周期性的条件可以通过击穿性放电获得。在适当的条件下，击穿放电本质上属于振动（参见第 321 节），振动周期取决于放电装置的电容量和自感系数。

为了明确起见，我们假设放电发生在霍耳茨氏摩电机的两极之间。以放电为特征的交流电会使邻近导体中产生类似的电流。根据远距离直接作用理论，这些感应电流将与感生电流同时出现。而按照电磁理论，由于产生感应电流的导体离霍耳茨氏摩电机越来越远，因此它出现的时间将越来越晚。

在对这一点的研究中，赫兹利用了共振原理（参见第 14 章第 173 节）。也就是说，他使用了二次导电电路，其电振荡的自然周期与一次电路相同。

结果发现，感应振荡的幅度可以为无限大，相继的感应振荡是定时进行的，以加强前一次振荡的影响。这样就可以产生足够的电动势，使电路开关处的空气中产生电火花。

这种带有气隙的电路，只要气隙离电源的距离不太远，就可用于放大空间中任意一点上产生的感应效应。如果空间中只存在一个电源，则随着给定点与电源之间距离的增加，二次电路中的感应强度和电火花亮度将不断减小。如果存在两个电源，则每个电源附近的强度会很大，强度可能在某个中间位置达到最小值；如果电源的作用相反，则在两者之间的某一点上，强度可能为零。如果电源的作用瞬时传播，则仅存在一个这样的极小值。但是，按照一般的扰动规律，如果相关效应以有限速率传播，可能会出现许多个最大值和最小值。当这两个电源完全相似时，最终的效果最为理想。现在，如果将一个导电片放在单一电源附近，其内部产生的感应电流会反过来产生电磁效应，其周期时间与电源相同。根据电磁理论，这会导致电磁波发生反射，且入射波和反射波之间会产生干扰，节点和回路会以半个波长的距离相继出现（参见第 5 章第 53 节）。在实施这一实验的过程中，赫兹观察到连续出现的最大值和最小值，从而证明了电磁辐射的存在。

如果最初的电振荡发生在一个直杆上，则电磁介质中的振荡将与直杆的轴线平行，即波发生平面极化。直杆周围环绕着环形磁感线，磁感应方向随电位移的变化而变化。因此，电位移和磁感应发生在波前，并且彼此垂直；这两种效应可以使用合适的谐振电路来进行分离。如果一个环形电路穿过直杆，且所在平面与直杆垂直，则其与轴线垂直的火花隙只会对磁场变化做出响应。另一方面，如果将环形电路放置于火花隙所在的轴线之前，且环形电路的直径之一平行于该轴，因其内部无磁感线通过，则其将只对电变化做出反应。

使用实验室仪器，我们可以轻松获得波长从几英寸到几英里不等的辐射。这些长周期辐射可以自由通过沥青等光辐射无法通过的绝缘体。利用这些物质折射的大棱镜，我们可以用惯用方法求出它们的折射率。

如果辐射落在厚度小于波长的透明板上，则观察不到反射。原因是在透明板第二个表面上相位会提前半个周期，对整个效应产生干扰。这与牛顿色环（参见第 18 章第 221 节）中心处黑点现象出现的原理类似。

如果电位移方向垂直于反射面，则在较厚绝缘体表面上可以产生反射；但如果位移线位于反射面上，则在偏振角处无反射光线。这证明了，电位移发生在与偏振平面垂直的方向上。同时，人们争论不休的光振动方向问题得以解决，有力支撑了菲涅尔的假设。

我们也可以观察这些波的衍射效应，得到的结果与波动理论严格一致。

麦克斯韦根据自己的理论得出结论——一个吸收光的物体在从光面到暗面的方向上受到排斥力作用。即使在阳光聚集的情况下，这种效果也十分微弱，且在光线影响下无从观测。然而，我们很容易便能观测到，一块导电性好的银片会被强交流电激发的电磁铁磁极所排斥。

第33章　以太

377. 当两个系统出现相互作用时，我们至少可以使用两种假设来对伴随出现的现象做出解释：假设作用发生在一定远的距离处，或者假设作用沿着物质介质传播。但是，当出现的作用需要一定的时间从一个空间点移动到另一个空间点时，后一种假设成立。比如，我们没有证据证明重力的作用是在瞬间进行传播的，因此此时做出这两种假设均可。但是，赫兹的实验表明：电动势在一定空间内传播时需要花一定的时间，因此我们可以假设空间内必须存在一种介质，电动势的作用可以通过该介质进行传播。

这种介质被称为“以太”。我们可以将以太定义为一种特殊物质，作用可以通过它进行传播。

有一段时间，人们认为以太以多种类型存在——实际上，人们做出这个假设的目的是解释新出现的现象，其中有一种是为了解释重力。牛顿引入了一种介质，来解释发光体的光反射和传播的“契合之处”，他必须假定这种“契合”是为了根据微粒说解释薄板的颜色。借助另一种介质，我们得以对某些物理现象进行合理解释。每种介质的属性是为了使它适合于特定的情况而特别挑选的。

这样的步骤是完全不科学的。目前，科学家们致力于将所有明显直接发生在远距离处的作用归因于单一介质的干涉。在所有以太存在的介质中，这样的介质只有一种。惠更斯在解释光的现象时，假定了这种媒介的存在；麦克斯韦现代电磁以太理论的一大优势在于它能够解释光、电以及磁的现象。

378. 解释什么不是以太比定义什么是以太更容易得多。和空气不同，光在以太中传播时，横向振动会快速消失，因此以太不属于气体。类似的原因，以太也不是像水一样的液体。根据这一点来看，它可能是透明固体，因为固体可以传递横向振动。另一方面，透明固体传递横向振动的速率远远慢于光在以太中的传播速度。因此，尽管能穿透这些固体，并且在其作用时受到固体的阻碍，以太仍不可能是一种普通的透明固体——这一事实表明，当通过这些固体时，光速会逐渐降低。

尽管以太不是普通物质，但必定属于物质，即以太必定具有惯性，因为它能以一定的速率传递能量。同样的原因，以太必须具有刚度和弹性。介质各部分的振动速率（参见第 14 章第 168 节）与刚度的平方根成正比，与密度的平方根成反比。当红光通过以太时，其振动速度约为每秒四千万次。一个钢制音叉以同样的速度振动时，即使发出最高的声音，刚度也仍然比以太坚硬得多。如果两者的刚度一样，音叉的质量要比以太小得多。汤姆森基于一个合理的假设计算出，以太的硬度大约是钢的 10^9 倍；另一方面，它的密度比钢少了约 10^{19} 倍。

379. 因此，以太的作用似乎类似于一种弹性固体。然而，地球在绕太阳运行的过程中，并没有受到任何明显的阻力；也没有证据表明，在地球快速运动时，从遥远恒星射向我们的光对地球周围的以太有负面影响。

托马斯·杨提出，当以太自由地穿过地球时，除了密度的变化外，地球和其他固体物质的结构没有任何变化。但是斯托克斯已经证明，如果地球和大气中空气粒子的运动速度比光速小，我们就没有必要提出新奇的假设。

当然，地球经过以太的自由运动表明，相对于运动的地球来说，以太的作用实际上相当于一种无黏性的流体。我们必须对以太如何既能像流体又能像弹性固体一样的作用进行解释。对于这一点，斯托克斯给出的解释最为清晰明了："根据实验，铅的可塑性大于铁或铜的可塑性，而弹性小于铁或铜的弹性。总的来说，一种物质的可塑性越大，其弹性就越小，反之亦然，尽管并非所有的物质都符合这一规律。当物质的可塑性进一步增加，弹性减弱时，它就会变成黏性流体。固体和黏性流体之间似乎没有界限。实际上，这两种物质状态之间的实际区别取决于外部重力的强度，而非将物质各部分结合在一起的吸引力的强度。因此，地球上较软的固体如果被带到太阳上，在相同的温度下可能是一种黏性流体。太阳表面的引力比地球更高，使物质扩散，尖端变得水平；而在地球上的黏性流体在太阳表面可能会变为一种软固体。黏性流体变成所谓的理想流体的过程，似乎和固体变成黏性流体的过程一样缓慢。此外，我们还进行了相关的实验：把水和以太封闭在坚固的容器中，并暴露在高温下使其突然转化成蒸气，来打破液体和气体的界限。

根据连续性定律，我们认为整个系统都具有弹性，只是系统的弹性可能无法被感知，否则系统就可能会产生其他一些更明显的性质。必须记住，这里提到的弹性，与由连续滑动位移引起的切向力有关，本段中提到的位移，必须理解为独立于压缩或稀疏运动的位移。现在，流体区别于固体的性质是其部分的高度流动性。根据本章内容的观点，这种流动性仅仅是一种高度可塑性，因此流体在通过假定新的平衡位置的内部分子从张力状态释放之前，会受到有限并极小的约束。因此，如果流体部分的相对位移量非常小，同样的斜向压力会对流体产生像固体一样的作用。我们知道，在平衡状态下，流体中的弹性效应（形式弹性）无法被感知到，甚至有可能在所有流体运动的一般情况下，弹性效应都可能无法被感知。但稍加考虑，我们就会发现，在流体运动的一般情况下，弹性的性质能被感知到的范围极为有限，也可能完全依赖光现象而产生。一根振动的弦，在很小的振动范围内，声音就可以充满了整个房间，并且随着与弦之间距离的增加，空气的振动强度必定快速减弱。据此，我们可以很容易地想象，一般来讲，声音传播过程中，相邻物体，即空气颗粒的相对运动量会很小。当以太随着光的传播振动时，与光波的长度相比，以太的振幅可能也会很小。正如空气的振动程度与声波的长度相比非常小一样，我们没有理由假设以太随光的传播产生的振动情况会与之相反。空气中，声波的长度从几英寸到几英尺不等，而光波的最大长度大约为 0.00003 英寸。很容易想象，以太粒子的相对位移可能很小，以至于在介质分子占据新的平衡位置前，或者，为了避开分子的概念，在介质可能占据新的永久性排列位置时，以太粒子无法达到甚至接近最大的相对位移。"

在统一问题上，汤姆森参考了鞋蜡的性质。鞋蜡易碎，在突然敲击下会碎裂，会在一定时间内像液体一样流入其所在容器的所有缝隙中；而位于同一容器中的铅弹则会沉下去，软木塞则会浮起来（参见第 7 章第 78 节）。铅弹或软木塞在下降或上升过程中受到鞋蜡的阻力越来越小，运动越来越慢；而且，相对而言，地球经过以太运动受到的阻力可能远远小于铅弹或软木塞在鞋蜡中运动受到的阻力。

380. 上述以太理论称为弹性固体理论。由于没有实验证据显示，压缩稀疏波能够以一定的速度通过它进行传播，因此这种弹性固体不可能具有正压缩性。因此，格林（Green）在研究这种以太的性质时，认为它是不可压缩的。他想到了负压缩性的情况，但考虑到具有负压缩性的介质，即在压力增加时膨胀、在压力消除时收缩的介质，必然是不稳定的，他很快否定了这一点。

为了根据弹性固体理论解释光在介质界面上的反射和折射，格林假设以太在界面两侧具有相同的刚度，以及不同的密度。当振动垂直于反射面时，可以推导出介质遵循菲涅尔定律；但是，在振动位于反射面时，格林给出的结果是——只有在两种介质的折射率几乎相同时，介质才遵循菲涅尔定律。

汤姆森爵士假设以太存在于一种可以渗透到不可压缩海绵状固体孔隙中的无黏性液体中。但与格林相比，他得到的结果更为偏离菲涅尔定律。因此，他不得不放弃不可压缩固体的假设。已知无论其尺寸大小，负压缩性介质都是不稳定的，他做出假设：介质的负压缩性使得压缩稀疏波的振动速度降为零。和格林一样，他假定以太在介质中的刚度相等，当其他假定条件成立时，这个条件对维持介质稳定性十分必要。

可压缩性以太符合菲涅尔定律，而葛兰兹布鲁克证明，利用可压缩性以太，可以解释透明物体和金属对光的反射、折射、双折射和色散（包括反常色散）等现象，并得到光在各种介质中传播速度的正确表达式。

汤姆森还展示了如何通过刚性零件和无刚性的旋转飞轮（或无摩擦流体可以绕其的陀螺仪）来建立介质模型，比如对形变无内部弹性阻力，但其自身旋转产生固有阻力时具有准刚性的介质。体积或形状无旋转变化时，介质不会产生阻力，因此无法传输压缩稀疏波，但能像光一样传递振动。这就是汤姆森对可压缩性以太的实际认识。

381. 最后一章讨论了以太的电磁理论。据此，我们可以轻松解释最初困扰弹性固体理论的所有问题。由于压缩稀疏波的传播速度是无限的，因此对这一问题不存在疑问。在某些方面，电磁以太理论的结果不同于汤姆森的理论。但这些差异极小，尚无必要对两个理论进行关键性测试。

然而，必须指出，这一理论与汤姆森的理论的基础不同。除了自身应解释某些电和磁的作用外，它对介质没有做出任何基本假设。

382. 由相互接触的刚性颗粒组成的介质具有扩容特性。据此，我们可以解释许多类似的自然现象。

假设我们有一个充满弹珠或子弹的空间，每个弹珠或子弹都在各个侧面与另一个弹珠接触。通过球体的不同排列形式，我们可以实现这一条件。以某些方式排列时，球体占据的空间会比用其他方式排列时占据的空间体积更小，从而我们得到一个最大体积和一个最小体积的排列方式。如果体积不改变，我们就无法将球体从一个排列方式变成另一个排列方式（这解释了“扩容”一词的含义）。同时，如果没有体积的变化，这种球体也不可能发生形变。因此，如果将很多球体封闭在一个不可拉伸的灵活边界中，则球体将不会发生体积以及形状变化。

如果很多球体被一个光滑的边界所包围，那么边界附近的球体运动比系统内部球体的运动引起的体积变化要小。因此，当施加一定的应力时，在边界附近的球体可能会流动，而其他球体的位置则不会变化。部分介质运动沿光滑表面的传导与电的传导类似。

在弹性边界中，如果大量球体处于最大密度下，任意一个球体变大，将使得整个介质迅速膨胀，直到膨胀层附近的介质达到最大体积。之后，这个球体附近的一层球体返回到最小体积的状态，而距离其稍远一层的球体则处于最大体积状态。随后，膨胀层附近会出现一系列体积的极大值和极小值。

当两个体积增大的物体在介质中相距相当远时，这两个物体使介质中任何一点产生的膨胀之和都小于由每个物体在该点单独产生的膨胀之和。因此，两个物体之间存在引力，引力的大小取决于随物体之间距离变化的膨胀率。当两个物体相互碰撞时，吸引力和排斥力交替产生，物体发生周期性膨胀。这与分子力的现象相似。

与其假设边界是弹性的，不如假设边界是刚性的，且生长的球体是具有弹性的。甚至，在介质由均匀分布的小球体和大球体组成的前提下，我们可以假设球体是刚性的，因为这样的介质可能具有弹性，就像一个松弛的链上发生横向振动时一样有弹性。畸变波可以通过介质连续传播，即使小颗粒处于最大密度下，畸变波也可以通过介质传播，两组球体产生的情况相反。这可能会导致电磁现象。此外，两组球体将产生分离，与那些正负电性导致的分离现象类似。当大球体和小球体以一定方式排列时，为了解释重力，介质中的应力状态应与以太中的应力状态相同。

简而言之，以上就是奥斯本·雷诺兹（Osborne Reynolds）的颗粒以太理论。

383. 同时，一种存在于理想流体涡旋的以太能够透射光。这种情况与重力作用的瞬时传播（如果是瞬时的）几乎没有什么不同。在某种意义上，每一个涡旋都占据了液体的所有空间，并对整个液体的所有部分产生作用。

384. 我们不应该将所有这些理论都看作必然对立的。例如，涡旋理论和弹性固体理论存在相似之处。